高等院校经济管理类专业
经济数学基础系列教材

微积分
学习指导与同步习题解答

杨 皓 主编

中国财经出版传媒集团
中国财政经济出版社

图书在版编目(CIP)数据

微积分学习指导与同步习题解答 / 杨皓主编. —北京：中国财政经济出版社，2017.9
高等院校经济管理类专业 经济数学基础系列教材
ISBN 978-7-5095-7729-5

Ⅰ. ①微… Ⅱ. ①杨… Ⅲ. ①微积分-高等学校-教学参考资料 Ⅳ. ①O172

中国版本图书馆 CIP 数据核字（2017）第 224600 号

责任编辑：吕小军　　　　责任校对：张　凡
封面设计：思梵星尚

中国财政经济出版社 出版
URL：http：//www. cfeph. cn
E-mail：cfeph @ cfeph. cn

社址：北京市海淀区阜成路甲 28 号　邮政编码：100142
营销中心电话：88191537　北京财经书店电话：64033436　84041336
北京富生印刷厂印刷　各地新华书店经销
787×1092 毫米　16 开　16 印张　385 000 字
2017 年 9 月第 1 版　2019 年 3 月北京第 2 次印刷
定价：45.00 元
ISBN 978-7-5095-7729-5
（图书出现印装问题，本社负责调换）
本社质量投诉电话：010-88190744
打击盗版举报热线：010-88191661　QQ：2242791300

前　　言

Preface

数学作为自然科学的重要分支在经济学与管理学领域得到日益广泛的应用，微积分、线性代数、概率论与数理统计是经济管理类专业的重要基础课程，也是硕士研究生入学考试的重点科目。为了帮助、指导广大读者学好这三门课程，我们编写了这套与中国财政经济出版社出版的《经济数学基础系列教材》完全配套的《学习指导与同步习题解答》，以使读者加深对基本概念的理解，加强对基本解题方法与技巧的掌握，提高数学思维水平及应试能力。本书既是学习的指导书，也是备考硕士研究生的应试指南。

本系列辅导书共分三本《微积分学习指导与同步习题解答》、《线性代数学习指导与同步习题解答》、《概率论与数理统计学习指导与同步习题解答》。章节的划分与内容设置与中国财政经济出版社出版的《经济数学基础系列教材》完全一致。在每一章的开头先对本章知识点进行简要的概括，然后通过对精选例题的分析，归纳解题方法的技巧，总结规律，最后是教材习题详解。

每章由六部分有机组合而成

一、基本要求：根据课程教学大纲，提出对每一章基本知识点的具体要求，指出重难点。

二、内容提要：对每一章所学的知识进行系统的回顾，对基本概念、基本定理进行系统梳理。

三、典型例题：这一部分是每一章的核心内容，编者基于多年的教学经验和对历年考研试卷试题的研究，归纳出与该章内容相关的基本题型，针对每一种题型，整理出大量经典例题进行深入分析与讲解，使读者扎实掌握每一个知识点，并能熟练运用于解题中。

四、教材习题解答：为了方便读者对课本知识进行复习巩固，本书对教材中的全部习题作了详细解答，有的习题还给出了一题多解，以培养读者的分析能力和发散思维能力。

五、综合自测题：在每一章的最后，编者精心编写出部分习题，这些题目难易适当，能比较准确地反映学习该章的基本要求，通过自测题的测试，可以有效地检验学生对本章知识点掌握的熟练程度。

六、自测题参考答案。

本系列丛书题型广泛，内容丰富，涵盖了经济数学的主要内容，读者可以从中加深理解经济数学的基本内容，熟练掌握各种解题方法、技巧和规律，提高解题和应试能力。

此次先期出版的《微积分学习指导与同步习题解答》由杨皓主编，编写分工为：陆璐编写第一、第二、第三章；周爽编写第四、第五章；刘亚楠编写第六、第八章；胡坤编写第

七、第九章。第十章差分方程，该章内容在很多经济管理类专业中属于略讲部分，因此本书暂未将这一章列入。

本丛书博采众家之长，参考了多本同类书籍，在此向这些书籍的编者表示感谢。由于我们的水平有限，书中仍会有一些错误和问题，恳请广大读者提出宝贵意见，以便再版时更正、改进。

编者

2017 年 8 月

目　录

Contents

第1章

函　数

一、基本要求

掌握函数的概念；了解函数的几何特性并掌握其几何特性的图形特征；了解反函数的概念并会求反函数；理解复合函数的概念并掌握将复合函数分解为简单函数的方法；理解基本初等函数的概念并熟练掌握基本初等函数的定义域、值域和基本性质；理解初等函数的概念；了解分段函数的概念.

二、内容提要

1. 函数定义：设 D 是一个非空实数集，如果存在一个对应规则 f，使得对于任意一个 $x \in D$，通过对应规则 f 总有唯一确定的 $y \in R$ 与之相对应，则称对应规则 f 为定义在 D 上的一个函数，或称 y 是 x 的函数，表示为 $y=f(x)$.

2. 反函数定义：设函数 $y=f(x)$ 的定义域为 D_f，值域为 Z_f，对于任意一个 $x \in D_f$，都有唯一确定的 $y \in Z_f$ 与之相对应，且满足关系 $y=f(x)$. 如果对于任意一个 $y \in Z_f$，都有唯一确定的 $x \in D_f$ 与之相对应，且满足关系 $y=f(x)$，则称 $x=f^{-1}(y)$ 是定义在 Z_f 上，以 y 为自变量的函数，并称其为函数 $y=f(x)$ 的反函数.

3. 复合函数定义：设函数 $y=f(u)$ 的定义域为 D_f，函数 $u=g(x)$ 的值域为 Z_g，若

$$D_f \cap Z_g \neq \varphi$$

则函数 $y=f(g(x))$ 称为 $y=f(u)$ 和 $u=g(x)$ 的复合函数. 其中，u 为中间变量；x 是自变量，该复合函数的定义域为 $D_F=\{x \mid u=g(x) \in D_f\}$.

4. 基本初等函数定义：常量函数、幂函数、指数函数、对数函数、三角函数、反三角

函数这六类函数统称为基本初等函数.

5. 初等函数定义：基本初等函数经过有限次的四则运算和有限次的复合，得到的函数统称为初等函数.

6. 常用的分段函数.

(1) 绝对值函数 $y=|x|=\begin{cases}x, & x\geqslant 0\\ -x, & x<0\end{cases}$，其定义域为 R，值域为 $[0,+\infty)$.

(2) 符号函数 $y=\operatorname{sgn}x=\begin{cases}1, & x>0\\ 0, & x=0\\ -1, & x<0\end{cases}$，其定义域为 R，值域为集合 $\{-1,0,1\}$.

(3) 取整函数 $y=[x]$ 表示不超过 x 的最大整数，其定义域为 R，值域为 Z.

(4) 狄利克莱(*Dirichlet*)函数 $y=D(x)=\begin{cases}1,\text{当 } x \text{ 为有理数时}\\ 0,\text{当 } x \text{ 为无理数时}\end{cases}$，其定义域为 R，值域为集合 $\{0,1\}$.

三、典型例题

题型一：求函数定义域，函数表达式

[例 1.1] 求函数 $y=\ln\dfrac{x}{x-1}+\sqrt{2x-2}+\arcsin(x-3)$ 的定义域.

解： $\begin{cases}\dfrac{x}{x-1}>0 & \Leftrightarrow \quad x>1 \text{ 或 } x<0\\ 2x-2\geqslant 0 & \Leftrightarrow \quad x\geqslant 1\\ -1\leqslant x-3\leqslant 1 & \Leftrightarrow \quad 2\leqslant x\leqslant 4\end{cases}$

$\therefore$ 该函数定义域为 $[2,4]$.

注： 在求函数定义域时应考虑以下几点：

(1) 分母不等于零；

(2) 负数不能开偶次根；

(3) 对数函数中真数必须大于零，底数大于零且不为 1；

(4) 反正弦，反余弦定义域为 $-1\leqslant x\leqslant 1$；

(5) 问题实际背景.

[例 1.2] 设函数 $f(x)$ 满足 $f(x)+\dfrac{1}{2}f\left(\dfrac{1}{x}\right)=\dfrac{1}{x}, x\neq 0$，求 $f(x)$.

提示： 将等式中的 x 换成 $\dfrac{1}{x}$.

解： $\begin{cases} f(x)+\dfrac{1}{2}f\left(\dfrac{1}{x}\right)=\dfrac{1}{x} \\ f\left(\dfrac{1}{x}\right)+\dfrac{1}{2}f(x)=x \end{cases} \Rightarrow \begin{cases} 4f(x)+2f\left(\dfrac{1}{x}\right)=\dfrac{4}{x} \\ 2f\left(\dfrac{1}{x}\right)+f(x)=2x \end{cases} \Rightarrow f(x)=\dfrac{4-2x^2}{3x}$

题型二：复合函数与反函数

[例 1.3] 设 $f(x)=\begin{cases} x^2, x\leqslant 0 \\ -x^2, x>0 \end{cases}$ 的反函数是 $g(x)$，求 $g(x)$ 及 $g(4)$.

提示： 正确理解反函数的定义，$g(4)=?\Leftrightarrow f(?)=4$.

解： $g(x)=\begin{cases} -\sqrt{x}, x\geqslant 0 \\ \sqrt{-x}, x<0 \end{cases}$

$\therefore g(4)=-2$

求 $y=f(x)$ 的反函数的一般步骤：

(1) 利用 $y=f(x)$，解出 $x=f^{-1}(y)$；

(2) 交换 x,y；

(3) $y=f^{-1}(x)$ 即为所求反函数.

注： $y=f(x)$ 与 $x=f^{-1}(y)$ 是同一条曲线，而交换变量之后 $y=f^{-1}(x)$ 的图像与 $y=f(x)$ 的图像关于直线 $y=x$ 对称. 因此，我们俗称的“直接函数图像与反函数图像关于直线 $y=x$ 对称”中的反函数图像，指的是交换变量 x,y 之后所形成的反函数 $y=f^{-1}(x)$ 的图像. 而在高等数学中 $x=f^{-1}(y)$ 与 $y=f^{-1}(x)$ 均可以称作函数 $y=f(x)$ 的反函数.

[例 1.4] 指出 $y=\arctan e^{\sqrt{\sin\ln x}}$ 的复合过程.

解： $y=\arctan u$，$u=e^v$；$v=\sqrt{s}$；$s=\sin t$；$t=\ln x$

[例 1.5] 设 $f(x)=\sin 2x+1, g(x)=x^2$，求 $f(f(x))$，$f(g(x))$，$g(f(x))$，$g(g(x))$.

解： $f(f(x))=\sin(\sin 2x+1)+1$；$f(g(x))=\sin 2x^2+1$；$g(f(x))=(\sin 2x+1)^2$；$g(g(x))=(x^2)^2=x^4$

注： 分析清楚复合函数的复合结构对后期微积分的学习有非常大的帮助!

题型三：函数性质

奇偶性、单调性、周期性、有界性是函数的基本特性，其中有界性是大家首次接触，在描述有界性时一定要注明有界的区间，因为同一个函数在不同区间上的有界性是不同的.

[例 1.6] 试证明 $y=x^2$ 在 $[0,1]$ 上有界，在定义域 $(-\infty,+\infty)$ 无上界.

证明： 对函数 $y=x^2$，$\exists M=1, \forall x\in[0,1], |y|=|x^2|\leqslant M$，所以 $y=x^2$ 在 $[0,1]$ 上有界.

注： 在这部分证明中，即使取 $M=2,3,\cdots$ 也不会影响有界性的证明，因此只要是有界函数，它的界不唯一. 在证明过程中强调的是“界”的存在性，而不强调“界”具体等于多少.

对函数 $y=x^2$，$\forall M>0$，$\exists x_0=\sqrt{M+1}\in(-\infty,+\infty)$，$f(x_0)=(\sqrt{M+1})^2>M$，所以 $y=x^2$ 在定义域 $(-\infty,+\infty)$ 无上界.

注： 在这部分证明中，即使取 $x_0=\sqrt{M+2}, \sqrt{M+3}\cdots$ 也不会影响无界性的证明.

[例 1.7] 试证明函数 $y=\dfrac{1}{x}\sin\dfrac{1}{x}$ 在 $(0,+\infty)$ 内无界.

证明：$\forall M>0$，$\exists x_0=\dfrac{1}{2[M+1]\pi+\dfrac{\pi}{2}}\in(0,+\infty)$，s.t. $\dfrac{1}{x_0}\sin\dfrac{1}{x_0}=2[M+1]\pi+\dfrac{\pi}{2}>M$

即 $y=\dfrac{1}{x}\sin\dfrac{1}{x}$ 在 $(0,+\infty)$ 内无界．

四、教材习题解答

1. 用区间表示下列不等式的解集：

(1) $|x+4|<3$

解：$-3<x+4<3$，即 $-7<x<-1$

则该不等式的解集为 $(-7,-1)$．

(2) $|x-1|\geqslant 5$

解：$x-1\geqslant 5$ 或 $x-1\leqslant -5$，即 $x\geqslant 6$ 或 $x\leqslant -4$

则该不等式的解集为 $(-\infty,-4]\cup[6,+\infty)$．

(3) $|2x+1|>|x-1|$

解：$(2x+1)^2>(x-1)^2$，即 $x>0$ 或 $x<-2$

则该不等式的解集为 $(-\infty,-2)\cup(0,+\infty)$．

(4) $|x+1|+|x-1|\leqslant 4$

解：$(|x+1|+|x-1|)^2\leqslant 16$，即 $-2\leqslant x\leqslant 2$

则该不等式的解集为 $[-2,2]$．

(5) $0<|ax+b|<\delta$，a,b,δ 均为正常数．

解：$0<ax+b<\delta$ 或 $-\delta<ax+b<0$，即 $-\dfrac{\delta+b}{a}<x<-\dfrac{b}{a}$ 或 $-\dfrac{b}{a}<x<\dfrac{\delta-b}{a}$，则该不等式的解集为 $\left(-\dfrac{\delta+b}{a},-\dfrac{b}{a}\right)\cup\left(-\dfrac{b}{a},\dfrac{\delta-b}{a}\right)$．

2. 判断下列函数是否为同一函数，并说明理由：

(1) $y=x$ 与 $y=\sin(\arcsin x)$

解：否．因为 $y=x$ 的定义域为 $(-\infty,+\infty)$，而 $y=\sin(\arcsin x)$ 的定义域为 $[-1,1]$．

(2) $y=1$ 与 $y=\sin^2x+\cos^2x$

解：是．

(3) $y=\sqrt{2}\cos x$ 与 $y=\sqrt{1+\cos 2x}$

解：否．因为 $y=\sqrt{1+\cos 2x}=\sqrt{2\cos^2x}=\sqrt{2}\,|\cos x|$

(4) $y=\sqrt{x(x+2)}$ 与 $y=\sqrt{x}\sqrt{x+2}$

解：否．因为 $y=\sqrt{x(x+2)}$ 的定义域为 $(-\infty,-2]\cup[0,+\infty)$，而 $y=\sqrt{x}\sqrt{x+2}$ 的定义域为 $[0,+\infty)$．

(5) $y=\sqrt[3]{x^4-x^3}$ 与 $y=x\sqrt[3]{x-1}$

解：是.

3. 求下列函数的定义域，并用区间表示：

(1) $y=\dfrac{\sqrt{x+2}}{|x|-x}$

解：$\begin{cases} x+2\geqslant 0 \\ |x|-x\neq 0 \end{cases}$，则该函数的定义域为$[-2,0)$.

(2) $y=\ln(x-1)+\dfrac{2}{\sqrt{x+1}}$

解：$\begin{cases} x-1>0 \\ x+1>0 \end{cases}$，则该函数的定义域为$(1,+\infty)$.

(3) $y=\dfrac{1}{x}+\sqrt{1-x^2}$

解：$\begin{cases} x\neq 0 \\ 1-x^2\geqslant 0 \end{cases}$，则该函数的定义域为$[-1,0)\cup(0,1]$.

(4) $y=3^{\frac{1}{x}}+\arcsin\ln\sqrt{1-x}$

解：$\begin{cases} x\neq 0 \\ -1\leqslant \ln\sqrt{1-x}\leqslant 1 \end{cases}$，则该函数的定义域为$[1-e^2,0)\cup(0,1-e^{-2}]$.

(5) $y=\arccos\dfrac{1}{x-1}$

解：$\begin{cases} -1\leqslant \dfrac{1}{x-1}\leqslant 1 \\ x-1\neq 0 \end{cases}$，则该函数的定义域为$(-\infty,0]\cup[2,+\infty)$.

(6) $y=\dfrac{1}{\sqrt{\sin x}}+\lg(25-x^2)$

解：$\begin{cases} \sin x>0 \\ 25-x^2>0 \end{cases}$，则该函数的定义域为$(-5,-\pi)\cup(0,\pi)$.

4. 作出下列分段函数的图形，并求函数值$f(-1)$，$f(0)$，$f\left(\dfrac{1}{2}\right)$，$f(3)$.

(1) $f(x)=\begin{cases} \dfrac{1}{x}, & x<0 \\ e^x, & 0\leqslant x\leqslant 6 \\ \sin x, & x>6 \end{cases}$

解：$f(-1)=-1$，$f(0)=1$，$f\left(\dfrac{1}{2}\right)=e^{\frac{1}{2}}$，$f(3)=e^3$，图略.

(2) $f(x)=\begin{cases} x+1, & x\leqslant -1 \\ \sqrt{1-x^2}, & |x|<1 \\ \ln x, & x\geqslant 1 \end{cases}$

解：详见图1.1.

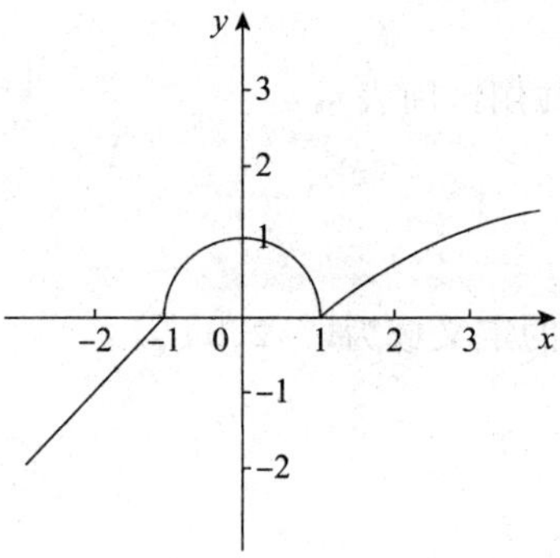

图 1.1

$f(-1)=0$，$f(0)=1$，$f\left(\frac{1}{2}\right)=\frac{\sqrt{3}}{2}$，$f(3)=\ln 3$

5. 设$f(x)=\begin{cases}|\sin x|, & |x|<\frac{\pi}{3}\\ 0, & |x|\geqslant\frac{\pi}{3}\end{cases}$，求$f\left(\frac{\pi}{6}\right)$，$f\left(\frac{\pi}{4}\right)$，$f\left(-\frac{\pi}{4}\right)$，$f(-2)$，并作图．

解： $f\left(\frac{\pi}{6}\right)=\frac{1}{2}$，$f\left(\frac{\pi}{4}\right)=f\left(-\frac{\pi}{4}\right)=\frac{\sqrt{2}}{2}$，$f(-2)=0$

作图如图 1.2.

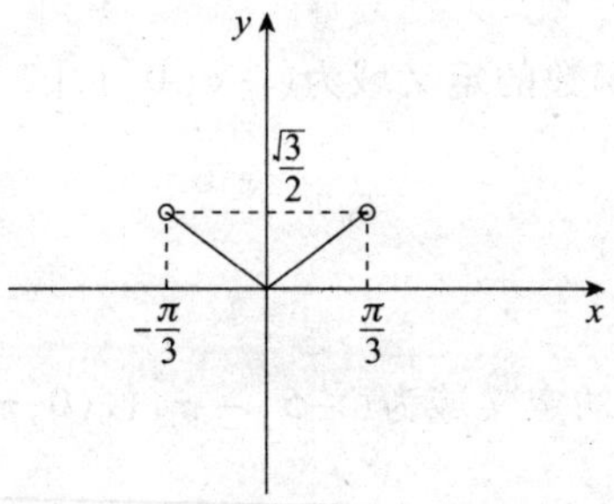

图 1.2

6. 确定 $y=\begin{cases}\sqrt{4-x^2}, & |x|\leqslant 2\\ x-2, & 2<|x|<3\end{cases}$ 的定义域，并画图．

解： 定义域为（-3，3）．作图如图 1.3.

7. 设$f(x)=\begin{cases}2x, & x<1\\ x^2-1, & x\geqslant 1\end{cases}$，求$f(x+2)$和$f(-x)$.

解： $f(x+2)=\begin{cases}2(x+2), & x+2<1\\ (x+2)^2-1, & x+2\geqslant 1\end{cases}$，即$f(x+2)=\begin{cases}2x+4, & x<-1\\ x^2+4x+3, & x\geqslant -1\end{cases}$

$f(-x)=\begin{cases}2(-x), & -x<1\\ (-x)^2-1, & -x\geqslant 1\end{cases}$，即$f(-x)=\begin{cases}-2x, & x>-1\\ x^2-1, & x\leqslant -1\end{cases}$

8. 设对于一切实数$f(x)$均满足$2f(x)+f(1-x)=x^2$，求$f(x)$.

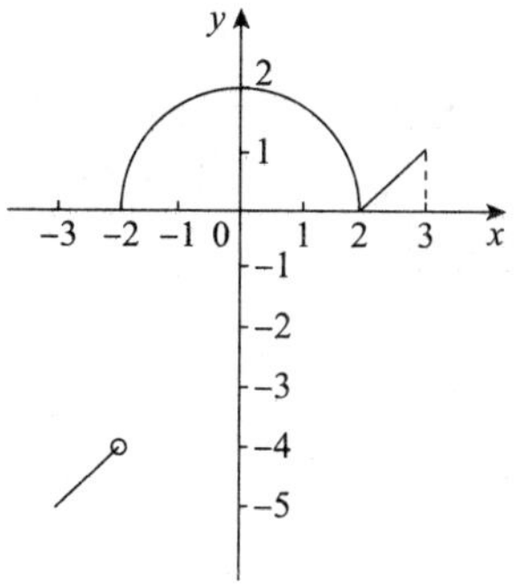

图 1.3

解:令 $x=1-t$，则：$2f(1-t)+f(t)=(1-t)^2$

联立$\begin{cases}2f(1-x)+f(x)=(1-x)^2\\2f(x)+f(1-x)=x^2\end{cases}$，可得：$f(x)=\dfrac{2x^2-(1-x)^2}{3}=\dfrac{x^2+2x-1}{3}$

9. 已知$f\left(\dfrac{1}{x}\right)=x+\sqrt{1+x^2},x>0$，求$f(e^x)$.

解:令 $t=\dfrac{1}{x}>0$，则 $x=\dfrac{1}{t}$，$f(t)=\dfrac{1}{t}+\sqrt{1+(\dfrac{1}{t})^2}=\dfrac{1+\sqrt{1+t^2}}{t}$

那么：$f(e^x)=\dfrac{1+\sqrt{1+e^{2x}}}{e^x}$，$x\in\mathbb{R}$

10. 证明函数 $y=\dfrac{1}{x^2}$在$(0,1)$内无界.

证明:$\forall M>0,\exists x_0=\sqrt{\dfrac{1}{M+1}}\in(0,1)$，s. t. $\dfrac{1}{x_0^2}=M+1>M$，即 $y=\dfrac{1}{x^2}$在$(0,1)$内无界.

11. 证明函数 $y=\dfrac{1}{x}\sin\dfrac{1}{x}$在$(0,+\infty)$内无界.

证明：详见典型例题例 1.7.

12. 在区间(a,b)内，函数$f(x)$和$g(x)$分别单调递增，证明函数$\varphi(x)=\max\{f(x),g(x)\}$与$\psi(x)=\min\{f(x),g(x)\}$也在区间$(a,b)$内单调递增.

证明:$\forall a<x_1<x_2<b$，$\varphi(x_1)=\max\{f(x_1),g(x_1)\}$，$\varphi(x_2)=\max\{f(x_2),g(x_2)\}$.

(1) 若$f(x_1)\geqslant g(x_1),f(x_2)>g(x_2)$时，$\varphi(x_2)=f(x_2)\geqslant f(x_1)=\varphi(x_1)$，从而证明$\varphi(x)$在$(a,b)$内单调递增.

(2) 若$f(x_1)\geqslant g(x_1),f(x_2)\leqslant g(x_2)$时，$\varphi(x_2)=g(x_2)\geqslant f(x_2)\geqslant f(x_1)=\varphi(x_1)$，从而证明$\varphi(x)$在$(a,b)$内单调递增.

(3) 若$f(x_1)<g(x_1),f(x_2)<g(x_2)$时，$\varphi(x_2)=g(x_2)\geqslant g(x_1)=\varphi(x_1)$，从而证明$\varphi(x)$在$(a,b)$内单调递增.

(4) 若$f(x_1)<g(x_1),f(x_2)\geqslant g(x_2)$时，$\varphi(x_2)=f(x_2)\geqslant g(x_2)\geqslant g(x_1)=\varphi(x_1)$，从而证明$\varphi(x)$在$(a,b)$内单调递增.

同理可证$\psi(x)$在(a,b)内单调递增.

13. 设$f(x)$为定义在$(-l,l)$内的奇函数，若$f(x)$在$(0,l)$内单调增加，试证明$f(x)$在

$(-l,0)$内也单调增加.

证明: $\forall -l<x_1<x_2<0$，则 $0<-x_2<-x_1<l$. 因为 $f(x)$ 在 $(0,l)$ 内单调增加，则 $f(-x_2)<f(-x_1)$. 又因为 $f(x)$ 为 $(-l,l)$ 内的奇函数，则 $-f(x_2)<-f(x_1)$，即 $f(x_2)>f(x_1)$，故 $f(x)$ 在 $(-l,0)$ 内也单调增加.

14. 判断下列函数的奇偶性:

(1) $f(x)=\dfrac{a^x-1}{a^x+1}$

解: 该函数为奇函数:

$$f(-x)=\frac{a^{-x}-1}{a^{-x}+1}=\frac{1-a^{-x}}{1+a^{-x}}=-f(x)$$

(2) $f(x)=\log_a(x+\sqrt{1+x^2})$

解: 该函数为奇函数:

$$f(-x)=\log_a(-x+\sqrt{1+x^2})=\log_a\left(\frac{1}{x+\sqrt{1+x^2}}\right)=-f(x)$$

(3) $f(x)=x^2+\cos x$

解: 该函数为偶函数:

$$f(-x)=(-x)^2+\cos(-x)=x^2+\cos x=f(x)$$

(4) $f(x)=\begin{cases}2+x, & -2\leqslant x<-1\\ 1, & -1\leqslant x\leqslant 1\\ -2+x, & 1<x\leqslant 2\end{cases}$

解: 该函数为非奇非偶函数:

$$f(-x)=\begin{cases}2-x, & 1<x\leqslant 2\\ 1, & -1\leqslant x\leqslant 1\\ -2-x, & -2\leqslant x<-1\end{cases}=-f(x),\ x\neq 0$$

(5) $f(x)=x^n-x^{-n}$，n 为正整数.

解: $f(x)=\dfrac{x^{2n}-1}{x^n}$

$$f(-x)=\frac{x^{2n}-1}{(-x)^n}\begin{cases}-\dfrac{x^{2n}-1}{x^n}, & n\text{ 为奇数}\\ \dfrac{x^{2n}-1}{x^n}, & n\text{ 为偶数}\end{cases}$$

故当 n 为奇数时, $f(x)$ 为奇函数. 故当 n 为偶数时, $f(x)$ 为偶函数.

15. 设 $f(x)$ 为定义在 $(-\infty,\infty)$ 上的任意函数，试证明 $g(x)=f(x)-f(-x)$ 为奇函数，$h(x)=f(x)+f(-x)$ 为偶函数.

证明: $g(-x)=f(-x)-f(x)=-g(x)$, 则 $g(x)$ 为奇函数.

$h(-x)=f(-x)+f(x)=h(x)$, 则 $h(x)$ 为偶函数.

16. 下列函数中哪些是周期函数，若是周期函数，请指出其周期:

(1) $y=x\cos x$

解: 不是.

（2） $y=\sin^2 x$

解： 是，$y=\sin^2 x=\dfrac{1-\cos 2x}{2}$，最小正周期为 $T=\pi$.

（3） $y=2\tan 3x$

解： 是，最小正周期为 $T=\dfrac{\pi}{3}$.

（4） $y=1+|\sin 2x|$

解： 是，最小正周期为 $T=\dfrac{\pi}{2}$.

（5） $y=\cos 2x+\tan\dfrac{x}{2}$

解： 是，最小正周期为 $T=2\pi$.

17. 讨论狄利克雷函数 $f(x)=\begin{cases}1, x\ 为有理数\\0, x\ 为无理数\end{cases}$ 的周期性和有界性.

解： 任意选取有理数 r，当 x 为有理数时，$f(x+r)=1=f(r)$. 当 x 为无理数时，$f(x+r)=0=f(r)$，即 $f(x)$ 以任意有理数为周期.

$\forall x\in\mathbb{R}$，$|f(x)|\leqslant 1$，即 $f(x)$ 为有界函数.

18. 已知 $f(x)$ 是以 2 为周期的函数，在 $[0,2)$ 内有 $f(x)=x^2$，求 $f(x)$ 在 $[0,6)$ 内的表达式.

解： $\forall x\in[2,4)$，则 $x-2\in[0,2)$. 又因为 $f(x)$ 是以 2 为周期的函数，则：

$f(x)=f(x-2)=(x-2)^2$

$\forall x\in[4,6)$，则 $x-4\in[0,2)$，$f(x)=f(x-4)=(x-2)^4$

$$故\ f(x)=\begin{cases}x^2, & x\in[0,2)\\(x-2)^2, & x\in[2,4)\\(x-4)^2, & x\in[4,6)\end{cases}$$

19. 设函数 $y=f(x)$，$x\in R$ 的图像与 $x=a$，$x=b$ 均对称，且 $a\neq b$. 求证 $y=f(x)$ 是周期函数，并求其周期.

解： 因为 $y=f(x)$ 的图像关于 $x=a$ 对称，则 $f(x)=f(2a-x)$. 又 $y=f(x)$ 的图像关于 $x=b$ 对称，$f(2a-x)=f(2b-(2a-x))=f(x+2b-2a)$，故 $f(x)=f(x+2b-2a)$. 同理可得 $f(x)=f(x+2a-2b)$，则 $y=f(x)$ 的周期为 $2|a-b|$.

20. 求下列函数的反函数以及反函数的定义域：

（1） $y=\dfrac{x+2}{x-2}$

解： 由 $y=\dfrac{x+2}{x-2}=1+\dfrac{4}{x-2}\Rightarrow x=\dfrac{2y+2}{y-1}$，则 $y=\dfrac{x+2}{x-2}$ 的反函数为 $y=\dfrac{2x+2}{x-1}$，其定义域为 $(-\infty,1)\cup(1,+\infty)$.

（2） $y=\ln(1-2x)$

解： 由 $y=\ln(1-2x)\Rightarrow x=\dfrac{1-e^y}{2}$，则 $y=\ln(1-2x)$ 的反函数为 $y=\dfrac{1-e^x}{2}$，其定义域为 $(-\infty,+\infty)$.

（3）$y=\sqrt{9-x}$

解： 由 $y=\sqrt{9-x}\Rightarrow x=9-y^2$，则 $y=\sqrt{9-x}$ 的反函数为 $y=9-x^2$，其定义域为 $(0,+\infty)$.

（4）$y=\begin{cases}1+x^2, & x>0\\ 0, & x=0\\ -1-x^2, & x<0\end{cases}$

解： $x=\begin{cases}\sqrt{y-1}, & y>1\\ 0, & y=0\\ -\sqrt{-y-1}, & y<-1\end{cases}$，则其反函数为 $y=\begin{cases}\sqrt{x-1}, & x>1\\ 0, & x=0\\ -\sqrt{-x-1}, & x<-1\end{cases}$

（5）$y=\begin{cases}2x-1, & 0<x\leqslant 1\\ 2-(x-2)^2, & 1<x\leqslant 2\end{cases}$

解： $y=\begin{cases}\dfrac{x+1}{2}, & -1<x\leqslant 1\\ 2-\sqrt{2-x}, & 1<x\leqslant 2\end{cases}$

21. 设函数 $y=\cos x$ 在 $[-2\pi,-\pi]$ 上有定义，试求其反函数.

解： $\forall x\in[-2\pi,-\pi]$，则 $x+2\pi\in[0,\pi]$. $y=\cos x=\cos(x+2\pi)$，则 $x+2\pi=\arccos y$. 故当 $x\in[-2\pi,-\pi]$ 时，$y=\cos x$ 的反函数为 $y=\arccos x-2\pi$.

22. 在下列各题中，求由给定的函数复合而成的函数：

（1）$y=3^u$，$u=x^2+2x+3$

解： $y=3^{x^2+2x+3}$

（2）$y=\arctan u$，$u=e^v$，$v=\sqrt{x}$

解： $y=\arctan e^{\sqrt{x}}$

23. 下列各复合函数是由哪些初等函数复合而成的？

（1）$y=\sin\sqrt{2x-1}$

解： $y=\sin u$，$u=\sqrt{v}$，$v=2x-1$

（2）$y=\ln[(\tan x)^2+1]$

解： $y=\ln u$，$u=v^2+1$，$v=\tan x$

（3）$y=\left[\ln\dfrac{x}{3}\right]^2$

解： $y=u^2$，$u=\ln v$，$v=\dfrac{x}{3}$

（4）$y=\arcsin(2^{\sqrt{x}}-1)$

解： $y=\arcsin u$，$u=2^v-1$，$v=\sqrt{x}$

24. 下列各组函数能否复合成复合函数 $y=f(\varphi(x))$，为什么？

（1）$y=\sqrt{u}$，$u=x-x^2$

解： 能，$D_y=[0,+\infty)$，$Z_u=\left(-\infty,\dfrac{1}{4}\right]$，$D_y\cap Z_u\neq\varnothing$

(2) $y=\arcsin u, u=\frac{x}{x^2+1}$

解： 能，$D_y=[-1,1]$，$Z_u=\left[-\frac{1}{2},\frac{1}{2}\right]$，$D_y\cap Z_u\neq\varnothing$

(3) $y=\sqrt{u}, u=\ln\frac{1}{1+x^2}$

解： 能，$D_y=[0,+\infty)$，$Z_u=(-\infty,0]$，$D_y\cap Z_u\neq\varnothing$

(4) $y=\ln u, u=\sin x-1$

解： 不能，$D_y=(0,+\infty)$，$Z_u=[-2,0]$，$D_y\cap Z_u=\varnothing$

25. 已知$f(x)=\sin x$，$f(\varphi(x))=1-x^2$，求$\varphi(x)$的定义域．

解: $\varphi(x)=\arcsin(1-x^2)$，$-1\leqslant 1-x^2\leqslant 1$，则$-\sqrt{2}\leqslant x\leqslant\sqrt{2}$

26. 已知$f(x)=e^{x^2}$，$f[g(x)]=1-x$，且$g(x)\geqslant 0$，求$g(x)$的定义域．

解: $f(g(x))=e^{g^2(x)}=1-x$，又因为$g(x)\geqslant 0$，则$g(x)=\sqrt{\ln(1-x)}$，$x\in(-\infty,0]$

27. 设$f(x)=\begin{cases}1+x, & x<0\\ 1, & x\geqslant 0.\end{cases}$，求$f(f(x))$.

解： 当$x<-1$时，$f(x)=1+x\in(-\infty,0)$，则$f(f(x))=2+x$. 当$-1\leqslant x<0$时，$f(x)=1+x\in[0,1)$，则$f(f(x))=1$. 当$x\geqslant 0$时，$f(x)=1$，则$f(f(x))=1$. 故

$$f(f(x))=\begin{cases}x+2, & x<-1\\ 1, & x\geqslant -1\end{cases}$$

28. 设$f(x)=\begin{cases}1, & |x|\leqslant 1\\ 0, & |x|>1\end{cases}$，$g(x)=\begin{cases}2-x^2, & |x|\leqslant 1\\ 2, & |x|>1\end{cases}$，求$f(g(x))$.

解： 当$|x|<1$时，$g(x)=2-x^2\in(1,2)$，则$f(g(x))=0$. 当$|x|=1$时，$g(x)=1$，则$f(g(x))=1$. 当$|x|>1$时，$g(x)=2$，则$f(g(x))=0$. 故

$$f(g(x))=\begin{cases}1, & |x|=1\\ 0, & |x|\neq 1\end{cases}$$

29. (1) 已知$f\left(x-\frac{1}{x}\right)=\frac{x^2}{1+x^4}$，求$f(x)$.

解： $f(x-\frac{1}{x})=\frac{x^2}{1+x^4}=\frac{1}{\frac{1}{x^2}+x^2}=\frac{1}{(x-\frac{1}{x})^2+2}$，则$f(x)=\frac{1}{x^2+2}$

(2) 已知$f(x^2-1)=\ln\frac{x^2}{x^2-2}$，且$f[\varphi(x)]=\ln x$，求$\varphi(x)$.

解： 令$t=x^2-1$，则$f(t)=\ln\frac{t+1}{t-1}$. 令$u=\frac{t+1}{t-1}$，则$f(\frac{u+1}{u-1})=\ln u$，所以：

$$\varphi(x)=\frac{x+1}{x-1}$$

30. 设$f(x)$是定义在$(-\infty,+\infty)$上的函数，证明$|f(x)|=f(x)\mathrm{sgn}[f(x)]$.

证明： 当$f(x)<0$时，$f(x)\mathrm{sgn}[f(x)]=-f(x)=|f(x)|$.

当$f(x)=0$时，$f(x)\mathrm{sgn}[f(x)]=0=|f(x)|$.

当$f(x)>0$时，$f(x)\mathrm{sgn}[f(x)]=f(x)=|f(x)|$.

故 $|f(x)| = f(x)\operatorname{sgn}[f(x)]$.

31. 设 $f(x)$ 是定义在 $(-\infty, +\infty)$ 上的函数，证明 $f(x)$ 等于一个奇函数与偶函数的和 .

证明： 令 $g(x) = \dfrac{f(x) + f(-x)}{2}$，$h(x) = \dfrac{f(x) - f(-x)}{2}$，则 $f(x) = g(x) + h(x)$. 由习题第 15 题可知，即 $f(x)$ 等于一个奇函数与偶函数的和 .

第 2 章

极限与连续

一、基本要求

了解数列与函数极限的概念；理解无穷小量与无穷大量的概念；了解无穷小量与无穷大量的关系；掌握无穷小量的性质与无穷小量的比较；了解极限存在性定理；熟练掌握极限运算法则；熟练掌握两个重要极限；掌握求极限的基本方法；理解函数连续性的概念；理解函数间断的概念；了解连续函数的性质；了解初等函数在其定义区间必连续的结论；了解闭区间上连续函数的性质；掌握用连续的定义讨论函数连续性的方法.

二、内容提要

（一）数列极限的定义：

数列$\{a_n\}$和常数A，对任意给定的$\varepsilon>0$，存在正整数N，使得当$n>N$时，恒有$|a_n-A|<\varepsilon$成立，则称常数A为数列$\{a_n\}$的极限.

（二）函数的极限的定义：

（1）$x\to x_0$时，函数$f(x)$的极限.

函数$f(x)$和常数A，对任意给定的$\varepsilon>0$，存在$\delta>0$，使得当$0<|x-x_0|<\delta$时，恒有$|f(x)-A|<\varepsilon$成立，则称常数A为当$x\to x_0$时，函数$f(x)$的极限.

（2）$x\to x_0^-$时，函数$f(x)$的极限.

函数 $f(x)$ 和常数 A，对任意给定的 $\varepsilon>0$，存在 $\delta>0$，使得当 $x_0-\delta<x<x_0$ 时，恒有 $|f(x)-A|<\varepsilon$ 成立，则称常数 A 为当 $x\to x_0^-$ 时，函数 $f(x)$ 的极限．

（3）$x\to x_0^+$ 时，函数 $f(x)$ 的极限．

函数 $f(x)$ 和常数 A，对任意给定的 $\varepsilon>0$，存在 $\delta>0$，使得当 $x_0<x<x_0+\delta$ 时，恒有 $|f(x)-A|<\varepsilon$ 成立，则称常数 A 为当 $x\to x_0^+$ 时，函数 $f(x)$ 的极限．

（4）极限存在的充要条件：$\lim\limits_{x\to x_0}f(x)=A\Leftrightarrow\lim\limits_{x\to x_0^+}f(x)=\lim\limits_{x\to x_0^-}f(x)=A$

（5）$x\to\infty$ 时，函数 $f(x)$ 的极限．

函数 $f(x)$ 和常数 A，对任意给定的 $\varepsilon>0$，存在 $X>0$，使得当 $|x|>X$ 时，恒有 $|f(x)-A|<\varepsilon$ 成立，则称常数 A 为当 $x\to\infty$ 时，函数 $f(x)$ 的极限．

（6）$x\to+\infty$ 时，函数 $f(x)$ 的极限．

函数 $f(x)$ 和常数 A，对任意给定的 $\varepsilon>0$，存在 $X>0$，使得当 $x>X$ 时，恒有 $|f(x)-A|<\varepsilon$ 成立，则称常数 A 为当 $x\to+\infty$ 时，函数 $f(x)$ 的极限．

（7）$x\to-\infty$ 时，函数 $f(x)$ 的极限．

函数 $f(x)$ 和常数 A，对任意给定的 $\varepsilon>0$，存在 $X>0$，使得当 $x<-X$ 时，恒有 $|f(x)-A|<\varepsilon$ 成立，则称常数 A 为当 $x\to-\infty$ 时，函数 $f(x)$ 的极限．

（8）极限存在的充要条件：$\lim\limits_{x\to\infty}f(x)=A\Leftrightarrow\lim\limits_{x\to+\infty}f(x)=\lim\limits_{x\to-\infty}f(x)=A$

（三）无穷小量的定义及性质

（1）定义：在某极限过程中极限为零的变量．

（2）基本性质：

①无穷小量与极限：$\lim f(x)=A\Leftrightarrow f(x)=A+\alpha$，$\alpha$ 为相同极限过程下的无穷小；

②有限个无穷小量的和、差仍为无穷小量；

③有限个无穷小量的乘积仍为无穷小量；

④无穷小量与有界变量乘积仍为无穷小量；

⑤无穷小量除以极限存在且不为零的变量仍为无穷小量．

（3）无穷小量比较：设 α，β 为相同极限过程下的无穷小量，且 $\lim\dfrac{\alpha}{\beta}=A$，则

①当 $A=0$ 时，α 是 β 的高阶无穷小量；

②当 $A\neq0$ 时，α 是 β 的同阶无穷小量．特别地，当 $A=1$ 时，α 是 β 的等价无穷小量．

（4）等价无穷小代换定理：求两个无穷小量之比的极限时，分子、分母的因子都可用等价无穷小量来替代，可使计算简化．

（5）无穷大量的概念：在某极限过程中绝对值无限增大的变量．

（6）无穷小量与无穷大量的关系：在同一极限过程中，无穷大量的倒数是无穷小量；不为零的无穷小量的倒数是无穷大量．

（四）极限的性质和运算法则（$\lim f(x)$ 泛指函数极限的任何一种形式）

（1）唯一性：如果极限 $\lim f(x)=A$ 存在，则唯一．

（2）局部有界性：如果 $\lim f(x)=A$，则存在极限点的某个邻域，使得函数 $f(x)$ 有界．

（3）局部保号性：如果 $\lim f(x)=A>0$，则存在极限点的某个邻域，使得函数 $f(x)>0$.

（4）不等式性质：如果 $\lim f(x)=A$，$\lim g(x)=B$ 且 $f(x)\leqslant g(x)$，则 $A\leqslant B$.

（5）极限运算法则：若 $\lim f(x)=A$，$\lim g(x)=B$，则

①$\lim[f(x)\pm g(x)]=A\pm B$；②$\lim f(x)\cdot g(x)=A\cdot B$；

③$\lim kf(x)=kA$，k 为常数；$\lim[f(x)]^n=A^n$；

④$\lim\dfrac{f(x)}{g(x)}=\dfrac{A}{B}$，$g(x)\neq 0$，$B\neq 0$.

（五）极限存在性定理

（1）夹逼定理：$\lim f(x)=\lim g(x)=A$，且在极限点的某邻域内 $f(x)\leqslant h(x)\leqslant g(x)$，则 $\lim h(x)=A$.

（2）单调有界定理：单调有界数列必有极限.

（六）两个重要极限

（1）$\lim\limits_{x\to 0}\dfrac{\sin x}{x}=1$，由该极限得，当 $x\to 0$ 时，$\sin x\sim x$，$\tan x\sim x$，$1-\cos x\sim\dfrac{1}{2}x^2$；

（2）$\lim\limits_{x\to\infty}\left(1+\dfrac{1}{x}\right)^x=e$，由该极限得，当 $x\to 0$ 时，$\ln(1+x)\sim x$，$e^x-1\sim x$.

（七）函数连续和间断的概念

（1）函数点连续的直观定义：函数在一点处当自变量变化很小时，函数值的变化也很小.

（2）函数点连续的增量定义：函数 $y=f(x)$，在 x_0 点，当自变量的改变量 $\Delta x\to 0$ 时，函数相应的改变量 $\Delta y\to 0$，即 $\lim\limits_{\Delta x\to 0}\Delta y=0$.

（3）函数点连续的极限定义：函数 $y=f(x)$，在 x_0 点的某邻域内，有 $\lim\limits_{x\to x_0}f(x)=f(x_0)$.

（4）函数在一点单侧连续的定义：在 x_0 点右连续$\Leftrightarrow\lim\limits_{x\to x_0^+}f(x)=f(x_0)$；在 x_0 点左连续$\Leftrightarrow$ $\lim\limits_{x\to x_0^-}f(x)=f(x_0)$

（5）函数区间连续的定义：函数 $y=f(x)$ 在开区间 (a,b) 内处处连续，且在 a 点右连续，在 b 点左连续，则称函数 $y=f(x)$ 在闭区间 $[a,b]$ 上连续.

（6）函数的间断点的定义：函数不连续的点.

（7）函数间断点的类型：

①第一类间断点：左右极限都存在的间断点，包括可去间断点和跳跃间断点.

②第二类间断点：左右极限至少有一个不存在的间断点.

（八）连续函数的性质

（1）连续函数经四则运算、反函数、复合函数后所得函数仍是连续函数.

（2）初等函数在其定义区间内必连续.

（3）闭区间上连续函数的基本定理：

①最值定理：闭区间上的连续函数一定有最大值和最小值.

②零值定理；闭区间上的连续函数在两端点处函数值异号，则区间内至少有一个零点．

③介值定理：闭区间上的连续函数，可取到介于最大值和最小值之间的任意值．

三、典型例题

题型一：利用极限的四则运算法则和幂指函数运算法则求极限

［例 2.1］ $\lim\limits_{x\to+\infty}\dfrac{\sqrt{4x^2+x-1}+x-1}{\sqrt{x^2-\sin x}}$

分析：此极限是$\dfrac{\infty}{\infty}$型，此类题目最常见的做法是分子分母同时除以"最大"的无穷大．在本题中此项显然是"$\sqrt{x^2}$"．

解：分子分母同时除以$\sqrt{x^2}$得：

$$\lim_{x\to+\infty}\frac{\sqrt{4x^2+x-1}+x-1}{\sqrt{x^2-\sin x}}=\lim_{x\to+\infty}\frac{\sqrt{4+\dfrac{1}{x}-\dfrac{1}{x^2}}+1-\dfrac{1}{\sqrt{x^2}}}{\sqrt{1-\dfrac{\sin x}{x^2}}}=3$$

［例 2.2］ $\lim\limits_{x\to-\infty}\dfrac{\sqrt{4x^2+x-1}+x-1}{\sqrt{x^2-\sin x}}$

分析：此题与上题的区别在于取极限方式不同．

解：分子、分母同时除以$\sqrt{x^2}$得

$$\lim_{x\to-\infty}\frac{\sqrt{4x^2+x-1}+x-1}{\sqrt{x^2-\sin x}}=\lim_{x\to-\infty}\frac{\sqrt{4+\dfrac{1}{x}-\dfrac{1}{x^2}}-1-\dfrac{1}{\sqrt{x^2}}}{\sqrt{1-\dfrac{\sin x}{x^2}}}=1$$

小结：结合例 2.1、例 2.2 易知，$\lim\limits_{x\to\infty}\dfrac{\sqrt{4x^2+x-1}+x-1}{\sqrt{x^2-\sin x}}$此极限不存在．

［例 2.3］ $\lim\limits_{x\to0}\dfrac{\sqrt{1+x\sin x}-\sqrt{\cos x}}{\arcsin^2x}$

分析：此极限是$\dfrac{0}{0}$型，此类题目最常见的做法是初等变形后约掉极限零或者等价无穷小量替换．在进行等价无穷小替换时一定要注意替换的"合法性"——即只能在乘除法中进行替换，熟记一些常见的等价无穷小量对求极限非常有帮助．

解：因为当 $x\to0$ 时，$\arcsin x\sim x$

$$原式=\lim_{x\to0}\frac{\sqrt{1+x\sin x}-\sqrt{\cos x}}{x^2}=\lim_{x\to0}\frac{1+x\sin x-\cos x}{x^2(\sqrt{1+x\sin x}+\sqrt{\cos x})}$$

$$=\lim_{x\to 0}\frac{1}{\sqrt{1+x\sin x}+\sqrt{\cos x}}\cdot\lim_{x\to 0}\frac{1+x\sin x-\cos x}{x^2}=\frac{1}{2}\left(\lim_{x\to 0}\frac{x\sin x}{x^2}+\lim_{x\to 0}\frac{1-\cos x}{x^2}\right)$$

因为 $x\to 0$ 时，$\sin x\sim x, 1-\cos x\sim\frac{1}{2}x^2$

$$原式=\frac{1}{2}\left(\lim_{x\to 0}\frac{x^2}{x^2}+\lim_{x\to 0}\frac{\frac{1}{2}x^2}{x^2}\right)=\frac{3}{4}$$

［例 **2.4**］ $\lim\limits_{x\to\infty}\frac{x+\sin x}{x-\sin x}$

解：分子、分母同时除以“x”：

$$原式=\lim_{x\to\infty}\frac{1+\frac{\sin x}{x}}{1-\frac{\sin x}{x}}=1$$

注：$\lim\limits_{x\to\infty}\frac{\sin x}{x}=0$

［例 **2.5**］ $\lim\limits_{x\to 0}(\cos 2x)^{1+\cot^2 x}$

分析：$f(x)^{g(x)}$ 是幂指函数，处理这种函数的常用方法是先把它变成熟悉的指数函数与对数函数的复合：$f(x)^{g(x)}=e^{g(x)\ln f(x)}$

解：原式 $=\lim\limits_{x\to 0}e^{(1+\cot^2 x)\ln\cos 2x}=e^{\lim\limits_{x\to 0}(1+\cot^2 x)\ln\cos 2x}$

注：上式中第二个等号是由于指数函数是连续函数，因此极限符号与函数符号可以换序，即：

$$\lim_{x\to x_0}f(x)\overset{函数f在x_0连续}{=}f(\lim_{x\to x_0}x)$$

对于 $\lim\limits_{x\to 0}(1+\cot^2 x)\ln\cos 2x=\lim\limits_{x\to 0}\frac{\ln(1-2\sin^2 x)}{\sin^2 x}=\lim\limits_{x\to 0}\frac{-2x^2}{x^2}=-2$

所以原式 $=e^{-2}$

题型二：利用两个重要极限求极限.

1. $\lim\limits_{x\to 0}\frac{\sin x}{x}=1$

这个极限的特点是：（1）$\frac{0}{0}$型；（2）$\frac{\sin\varphi(x)}{\varphi(x)}$；（3）$\varphi(x)\to 0$

［例 **2.6**］ $\lim\limits_{x\to 0}\frac{\tan x-\sin x}{x^3}$

分析：这是一个$\frac{0}{0}$型的极限且极限中出现三角函数，因此考虑上述公式.

$$\lim_{x\to 0}\frac{\tan x-\sin x}{x^3}=\lim_{x\to 0}\frac{\frac{\sin x}{\cos x}-\sin x}{x^3}=\lim_{x\to 0}\frac{\sin x-\sin x\cdot\cos x}{\cos x\cdot x^3}=\lim_{x\to 0}\frac{\sin x}{x}\cdot\lim_{x\to 0}\frac{1-\cos x}{x^2}\cdot\lim_{x\to 0}\frac{1}{\cos x}$$

$$=1\cdot\lim_{x\to0}\frac{2\sin^2\frac{x}{2}}{4\left(\frac{x}{2}\right)^2}=\frac{1}{2}$$

2. $\lim\limits_{x\to0}(1+x)^{\frac{1}{x}}=e$

此极限有三个特点：（1）幂指函数；（2）1^∞ 型；（3）底数为$(1+\alpha(x))$，指数为$\frac{1}{\alpha(x)}$，$\alpha(x)$是 $x\to0$ 时的无穷小量．同时满足以上三个特点的极限等于 e.

［例 2.7］ $\lim\limits_{x\to0}(\sin x+\cos x)^{\frac{1}{x}}$

分析：满足上述三个特点中的前两条，为了使用重要极限的结论，必须将底数配成(1＋无穷小)．

解：$\lim\limits_{x\to0}(\sin x+\cos x)^{\frac{1}{x}}=\lim\limits_{x\to0}(\sin x+\cos x)^{2\cdot\frac{1}{2x}}=\lim\limits_{x\to0}(1+\sin2x)^{\frac{1}{\sin2x}\cdot\frac{\sin2x}{2x}}$

$$=\lim_{x\to0}e^{\frac{\sin2x}{2x}\ln(1+\sin2x)^{\frac{1}{\sin2x}}}=e^{\lim\limits_{x\to0}\frac{\sin2x}{2x}\ln(1+\sin2x)^{\frac{1}{\sin2x}}}$$

对于极限$\lim\limits_{x\to0}\frac{\sin2x}{2x}\ln(1+\sin2x)^{\frac{1}{\sin2x}}=\lim\limits_{x\to0}\frac{\sin2x}{2x}\cdot\lim\limits_{x\to0}\ln(1+\sin2x)^{\frac{1}{\sin2x}}$

$$=\ln\lim_{x\to0}(1+\sin2x)^{\frac{1}{\sin2x}}=\ln e=1$$

所以原式 $=e^1=e$

题型三：利用等价无穷小替换求极限．

［例 2.8］ $\lim\limits_{x\to0}\frac{e^{x^4}-1}{1-\cos(x\sqrt{1-\cos x})}$

解：当 $x\to0$ 时，

$e^{x^4}-1\sim x^4,1-\cos(x\sqrt{1-\cos x})\sim\frac{1}{2}(x\sqrt{1-\cos x})^2=\frac{1}{2}x^2(1-\cos x)\sim\frac{1}{4}x^4$

所以原式 $=\lim\limits_{x\to0}\frac{x^4}{\frac{1}{4}x^4}=4$

在上题中多次用到等价无穷小替换，因此记住常见的等价无穷小对求极限是非常有帮助的，我们列举出一些常见等价无穷小，希望读者牢记．

当 $x\to0$ 时：

$x\sim\sin x\sim\tan x\sim\arcsin x\sim\arctan x\sim e^x-1\sim\ln(1+x)$

$a^x-1\sim x\ln a;(1+x)^\alpha-1\sim\alpha x;1-\cos x\sim\frac{1}{2}x^2$

$\tan x-\sin x\sim\frac{1}{2}x^3;x-\sin x\sim\frac{1}{6}x^3;\tan x-x\sim\frac{1}{3}x^3$

［例 2.9］ $\lim\limits_{x\to0}\frac{(1+x)^{\frac{1}{x}}-e}{x}$

分析：此题是$\frac{0}{0}$型的极限，但难点还是分子上的幂指函数，利用前文提到的幂指函数惯用做法，仍然考虑先对幂指函数做变形．

解： $\lim\limits_{x\to 0}\dfrac{e^{\frac{1}{x}\ln(1+x)}-e}{x}=\lim\limits_{x\to 0}\dfrac{e\left(e^{\frac{1}{x}\ln(1+x)-1}-1\right)}{x}\overset{\text{等价无穷小替换}}{=}\lim\limits_{x\to 0}\dfrac{e\left(\dfrac{1}{x}\ln(1+x)-1\right)}{x}$

$$=e\lim\limits_{x\to 0}\frac{\ln(1+x)-x}{x^2}\overset{\text{罗必达法则}}{=}e\lim\limits_{x\to 0}\frac{\dfrac{1}{1+x}-1}{2x}=-\frac{e}{2}$$

思考： 画横线步骤中分子 $\ln(1+x)$ 能否使用等价无穷小量替换，为什么？

回答： 不能使用等价无穷小替换，因为等价无穷小替换只能使用在乘除法中，当 $x\to 0$ 时，$\ln(1+x)\sim x$，在 $\lim\limits_{x\to 0}\dfrac{\ln(1+x)-x}{x^2}$ 中不能仅将 $\ln(1+x)$ 替换为 x，因为他们之间是减法运算，这样的替换是不合适的．除非能首先将极限拆开再分别替换，而在本题中极限拆开后各自都不存在，所以也不能拆开计算，总之在本步骤中不适合等价无穷小替换．此题告诉我们，不是任何等价无穷小都能随意替换，在等价无穷小替换之前一定要看清楚是否满足替换原则．

[例 2.10] $\lim\limits_{x\to+\infty}x\left(a^{\frac{1}{x}}-b^{\frac{1}{x}}\right)$

分析： 在极限过程中 $\left(a^{\frac{1}{x}}-b^{\frac{1}{x}}\right)\to 0$ 是一个无穷小量，可以考虑等价无穷小替换，使表达式简单．

解： $\lim\limits_{x\to+\infty}x\left(a^{\frac{1}{x}}-b^{\frac{1}{x}}\right)=\lim\limits_{x\to+\infty}x\left[\left(a^{\frac{1}{x}}-1\right)-\left(b^{\frac{1}{x}}-1\right)\right]=\lim\limits_{x\to+\infty}x\left(a^{\frac{1}{x}}-1\right)-\lim\limits_{x\to+\infty}x\left(b^{\frac{1}{x}}-1\right)$

$$=\lim\limits_{x\to+\infty}x\cdot\frac{1}{x}\ln a-\lim\limits_{x\to+\infty}x\cdot\frac{1}{x}\ln b=\ln a-\ln b.$$

总结： 等价无穷小替换原则：

（1）乘除因子项可以直接用其等价无穷小替换；

（2）在同一个极限过程中，若一个因子由有限个不同阶的无穷小量相加而成，则它等价于阶数最低的无穷小量．

题型四：由极限值确定函数中的待定参数．

[例 2.11] 若 $\lim\limits_{x\to 2}\dfrac{x^2+ax+b}{x-2}=3$，求 a,b 的值．

分析： 此题中有两个待定参数，因此需要根据条件构造 a,b 应满足的两个方程．经观察可知，在极限状态下，分母极限为0，而整个分式极限为3，根据极限四则运算法则知：

$$\lim\limits_{x\to 2}(x^2+ax+b)=\lim\limits_{x\to 2}\frac{x^2+ax+b}{x-2}\cdot(x-2)=\lim\limits_{x\to 2}\frac{x^2+ax+b}{x-2}\cdot\lim\limits_{x\to 2}(x-2)=3\times 0=0$$

解： 由上述分析可知 $\lim\limits_{x\to 2}(x^2+ax+b)=0\Rightarrow 4+2a+b=0\Rightarrow b=-4-2a$　　(2.1)

将（2.1）式代入原极限：

$$\lim\limits_{x\to 2}\frac{x^2+ax+b}{x-2}=\lim\limits_{x\to 2}\frac{x^2+ax-4-2a}{x-2}=\lim\limits_{x\to 2}(x+a+2)=3\Rightarrow a+4=3\qquad(2.2)$$

联立（2.1）式、（2.2）式得 $a=-1,b=-2$

[**例 2.12**] 设$\lim\limits_{x\to 0}\dfrac{\ln(1+x)-ax-bx^2}{x^2}=2$，求 a,b 的值．

分析：此题中有两个待定参数，因此需要根据条件构造 a,b 应满足的两个方程．但经观察可知，例 2.11 的列方程分式在此题中无效，我们必须根据本极限特点构造新的关于 a,b 的方程．

解：

$$\lim_{x\to 0}\frac{\ln(1+x)-ax-bx^2}{x^2}=2\Rightarrow\lim_{x\to 0}\frac{\ln(1+x)-ax}{x^2}-b=2\Rightarrow\lim_{x\to 0}\frac{\ln(1+x)-ax}{x^2}=2+b \tag{2.3}$$

对于极限$\lim\limits_{x\to 0}\dfrac{\ln(1+x)-ax}{x^2}=\lim\limits_{x\to 0}\dfrac{\dfrac{\ln(1+x)}{x}-a}{x}$，由于整个分式极限存在，分母极限为 0，则分子极限必为 0，$\lim\limits_{x\to 0}\dfrac{\ln(1+x)}{x}-a=0\Rightarrow a=1$ (2.4)

联立式（2.3）、式（2.4）知，$\lim\limits_{x\to 0}\dfrac{\ln(1+x)-x}{x^2}=\lim\limits_{x\to 0}\dfrac{\dfrac{1}{1+x}-1}{2x}=2+b\Rightarrow b=-\dfrac{5}{2}$，所以 $a=1$，$b=-\dfrac{5}{2}$

题型五：连续性判断及间断点类型．

[**例 2.13**] 试确定 a 和 b 的值，使 $x=0$ 是函数 $f(x)=\dfrac{e^x-b}{(x-a)(x-1)}$的无穷间断点，$x=1$是它的可去间断点．

分析：$x=0$ 是无穷间断点意味着$\lim\limits_{x\to 0}\dfrac{e^x-b}{(x-a)(x-1)}=\dfrac{1-b}{a}=\infty$；$x=1$ 是可去间断点表明 $\lim\limits_{x\to 1}\dfrac{e^x-b}{(x-a)(x-1)}$存在．

解：由分析知$\lim\limits_{x\to 0}\dfrac{e^x-b}{(x-a)(x-1)}=\dfrac{1-b}{a}=\infty\Rightarrow a=0$，又$\lim\limits_{x\to 1}\dfrac{e^x-b}{(x-a)(x-1)}=\lim\limits_{x\to 1}\dfrac{e^x-b}{x(x-1)}$存在，此极限分母等于零，因此分子极限必为零，即$\lim\limits_{x\to 1}(e^x-b)=0\Rightarrow b=e$

[**例 2.14**] 设$f(x)=\begin{cases}x^\alpha\sin\dfrac{1}{x}, & x>0\\ e^x-1, & x\leqslant 0\end{cases}$，根据 α 的不同情况，讨论$f(x)$在 $x=0$ 处的连续性．

解：$\lim\limits_{x\to 0^-}f(x)=\lim\limits_{x\to 0^-}e^x-1=0$

当 $\alpha>0$ 时，$\lim\limits_{x\to 0^+}f(x)=\lim\limits_{x\to 0^+}x^\alpha\sin\dfrac{1}{x}=0$，则$\lim\limits_{x\to 0}f(x)=f(0)=0$，即 $f(x)$在 $x=0$ 处连续．

当 $\alpha\leqslant 0$ 时，$\lim\limits_{x\to 0^+}f(x)=\lim\limits_{x\to 0^+}x^\alpha\sin\dfrac{1}{x}$不存在，则 $f(x)$在 $x=0$ 处不连续．

［例 2.15］ 设函数 $f(x)=\begin{cases}\dfrac{\ln(1+ax^3)}{x-\arcsin x}, & x<0\\ 6, & x=0\\ \dfrac{e^{ax}+x^2-ax-1}{x\sin\frac{x}{4}}, & x>0\end{cases}$，则 $a=$______时 $f(x)$ 在 $x=0$ 处连续；$a=$________时，$x=0$ 是 $f(x)$ 的可去间断点．

分析： $x=0$ 是函数 $f(x)$ 的分段点，在此点左右两侧函数表达式不同，因此在判断连续性时，间断点类型都必须分左右极限分别计算．

解： $\lim\limits_{x\to0^-}f(x)=\lim\limits_{x\to0^-}\dfrac{\ln(1+ax^3)}{x-\arcsin x}=\lim\limits_{x\to0^-}\dfrac{ax^3}{x-\arcsin x}\overset{\text{罗必达法则}}{=}\lim\limits_{x\to0^-}\dfrac{3ax^2}{1-\dfrac{1}{\sqrt{1-x^2}}}$

$$=\lim_{x\to0^-}\frac{3ax^2\cdot\sqrt{1-x^2}}{\sqrt{1-x^2}-1}=\lim_{x\to0^-}\sqrt{1-x^2}\cdot\lim_{x\to0^-}\frac{3ax^2}{\sqrt{1-x^2}-1}=\lim_{x\to0^-}\frac{3ax^2}{-\frac{1}{2}x^2}=-6a$$

$$\lim_{x\to0^+}f(x)=4\lim_{x\to0^+}\frac{e^{ax}+x^2-ax-1}{x^2}\overset{\text{罗必达法则}}{=}4\lim_{x\to0^+}\frac{ae^{ax}+2x-a}{2x}\overset{\text{罗必达法则}}{=}4\lim_{x\to0^+}\frac{a^2e^{ax}+2}{2}=2a^2+4$$

若函数在 $x=0$ 处连续则必有：

$\lim\limits_{x\to0^+}f(x)=\lim\limits_{x\to0^-}f(x)=f(0)\Leftrightarrow-6a=4a^2+2=6\Rightarrow a=-1$

若函数在 $x=0$ 处可去间断则必有：

$\lim\limits_{x\to0^+}f(x)=\lim\limits_{x\to0^-}f(x)\neq f(0)\Leftrightarrow-6a=4a^2+2\neq6\Rightarrow a=-2$

题型六：连续函数性质应用

［例 2.16］ 设 $f(x)$ 在 $(-\infty,+\infty)$ 上连续，且以 T 为周期，证明方程 $f(x)-f\left(x-\dfrac{T}{2}\right)=0$ 在任何长度为 $\dfrac{T}{2}$ 的闭区间上至少有一个实根．

证明： 设 $F(x)=f(x)-f\left(x-\dfrac{T}{2}\right)$，考虑闭区间 $\left[a,a+\dfrac{T}{2}\right]$，其中 $a\in R$.

$F(a)=f(a)-f\left(a-\dfrac{T}{2}\right)$

$F\left(a+\dfrac{T}{2}\right)=f\left(a+\dfrac{T}{2}\right)-f(a)=f\left(a-\dfrac{T}{2}\right)-f(a)=-F(a)$

若 $F(a)=0$，则 $a,a+\dfrac{T}{2}$ 均为方程的根；若 $F(a)\neq0$，则 $F(a)\cdot F\left(a+\dfrac{T}{2}\right)=-F^2(a)<0$，由闭区间上连续函数零值定理，必存在 $x_0\in\left(a,a+\dfrac{T}{2}\right)$，使得 $F(x_0)=0$ 此时 x_0 即为方程的根．综上，方程 $f(x)-f\left(x-\dfrac{T}{2}\right)=0$ 在任何长度为 $\dfrac{T}{2}$ 的闭区间上至少有一个实根．

［例 2.17］ 证明方程 $x=a\cos x+b(a>0,b>0)$ 至少有一个不超过 $a+b$ 的正根．

证明： 设 $f(x)=x-a\cos x-b$，$x\in[0,a+b]$，则 $f(x)$ 为 $[0,a+b]$ 上的连续函数．

又因为：$f(0)=0-a\cos0-b=-b<0$

$f(a+b)=(a+b)-a\sin(a+b)-b=a(1-\sin(a+b))\geqslant0$

若$f(a+b)=0$，则$a+b$为方程的根．若$f(a+b)>0$，则$f(0)\cdot f(a+b)<0$，由闭区间上连续函数零值定理，必存在$x_0\in(0,a+b)$，使得$f(x_0)=0$，此时x_0即为方程的根．综上，方程$x=a\cos x+b(a>0,b>0)$至少有一个不超过$a+b$的正根．

注：运用连续函数零值定理证明根的存在性时，一般先移项使得方程右端为0，假设方程左端为辅助函数，验证其在一特定闭区间内连续且在两个端点的函数值异号即可．

四、教材习题解答

1. 写出下列数列的一般项，并考察$n\to\infty$时的变化趋势：

(1) $0,\frac{3}{2},\frac{2}{3},\frac{5}{4},\frac{4}{5}\cdots$

解：$a_n=\frac{n+(-1)^n}{n}$，当$n\to\infty$时，$a_n\to1$.

(2) $1,\frac{1}{2},3,\frac{1}{4},5,\frac{1}{6}\cdots$

解：$a_n=\begin{cases}n, & n\text{为奇数}\\ \frac{1}{n}, & n\text{为偶数}\end{cases}$，$a_n$发散．

(3) $0,\frac{1}{2},0,\frac{1}{4},0,\frac{1}{6}\cdots$

解：$a_n=\begin{cases}0, & n\text{为奇数}\\ \frac{1}{n}, & n\text{为偶数}\end{cases}$，当$n\to\infty$时，$a_n\to0$.

(4) $\sin(\pi+x)$，$\sin(2\pi+x)$，$\sin(3\pi+x)\cdots\cdots$

解：$a_n=\sin(n\pi+x)$，a_n发散．

(5) 0.9，0.99，0.999，0.9999

解：$a_n=1-\frac{1}{10^n}$，当$n\to\infty$时，$a_n\to1$.

(6) $2,\frac{5}{2},\frac{10}{3},\frac{17}{4},\frac{26}{5}\cdots\cdots$

解：$a_n=\frac{n^2+1}{n}$，a_n发散．

2. 判断下列数列是否收敛：

(1) $f(n)=\begin{cases}\frac{n}{1+n}, & n\text{为奇数}\\ \frac{n}{1-n}, & n\text{为偶数}\end{cases}$

解：$\lim\limits_{n\to\infty}f(2n)=1,\lim\limits_{n\to\infty}f(2n+1)=-1\Rightarrow f(n)$发散

(2) $f(n)=\begin{cases}1+\dfrac{1}{n}, & n\text{ 为奇数}\\(-1)^n, & n\text{ 为偶数}\end{cases}$

解：$\lim\limits_{n\to\infty}f(2n)=1,\lim\limits_{n\to\infty}f(2n+1)=1\Rightarrow\lim\limits_{n\to\infty}f(n)=1$

(3) $f(n)=\begin{cases}\dfrac{2^n-1}{2^n}, & n\text{ 为奇数}\\\dfrac{2^n+1}{2^n}, & n\text{ 为偶数}\end{cases}$

解：$\lim\limits_{n\to\infty}f(2n)=1,\lim\limits_{n\to\infty}f(2n+1)=1\Rightarrow\lim\limits_{n\to\infty}f(n)=1$

(4) $f(n)=\begin{cases}\dfrac{1}{n}, & n\text{ 为奇数}\\\dfrac{1}{n+1}, & n\text{ 为偶数}\end{cases}$

解：$\lim\limits_{n\to\infty}f(2n)=0,\lim\limits_{n\to\infty}f(2n+1)=0\Rightarrow\lim\limits_{n\to\infty}f(n)=0$

(5) $f(n)=(-1)^n\dfrac{n}{n+1}$

解：$\lim\limits_{n\to\infty}f(2n)=1,\lim\limits_{n\to\infty}f(2n+1)=-1\Rightarrow f(n)$发散

(6) $f(n)=\dfrac{n}{2n+1}$

解：$\lim\limits_{n\to\infty}f(n)=\dfrac{1}{2}$

3. 求下列数列的极限 A，并确定一个 N，使得当 $n>N$ 时，总有 $|f(n)-A|<\varepsilon$；当 $\varepsilon=0.001$ 时，求出 N.

(1) $f(n)=\dfrac{\sin\dfrac{n\pi}{2}}{n}$

解：$A=0$，$|f(n)-A|=\left|\dfrac{\sin\dfrac{n\pi}{2}}{n}\right|\leqslant\dfrac{1}{n}<\varepsilon$，则 $n>\dfrac{1}{\varepsilon}$. 取 $N=\left[\dfrac{1}{\varepsilon}\right]=1000$，所以当 $n>N$ 时，有 $|f(n)-A|<\varepsilon$.

(2) $f(n)=\dfrac{\sqrt{n^2+1}}{n}$

解：$A=1$，$|f(n)-A|=\left|\dfrac{\sqrt{n^2+1}-n}{n}\right|=\dfrac{1}{n(\sqrt{n^2+1}+n)}<\dfrac{1}{2n^2}<\varepsilon$，则 $n>\sqrt{\dfrac{1}{2\varepsilon}}$. 取 $N=\left[\sqrt{\dfrac{1}{2\varepsilon}}\right]=22$，所以当 $n>N$ 时，有 $|f(n)-A|<\varepsilon$.

4. 根据数列极限的定义证明：

(1) $\lim\limits_{n\to\infty}\dfrac{3n+1}{2n+1}=\dfrac{3}{2}$

分析：对于任给的 $\varepsilon>0$，要使 $\left|\frac{3n+1}{2n+1}-\frac{3}{2}\right|<\varepsilon$，由 $\left|\frac{3n+1}{2n+1}-\frac{3}{2}\right|=\frac{1}{4n+2}\leqslant\frac{1}{4n}$ 可知，只要 $\frac{1}{4n}<\varepsilon$，即当 $n>\frac{1}{4\varepsilon}$ 时，总有 $\left|\frac{3n+1}{2n+1}-\frac{3}{2}\right|<\varepsilon$，所以可取 $N=\left[\frac{1}{4\varepsilon}\right]$.

证明：对于 $\forall\varepsilon>0$，$\exists N=\left[\frac{1}{4\varepsilon}\right]$，s. t. 当 $n>N$ 时，总有 $\left|\frac{3n+1}{2n+1}-\frac{3}{2}\right|=\frac{1}{4n+2}\leqslant\frac{1}{4n}<\varepsilon$ 成立，所以 $\lim\limits_{n\to\infty}\frac{3n+1}{2n+1}=\frac{3}{2}$.

（2）$\lim\limits_{n\to\infty}\frac{(-1)^n}{4^n}=0$

分析：对于任给的 $\varepsilon>0$，要使 $\left|\frac{(-1)^n}{4^n}-0\right|<\varepsilon$，由 $\left|\frac{(-1)^n}{4^n}-0\right|=\frac{1}{4^n}$ 可知，只要 $\frac{1}{4^n}<\varepsilon$，即当 $n>\log_4\frac{1}{\varepsilon}$ 时，总有 $\left|\frac{(-1)^n}{4^n}-0\right|<\varepsilon$，所以可取 $N=\left[\log_4\frac{1}{\varepsilon}\right]$.

证明：对于 $\forall\varepsilon>0$，$\exists N=\left[\log_4\frac{1}{\varepsilon}\right]$，s. t. 当 $n>N$ 时，总有 $\left|\frac{(-1)^n}{4^n}-0\right|=\frac{1}{4^n}<\varepsilon$ 成立，所以 $\lim\limits_{n\to\infty}\frac{(-1)^n}{4^n}=0$.

（3）$\lim\limits_{n\to\infty}\frac{1}{\sqrt{n}}=0$

分析：对于任给的 $\varepsilon>0$，要使 $\left|\frac{1}{\sqrt{n}}-0\right|<\varepsilon$，由 $\left|\frac{1}{\sqrt{n}}-0\right|=\frac{1}{\sqrt{n}}$ 可知，只要 $\frac{1}{\sqrt{n}}<\varepsilon$，即当 $n>\frac{1}{\varepsilon^2}$ 时，总有 $\left|\frac{1}{\sqrt{n}}-0\right|<\varepsilon$，所以可取 $N=\left[\frac{1}{\varepsilon^2}\right]$.

证明：对于 $\forall\varepsilon>0$，$\exists N=\left[\frac{1}{\varepsilon^2}\right]$，s. t. 当 $n>N$ 时，总有 $\left|\frac{1}{\sqrt{n}}-0\right|=\frac{1}{\sqrt{n}}<\varepsilon$ 成立，所以 $\lim\limits_{n\to\infty}\frac{1}{\sqrt{n}}=0$.

（4）$\lim\limits_{n\to\infty}\frac{3^n-1}{3^n}=1$

分析：对于任给的 $\varepsilon>0$，要使 $\left|\frac{3^n-1}{3^n}-1\right|<\varepsilon$，由 $\left|\frac{3^n-1}{3^n}-1\right|=\frac{1}{3^n}$ 可知，只要 $\frac{1}{3^n}<\varepsilon$，即当 $n>\log_3\frac{1}{\varepsilon}$ 时，总有 $\left|\frac{3^n-1}{3^n}-1\right|<\varepsilon$，所以可取 $N=\left[\log_3\frac{1}{\varepsilon}\right]$.

证明：对于 $\forall\varepsilon>0$，$\exists N=\left[\log_3\frac{1}{\varepsilon}\right]$，s. t. 当 $n>N$ 时，总有 $\left|\frac{3^n-1}{3^n}-1\right|=\frac{1}{3^n}<\varepsilon$ 成立，所以 $\lim\limits_{n\to\infty}\frac{3^n-1}{3^n}=1$.

5. 根据函数极限的定义证明：

（1）$\lim\limits_{x\to\infty}\frac{4x+2}{x}=4$

分析：对于任给的 $\varepsilon>0$，要使 $\left|\frac{4x+2}{x}-4\right|<\varepsilon$，由 $\left|\frac{4x+2}{x}-4\right|=\frac{2}{|x|}$ 可知，只要 $\frac{2}{|x|}<\varepsilon$，即当 $|x|>\frac{2}{\varepsilon}$ 时，总有 $\left|\frac{4x+2}{x}-4\right|<\varepsilon$，所以可取 $x=\frac{2}{\varepsilon}$.

证明：对于 $\forall\varepsilon>0$，$\exists X=\frac{2}{\varepsilon}$，s. t. 当 $|x|>\frac{2}{\varepsilon}$ 时，总有 $\left|\frac{4x+2}{x}-4\right|=\frac{2}{|x|}<\varepsilon$ 成立，所以 $\lim\limits_{x\to\infty}\frac{4x+2}{x}=4$.

(2) $\lim\limits_{x\to-\infty}e^x=0$

分析：对于任给的 $\varepsilon>0$，要使 $|e^x-0|<\varepsilon$，由 $|e^x-0|=e^x$ 可知，只要 $e^x<\varepsilon$，即当 $x<\ln\varepsilon$ 时，总有 $|e^x-0|<\varepsilon$，所以可取 $X=-\ln\varepsilon$.

证明：对于 $\forall\varepsilon>0$，$\exists X=-\ln\varepsilon$，s. t. 当 $x<-X$ 时，总有 $|e^x-0|=e^x<\varepsilon$ 成立，所以 $\lim\limits_{x\to-\infty}e^x=0$.

(3) $\lim\limits_{x\to2}(3x+1)=7$

分析：对于任给的 $\varepsilon>0$，要使 $|3x+1-7|<\varepsilon$，即 $|x-2|<\frac{\varepsilon}{3}$，则需取 $\delta=\frac{\varepsilon}{3}$.

证明：对于 $\forall\varepsilon>0$，$\exists\delta=\frac{\varepsilon}{3}$，s. t. 当 $0<|x-2|<\delta$ 时，总有 $|3x+1-7|<\varepsilon$ 成立，所以 $\lim\limits_{x\to2}3x+1=7$.

(4) $\lim\limits_{x\to3}\frac{x^2-9}{x-3}=6$

分析：对于任给的 $\varepsilon>0$，要使 $\left|\frac{x^2-9}{x-3}-6\right|<\varepsilon$，即 $|x-3|<\varepsilon$，则需取 $\delta=\varepsilon$.

证明：对于 $\forall\varepsilon>0$，$\exists\delta=\varepsilon$，s. t. 当 $0<|x-3|<\delta$ 时，总有 $\left|\frac{x^2-9}{x-3}-6\right|<\varepsilon$ 成立，所以 $\lim\limits_{x\to3}\frac{x^2-9}{x-3}=6$.

6. 设 $f(x)=\begin{cases}-x, & x\leqslant1\\ 3+x, & x>1\end{cases}$，$g(x)=\begin{cases}x^3, & x\leqslant1\\ 2x-1, & x>1\end{cases}$，试讨论 $f[g(x)]$ 在 $x=1$ 处的极限.

解：当 $x\leqslant1$ 时，$g(x)=x^3\in(-\infty,1]$，$f(g(x))=-x^3$

当 $x>1$ 时，$g(x)=2x-1\in(1,+\infty)$

$f(g(x))=2x+2$

$\lim\limits_{x\to1^+}f(g(x))=\lim\limits_{x\to1^+}(2x+2)=4$，$\lim\limits_{x\to1^-}f(g(x))=\lim\limits_{x\to1^-}(-x^3)=-1$，则 $\lim\limits_{x\to1}f(g(x))$ 不存在.

7. 研究下列函数在给定点处的左右极限和极限：

(1) $f(x)=\frac{|\sin x|}{x}$，$x=0$.

解：$\lim\limits_{x\to0^+}f(x)=\lim\limits_{x\to0^+}\frac{\sin x}{x}=1$，$\lim\limits_{x\to0^-}f(x)=\lim\limits_{x\to0^-}-\frac{\sin x}{x}=-1$，则 $\lim\limits_{x\to0}f(x)$ 不存在.

(2) $f(x)=[x]$，$x=0$

解：$\lim\limits_{x\to0^+}f(x)=\lim\limits_{x\to0^+}0=0$，$\lim\limits_{x\to0^-}f(x)=\lim\limits_{x\to0^-}-1=-1$，则 $\lim\limits_{x\to0}f(x)$ 不存在.

(3) $f(x)=\begin{cases}2^x, & x>0\\ 0, & x=0\\ \dfrac{\sin x}{x}, & x<0\end{cases}$，$x=0$

解：$\lim\limits_{x\to0^+}f(x)=\lim\limits_{x\to0^+}2^x=1$，$\lim\limits_{x\to0^-}f(x)=\lim\limits_{x\to0^-}\dfrac{\sin x}{x}=1$，则$\lim\limits_{x\to0}f(x)=1$.

(4) $f(x)=\begin{cases}\sin\dfrac{1}{x}, & x>0\\ x\sin\dfrac{1}{x}, & x<0\end{cases}$，$x=0$

解：$\lim\limits_{x\to0^+}f(x)=\lim\limits_{x\to0^+}\sin\dfrac{1}{x}$不存在，$\lim\limits_{x\to0^-}f(x)=\lim\limits_{x\to0^-}x\sin\dfrac{1}{x}=0$，则$\lim\limits_{x\to0}f(x)$不存在.

(5) $f(x)=\begin{cases}\dfrac{\ln x}{x-1}, & x>1\\ \dfrac{\sqrt{2-x}-\sqrt{x}}{1-x}, & 0<x<1\end{cases}$，$x=1$

解：$\lim\limits_{x\to1^+}f(x)=\lim\limits_{x\to1^+}\dfrac{\ln x}{x-1}=1$，$\lim\limits_{x\to1^-}f(x)=\lim\limits_{x\to1^-}\dfrac{\sqrt{2-x}-\sqrt{x}}{1-x}=1$，则$\lim\limits_{x\to1}f(x)=1$.

(6) $f(x)=\begin{cases}2x+1, & x\leqslant1\\ x^2-x+3, & 1<x\leqslant2\\ x^3-1, & x>2\end{cases}$，$x=1, x=2$

解：$\lim\limits_{x\to1^+}f(x)=\lim\limits_{x\to1^+}(x^2-x+3)=3$，$\lim\limits_{x\to1^-}f(x)=\lim\limits_{x\to1^-}(2x+1)=3$，则$\lim\limits_{x\to1}f(x)=3$.
$\lim\limits_{x\to2^+}f(x)=\lim\limits_{x\to2^+}(x^3-1)=7$，$\lim\limits_{x\to2^-}f(x)=\lim\limits_{x\to2^-}(x^2-x+3)=5$，则$\lim\limits_{x\to2}f(x)$不存在.

(7) $f(x)=\dfrac{\sqrt{x+\sqrt{x^2}}}{x}$，$x=0$

解：$\lim\limits_{x\to0^+}f(x)=\lim\limits_{x\to0^+}\dfrac{\sqrt{x+x}}{x}=+\infty$，$\lim\limits_{x\to0^-}f(x)=\lim\limits_{x\to0^-}\dfrac{\sqrt{x-x}}{x}=0$，则$\lim\limits_{x\to0}f(x)$不存在.

8. 下列变量在哪个极限过程中是无穷大量？在哪个极限过程中是无穷小量？

(1) $\dfrac{2}{\ln(1-x)}$

解：$\lim\limits_{x\to0}\dfrac{2}{\ln(1-x)}=\infty$，$\lim\limits_{x\to1^-}\dfrac{2}{\ln(1-x)}=0$，$\lim\limits_{x\to-\infty}\dfrac{2}{\ln(1-x)}=0$

(2) $e^{\frac{1}{3-x}}$

解：$\lim\limits_{x\to3^-}e^{\frac{1}{3-x}}=+\infty$，$\lim\limits_{x\to3^+}e^{\frac{1}{3-x}}=0$

(3) $\dfrac{x-1}{x^2+1}$

解：$\lim\limits_{x\to1}\dfrac{x-1}{x^2+1}=0$，$\lim\limits_{x\to\infty}\dfrac{x-1}{x^2+1}=0$

(4) $\dfrac{1}{\ln\tan x}$

解：$\lim\limits_{x\to k\pi+\frac{\pi}{4}}\dfrac{1}{\ln\tan x}=\infty$，$\lim\limits_{x\to(k\pi+\frac{\pi}{2})^-}\dfrac{1}{\ln\tan x}=0$，$\lim\limits_{x\to(k\pi)^+}\dfrac{1}{\ln\tan x}=0$

（5）$\ln(1-2x)$

解：$\lim\limits_{x\to-\infty}\ln(1-2x)=+\infty$，$\lim\limits_{x\to(\frac{1}{2})^-}\ln(1-2x)=-\infty$，$\lim\limits_{x\to 0}\ln(1-2x)=0$

（6）$\dfrac{1}{\pi+2\arctan x}$

解：$\lim\limits_{x\to-\infty}\dfrac{1}{\pi+2\arctan x}=+\infty$

9. 试证明：（1）$\lim\limits_{x\to 0^+}\ln x=-\infty$

证明：$\forall M>0$，$\exists\delta=e^{-M}>0$，s. t. 当 $0<x<\delta$ 时，$\ln x<\ln e^{-M}=-M$，即 $\lim\limits_{x\to 0^+}\ln x=-\infty$.

（2）$\lim\limits_{x\to+\infty}e^x=+\infty$

证明：$\forall M>0$，$\exists X=\ln M>0$，s. t. 当 $x>X$ 时，$e^x>e^{\ln M}=M$，即 $\lim\limits_{x\to+\infty}e^x=+\infty$.

10. 当 $n\to\infty$ 时，数列 $f(n)=\begin{cases}\dfrac{n^2+\sqrt{n}}{n}, & n\text{ 为奇数}\\ \dfrac{1}{n}, & n\text{ 为偶数}\end{cases}$ 是无穷大量还是无界变量，为什么？

解：当 n 为奇数时，$\lim\limits_{n\to\infty}f(n)=\lim\limits_{n\to\infty}\dfrac{n^2+\sqrt{n}}{n}=\infty$. 当 n 为偶数时，$\lim\limits_{n\to\infty}f(n)=\lim\limits_{n\to\infty}\dfrac{1}{n}=0$，则当 $n\to\infty$ 时，$f(n)$ 不是无穷大量.

反证 $f(n)$ 是无界变量，假设 $f(n)$ 有界，则 $\exists M>0$，s. t. $\forall n\in\mathbb{N}$，$f(n)<M$. 取 $n=2[M]+1$，则 $f(n)=\dfrac{n^2+\sqrt{n}}{n}>n=2[M]+1>M$ 与 $f(n)$ 有界矛盾，故 $f(n)$ 是无界变量.

11. 求下列极限：

（1）$\lim\limits_{n\to\infty}\dfrac{n+1}{(n-1)^2}$

解：$\lim\limits_{n\to\infty}\dfrac{n+1}{(n-1)^2}=\lim\limits_{n\to\infty}\dfrac{\dfrac{1}{n}+\dfrac{1}{n^2}}{\left(1-\dfrac{1}{n}\right)^2}=0$

（2）$\lim\limits_{n\to\infty}\dfrac{n\arctan n}{\sqrt{n^2+n}}$

解：$\lim\limits_{n\to\infty}\dfrac{n\arctan n}{\sqrt{n^2+n}}=\lim\limits_{n\to\infty}\dfrac{\arctan n}{\sqrt{1+\dfrac{1}{n}}}=\dfrac{\pi}{2}$

（3）$\lim\limits_{n\to\infty}\left(\dfrac{1}{n^2}+\dfrac{2}{n^2}+\dfrac{3}{n^2}+\cdots+\dfrac{n}{n^2}\right)$

解：$\lim\limits_{n\to\infty}(\dfrac{1}{n^2}+\dfrac{2}{n^2}+\dfrac{3}{n^2}+\cdots+\dfrac{n}{n^2})=\lim\limits_{n\to\infty}\dfrac{n(n+1)}{2n^2}=\dfrac{1}{2}$

（4） $\lim\limits_{n\to\infty}(\sqrt{n-1}+\sqrt{n})$

解： 因为 $\lim\limits_{n\to\infty}\dfrac{1}{\sqrt{n-1}+\sqrt{n}}=0$，则 $\lim\limits_{n\to\infty}(\sqrt{n-1}+\sqrt{n})=\infty$

（5） $\lim\limits_{n\to\infty}\sum\limits_{k=1}^{n}\dfrac{1}{1+2+\cdots+k}$

解：
$$\lim_{n\to\infty}\sum_{k=1}^{n}\frac{1}{1+2+\cdots+k}=\lim_{n\to\infty}\left(1+\frac{1}{1+2}+\frac{1}{1+2+3}+\cdots+\frac{1}{1+2+3+\cdots+n}\right)$$
$$=\lim_{n\to\infty}\left[\frac{2}{1\times2}+\frac{2}{2\times3}+\frac{2}{3\times4}+\cdots+\frac{2}{n(n+1)}\right]$$
$$=2\lim_{n\to\infty}\left(1-\frac{1}{2}+\frac{1}{2}-\frac{1}{3}+\cdots+\frac{1}{n}-\frac{1}{n+1}\right)=2$$

（6） $\lim\limits_{x\to+\infty}x(\sqrt{4x^2-1}-2x)$

解：
$$\lim_{x\to+\infty}x(\sqrt{4x^2-1}-2x)=\lim_{x\to+\infty}\frac{-x}{\sqrt{4x^2-1}+2x}=\lim_{x\to+\infty}\frac{-1}{\sqrt{4-\frac{1}{x^2}}+2}=-\frac{1}{4}$$

（7） $\lim\limits_{x\to\infty}(x+\sqrt[3]{1-x^3})$

解：
$$\lim_{x\to\infty}(x+\sqrt[3]{1-x^3})=\lim_{x\to\infty}\frac{1}{x^2-x\sqrt[3]{1-x^3}+\sqrt[3]{(1-x^3)^2}}=\lim_{n\to\infty}\frac{\frac{1}{x^2}}{1-\sqrt[3]{\frac{1}{x^3}-1}+\sqrt[3]{\left(\frac{1}{x^3}-1\right)^2}}=0$$

（8） $\lim\limits_{x\to4}\dfrac{\sqrt{2x+1}-3}{\sqrt{x-2}-\sqrt{2}}$

解：
$$\lim_{x\to4}\frac{\sqrt{2x+1}-3}{\sqrt{x-2}-\sqrt{2}}=\lim_{x\to4}\frac{(2x-8)(\sqrt{x-2}+\sqrt{2})}{(x-4)(\sqrt{2x+1}+3)}=\frac{2\sqrt{2}}{3}$$

（9） $\lim\limits_{x\to9}\dfrac{x-2\sqrt{x}-3}{x-9}$

解：
$$\lim_{x\to9}\frac{x-2\sqrt{x}-3}{x-9}=\lim_{x\to9}\frac{(\sqrt{x}-3)(\sqrt{x}+1)}{(\sqrt{x}-3)(\sqrt{x}+3)}=\frac{2}{3}$$

（10） $\lim\limits_{x\to0^+}\dfrac{1-e^{\frac{1}{x}}}{x+e^{\frac{1}{x}}}$

解：
$$\lim_{x\to0^+}\frac{1-e^{\frac{1}{x}}}{x+e^{\frac{1}{x}}}=\lim_{x\to0^+}\frac{e^{-\frac{1}{x}}-1}{xe^{-\frac{1}{x}}+1}=-1$$

（11） $\lim\limits_{x\to1}\dfrac{\sqrt{x}-x^2}{1-\sqrt{x}}$

解：
$$\lim_{x\to1}\frac{\sqrt{x}-x^2}{1-\sqrt{x}}=\lim_{x\to1}\frac{(x-x^4)(1+\sqrt{x})}{(1-x)(\sqrt{x}+x^2)}=\lim_{x\to1}\frac{x(1+x+x^2)(1+\sqrt{x})}{(\sqrt{x}+x^2)}=3$$

(12) $\lim\limits_{n\to\infty}\left(\frac{n+1}{n}\right)^{(-1)^n}$

解： $\lim\limits_{n\to\infty}\left(\frac{n+1}{n}\right)^{(-1)^n}=\begin{cases}\lim\limits_{n\to\infty}\left(\frac{n+1}{n}\right)^{-1}, & n\text{ 为奇数}\\ \lim\limits_{n\to\infty}\left(\frac{n+1}{n}\right), & n\text{ 为偶数}\end{cases}$

$=1$

12. 求下列极限：

(1) $\lim\limits_{x\to 0}\frac{x-\sin 3x}{x+\sin 2x}$

解： $\lim\limits_{x\to 0}\frac{x-\sin 3x}{x+\sin 2x}=\lim\limits_{x\to 0}\frac{1-\frac{\sin 3x}{x}}{1+\frac{\sin 2x}{x}}=-\frac{2}{3}$

(2) $\lim\limits_{x\to 1}\frac{\sin(x^2-1)}{x-1}$

解： $\lim\limits_{x\to 1}\frac{\sin(x^2-1)}{x-1}=\lim\limits_{x\to 1}\frac{\sin(x^2-1)}{x^2-1}(x+1)=2$

(3) $\lim\limits_{x\to 0}\frac{1-\cos x^2}{x^2\sin x^2}$

解： $\lim\limits_{x\to 0}\frac{1-\cos x^2}{x^2\sin x^2}=\lim\limits_{x\to 0}\frac{x^4}{2x^4}=\frac{1}{2}$

(4) $\lim\limits_{x\to+\infty}\left(1-\frac{1}{x}\right)^{\sqrt{x}}$

解： $\lim\limits_{x\to+\infty}\left(1-\frac{1}{x}\right)^{\sqrt{x}}=\lim\limits_{x\to+\infty}\left(1-\frac{1}{x}\right)^{x\cdot\frac{\sqrt{x}}{x}}=1$

(5) $\lim\limits_{x\to+\infty}\left(1+\frac{1}{x}+\frac{1}{x^2}\right)^{x}$

解： $\lim\limits_{x\to+\infty}\left(1+\frac{1}{x}+\frac{1}{x^2}\right)^{x}=\lim\limits_{x\to+\infty}\left(1+\frac{x+1}{x^2}\right)^{\frac{x^2}{x+1}\cdot\frac{x+1}{x}}=e$

(6) $\lim\limits_{x\to 1}x^{\frac{1}{1-x}}$

解： $\lim\limits_{x\to 1}x^{\frac{1}{1-x}}=\lim\limits_{x\to+\infty}(1+x-1)^{\frac{-1}{x-1}}=e^{-1}$

(7) $\lim\limits_{x\to 0}(1-2\sin x)^{\frac{1}{x}}$

解： $\lim\limits_{x\to 0}(1-2\sin x)^{\frac{1}{x}}=\lim\limits_{x\to+\infty}(1-2\sin x)^{\left(\frac{-1}{2\sin x}\right)\cdot\left(\frac{-2\sin x}{x}\right)}=e^{-2}$

(8) $\lim\limits_{x\to\infty}x\sin\frac{2x}{x^2+1}$

解： $\lim\limits_{x\to+\infty}x\sin\frac{2x}{x^2+1}=\lim\limits_{x\to+\infty}\frac{\sin\frac{2x}{x^2+1}}{\frac{2x}{x^2+1}}\cdot\frac{2x^2}{x^2+1}=2$

13. 求$\lim\limits_{n\to\infty}\left(\frac{1}{\sqrt{n^2+1}}+\frac{1}{\sqrt{n^2+2}}+\frac{1}{\sqrt{n^2+3}}+\cdots+\frac{1}{\sqrt{n^2+n}}\right)$的极限．

解：因为$\frac{n}{\sqrt{n^2+n}}\leqslant\sum\limits_{i=1}^{n}\frac{1}{\sqrt{n^2+i}}\leqslant\frac{n}{\sqrt{n^2+1}}$，并且$\lim\limits_{n\to\infty}\frac{n}{\sqrt{n^2+n}}=\lim\limits_{n\to\infty}\frac{n}{\sqrt{n^2+1}}=1$，由夹逼定理可知：$\lim\limits_{n\to\infty}\sum\limits_{i=1}^{n}\frac{1}{\sqrt{n^2+i}}=1$

14. 设$\lim\limits_{n\to\infty}y_n=a>0$，求$\lim\limits_{n\to\infty}\frac{(y_n)^2}{n!}$.

解：$\lim\limits_{n\to\infty}\frac{(y_n)^2}{n!}=0$

15. 设$a_n=1+\frac{1}{2^2}+\frac{1}{3^2}+\cdots+\frac{1}{n^2}$，试证$\{a_n\}$收敛．

解：$a_{n+1}-a_n=\frac{1}{(n+1)^2}>0$，则$\{a_n\}$为单调递增数列．又因为

$$a_n=1+\frac{1}{2^2}+\frac{1}{3^2}+\cdots+\frac{1}{n^2}\leqslant1+\frac{1}{1\times2}+\frac{1}{2\times3}+\cdots+\frac{1}{(n-1)n}$$

$$=1+\left(1-\frac{1}{2}\right)+\left(\frac{1}{2}-\frac{1}{3}\right)+\left(\frac{1}{3}-\frac{1}{4}\right)+\cdots+\left(\frac{1}{n-1}-\frac{1}{n}\right)=2-\frac{1}{n}<2$$

则$\{a_n\}$有上界2，由单调有界定理可知$\{a_n\}$收敛．

16. 求下列极限：

（1）$\lim\limits_{x\to\frac{\pi}{6}}\frac{1-2\sin x}{\sin\left(x-\frac{\pi}{6}\right)}$

解：令$t=x-\frac{\pi}{6}$

$$原式=\lim_{t\to0}\frac{1-2\sin\left(t+\frac{\pi}{6}\right)}{\sin t}=\lim_{t\to0}\frac{1-\sqrt{3}\sin t-\cos t}{t}=\lim_{t\to0}\frac{1-\cos t}{t}-\sqrt{3}\lim_{t\to0}\frac{\sin t}{t}=-\sqrt{3}$$

（2）$\lim\limits_{x\to0}\frac{(\sin x^3)\tan x}{1-\cos x^2}$

解：原式$=\lim\limits_{x\to0}\frac{x^4}{\frac{1}{2}x^4}=2$

（3）$\lim\limits_{x\to0}\frac{x\sin x}{\sqrt{1+x^2}-1}$

解：原式$=\lim\limits_{x\to0}\frac{x^2(\sqrt{1+x^2}+1)}{(\sqrt{1+x^2}-1)(\sqrt{1+x^2}+1)}=2$

（4）$\lim\limits_{x\to0}\frac{\sqrt{1+x\sin x}-1}{e^{x^2}-1}$

解：原式$=\lim\limits_{x\to0}\frac{x\sin x}{x^2(\sqrt{1+x\sin x}+1)}=\lim\limits_{x\to0}\frac{1}{\sqrt{1+x\sin x}+1}=\frac{1}{2}$

(5) $\lim\limits_{x\to0}(1+\ln(1+x))^{\frac{2}{x}}$

解:原式 $=\lim\limits_{x\to0}(1+\ln(1+x))^{\frac{1}{\ln(1+x)}\cdot\frac{2\ln(1+x)}{x}}=e^2$

(6) $\lim\limits_{n\to\infty}\left(\frac{n-2na+1}{n(1-2a)}\right)^n$

解:原式 $=\lim\limits_{x\to0}\left(1+\frac{1}{n(1-2a)}\right)^{n(1-2a)\cdot\frac{1}{1-2a}}=e^{\frac{1}{1-2a}}$

17. 设 $f(x)=\begin{cases}\dfrac{\tan x-\sin x}{3x^3}, & x<0\\ (1+ax)^{\frac{1}{x}}-\dfrac{\ln(1+x)}{e^{3x}-1}, & x>0\end{cases}$，当 a 为何值时，$\lim\limits_{x\to0}f(x)$ 存在.

解: $\lim\limits_{x\to0^-}f(x)=\lim\limits_{x\to0^-}\frac{\tan x-\sin x}{3x^3}=\lim\limits_{x\to0^-}\frac{\sin x(1-\cos x)}{3x^3}=\lim\limits_{x\to0^-}\frac{\frac{1}{2}x^3}{3x^3}=\frac{1}{6}$

$\lim\limits_{x\to0^+}f(x)=\lim\limits_{x\to0^+}(1+ax)^{\frac{1}{x}}-\lim\limits_{x\to0^+}\frac{\ln(1+x)}{e^{3x}-1}=\lim\limits_{x\to0^+}(1+ax)^{\frac{1}{ax}\cdot a}-\lim\limits_{x\to0^+}\frac{x}{3x}=e^a-\frac{1}{3}$

因为$\lim\limits_{x\to0}f(x)$存在，则 $\lim\limits_{x\to0^-}f(x)=\lim\limits_{x\to0^+}f(x)$，即 $e^a-\frac{1}{3}=\frac{1}{6}$，则 $a=\ln\frac{1}{2}$.

18. 证明下列函数的连续性:

(1) $y=2x^2+1$

证明: $\forall x_0\in(-\infty,+\infty)$，给 x_0 一个增量 Δx，则

$$\Delta y=[2(x_0+\Delta x)^2+1]-[2x_0^2+1]=4x_0\cdot\Delta x+2(\Delta x)^2$$

从而$\lim\limits_{\Delta x\to0}\Delta y=\lim\limits_{\Delta x\to0}[4x_0\cdot\Delta x+2(\Delta x)^2]=0$，所以 $y=2x^2+1$ 在 x_0 点处连续. 由 x_0 的任意性知 $y=2x^2+1$ 在$(-\infty,+\infty)$内连续.

(2) $y=a^x+1$，$a>0$ 且 $a\neq1$.

证明: $\forall x_0\in(-\infty,+\infty)$，给 x_0 一个增量 Δx，则

$$\Delta y=(a^{x_0+\Delta x}+1)-(a^{x_0}+1)=a^{x_0+\Delta x}-a^{x_0}$$

从而$\lim\limits_{\Delta x\to0}\Delta y=\lim\limits_{\Delta x\to0}(a^{x_0+\Delta x}-a^{x_0})=0$，所以 $y=a^x+1$ 在 x_0 点处连续. 由 x_0 的任意性知 $y=a^x+1$ 在$(-\infty,+\infty)$内连续.

19. 指出下列函数的间断点以及间断点的类型，如果是可去间断点，将其改写为连续点:

(1) $f(x)=\begin{cases}(x-1)^2, & x\leqslant1\\ \ln(x-1), & x>1\end{cases}$

解: $\lim\limits_{x\to1^+}f(x)=\lim\limits_{x\to1^+}\ln(x-1)=-\infty$，$\lim\limits_{x\to1^-}f(x)=\lim\limits_{x\to1^-}(x-1)^2=0$，则 $x=1$ 为无穷间断点.

(2) $f(x)=\dfrac{2^{\frac{1}{x}}-1}{2^{\frac{1}{x}}+1}$

解: $\lim\limits_{x\to0^-}f(x)=\lim\limits_{x\to0^-}\frac{2^{\frac{1}{x}}-1}{2^{\frac{1}{x}}+1}=-1$，$\lim\limits_{x\to0^+}f(x)=\lim\limits_{x\to0^+}\frac{1-2^{-\frac{1}{x}}}{1+2^{-\frac{1}{x}}}=1$，则 $x=0$ 为跳跃间断点.

(3) $f(x)=\dfrac{e^x-1}{x(x-2)}$

解：$\lim\limits_{x\to2}f(x)=\lim\limits_{x\to2}\dfrac{e^x-1}{x(x-2)}=\infty$，则 $x=2$ 为无穷间断点．

$\lim\limits_{x\to0}f(x)=\lim\limits_{x\to0}\dfrac{e^x-1}{x(x-2)}=\lim\limits_{x\to0}\dfrac{x}{x(x-2)}=-\dfrac{1}{2}$，则 $x=0$ 为可去间断点．

(4) $f(x)=\dfrac{\ln(1-x^2)}{x(x-1)}$

解：$\lim\limits_{x\to0}f(x)=\lim\limits_{x\to0}\dfrac{\ln(1-x^2)}{x(x-1)}=\lim\limits_{x\to0}\dfrac{-x^2}{x(x-1)}=0$，则 $x=0$ 为可去间断点．

$\lim\limits_{x\to\pm1}f(x)=\lim\limits_{x\to\pm1}\dfrac{\ln(1-x^2)}{x(x-1)}=\infty$，则 $x=\pm1$ 为无穷间断点．

(5) $f(x)=\ln(1+kx)^{\frac{m}{x}}$

解：$\lim\limits_{x\to0}f(x)=\lim\limits_{x\to0}\ln(1+kx)^{\frac{m}{x}}=\lim\limits_{x\to0}\ln(1+kx)^{\frac{1}{kx}\cdot km}=e^{km}$，则 $x=0$ 为可去间断点．

20. 判断下列分段函数在分段点处是连续还是间断？如果是间断的，指出间断点的类型：

(1) $f(x)=\begin{cases}e^{\frac{2}{x}}, & x<0\\ 1, & x=0\\ \dfrac{\ln(1+x^2)}{3x}, & x>0\end{cases}$

解：$\lim\limits_{x\to0^+}f(x)=\lim\limits_{x\to0^+}\dfrac{\ln(1+x^2)}{3x}=\lim\limits_{x\to0^+}\dfrac{x^2}{3x}=0$，$\lim\limits_{x\to0^-}f(x)=\lim\limits_{x\to0^-}e^{\frac{2}{x}}=0$，则 $\lim\limits_{x\to0}f(x)=0\neq f(0)$，$x=0$ 为可去间断点．

(2) $f(x)=\begin{cases}\dfrac{\arctan x}{x}, & -1<x<0\\ 3-x, & 0\leqslant x<1\\ (x-1)\cos x-1, & x\geqslant1\end{cases}$

解：$\lim\limits_{x\to0^+}f(x)=\lim\limits_{x\to0^+}(3-x)=3$，$\lim\limits_{x\to0^-}f(x)=\lim\limits_{x\to0^-}\dfrac{\arctan x}{x}=1$，则 $x=0$ 为跳跃间断点．

$\lim\limits_{x\to1^+}f(x)=\lim\limits_{x\to1^+}(x-1)\cos x-1=-1$，$\lim\limits_{x\to1^-}f(x)=\lim\limits_{x\to1^-}(3-x)=2$，则 $x=1$ 为跳跃间断点．

(3) $f(x)=\begin{cases}\dfrac{x}{1-\sqrt{1-x}}, & x<0\\ x+1, & x\geqslant0\end{cases}$

解：$\lim\limits_{x\to0^+}f(x)=\lim\limits_{x\to0^+}(x+1)=1$，$\lim\limits_{x\to0^-}f(x)=\lim\limits_{x\to0^-}\dfrac{x}{1-\sqrt{1-x}}=2$，则 $x=0$ 为跳跃间断点．

(4) $f(x)=\begin{cases}\dfrac{1-\cos x}{x^2}, & x<0\\ x^2+1, & x\geqslant0\end{cases}$

解：$\lim\limits_{x\to0^+}f(x)=\lim\limits_{x\to0^+}(x^2+1)=1$，$\lim\limits_{x\to0^-}f(x)=\lim\limits_{x\to0^-}\dfrac{1-\cos x}{x^2}=\dfrac{1}{2}$，则 $x=0$ 为跳跃间断点．

(5) $f(x)=\begin{cases}\sin\dfrac{1}{2x}, & x<0\\ \dfrac{\ln(1+2x)}{2x}, & x\geqslant 0\end{cases}$

解： $\lim\limits_{x\to 0^+}f(x)=\lim\limits_{x\to 0^+}\dfrac{\ln(1+2x)}{2x}=1$，$\lim\limits_{x\to 0^-}f(x)=\lim\limits_{x\to 0^-}\sin\dfrac{1}{2x}$不存在，则 $x=0$ 为震荡间断点．

(6) $f(x)=\begin{cases}\dfrac{\sqrt{1+x}-\sqrt{1-x}}{x}, & -1\leqslant x<0\\ 0, & x=0\\ \dfrac{\arcsin x}{x}, & x>0\end{cases}$

解： $\lim\limits_{x\to 0^+}f(x)=\lim\limits_{x\to 0^+}\dfrac{\arcsin x}{x}=1$，$\lim\limits_{x\to 0^-}f(x)=\lim\limits_{x\to 0^-}\dfrac{\sqrt{1+x}-\sqrt{1-x}}{x}=1$

则$\lim\limits_{x\to 0}f(x)=1\neq f(0)$，$x=0$ 为可去间断点．

21. 设 $f(x)=\begin{cases}x^{\alpha}\sin\dfrac{1}{x}, & x>0\\ e^{x}-1, & x\leqslant 0\end{cases}$，根据 α 的不同情况，讨论 $f(x)$ 在 $x=0$ 处的连续性．

解： 详见典型例题例 2. 14.

22. 讨论 $f(x)=\lim\limits_{n\to\infty}\dfrac{x^{n}-x^{-n}}{x^{n}+x^{-n}}$的连续性．

解： 当 $|x|=1$ 时，$f(x)=\lim\limits_{n\to\infty}\dfrac{x^{n}-x^{-n}}{x^{n}+x^{-n}}=\lim\limits_{n\to\infty}\dfrac{x^{2n}-1}{x^{2n}+1}=0$

当 $|x|<1$ 时，$f(x)=\lim\limits_{n\to\infty}\dfrac{x^{n}-x^{-n}}{x^{n}+x^{-n}}=\lim\limits_{n\to\infty}\dfrac{x^{2n}-1}{x^{2n}+1}=-1$

当 $|x|>1$ 时，$f(x)=\lim\limits_{n\to\infty}\dfrac{x^{n}-x^{-n}}{x^{n}+x^{-n}}=\lim\limits_{n\to\infty}\dfrac{1-x^{-2n}}{1+x^{-2n}}=1$

故 $f(x)=\begin{cases}-1, & |x|<1\\ 0, & |x|=1\\ 1, & |x|>1\end{cases}$，则 $x=\pm 1$ 为跳跃间断点．

23. 试确定 a 和 b 的值，使得 $f(x)=\dfrac{e^{x}-b}{(x-a)(x-1)}$有无穷间断点 $x=0$，具有可去间断点 $x=1$.

解： 因为 $f(x)$ 有可去间断点 $x=1$，即$\lim\limits_{x\to 1}\dfrac{e^{x}-b}{(x-a)(x-1)}$存在，则$\lim\limits_{x\to 1}(e^{x}-b)=0$，所以 $b=e$. 又因为 $f(x)$ 有无穷间断点 $x=0$，即$\lim\limits_{x\to 0}\dfrac{e^{x}-e}{(x-a)(x-1)}=\infty$，则$\lim\limits_{x\to 0}(x-a)(x-1)=0$，所以 $a=0$.

24. 设 $f(x)=\begin{cases}x^{2}, & x\leqslant 1\\ 2-x, & x>1\end{cases}$，$g(x)=\begin{cases}x, & x\leqslant 1\\ x+4, & x>1\end{cases}$，研究 $f[g(x)]$ 的连续性．

解： 当 $x\leqslant 1$ 时，$g(x)=x\in(-\infty,1]$，则 $f(g(x))=x^{2}$. 当 $x>1$ 时，$g(x)=x+4\in(5,$

$+\infty$)，则 $f(g(x))=-x-2$. 故

$$f(g(x))=\begin{cases}x^2, & x\leqslant 1\\ -x-2, & x>1\end{cases}$$

$\lim\limits_{x\to1^+}f(g(x))=\lim\limits_{x\to1^+}(-x-2)=-3$，$\lim\limits_{x\to1^-}f(g(x))=\lim\limits_{x\to1^-}x^2=1$，则 $x=1$ 为跳跃间断点.

25. $f(x)$ 在 $[a,+\infty)$ 上连续，且 $\lim\limits_{x\to+\infty}f(x)$ 存在，证明 $f(x)$ 在 $[a,+\infty)$ 上有界.

证明： 设 $\lim\limits_{x\to+\infty}f(x)=A$，则 $\forall\varepsilon>0$，$\exists X(\varepsilon)>0$，s. t. 当 $x>X$ 时，$|f(x)-A|<\varepsilon$，即 $|f(x)|<A+\varepsilon$. 又因为 $f(x)$ 在 $[a,X]$ 上连续，故 $\exists M>0$，s. t. $\forall x\in[a,X]$，我们有 $|f(x)|<M$. 取 $\widetilde{M}=\max\{A+\varepsilon,M\}$，则 $\forall x\in[a,+\infty)$，$|f(x)|<\tilde{M}$，即 $f(x)$ 在 $[a,+\infty)$ 上有界.

26. 证明方程 $x^5-3x=1$ 在 1 与 2 之间至少存在一个实根.

证明： 设 $f(x)=x^5-3x-1$，则 $f(x)$ 在 $[1,2]$ 上连续，且 $f(1)=-3<0$，$f(2)=25>0$，使得 $f(1)\cdot f(2)<0$. 由零点定理可知，$f(x)$ 在 $(1,2)$ 内至少存在一个零点.

27. 设 $g(x)$ 在 $[a,b]$ 上连续，且 $g(a)\leqslant a$，$g(b)\geqslant b$，证明在 $[a,b]$ 上至少存在一点 ξ，使得 $g(\xi)=\xi$.

证明： 若当 $g(a)=a$ 或 $g(b)=b$ 时，则存在 $\xi=a$ 或 $\xi=b$，使得 $g(\xi)=\xi$. 倘若不然，假设 $f(x)=g(x)-x$，则 $f(x)$ 在 $[a,b]$ 上连续，且 $f(a)=g(a)-a<0$，$f(b)=g(b)-b>0$，使得 $f(a)f(b)<0$. 由零点定理可知，$\exists\xi\in(a,b)$，s. t. $f(\xi)=0$，即：$g(\xi)=\xi$

28. 设 $f(x)$ 在 $[0,1]$ 上非负连续，且 $f(0)=f(1)=0$，试证对于任意一个实数 $r(0<r<1)$，必存在实数 $\xi,0\leqslant\xi<1$，使得：

$$f(\xi)=f(\xi+r)$$

证明： $\forall\,0<r<1$，设 $F(x)=f(x)-f(x+r)$，则 $F(0)=f(0)-f(r)=-f(r)\leqslant0$，$F(1-r)=f(1-r)-f(1)=f(1-r)\geqslant0$. 若当 $F(0)=0$ 或 $F(1-r)=0$ 时，则存在 $\xi=0$ 或 $\xi=1-r$，使得 $f(\xi)=f(\xi+r)$. 倘若不然，$F(0)F(1-r)<0$，由零点定理可知，$\exists\xi\in(0,1-r)$，s. t. $F(\xi)=0$，即：$f(\xi)=f(\xi+r)$

29. 证明方程 $e^x-3x=0$ 在 $(0,1)$ 内至少有一个实根，并求其近似值.

证明： 设 $f(x)=e^x-3x$，则 $f(x)$ 在 $[0,1]$ 上连续，且 $f(0)=1>0$，$f(1)=e-3<0$，使得 $f(0)f(1)<0$. 由零点定理可知，$\exists\xi\in(0,1)$，s. t. $f(\xi)=0$，即方程 $e^x-3x=0$ 在 $(0,1)$ 内至少有一个实根. 接下来利用二分法来求解实根的近似值，第一步计算 0 与 1 的中点 $f\left(\frac{1}{2}\right)=e^{\frac{1}{2}}-\frac{3}{2}>0$，由零点定理可知，实根界于 $\frac{1}{2}$ 与 1 之间. 第二步计算 $\frac{1}{2}$ 与 1 的中点 $f\left(\frac{3}{4}\right)=e^{\frac{3}{4}}-\frac{9}{4}<0$，由零点定理可知，实根界于 $\frac{1}{2}$ 与 $\frac{3}{4}$ 之间. 第三步计算 $\frac{1}{2}$ 与 $\frac{3}{4}$ 的中点 $f\left(\frac{5}{8}\right)=e^{\frac{5}{8}}-\frac{15}{8}<0$，由零点定理可知，实根界于 $\frac{1}{2}$ 与 $\frac{5}{8}$ 之间，依次下去就可以得到实根的近似值.

五、本章综合自测题

（一）填空题

1. $\lim\limits_{n\to\infty}(\sqrt{n^2+1}-\sqrt{n^2-1})=$________.

2. 若$\lim\limits_{x\to\infty}\left(\dfrac{x^2+1}{x+1}-x+b\right)=1$，则 $b=$________.

3. 若当 $x\to0$ 时，$1-\cos x$ 与 $a\sin^2\dfrac{x}{2}$是等价无穷小，则 $a=$________.

4. 已知$\lim\limits_{n\to\infty}\dfrac{a^2+bn+5}{3n-2}=2$，则 $a=$________，$b=$________.

5. 设函数$f(x)=\dfrac{x}{a+e^{bx}}$在$(-\infty,+\infty)$内连续，且$\lim\limits_{x\to-\infty}f(x)=0$，则常数 a，b 应满足________.

6. 若 $g(x)=\begin{cases}2-x, & x\leqslant0\\2+x, & x>0\end{cases}$，$f(x)=\begin{cases}x^2, x<0\\-x, x\geqslant0\end{cases}$，则$\lim\limits_{x\to0}g[f(x)]=$________.

7. 函数$f(x)=\dfrac{1}{1-\ln x^2}$的连续区间为________________.

8. 函数$f(x)=\dfrac{x-2}{\ln|x-1|}$的无穷间断点为________.

9. 若$f(x)=\begin{cases}x\sin\dfrac{1}{x}, & x>0,\\a+x^2, & x\leqslant0,\end{cases}$在$\mathbb{R}$ 上连续，则 $a=$________.

10. 函数$f(x)=\dfrac{x}{\sin x}$在$\mathbb{R}$ 上的第一类间断点为________.

（二）选择题

1. 设数列 $u_n=\begin{cases}n-1, & n\text{ 为奇数}\\\dfrac{1}{n+1}, & n\text{ 为偶数}\end{cases}$，则当 $n\to\infty$ 时，u_n 是（　　）.

（A）无界变量　　（B）无穷大量

（C）有界变量　　（D）无穷小量

2. 若函数$f(x)$在某点 x_0 处的极限存在，则（　　）.

（A）$f(x)$在点 x_0 处的函数值必存在且等于极限值

（B）$f(x)$在点 x_0 处的函数值必存在，但不一定等于极限值

（C）$f(x)$在点 x_0 处的函数值可以不存在

（D）如果$f(x_0)$存在的话，必等于极限值

3. 设 $x_n \leqslant z_n \leqslant y_n$，且 $\lim\limits_{n\to\infty}(y_n - x_n) = 0$，则 $\lim\limits_{n\to\infty} z_n =$ （　　）.

(A) 存在且等于零　　(B) 存在但不一定等于零

(C) 不一定存在　　(D) 一定不存在

4. 函数 $f(x)$ 在 x_0 连续是函数在 x_0 处存在极限的（　　）.

(A) 充分条件但不是必要条件　　(B) 必要条件但不是充分条件

(C) 充要条件　　(D) 既不是充分条件也不是必要条件

5. $\lim\limits_{x\to 0}\dfrac{\sin(x+\beta)-\sin\beta}{x}$ 的值是（　　）.

(A) $\sin\beta$　　(B) $\cos\beta$

(C) 1　　(D) 极限不存在

6. $\lim\limits_{n\to\infty}\dfrac{n}{\sqrt{n^2+1}-\sqrt{n}}$ 的值是（　　）.

(A) 1　　(B) 0

(C) $\dfrac{1}{2}$　　(D) 因为当 $n\to\infty$ 时，分母为0，因此极限不存在

7. 下列极限正确的是（　　）.

(A) $\lim\limits_{x\to 0}\dfrac{\sin\frac{1}{x}}{\frac{1}{x}} = 1$　　(B) $\lim\limits_{x\to\infty}\dfrac{\sin\frac{1}{x}}{\frac{1}{x}} = 1$

(C) $\lim\limits_{x\to 0} x\sin\dfrac{1}{x} = 1$　　(D) $\lim\limits_{x\to\infty} x\sin\dfrac{1}{x} = 0$

8. 设函数在点 x_0 处连续，则下列陈述中不正确的是（　　）.

(A) $f(x)$ 在点 x_0 处有定义　　(B) $f(x)$ 在点 x_0 处的左极限存在

(C) $f(x)$ 在点 x_0 处可导　　(D) $f(x)$ 在点 x_0 处的值与 $\lim\limits_{x\to x_0} f(x)$ 相等

9. 方程 $x^4 - x - 1 = 0$ 至少有一个根的区间是（　　）.

(A) $\left(0,\dfrac{1}{2}\right)$　　(B) $\left(\dfrac{1}{2},1\right)$

(C) $(2,3)$　　(D) $(1,2)$

10. 设 $f(x) = \begin{cases} \dfrac{\sqrt{x+1}-1}{x}, & x \neq 0 \\ 0, & x = 0 \end{cases}$，则 $x=0$ 是 $f(x)$ 的（　　）.

(A) 可去间断点　　(B) 无穷间断点

(C) 连续点　　(D) 跳跃间断点

(三) 计算题

1. 求下列极限：

(1) $\lim\limits_{n\to\infty}(\sqrt{n+3}-\sqrt{n})\sqrt{n-1}$　　(2) $\lim\limits_{n\to\infty} n^2\left(\sqrt{n^4+2n}-\sqrt{n^4+2n-1}\right)$

(3) $\lim\limits_{x\to\frac{\pi}{4}}\dfrac{1+\sin 2x}{1-\cos 4x}$ (4) $\lim\limits_{x\to\infty}\cos\left[\ln\left(1+\dfrac{2x-1}{x^2}\right)\right]$

(5) $\lim\limits_{x\to-8}\dfrac{\sqrt{1-x}-3}{2+\sqrt[3]{x}}$ (6) $\lim\limits_{x\to0}\dfrac{\sqrt[n]{x+1}-1}{x}$ (7) $\lim\limits_{x\to0}\dfrac{x}{\sqrt{1-\cos x}}$

(8) $\lim\limits_{x\to0}\dfrac{\sqrt{1+x\sin x}-\cos x}{\sin^2\dfrac{x}{2}}$ (9) $\lim\limits_{x\to0^+}\dfrac{e^x-1+x^2\arctan\dfrac{1}{x}}{1-\cos\sqrt{x}}$ (10) $\lim\limits_{x\to0}\dfrac{\sin x-x^2}{\tan 2x}$

(11) $\lim\limits_{x\to0}\dfrac{\sin x+\cos x-1}{\sin 3x-x^2}$ (12) $\lim\limits_{x\to0}\dfrac{\ln(1+\sin^2x)}{(1+\cos x)\tan^2x}$ (13) $\lim\limits_{x\to0}\dfrac{e^x-e^{\sin x}}{x-\sin x}$

(14) $\lim\limits_{n\to\infty}n^2(2^{\frac{1}{n}}-2^{\frac{1}{n+1}})$ (15) $\lim\limits_{x\to1}x^{x-1}$ (16) $\lim\limits_{n\to\infty}\left(\dfrac{n+x}{n-1}\right)^{nx}$

(17) $\lim\limits_{x\to0}(1+x^2)^{\cot^2x}$ (18) $\lim\limits_{x\to+\infty}x[\ln(x+1)-\ln x]$ (19) $\lim\limits_{n\to0^+}\sqrt[x]{\cos\sqrt{x}}$

(20) $\lim\limits_{x\to0}\dfrac{\sqrt{1+x\sin x}-1}{e^{x^2}-1}$ (21) $\lim\limits_{x\to1}\dfrac{\sin\pi x}{4(x-1)}$ (22) $\lim\limits_{x\to1}\dfrac{\ln(1+\sqrt{x-1})}{\arcsin(2\sqrt{x-1})}$

(23) $\lim\limits_{x\to1}\dfrac{\ln x}{x^2-1}$

2. 求 k，使 $\sqrt{x+\sqrt{x+\sqrt{x}}}$ 与 x^k 为当 $x\to0$ 时的同阶无穷小.

3. 已知当 $x\to0$ 时，$(1+ax^2)^{\frac{1}{3}}-1$ 与 $1-\cos x$ 是等价无穷小，求 a.

4. 已知 $\lim\limits_{x\to\infty}\left(\dfrac{x}{x-c}\right)^x=2$，求 c.

5. 设 $f(x)=\begin{cases}\arctan\dfrac{1}{x-1}, & x>1\\ ax, & x\leqslant1\end{cases}$，求 a，使 $\lim\limits_{x\to1}f(x)$ 存在.

6. 设 $f(x)=\begin{cases}\dfrac{\cos x}{x+2}, & x\geqslant0\\ \dfrac{\sqrt{a}-\sqrt{a-x}}{x}, & x<0\end{cases}$ $(a>0)$，当 a 取何值时，$f(x)$ 在 $x=0$ 处连续.

7. 设 $f(x)=\begin{cases}\dfrac{\sqrt{1-ax}-1}{x}, & x<0\\ ax+b, & 0\leqslant x\leqslant1\\ \arctan\dfrac{1}{x-1}, & x>1\end{cases}$，求 a，b 使 $f(x)$ 在定义域上连续.

8. 设 $f(x)=\begin{cases}(x+1)2^{-\left(\frac{1}{x}+\frac{1}{|x|}\right)}, & x\neq0\\ 0, & x=0\end{cases}$，试讨论 $f(x)$ 在点 $x=0$ 处的连续性.

9. 已知 $y=\lim\limits_{n\to\infty}\dfrac{x(1-x^{2n})}{1+x^{2n}}$，求 $y=f(x)$ 并讨论 $f(x)$ 连续性，若有间断点，判别其类型.

10. 找出下列函数的间断点，并判断其类型：

（1）$y=\dfrac{x}{x^2-3x+2}$　（2）$y=x\cos\dfrac{1}{x}$　（3）$y=\dfrac{x}{\sin x}$　（4）$f(x)=2^{-2^{\frac{1}{1-x}}}$

11. 找出函数$f(x)=(1+x)^{\frac{x}{\tan(x-\frac{\pi}{4})}}$在区间$(0,\pi)$内的间断点，并判断其类型.

12. $f(x)=\begin{cases}\dfrac{\ln(1+ax^3)}{x-\arcsin x}, & x<0\\ 6, & x=0\\ \dfrac{e^{ax}+x^2-ax-1}{x\sin(x/4)}, & x>0\end{cases}$，问 a 为何值时 $f(x)$ 在 $x=0$ 连续；a 为何值时 $x=0$ 是 $f(x)$ 的可去间断点.

（四）证明题

1. 证明：方程 $\sin x+x+1=0$ 在开区间$\left(-\dfrac{\pi}{2},\dfrac{\pi}{2}\right)$内至少有一个实根.

2. 设$f(x)$在$[a,b]$上连续，且 $a<c<d<b$，$p,q>0$，证明：在$[a,b]$上至少存在一点 ξ，使得：$pf(c)+qf(d)=(p+q)f(\xi)$

3. 设$f(x)$在$[0,1]$上非负连续，且$f(0)=f(1)=0$，证明：对任意实数 r，$(0<r<1)$，在区间$[0,1)$内至少有一点 ξ，使得：$f(\xi)=f(\xi+r)$

六、自测题参考答案

（一）1. 0　2. 2　3. 2　4. $a=$任意常数　$b=6$　5. $a\geq0,b<0$　6. 2

7. $(-\infty,-\sqrt{e})\cup(-\sqrt{e},0)\cup(0,\sqrt{e})\cup(\sqrt{e},+\infty)$　8. $x=0$　9. 0　10. $x=0$

（二）1.（A）　2.（C）　3.（C）　4.（A）　5.（B）　6.（A）

7.（B）　8.（C）　9.（D）　10.（A）

（三）1.（1）$\dfrac{3}{2}$　（2）1/2　（3）1　（4）1

（5）$=\lim\limits_{x\to-8}\dfrac{-(4-2\sqrt[3]{x}+(\sqrt[3]{x})^2)}{\sqrt{1-x}+3}=-2$（提示：分子分母同时有理化）

（6）$=\lim\limits_{x\to0}\dfrac{x+1-1}{x[(\sqrt[n]{x+1})^{n-1}+\cdots+\sqrt[n]{x+1}+1]}=\dfrac{1}{n}$（提示：分子有理化）

（7）不存在极限$\left(=\lim\limits_{x\to0}\dfrac{x}{\sqrt{2\sin^2\dfrac{x}{2}}}\right)$

（8）$=\lim\limits_{x\to0}\dfrac{4(1+x\sin x-\cos^2x)}{x^2(\sqrt{1+x\sin x}+1)}=4$

（9）2　（10）$\dfrac{1}{2}$　（11）$\dfrac{1}{3}$　（12）$\dfrac{1}{2}$

(13) $=\lim\limits_{x\to 0}\dfrac{e^{\sin x}(e^{x-\sin x}-1)}{x-\sin x}=\lim\limits_{x\to 0}e^{\sin x}=1$　　(14) $=\lim\limits_{x\to 0}n^2 2^{\frac{1}{n+1}}\left(2^{\frac{1}{n(n+1)}}-1\right)=\ln 2$

(15) $=\lim\limits_{x\to 1}e^{(x-1)\ln x}=e^{\lim\limits_{x\to 1}(x-1)\ln x}=e^{\lim\limits_{x\to 1}(x-1)^2\frac{\ln(x-1+1)}{x-1}}=e^0=1$

(16) $e^{x(x+1)}$　(17) e　(18) 1　(19) $e^{-\frac{1}{2}}$

(20) $=\lim\limits_{x\to 0}\dfrac{\sqrt{1+x\sin x}-1}{x^2}=\lim\limits_{x\to 0}\dfrac{x\sin x}{x^2(\sqrt{1+x\sin x}+1)}=\dfrac{1}{2}$

(21) $-\dfrac{\pi}{4}$　(22) $\dfrac{1}{2}$　(23) $\dfrac{1}{2}$　(24) $\dfrac{1}{2}$　$\left(\text{提示：令 } \arctan\dfrac{n+1}{n}=u\right)$

2. $\lim\limits_{x\to 0}\dfrac{\sqrt{x+\sqrt{x+\sqrt{x}}}}{x^k}=\lim\limits_{x\to 0}\sqrt{x^{1-2k}+\sqrt{x^{1-4k}+\sqrt{x^{1-8k}}}}\neq 0$，则 $k=\dfrac{1}{8}$

3. $a=\dfrac{3}{2}$　4. $c=\ln 2$　5. $a=\dfrac{\pi}{2}$　6. $a=1$

7. $a=\pi, b=-\dfrac{\pi}{2}$

8. $x=0$ 为跳跃间断点．

9. (1) $y=\begin{cases}x, & |x|<1\\ -x, & |x|>1.\\ 0, & |x|=1\end{cases}$　(2) $x=\pm 1$，第一类，跳跃．

10. (1) $x=1$，$x=2$，第二类，无穷．(2) $x=0$，第一类，可去．
(3) $x=0$，第一类，可去；$x=\pm n\pi(n=1,2,\cdots)$，第二类，无穷．
(4) $x=1$，第一类，跳跃．

11. 因为 $\lim\limits_{x\to\frac{\pi}{4}^+}f(x)=+\infty$，$\lim\limits_{x\to\frac{\pi}{4}^-}f(x)=0$，所以 $x=\dfrac{\pi}{4}$ 为 $f(x)$ 的第二类，无穷间断点．

12. $a=-1$ 时，$f(x)$ 在 $x=0$ 处连续；$a=-2$ 时，$x=0$ 是 $f(x)$ 的可去间断点．

(四) 1. 提示：构造辅助函数利用零值定理．

设 $f(x)=\sin x+x+1$，则 $f(x)$ 在闭区间 $\left[-\dfrac{\pi}{2},\dfrac{\pi}{2}\right]$ 上连续，且 $f(-\pi/2)=-\pi/2<0$，$f(\pi/2)=2-\pi/2>0$. 故由闭区间上连续函数的零值定理，$f(x)$ 在区间 $\left(-\dfrac{\pi}{2},\dfrac{\pi}{2}\right)$ 至少内有一个零点．

2. 提示：利用介值定理．

由闭区间上连续函数的最值定理，存在 $M,m\in\mathbb{R}$，使得对任意的 $x\in[a,b]$ 有 $m\leqslant f(x)\leqslant M$，由于 $m\leqslant\dfrac{pf(c)+qf(d)}{p+q}\leqslant M$，故由闭区间上连续函数的介值定理知存在 $\xi\in(a,b)$ 使得 $f(\xi)=\dfrac{pf(c)+qf(d)}{p+q}$，即：$pf(c)+qf(d)=(p+q)f(\xi)$.

3. 提示：利用零值定理．

设 $F(x)=f(x)-f(x+r)$，$\forall r\in(0,1)$，且 $x+r\in[0,1]$，分别取 $x=0$ 和 $1-r$，再用零值定理．

第3章

导数与微分

一、基本要求

理解导数的概念；了解导数的几何意义；了解可导与连续的关系；熟练掌握基本初等函数的导数公式；熟练掌握导数的四则运算法则；掌握反函数的求导法则；熟练掌握复合函数的求导法则；掌握对数求导法与隐函数求导法；了解微分的概念及其几何意义；掌握可导与可微的关系；了解高阶导数的概念，掌握求二阶、三阶导数及简单函数的 n 阶导数问题；掌握微分的基本公式与运算法则；熟练掌握求微分的方法；了解微分形式的不变性；了解经济函数的边际与弹性的概念及其计算.

二、内容提要

(一) 导数的定义及应用

1. 导数的概念：当自变量的增量趋于零时，函数的增量与自变量增量之比的极限，即：

$$f'(x_0)=\lim_{\Delta x\to 0}\frac{\Delta y}{\Delta x}=\lim_{\Delta x\to 0}\frac{f(x_0+\Delta x)-f(x_0)}{\Delta x}$$

2. 导数的实质：函数在一点处的变化率，用来研究函数变化的快慢（即速度）.

3. 单侧导数：左导数 $f'_-(x_0)=\lim\limits_{x\to x_0^-}\frac{f(x)-f(x_0)}{x-x_0}$；右导数 $f'_+(x_0)=\lim\limits_{x\to x_0^+}\frac{f(x)-f(x_0)}{x-x_0}$.

4. 可导的充要条件：左右导数存在且相等.

5. 导数的几何意义：函数在一点的导数是函数曲线在该点处切线的斜率.

6. 可导与连续的关系：可导必连续，反之不一定成立.

（二）求导法则

1. 四则运算求导法则：$(u\pm v)'=u'\pm v'$；$(uv)'=u'v+uv'$；$\left(\frac{u}{v}\right)'=\frac{u'v-uv'}{v^2}$

2. 反函数求导法则：$f'(x)=\lim\limits_{\Delta x\to 0}\frac{\Delta y}{\Delta x}=\frac{1}{\lim\limits_{\Delta y\to 0}\frac{\Delta x}{\Delta y}}=\frac{1}{\varphi'(y)}$，$\varphi(y)$ 为 $f(x)$ 的反函数.

3. 复合函数求导法则：复合函数的导数等于复合函数对中间变量的导数乘以中间变量对自变量的导数，即 $[f(\varphi(x))]'=f'(u)\varphi'(x)$，其中 $u=\varphi(x)$.

4. 对数求导法：对含有多项乘积或幂指函数求导时，采用取对数后再求导的方法.

5. 隐函数求导法则：方程 $F(x,y)=0$ 两边对 x 求导，将 y 看做 x 的函数，解出 y'.

（三）基本初等函数的求导公式

$(C)'=0$；$(x^\alpha)'=\alpha x^{\alpha-1}$；$(a^x)'=a^x\cdot\ln a$；$(e^x)'=e^x$；

$(\log_a x)'=\frac{1}{x\cdot\ln a}$；$(\ln x)'=\frac{1}{x}$；$(\sin x)'=\cos x$；$(\cos x)'=-\sin x$；

$(\tan x)'=\sec^2 x$；$(\cot x)'=-\csc^2 x$；

$(\sec x)'=\sec x\cdot\tan x$；$(\csc x)'=-\csc x\cdot\cot x$；

$(\arcsin x)'=\frac{1}{\sqrt{1-x^2}}$；$(\arccos x)'=-\frac{1}{\sqrt{1-x^2}}$；

$(\arctan x)'=\frac{1}{1+x^2}$；$(\mathrm{arccos}x)'=-\frac{1}{1+x^2}$

（四）高阶导数

1. 高阶导数的概念：一阶导数的导数称为二阶导数，二阶导数的导数称为三阶导数. 依此类推，$n-1$ 阶导数的导数称为 n 阶导数.

2. 高阶导数的求法：依次求导；数学归纳法.

（五）微分的定义及应用

1. 可微的概念：当自变量取得增量 Δx 时，函数的增量 Δy 可写为 Δx 的线性主部与 Δx 的高阶无穷小量的和，即：$\Delta y=A\Delta x+o(\Delta x)$

2. 微分的定义：可微时，函数增量 Δy 的线性主部 $A\Delta x$.

3. 微分的实质：函数增量的近似（局部地以曲线的切线代替该曲线）.

4. 可导与可微的关系：可导与可微等价.

5. 微分形式不变性：函数 $y=f(u)$，不论 u 是自变量还是中间变量 $u=\varphi(x)$，函数微分的形式都相同，为 $dy=f'(u)du$.

（六）导数的经济应用

1. 边际：经济函数在一点的导数 $f'(x_0)$（经济函数的变化率）称为边际.

2. 边际分析：利用导数研究经济函数边际变化的方法称为边际分析.

3. 弹性：经济函数在一点的相对导数 $f'(x_0)\cdot\frac{x_0}{y_0}$（经济函数的相对变化率）.

4. 弹性分析：利用函数与自变量的相对改变量之比研究某一经济变量对另一经济变量变化反应程度的方法称为弹性分析.

三、典型例题

题型一：用导数定义求导数

［**例 3.1**］ 设 $f(x)=\begin{cases}\dfrac{g(x)-\cos x}{x}, & x\neq 0\\ a, & x=0\end{cases}$，其中 $g(x)$ 具有二阶连续导数，且 $g(0)=1$，(1) 确定常数 a 的值，使函数 $f(x)$ 在点 $x=0$ 连续；(2) 求 $f'(x)$；(3) 讨论 $f'(x)$ 在 $x=0$ 的连续性.

解：(1) $\lim\limits_{x\to 0}f(x)=\lim\limits_{x\to 0}\dfrac{g(x)-\cos x}{x}\overset{\text{罗必达法则}}{=}\lim\limits_{x\to 0}[g'(x)+\sin x]=g'(0)=a$

所以 $a=g'(0)$

问题 1：为什么此题可以使用罗必达法则？

答：首先在 $x\to 0$ 时，极限是 $\frac{0}{0}$ 型；其次分子、分母皆可导；最后求导后极限存在，所以此题可以使用罗必达法则求解.

注：罗必达法则详见课本第 4.2 节.

问题 2：最后一个等式成立的原因是什么？

答：因为题目条件是"$g(x)$ 具有二阶连续导数"，这意味着 $g'(x)$ 是连续的，因此 $g'(x)$ 在 $x=0$ 处的极限值等于函数值 $g'(0)$.

(2) 分析：分段函数求导函数是很多同学易错的题型，特别在分段点处容易出错！分段函数求导函数的正确方法应该是在分段点处使用导数定义计算，非分段点处用求导法则计算.

解：当 $x\neq 0$ 时，$f'(x)=\left[\dfrac{g(x)-\cos x}{x}\right]'=\dfrac{[g'(x)+\sin x]x-[g(x)-\cos x]}{x^2}$

当 $x=0$ 时，$f'(0)=\lim\limits_{x\to 0}\dfrac{f(x)-f(0)}{x}=\lim\limits_{x\to 0}\dfrac{g(x)-\cos x-xg'(0)}{x^2}\overset{\text{罗必达法则}}{=}\lim\limits_{x\to 0}\dfrac{g'(x)+\sin x-g'(0)}{2x}$

$\overset{\text{罗必达法则}}{=}\lim\limits_{x\to 0}\dfrac{g''(x)+\cos x}{2}=\dfrac{1}{2}g''(0)+\dfrac{1}{2}$

所以 $f'(x)=\begin{cases}\dfrac{[g'(x)+\sin x]x-[g(x)-\cos x]}{x^2}, & x\neq 0\\ \dfrac{1}{2}g''(0)+\dfrac{1}{2}, & x=0\end{cases}$

注： 在求分段函数在分段点的导数时，会使用一种错误的做法，以此题为例，先用求导法则求 $x\neq0$ 时，$f'(x)$的表达式，然后将 $x=0$ 带入上一步中求出的 $f'(x)$ 的表达式，算出 $f'(0)$. 在本题中，很容易看出此种方法的错误：第一步中求出的导函数表达式，是在 $x\neq0$ 的前提下算出来的，这就意味着此导函数 $f'(x)$ 的表达式中 $x\neq0$，将 $x=0$ "强行"代入显然是不对的．通过上述分析，希望读者真正了解"分段函数在分段点的导数必须使用定义求解"！

(3) $$f'(x)=\begin{cases}\dfrac{[g'(x)+\sin x]x-[g(x)-\cos x]}{x^2}, & x\neq0\\ \dfrac{1}{2}g''(0)+\dfrac{1}{2}, & x=0\end{cases}$$

$$\lim_{x\to0}f'(x)=\lim_{x\to0}\frac{[g'(x)+\sin x]x-[g(x)-\cos x]}{x^2}\overset{\text{罗必达法则}}{=}\lim_{x\to0}\frac{[g''(x)+\cos x]x}{2x}=\frac{g''(0)+1}{2}=f'(0)$$

所以 $f'(x)$ 在 $x=0$ 处连续．

[**例 3.2**] 设 $f(x)$ 在 $x=0$ 处连续，且 $\lim\limits_{h\to0}\dfrac{f(h^2)}{h^2}=1$，则__________.

(A) $f(0)=0$ 且 $f'_-(0)$ 存在　　(B) $f(0)=1$ 且 $f'_-(0)$ 存在

(C) $f(0)=0$ 且 $f'_+(0)$ 存在　　(D) $f(0)=1$ 且 $f'_+(0)$ 存在

分析： $\lim\limits_{h\to0}\dfrac{f(h^2)}{h^2}=1$ 分母极限为零，整个分式极限存在，所以分子极限必为零（此类型的题目在第二章典型例题中已作详细说明），即 $\lim\limits_{h\to0}f(h^2)=0$. 而 $f(x)$ 在 $x=0$ 处连续，即 $x=0$ 处的极限值等于该点处的函数值，因此 $f(0)=0$，正确答案只能在 AC 中选取．

解： $$\lim_{h\to0}\frac{f(h^2)}{h^2}=1\Leftrightarrow\lim_{h\to0}\frac{f(h^2)-f(0)}{h^2}=1\overset{\text{令}h^2=t}{\Leftrightarrow}\lim_{t\to0^+}\frac{f(t)-f(0)}{t}=1\Leftrightarrow f'_+(0)=1$$

因而正确答案为 C.

注： 此题的考察重点是连续和可导的概念，而考察导数概念一般会涉及以下几类问题：

(1) 分段函数在分段点的导数；

(2) 已知某极限，求 $f'(x_0)$；

(3) 已知 $f'(x_0)$，求极限．

[**例 3.3**] 已知 $f'(x_0)=0, f''(x_0)=1$，求 $\lim\limits_{n\to\infty}nf'\left(x_0+\dfrac{4}{n}\right)$.

解： $$\lim_{n\to\infty}nf'\left(x_0+\frac{4}{n}\right)=4\lim_{n\to\infty}\frac{f'\left(x_0+\dfrac{4}{n}\right)-f'(x_0)}{\dfrac{4}{n}}=4f''(x_0)=4$$

注： 已知导数求极限，一般需要把极限"改造"成导数定义的样子，因此读者需要熟记导数定义的各种等价形式．

$$f'(x_0)=\lim_{h\to0}\frac{f(x_0+h)-f(x_0)}{h}=\lim_{x\to x_0}\frac{f(x)-f(x_0)}{x-x_0}=\lim_{\varphi(h)\to0}\frac{f(x_0+\varphi(h))-f(x_0)}{\varphi(h)}$$

[**例 3.4**] 求曲线 $f(x)=\begin{cases}e^x-1 & x<0\\ \sin x & x\geqslant0\end{cases}$ 过点 $(0,0)$ 的切线方程．

解：由 $f'_+(0)=\lim\limits_{x\to0^+}\dfrac{f(x)-f(0)}{x}=\lim\limits_{x\to0^+}\dfrac{\sin x}{x}=1$

$f'_-(0)=\lim\limits_{x\to0^-}\dfrac{f(x)-f(0)}{x}=\lim\limits_{x\to0^+}\dfrac{e^x-1}{x}=1$

可得：$f'(0)=1$

故曲线 $f(x)$ 过 $(0,0)$ 的切线方程为 $y=x$.

题型二：利用求导法则计算导数

[**例 3.5**] 求下列函数的导函数：

(1) $y=x^a+a^x+a^a$ (2) $y=\sin x+\sec x\cdot\tan x$

(3) $y=(x-2)^2\sqrt[3]{\dfrac{(x+3)^2(3-2x^2)^4}{(1+x^2)(5-3x^3)}}$ (4) $y=x^{\sin x}$

(5) 设由方程 $x^y=y^x$ 确定 y 是 x 的函数，求 $\dfrac{dy}{dx}$.

(6) 设函数 f 可导，由方程 $\ln xy=e^{f(x\sin y)}$ 确定 y 是 x 的函数，求 $\dfrac{dy}{dx}$.

解：(1) $y'=ax^{a-1}+a^x\ln a$

注：此题中一定要区别幂函数、指数函数、常值函数不同的求导法则.

(2) $y'=(\sin x)'+(\sec x)'\cdot\tan x+\sec x\cdot(\tan x)'=\cos x+\sec x\tan^2x+\sec^3x$

注：求导的四则运算法则必须牢记！

(3) $\ln y=2\ln(x-2)+\dfrac{1}{3}[2\ln(x+3)+4\ln(3-2x^2)-\ln(1+x^2)-\ln(5-3x^3)]$

$$\frac{y'}{y}=\frac{2}{x-2}+\frac{1}{3}\left(\frac{2}{x+3}+\frac{4\cdot(-4x)}{3-2x^2}-\frac{2x}{1+x^2}-\frac{-9x^2}{5-3x^3}\right)$$

$$y'=(x-2)^2\sqrt[3]{\frac{(x+3)^2(3-2x^2)^4}{(1+x^2)(5-3x^3)}}\cdot\left[\frac{2}{x-2}+\frac{1}{3}\left(\frac{2}{x+3}-\frac{16x}{3-2x^2}-\frac{2x}{1+x^2}+\frac{9x^2}{5-3x^3}\right)\right]$$

注：取对数求导法对仅含有乘除、乘方、开方运算的函数求导具有极大地简化作用.

(4) $\ln y=\sin x\ln x\Rightarrow\dfrac{y'}{y}=\cos x\ln x+\dfrac{\sin x}{x}\Rightarrow y'=x^{\sin x}\left(\cos x\ln x+\dfrac{\sin x}{x}\right)$

注：取对数求导法对幂指函数求导也非常有效！

(5) 分析：此题是隐函数求导问题，此类问题的思路是方程两边同时关于 x 求导，求导时把 y 看成 x 的函数，然后求解 y' 即可.

在本题中，方程左右两边均为幂指函数，因此需要使用“取对数”求导法：

$$x^y=y^x\Rightarrow y\ln x=x\ln y$$

此时方程两边同时关于 x 求导得：$y'\ln x+y\cdot\dfrac{1}{x}=\ln y+\dfrac{x}{y}\cdot y'$

移项解出 y'，得：$y'=\dfrac{\dfrac{y}{x}-\ln y}{\dfrac{x}{y}-\ln x}=\dfrac{y^2-xy\ln y}{x^2-xy\ln x}$

(6) 方程两边同时关于 x 求导得：$\frac{y+xy'}{xy}=e^{f(x\sin y)}f'(x\sin y)[\sin y+x\cos y\cdot y']$

移项解出 y'，得：$y'=\frac{e^{f(x\sin y)}f'(x\sin y)\sin y-\frac{1}{x}}{\frac{1}{y}-e^{f(x\sin y)}f'(x\sin y)x\cos y}=\frac{xye^{f(x\sin y)}f'(x\sin y)\sin y-y}{x-x^2ye^{f(x\sin y)}f'(x\sin y)\cos y}$

[例 3.6] 已知 $y=f\left(\frac{3x-2}{3x+2}\right)$，$f'(x)=\arctan x^2$，求 $y'\Big|_{x=0}$.

分析：这是一个复合函数求导问题，y 是 $f(t)$ 与 $t=\frac{3x-2}{3x+2}$ 的复合，认识到这一点这个求导问题就不难解决了！

解：$y'=f'\left(\frac{3x-2}{3x+2}\right)\cdot\left(\frac{3x-2}{3x+2}\right)'=\arctan\left(\frac{3x-2}{3x+2}\right)^2\cdot\frac{3(3x+2)-3(3x-2)}{(3x+2)^2}$

$$=\frac{12}{(3x+2)^2}\arctan\left(\frac{3x-2}{3x+2}\right)^2$$

$$y'\Big|_{x=0}=\frac{12}{(3x+2)^2}\arctan\left(\frac{3x-2}{3x+2}\right)^2\Bigg|_{x=0}=3\arctan 1=\frac{3\pi}{4}$$

[例 3.7] 设 $y=f(x)$ 为单调可导函数，其反函数为 $x=g(y)$，又 $f(1)=2$，$f'(1)=\frac{-1}{\sqrt{3}}$，求 $g'(2)$.

分析：正确理解"反函数的导函数是其直接函数导函数的倒数"这句话的意义，在第一章典型例题中就曾经提到过反函数的概念，$y=f(x)\overset{解出x}{\Rightarrow}\underline{x=g(y)}\overset{交换变量x,y}{\Rightarrow}\underline{y=g(x)}$，划线部分的两个函数均称为 $y=f(x)$ 的反函数，而反函数求导法则中所提到的反函数指的是第一个划线的函数，即：

$$g'(y)=\frac{1}{f(x)}\text{或}\frac{dx}{dy}=\frac{1}{\frac{dy}{dx}}$$

正确理解反函数求导法则中"反函数"的具体含义以后，大家就能准确求解了.

解：$g'(2)=\frac{1}{f'(1)}$（因为 $y=2$ 时 $x=1$）$=-\sqrt{3}$

题型三：微分及其应用

在一元函数中，因为可导必可微，可微必可导，导致很多读者往往容易忽视微分的概念. 函数 $y=f(x)$ 在 $x=x_0$ 处可微，即 $\Delta y=f(x_0+\Delta x)-f(x_0)=A\Delta x+o(\Delta x)$，若函数在 $x=x_0$ 处的函数改变量可以表示为自变量改变量 Δx 的线性函数 + 自变量改变量的高阶无穷小，此时称函数在 $x=x_0$ 处可微，并且把"自变量改变量 Δx 的线性函数"称为函数在 $x=x_0$ 处的微分，通过定义可以了解到，微分其实就是函数改变量的主体部分，如果函数在某点可微，就可以利用这一点的微分来近似代替该点处的函数改变量，这两者之间只相差自变量改变量的高阶无穷小.

[例 3.8] 设 $y=f(\sin x)e^{f(x)}$，其中 f 可导，求 dy.

解法一：可以根据微分求解公式 $dy=y'dx$，求微分就是对函数求导函数，后面乘以一个尾巴"dx"即可，当然这里的 dx 表示的是自变量的微分，如果函数是以 t 为自变量的，那这个尾巴就要变成"dt"：

$$y'=f'(\sin x)\cdot\cos x\cdot e^{f(x)}+f(\sin x)\cdot e^{f(x)}\cdot f'(x)$$

所以：$dy=[f'(\sin x)\cdot\cos x\cdot e^{f(x)}+f(\sin x)\cdot e^{f(x)}\cdot f'(x)]dx$

解法二：利用微分的形式不变性也能求解微分.

例如，$y=f(g(x))$，其中 $y=f(u),u=g(x),f,g$ 均可微，则：

$$dy=df(u)=f'(u)du\overset{u\text{代入}}{=}f'(g(x))dg(x)=f'(g(x))g'(x)dx$$

这个式子说明，不管将函数 f 看成是自变量 x 的函数还是中间变量 u 的函数，在求微分时总有固定的形式"导数乘以自变量的微分"——这就是微分的形式不变性.

$dy=e^{f(x)}df(\sin x)+f(\sin x)de^{f(x)}=e^{f(x)}f'(\sin x)d\sin x+f(\sin x)e^{f(x)}df(x)=e^{f(x)}f'(\sin x)\cos xdx+f(\sin x)e^{f(x)}f'(x)dx=[e^{f(x)}f'(\sin x)\cos x+f(\sin x)e^{f(x)}f'(x)]dx$

注：这两种方法都可以用来求函数的微分，第一种方法更注重可导与可微的关系，而第二种方法其本质就是复合函数求导的链式法则，不知道读者发现没有？

[例 3.9] 求 $\sqrt[5]{0.95}$ 的近似值.

解：设 $f(x)=\sqrt[5]{x}$，则 $f'(x)=\dfrac{1}{5x^{\frac{4}{5}}}$，$f(1)=1$，$f'(1)=\dfrac{1}{5}$. 令 $x_0=1$，$\Delta x=-0.05$，当 $|\Delta x|$ 很微小时，由微分近似公式有：

$\sqrt[5]{0.95}=\sqrt[5]{1-0.05}=f(x_0+\Delta x)\approx f(x_0)+f'(x_0)\Delta x=0.99$

注：利用微分近似计算公式 $f(x_0+\Delta x)\approx f(x_0)+f'(x_0)\Delta x$ 时，首先构造辅助函数 $f(x)$，其次正确选择 x_0 和 Δx，原则是所选 x_0 要使 $f(x_0)$ 和 $f'(x_0)$ 易计算，而 $|\Delta x|$ 尽可能的小.

题型四：高阶导数

熟知一些常见函数的高阶导函数公式：

$(e^x)^{(n)}=e^x$、$(\sin x)^{(n)}=\sin\left(x+\dfrac{n}{2}\pi\right)$、$(\cos x)^{(n)}=\cos\left(x+\dfrac{n}{2}\pi\right)$、$\left(\dfrac{1}{x}\right)^{(n)}=(-1)^n n!\ x^{-(n+1)}$……

合理地利用已知结果求解一些特殊函数的高阶导函数.

[例 3.10] 求 $f(x)=\ln x$ 的 n 阶导函数.

分析：$(\ln x)'=\dfrac{1}{x}$，所以：$(\ln x)^{(n)}=\left(\dfrac{1}{x}\right)^{(n-1)}$

解：$(\ln x)^{(n)}=\left(\dfrac{1}{x}\right)^{(n-1)}=(-1)^{n-1}(n-1)!\ x^{-n}$

[例 3.11] 设函数 $y=\dfrac{1}{2x+3}$，求 $y^{(n)}(0)$.

解：$y'=-\dfrac{2}{(2x+3)^2}$，$y''=\dfrac{2^2\cdot 2}{(2x+3)^3}$，$y'''=-\dfrac{2^3\cdot 2\cdot 3}{(2x+3)^4}$……

一般地，有 $y^{(n)}=(-1)^n\dfrac{2^n\cdot n!}{(2x+3)^{n+1}}$. 接下来我们用数学归纳法来证明上述事实. 当

$n=1$ 时，结论成立．假设当 $n=k$ 时，结论成立，即 $y^{(k)}=(-1)^k\dfrac{2^k\cdot k!}{(2x+3)^{k+1}}$，则 $y^{(k+1)}=\left((-1)^k\dfrac{2^k\cdot k!}{(2x+3)^{k+1}}\right)'=(-1)^{k+1}\dfrac{2^{k+1}\cdot(k+1)!}{(2x+3)^{k+2}}$，即当 $n=k+1$ 时，结论也成立，故上述结论成立，则 $y^{(n)}(0)=(-1)^n\dfrac{2^n\cdot n!}{3^{n+1}}$.

四、教材习题解答

1. 根据导数的定义求下列函数的导数：

（1） $y=\dfrac{1}{x}$

解：$y'=\lim\limits_{\Delta x\to 0}\dfrac{\dfrac{1}{x+\Delta x}-\dfrac{1}{x}}{\Delta x}=\lim\limits_{\Delta x\to 0}\dfrac{-1}{x(x+\Delta x)}=-\dfrac{1}{x^2}$

（2） $y=\sqrt[3]{x^2}$

解：$y'=\lim\limits_{\Delta x\to 0}\dfrac{\sqrt[3]{(x+\Delta x)^2}-\sqrt[3]{x^2}}{\Delta x}=\lim\limits_{\Delta x\to 0}\dfrac{(x+\Delta x)^2-x^2}{\Delta x(\sqrt[3]{(x+\Delta x)^4}+\sqrt[3]{x^2(x+\Delta x)^2}+\sqrt[3]{x^4})}=\dfrac{2x}{3\sqrt[3]{x^4}}=\dfrac{2}{3}x^{-\frac{1}{3}}$

2. 求抛物线 $y=ax^2+bx+c$ 上具有水平切线的点．

解：$y'=2ax+b$，令 $y'=0$，则 $x=-\dfrac{b}{2a}$代入 $y=ax^2+bx+c$ 得 $y=c-\dfrac{b^2}{4a}$，故点$\left(-\dfrac{b}{2a},c-\dfrac{b^2}{4a}\right)$处具有水平切线．

3. 求曲线 $y=2\sin x+x^2$ 上横坐标为 $x=0$ 点处的切线方程和法线方程．

解：$y'=2\cos x+2x$，当 $x=0$ 时，$y'=2,y=0$. 故在$(0,0)$处的切线方程为 $y=2x$，法线方程为 $y=-\dfrac{1}{2}x$.

4. 设 α 为实数，在什么条件下，分段函数 $f(x)=\begin{cases}x^\alpha\sin\dfrac{1}{x}, & x\neq 0\\ 0, & x=0\end{cases}$

（1） 在 $x=0$ 点连续；

解：当 $\alpha>0$ 时，$\lim\limits_{x\to 0}f(x)=\lim\limits_{x\to 0}x^\alpha\sin\dfrac{1}{x}=0=f(0)$，从而 $f(x)$在 $x=0$ 处连续．

（2） 在 $x=0$ 点可导

解：当 $\alpha>1$ 时，$\lim\limits_{\Delta x\to 0}\dfrac{f(0+\Delta x)-f(0)}{\Delta x}=\lim\limits_{\Delta x\to 0}\Delta x^{\alpha-1}\sin\dfrac{1}{\Delta x}=0$，从而 $f(x)$在 $x=0$ 处可导．

（3） 在 $x=0$ 点处导函数连续．

解：当 $\alpha>2$ 时，$f'(x)=\begin{cases}\alpha x^{\alpha-1}\sin\dfrac{1}{x}-x^{\alpha-2}\cos\dfrac{1}{x} & x\neq 0\\ 0 & x=0\end{cases}$

$\lim\limits_{x\to 0}f'(x)=\lim\limits_{x\to 0}\alpha x^{\alpha-1}\sin\dfrac{1}{x}-x^{\alpha-2}\cos\dfrac{1}{x}=0=f'(0)$，从而 $f'(x)$ 在 $x=0$ 处连续．

5. a,b 为何值时 $f(x)=\begin{cases}e^x-1, & x<0\\ x+a, & 0\leqslant x<1\\ b\sin(x-1)+1, & x\geqslant 1\end{cases}$，在 $x=0$、$x=1$ 点处可导．

解：$f'_+(0)=\lim\limits_{\Delta x\to 0^+}\dfrac{f(0+\Delta x)-f(0)}{\Delta x}=\lim\limits_{\Delta x\to 0^+}\dfrac{\Delta x+a-a}{\Delta x}=1$

$f'_-(0)=\lim\limits_{\Delta x\to 0^-}\dfrac{f(0+\Delta x)-f(0)}{\Delta x}=\lim\limits_{\Delta x\to 0^-}\dfrac{e^{\Delta x}-1-a}{\Delta x}$

因为 $f(x)$ 在 $x=0$ 处可导，则：

$f'_+(0)=f'_-(0)$，即 $\lim\limits_{\Delta x\to 0^-}\dfrac{e^{\Delta x}-1-a}{\Delta x}=1$，则 $\lim\limits_{\Delta x\to 0^-}e^{\Delta x}-1-a=0$，故：$a=0$

$f'_+(1)=\lim\limits_{\Delta x\to 0^+}\dfrac{f(1+\Delta x)-f(1)}{\Delta x}=\lim\limits_{\Delta x\to 0^+}\dfrac{b\sin\Delta x+1-1}{\Delta x}=b$

$f'_-(1)=\lim\limits_{\Delta x\to 0^-}\dfrac{f(1+\Delta x)-f(1)}{\Delta x}=\lim\limits_{\Delta x\to 0^-}\dfrac{1+\Delta x-1}{\Delta x}=1$

又因为 $f(x)$ 在 $x=1$ 处可导，则 $f'_+(1)=f'_-(1)$，即：$b=1$

6. 设 $f(x)$ 在 $x=0$ 点连续，且 $\lim\limits_{x\to 0}\dfrac{f(x)-1}{x}=-1$，求 $f(0)$，并判断 $f(x)$ 在点 $x=0$ 处是否可导？

解：因为 $\lim\limits_{x\to 0}\dfrac{f(x)-1}{x}=-1$，则 $\lim\limits_{x\to 0}(f(x)-1)=0$. 又因为 $f(x)$ 在 $x=0$ 处连续，则 $f(0)=1$.

故 $\lim\limits_{\Delta x\to 0}\dfrac{f(0+\Delta x)-f(0)}{\Delta x}=\lim\limits_{\Delta x\to 0}\dfrac{f(\Delta x)-1}{\Delta x}=-1$，即 $f(x)$ 在 $x=0$ 处可导．

7. 如果 $f(x)$ 为偶函数，且 $f'(0)$ 存在，证明 $f'(0)=0$.

证明：$f'(0)=\lim\limits_{\Delta x\to 0}\dfrac{f(0+\Delta x)-f(0)}{\Delta x}$

$\xlongequal{\text{令 }\Delta x=-\Delta t}\lim\limits_{\Delta t\to 0}\dfrac{f(-\Delta t)-f(0)}{-\Delta t}$

$\xlongequal{f(x)\text{为偶函数}}-\lim\limits_{\Delta t\to 0}\dfrac{f(\Delta t)-f(0)}{\Delta t}=-f'(0)$，故 $f'(0)=0$

8. 设 $f(x)$ 是可导的奇函数，试证 $f'(x)$ 为偶函数．

证明：$f'(-x)=\lim\limits_{\Delta x\to 0}\dfrac{f(-x+\Delta x)-f(-x)}{\Delta x}$

$\xlongequal{\text{令 }\Delta x=-\Delta t}\lim\limits_{\Delta t\to 0}\dfrac{f(-x-\Delta t)-f(-x)}{-\Delta t}$

$\xlongequal{f(x)\text{为奇函数}}\lim\limits_{\Delta t\to 0}\dfrac{f(x+\Delta t)-f(x)}{\Delta t}=f'(x)$，故 $f'(x)$ 为偶函数．

9. 若$f(x)$是奇函数，且$f'_+(0)$存在，试判断$f'_-(0)$是否存在？如果存在，$f'_+(0)$与$f'_-(0)$有何关系？

解：因为$f(x)$为奇函数，则：$f(0)=0$

$$f'_+(0)=\lim_{\Delta x\to 0^+}\frac{f(0+\Delta x)-f(0)}{\Delta x}=\lim_{\Delta x\to 0^+}\frac{f(\Delta x)}{\Delta x}$$

$$\xlongequal{\text{令 }\Delta x=-\Delta t}\lim_{\Delta t\to 0^-}\frac{f(-\Delta t)}{-\Delta t}=\lim_{\Delta t\to 0^-}\frac{f(\Delta t)}{\Delta t}=f'_-(0)$$

10. 求下列函数的导数：

(1) $y=2^x\cdot 3^x$

解：$y'=2^x\ln 2\cdot 3^x+3^x\ln 3\cdot 2^x=6^x\ln 6$

(2) $y=x^3+4x^2+2x+3$

解：$y'=3x^2+8x+2$

(3) $y=e^x\cdot x^e$

解：$y'=e^x\cdot x^e+x^{e-1}e^{x+1}$

(4) $y=x^2\operatorname{arccot}x$

解：$y'=2x\operatorname{arccot}x-\dfrac{x^2}{1+x^2}$

(5) $y=4^x\log_3 x$

解：$y'=4^x\ln 4\cdot\log_3 x+\dfrac{4^x}{x\ln 3}$

(6) $y=(3x+1)\sec x$

解：$y'=3\sec x+(3x+1)\sec x\cdot\tan x$

(7) $y=(2\sqrt{x}+5)\tan x$

解：$y'=\dfrac{\tan x}{\sqrt{x}}+(2\sqrt{x}+5)\sec^2 x$

(8) $y=\dfrac{\csc x}{x}$

解：$y'=\dfrac{-x\csc x\cdot\cot x-\csc x}{x^2}$

(9) $y=\dfrac{1}{1+\sqrt{x}}+\dfrac{1}{1-\sqrt{x}}$

解：$y=\dfrac{2}{1-x}$，$y'=\dfrac{2}{(1-x)^2}$

(10) $y=\dfrac{1-\sin x}{1+\cos x}$

解：$y'=\dfrac{-\cos x(1+\cos x)+\sin x(1-\sin x)}{(1+\cos x)^2}=\dfrac{-1-\cos x+\sin x}{(1+\cos x)^2}$

(11) $y=\dfrac{\cos 2x}{\sin x+\cos x}$

解：$y'=\dfrac{-2\sin 2x(\sin x+\cos x)-\cos 2x(\cos x-\sin x)}{(\sin x+\cos x)^2}=-\sin x-\cos x$

(12) $y=\dfrac{\pi}{\csc x+\cot x}$

解：$y'=\dfrac{-\pi(-\csc x\cdot\cot x-\csc^2x)}{(\csc x+\cot x)^2}=\dfrac{\pi}{1+\cos x}$

(13) $y=\dfrac{\arctan x+arc\cot x}{4x^3}$

解：设 $f(x)=\arctan x+arc\cot x$，则 $f'(x)=\dfrac{1}{1+x^2}-\dfrac{1}{1+x^2}=0$，即 $f(x)=C$, C 为常数．又因为 $f(0)=\arctan 0+arc\cot 0=\dfrac{\pi}{2}$，故 $C=\dfrac{\pi}{2}$，即 $f(x)=\arctan x+arc\cot x=\dfrac{\pi}{2}$，则：$y=\dfrac{\pi}{8x^3}$，$y'=-\dfrac{3\pi}{8x^4}$

(14) $y=x^3\cdot\tan x\cdot\ln x$

解：$y'=3x^2\tan x\cdot\ln x+x^3\sec^2x\cdot\ln x+x^2\tan x$

(15) $y=\dfrac{3x^2-x-5}{x+4}$

解：$y'=\dfrac{(6x-1)(x+4)-(3x^2-x-5)}{(x+4)^2}=\dfrac{3x^2+24x+1}{(x+4)^2}$

(16) $y=\dfrac{x^4\cot x}{4\arcsin x}$

解：$y'=\dfrac{4(4x^3\cot x-x^4\csc^2x)\arcsin x-\dfrac{4x^4\cot x}{\sqrt{1-x^2}}}{16(\arcsin x)^2}=\dfrac{4x^3\cot x-x^4\csc^2x}{4\arcsin x}-\dfrac{x^4\cot x}{4\sqrt{1-x^2}(\arcsin x)^2}$

11. 求下列函数的导数：

(1) $y=\ln\sqrt{x}+\sqrt{\ln x}$

解：$y'=\dfrac{1}{\sqrt{x}}\cdot\dfrac{1}{2\sqrt{x}}+\dfrac{1}{2\sqrt{\ln x}}\cdot\dfrac{1}{x}=\dfrac{1}{2x}\left(1+\dfrac{1}{\sqrt{\ln x}}\right)$

(2) $y=\ln(\sec x+\tan x)$

解：$y'=\dfrac{\sec x\cdot\tan x+\sec^2x}{\sec x+\tan x}=\sec x$

(3) $y=\ln(x+\sqrt{x^2-a^2})$

解：$y'=\dfrac{1+\dfrac{x}{\sqrt{x^2-a^2}}}{x+\sqrt{x^2-a^2}}=\dfrac{1}{\sqrt{x^2-a^2}}$

(4) $y=\log_a(x^2+x+1)$

解：$y'=\dfrac{2x+1}{(x^2+x+1)\ln a}$

(5) $y=\cos^{3n+1}x$

解：$y'=-(3n+1)\cos^{3n}x\cdot\sin x$

(6) $y=\tan x^n$

解：$y' = n(\sec x^n)^2 x^{n-1}$

（7）$y = (3x + \sin 4x)^5$

解：$y' = 5(3x + \sin 4x)^4(3 + 4\cos 4x)$

（8）$y = \arcsin \frac{1}{x^2}$

解：$y' = \frac{-2}{\sqrt{1 - \frac{1}{x^4}}} \cdot \frac{1}{x^3} = \frac{-2}{x\sqrt{x^4 - 1}}$

（9）$y = e^{\arctan\sqrt{x}}$

解：$y' = e^{\arctan\sqrt{x}} \cdot \frac{1}{1+x} \cdot \frac{1}{2\sqrt{x}}$

（10）$y = \arcsin\sqrt{\frac{1-x}{1+x}}$

解：$y' = \frac{1}{\sqrt{1 - \frac{1-x}{1+x}}} \cdot \frac{1}{2} \cdot \sqrt{\frac{1+x}{1-x}} \cdot \frac{-2}{(1+x)^2} = -\frac{1}{(1+x)\sqrt{2x(1-x)}}$

（11）$y = \frac{\arccos x}{\sqrt{1-x^2}}$

解：$y' = \frac{-\frac{1}{\sqrt{1-x^2}} \cdot \sqrt{1-x^2} + \arccos x \cdot \frac{x}{\sqrt{1-x^2}}}{1-x^2} = \frac{x \cdot \arccos x}{(1-x^2)^{\frac{3}{2}}} - \frac{1}{1-x^2}$

（12）$y = \sec^2 \frac{x}{a} + \csc^2 \frac{x}{a}$

解：$y' = 2\sec^2 \frac{x}{a} \cdot \tan \frac{x}{a} \cdot \frac{1}{a} - 2\csc^2 \frac{x}{a} \cdot \cot \frac{x}{a} \cdot \frac{1}{a} = \frac{2}{a}\left(\sec^2 \frac{x}{a} \cdot \tan \frac{x}{a} - \csc^2 \frac{x}{a} \cdot \cot \frac{x}{a}\right)$

（13）$y = \ln(2^{-x} + x^{-3} + 4^x)$

解：$y' = \frac{-2^{-x}\ln 2 - 3x^{-4} + 4^x \ln 4}{2^{-x} + x^{-3} + 4^x}$

（14）$y = [\tan(\sqrt{1-2x})]^2$

解：$y' = -\frac{2\tan\sqrt{1-2x} \cdot \sec^2\sqrt{1-2x}}{\sqrt{1-2x}}$

12. 求下列函数的导数：

（1）$y = \frac{x^2}{1-x}\sqrt{\frac{3-x}{(3+x)^2}}$

解：对 $y = \frac{x^2}{1-x}\sqrt{\frac{3-x}{(3+x)^2}}$ 的两边取对数，得 $\ln y = 2\ln x - \ln(1-x) + \frac{\ln(3-x)}{2} - \ln(3+x)$

将上式两边对 x 求导，得 $\frac{y'}{y} = \frac{2}{x} + \frac{1}{1-x} - \frac{1}{2(3-x)} - \frac{1}{3+x}$. 所以，

$$y' = y\left(\frac{2}{x} + \frac{1}{1-x} - \frac{1}{2(3-x)} - \frac{1}{3+x}\right) = \frac{x^2}{1-x}\sqrt{\frac{3-x}{(3+x)^2}} \cdot \left(\frac{2}{x} + \frac{1}{1-x} - \frac{1}{2(3-x)} - \frac{1}{3+x}\right)$$

(2) $y=\left(1-\frac{1}{1-x^2}\right)^x$

解：对 $y=\left(1-\frac{1}{1-x^2}\right)^x$ 的两边取对数，得 $\ln y=x\ln\left(1-\frac{1}{1-x^2}\right)$，将上式两边对 x 求导，得$\frac{y'}{y}=\ln\left(1-\frac{1}{1-x^2}\right)+x\cdot\frac{1-x^2}{-x^2}\cdot\frac{-2x}{(1-x^2)^2}$. 所以，

$$y'=y\left[\ln(1-\frac{1}{1-x^2})+\frac{2}{1-x^2}\right]=\left(1-\frac{1}{1-x^2}\right)^x\cdot\left[\ln\left(1-\frac{1}{1-x^2}\right)+\frac{2}{1-x^2}\right]$$

(3) $y=x^{\frac{1}{x}}$

解：对 $y=x^{\frac{1}{x}}$ 的两边取对数，得 $\ln y=\frac{\ln x}{x}$，将上式两边对 x 求导，得：$\frac{y'}{y}=\frac{1-\ln x}{x^2}$. 所以，$y'=y\cdot\frac{1-\ln x}{x^2}=(1-\ln x)x^{\frac{1}{x}-2}$

(4) $y=(\sin x)^{\cos x}$

解：对 $y=(\sin x)^{\cos x}$ 的两边取对数，得 $\ln y=\cos x\cdot\ln\sin x$，将上式两边对 x 求导，得：$\frac{y'}{y}=-\sin x\cdot\ln\sin x+\cos x\cdot\frac{\cos x}{\sin x}$.

所以，$y'=y\cdot\left(-\sin x\cdot\ln\sin x+\cos x\cdot\frac{\cos x}{\sin x}\right)=(\sin x)^{\cos x}(\cos x\cdot\cot x-\sin x\cdot\ln\sin x)$

13. 设函数 $f(x)$ 可导，求下列导数：

(1) $y=f(e^x)e^{f(x)}$

解：$y'=f'(e^x)e^{f(x)+x}+f(e^x)f'(e^x)e^{f(x)}$

(2) $y=f\left(arc\sin\frac{1}{x}\right)$

解：$y'=f'(\arcsin\frac{1}{x})\cdot\frac{1}{\sqrt{1+\frac{1}{x^2}}}\cdot\left(-\frac{1}{x^2}\right)=-\frac{|x|}{x^2\sqrt{x^2+1}}f'\left(\arcsin\frac{1}{x}\right)$

(3) $y=f(\sin^2x)+f(\cos^2x)$

解：$y'=2f'(\sin^2x)\sin x\cos x+2f(\cos^2x)\cos x\cdot(-\sin x)=\sin 2x[f'(\sin^2x)-f'(\cos^2x)]$

(4) $y=[xf(x^2)]^2$

解：$y'=2xf(x^2)[f(x^2)+2x^2f'(x^2)]$

(5) $y=\ln[1+f^2(x)]$

解：$y'=\frac{2f(x)f'(x)}{1+f^2(x)}$

14. 求由下列方程确定的隐函数 $y=y(x)$ 的导数：

(1) $\ln(x^2+y^2)=x+y-1$

解：方程两边同时对 x 求导得：$\frac{2x+2yy'}{x^2+y^2}=1+y'$

则：$y'=\frac{2x-x^2-y^2}{x^2+y^2-2y}$

（2） $xy+\ln y=2$

解：方程两边同时对 x 求导得：$y+xy'+\frac{y'}{y}=0$

则：$y'=-\frac{y^2}{xy+1}$

（3） $e^{xy}+y^2=\cos x$

解：方程两边同时对 x 求导得：$e^{xy}(y+xy')+2yy'=-\sin x$

则：$y'=-\frac{\sin x+ye^{xy}}{xe^{xy}+2y}$

（4） $x+2y-\cos y=0$

解：方程两边同时对 x 求导得：$1+2y'+\sin y\cdot y'=0$

则：$y'=-\frac{1}{\sin y+2}$

15. 设方程 $x+2y-\cos y=0$ 确定隐函数 $y=y(x)$，求 y''.

解：方程两边同时对 x 求导得：$1+2y'+\sin y\cdot y'=0$

则：$y'=-\frac{1}{\sin y+2}$

故：

$$y''=\frac{\cos y\cdot y'}{(\sin y+2)^2}=-\frac{\cos y}{(\sin y+2)^3}$$

16. 设方程 $xy-\sin(\pi y^2)=0$ 确定隐函数 $y=y(x)$，求 $y'\Big|_{\substack{x=0\\y=-1}}$ 和 $y''\Big|_{\substack{x=0\\y=-1}}$.

解：方程两边同时对 x 求导得：$y+xy'-2\pi y\cdot y'\cos(\pi y^2)=0$

则：$y'=-\frac{y}{2\pi y\cos(\pi y^2)-x}$

故：

$$y''=\frac{y'\cdot[2\pi y\cos(\pi y^2)-x]-y[2\pi y'\cos(\pi y^2)-4\pi^2y^2\sin(\pi y^2)y'-1]}{[2\pi y\cos(\pi y^2)-x]^2}$$

则：$y'\Big|_{(0,-1)}=-\frac{1}{2\pi}$，$y''\Big|_{(0,-1)}=-\frac{1}{4\pi^2}$

17. 求下列函数的 n 阶导数：

（1） $y=\ln x$

解：$y'=\frac{1}{x}$，$y''=-\frac{1}{x^2}$，$y'''=\frac{2}{x^3}$……一般地，有 $y^{(n)}=\frac{(-1)^{n-1}(n-1)!}{x^n}$. 接下来我们用数学归纳法来证明上述事实，当 $n=1$ 时，结论成立. 假设当 $n=k$ 时，结论成立，即 $y^{(k)}=\frac{(-1)^{k-1}(k-1)!}{x^k}$，则 $y^{(k+1)}=\left(\frac{(-1)^{k-1}(k-1)!}{x^k}\right)'=\frac{(-1)^k k!}{x^{k+1}}$，即当 $n=k+1$ 时，结论也成立，故上述结论成立.

（2） $y=\frac{1}{x}$

解：$y'=-\frac{1}{x^2}$，$y''=\frac{2}{x^3}$，$y'''=-\frac{3}{x^4}$……一般地有 $y^{(n)}=\frac{(-1)^n n!}{x^{n+1}}$. 接下来我们用数学归纳法来证明上述事实，当 $n=1$ 时，结论成立．假设当 $n=k$ 时，结论成立，即 $y^{(k)}=\frac{(-1)^k k!}{x^{k+1}}$，则 $y^{(k+1)}=\left(\frac{(-1)^k k!}{x^{k+1}}\right)'=\frac{(-1)^{k+1}(k+1)!}{x^{k+2}}$，即当 $n=k+1$ 时，结论也成立，故上述结论成立．

（3）$y=xe^x$

解：$y'=(x+1)e^x$，$y''=(x+2)e^x$，$y'''=(x+3)e^x$……一般地，有 $y^{(n)}=(x+n)e^x$. 接下来我们用数学归纳法来证明上述事实，当 $n=1$ 时，结论成立．假设当 $n=k$ 时，结论成立，即 $y^{(k)}=(x+k)e^x$，则 $y^{(k+1)}=((x+k)e^x)'=(x+k+1)e^x$，即当 $n=k+1$ 时，结论也成立，故上述结论成立．

（4）$y=x^m$

解：$y'=mx^{m-1}$，$y''=m(m-1)x^{m-2}$，$y''=m(m-1)(m-2)x^{m-3}$……一般地，有 $y^{(n)}=\begin{cases}m(m-1)(m-2)\cdots(m-n+1)x^{m-n}, & n\leqslant m\\ 0, & n>m\end{cases}$. 接下来，我们用数学归纳法来证明上述事实，当 $n=1$ 时，结论成立．假设当 $n=k<m$ 时，结论成立，即 $y^{(k)}=m(m-1)(m-2)\cdots(m-k+1)x^{m-k}$，则 $y^{(k+1)}=m(m-1)\cdots(m-k)x^{m-k-1}$，即当 $n=k+1$ 时，结论也成立．当 $n=k=m$ 时，结论成立，即 $y^{(k)}=m!$，则 $y^{(k+1)}=0$，即当 $n=k+1$ 时，结论也成立．当 $n=k>m$ 时，结论成立，即 $y^{(k)}=0$，则 $y^{(k+1)}=0$，即当 $n=k+1$ 时，结论也成立，故上述结论成立．

（5）$y=a^{-x}$其中 $a>0,a\neq1$.

解：$y'=-a^{-x}\ln a$，$y''=a^{-x}\ln^2 a$，$y'''=-a^{-x}\ln^3 a$……一般地，有 $y^{(n)}=(-1)^n a^{-x}\ln^n a$

接下来我们用数学归纳法来证明上述事实，当 $n=1$ 时，结论成立．假设当 $n=k$ 时，结论成立，即 $y^{(k)}=(-1)^k a^{-x}\ln^k a$，则 $y^{(k+1)}=((-1)^k a^{-x}\ln^k a)'=(-1)^{k+1}a^{-x}\ln^{k+1}a$，即当 $n=k+1$时，结论也成立，故上述结论成立．

18. 设函数 $y=\frac{1}{2x+3}$，求 $y^{(n)}(0)$.

解：详见典型例题例 3.11.

19. 设$f(x)$在 $x=2$ 的某邻域内可导，且$f'(x)=e^{f(x)}$，$f(2)=1$，求$f'''(2)$.

解：因为$f'(x)=e^{f(x)}$，等式两边对 x 求导得$f''(x)=e^{f(x)}f'(x)$，进一步等式两边对 x 求导得$f'''(x)=e^{f(x)}(f'(x))^2+e^{f(x)}f''(x)$. 则：$f'(2)=e^{f(2)}=e$，$f''(2)=e^{f(2)}f'(2)=e^2$，

$f'''(x)=e^{f(x)}(f'(x))^2+e^{f(x)}f''(x)=2e^3$

20. 求下列函数的微分：

（1）$y=\arcsin\sqrt{x}$

解：$dy=\frac{1}{\sqrt{1-x}}\cdot\frac{1}{2\sqrt{x}}dx=\frac{1}{2\sqrt{x-x^2}}dx$

（2）$y^y=x$

解：等式两边同时取对数得：$y\ln y=\ln x$

等式两边同时对 x 求导得：$y'\ln y+y'=\frac{1}{x}$

即：$y'=\dfrac{1}{x(\ln y+1)}$

则：$dy=\dfrac{1}{x(\ln y+1)}dx$

(3)　$\tan y=x+y$

解：等式两边同时对 x 求导得 $y'\sec^2 y=1+y'$，即 $y'=\dfrac{1}{\sec^2 y-1}$，则：$dy=\dfrac{1}{\sec^2 y-1}dx$

(4)　$y=f(\ln x)e^{f(x)}$，其中 $f(x)$ 可微．

解：$dy=\left[f'(\ln x)\cdot\dfrac{e^{f(x)}}{x}+f(\ln x)e^{f(x)}f'(x)\right]dx$

21. 求下列微分关系式中的未知函数 $f(x)$：

(1)　$\dfrac{dx}{x}=df(x)$

解：$f(x)=\ln|x|+C$

(2)　$xe^{x^2}dx=df(x)$

解：$f(x)=\dfrac{e^{x^2}}{2}+C$

(3)　$\dfrac{xdx}{1+x^2}=df(x)$

解：$f(x)=\dfrac{\ln(1+x^2)}{2}+C$

(4)　$\sqrt{x+1}\,dx=df(x)$

解：$f(x)=\dfrac{2}{3}(x+1)^{\frac{3}{2}}+C$

22. 求下列各式的近似值：

(1)　$\sqrt[5]{0.95}$

解：设 $f(x)=\sqrt[5]{x}$，则 $f'(x)=\dfrac{1}{5x^{\frac{4}{5}}}$，$f(1)=1$，$f'(1)=\dfrac{1}{5}$. 令 $x_0=1$，$\Delta x=-0.05$，当 $|\Delta x|$ 很微小时，由微分近似公式有：

$\sqrt[5]{0.95}=\sqrt[5]{1-0.05}=f(x_0+\Delta x)\approx f(x_0)+f'(x_0)\Delta x=0.99$

(2)　$\ln 1.01$

解：设 $f(x)=\ln x$，则 $f'(x)=\dfrac{1}{x}$，$f(1)=0$，$f'(1)=1$. 令 $x_0=1$，$\Delta x=0.01$，当 $|\Delta x|$ 很微小时，由微分近似公式有：

$$\ln 1.01=\ln(1+0.01)=f(x_0+\Delta x)\approx f(x_0)+f'(x_0)\Delta x=0.01$$

(3)　$\sin 29^\circ$

解：设 $f(x)=\sin x$，则 $f'(x)=\cos x$，$f\left(\dfrac{\pi}{6}\right)=\dfrac{1}{2}$，$f'\left(\dfrac{\pi}{6}\right)=\dfrac{\sqrt{3}}{2}$. 令 $x_0=\dfrac{\pi}{6}$，$\Delta x=-\dfrac{\pi}{180}$，当 $|\Delta x|$ 很微小时，由微分近似公式有：

$$\sin 29^\circ=\sin\left(\frac{\pi}{6}-\frac{\pi}{180}\right)=f(x_0+\Delta x)\approx f(x_0)+f'(x_0)\Delta x\approx 0.485$$

(4) $e^{-0.1}$

解：设$f(x)=e^{-x}$，则$f'(x)=-e^{-x}$，$f(0)=1$，$f'(0)=-1$. 令$x_0=0$，$\Delta x=0.1$，当$|\Delta x|$很微小时，由微分近似公式有：

$$e^{-0.1}=e^{0-0.1}=f(x_0+\Delta x)\approx f(x_0)+f'(x_0)\Delta x=0.9$$

(5) arctan 0.98

解：设$f(x)=\arctan x$，则$f'(x)=\dfrac{1}{1+x^2}$，$f(1)=\dfrac{\pi}{4}$，$f'(1)=\dfrac{1}{2}$. 令$x_0=1$，$\Delta x=-0.02$，当$|\Delta x|$很微小时，由微分近似公式有：

$$\arctan 0.98=\arctan(1-0.02)=f(x_0+\Delta x)\approx f(x_0)+f'(x_0)\Delta x\approx 0.7754.$$

23. 设正方体的棱长$x=10$米，如果棱长增加0.1米，求此正立方体体积增加的精确值和近似值.

解：设正方体体积为$V(x)=x^3$，令$x=10.1$，$x_0=10$，$\Delta x=0.1$，则正方体体积增加

$$\Delta V=V(x)-V(x_0)=V(10.1)-V(10)=30.301(\mathrm{m}^3)$$

$$\Delta V\approx V'(x_0)\cdot\Delta x=3\times10^2\times0.1=30(\mathrm{m}^3)$$

24. 某电器上的一个插头为圆柱形，其截面半径r为0.15厘米，长度为4厘米，为了提高它的导电性能，必须在此圆柱形插头的侧面镀一层厚为0.001厘米的纯铜，问大约需要多少克纯铜？（铜的比重为8.9克/厘米^3）

解：设圆柱体体积为$V(x)=4\pi r^2h$，令$r=0.151$，$r_0=0.15$，$\Delta r=0.001$，则圆柱体体积增加：

$$\Delta V=V(r)-V(r_0)\approx V'(r_0)\cdot\Delta r\approx 2\times3.14\times0.15\times4\times0.001=0.003768(\mathrm{cm}^3)$$

需要纯铜：$0.003768\times8.9=0.0335(g)$

25. 某保险公司开展养老保险业务，当存入A元时，t年后可得到养老金$R(t)=Ae^{at}$元. 另外，银行存款的年利率为r，按连续复利计算，问t年后的养老金的现在的价值是多少？

解：设t年后的养老金的现在的价值是B，则

$$\lim_{n\to\infty}B\left(1+\frac{r}{n}\right)^{nt}=Ae^{at}$$

即 $\qquad Be^{rt}=Ae^{at}$，$B=Ae^{(a-r)t}$

26. 设某商品的需求函数为$q=37-5p$，供给函数为$q=4p+10$，试求此种商品的均衡价格（需求和供给相等时的价格）；如果每销售一单位的商品，政府要收1元税款，均衡价格又将如何变化？

解：令$37-5p=4p+10$，则$p=3$，即此种商品的均衡价格为3元. 令$37-5p=4(p-1)+10$，则$p=3.4$，即当每销售一单位的商品，政府要收1元税款时，均衡价格为3.4元.

27. 某厂的生产能力最高为1000吨，每日产品的总成本是日产量x的函数：

$$C(x)=1000+7x+50\sqrt{x},\qquad x\in[0,1000]$$

(1) 求平均成本函数和边际成本函数；

(2) 求当日产量为100吨时总成本、平均成本和边际成本；

(3) 求日产量从90到100吨时总成本的平均变化率.

解：(1) 平均成本函数 $\overline{C}(x)=\dfrac{C(x)}{x}=\dfrac{1000}{x}+7+\dfrac{50}{\sqrt{x}},x\in[0,1000]$

边际成本函数 $C'(x)=7+\frac{25}{\sqrt{x}}, x\in[0,1000]$

（2）$C(100)=1000+7\times100+50\times\sqrt{100}=2200$

$$\overline{C}(100)=\frac{1000}{100}+7+\frac{50}{\sqrt{100}}=22$$

$$C'(100)=7+\frac{25}{\sqrt{100}}=9.5$$

（3）日产量从90到100吨时总成本的平均变化率为：$\frac{C(100)-C(90)}{10}=57-15\sqrt{10}$

28. 某产品的需求函数为 $p=10-\frac{q}{5}$，求：

（1）总收益、平均收益和边际收益函数；

（2）需求量为20时的总收益、平均收益和边际收益，并说明经济意义．

解：（1）总收益：$R=pq=10q-\frac{q^2}{5}$

平均收益：$\overline{R}=\frac{R}{q}=10-\frac{q}{5}$

边际收益：$R'=10-\frac{2q}{5}$

（2）$R(20)=10\times20-\frac{20^2}{5}=120$　　$\overline{R}=10-\frac{20}{5}=6$　　$R'=10-\frac{2\times20}{5}=2$

边际收益的经济意义是：当销售量分别为20时，每增加（减少）一个单位销售量，总收益将增加（减少）2个单位．

29. 某产品的需求函数为 $q=1600\left(\frac{1}{4}\right)^p$，求：

（1）需求弹性函数；

（2）当 $p=4$ 和 $p=5$ 时的需求弹性，并说明经济意义．

解：（1）需求弹性函数为：$\varepsilon_p=q'(p)\cdot\frac{p}{q}=-p\ln4$

（2）$\varepsilon_{p=4}=-4\ln4$

$\varepsilon_{p=5}=-5\ln4$

当 $P=4$ 时，$|\varepsilon_{p=4}|=5.545>1$，为高弹性，此时，商品的价格上涨1%，需求量将下降5.545%，价格上涨对需求量下降影响较大，因此涨价销售将使总收益减少，而降价销售则可增加总收益．

当 $P=5$ 时，$|\varepsilon_{p=5}|=6.931>1$，为高弹性，此时，商品的价格上涨1%，需求量将下降6.931%，价格上涨对需求量下降影响较大，因此涨价销售将使总收益减少，而降价销售则可增加总收益．

30. 某产品的需求函数为 $q=12-\frac{p}{2}$，求：

（1）需求弹性函数；

（2）当 $p=10$ 和 $p=14$ 时的需求弹性，并说明经济意义；

（3）当 $p=10$ 和 $p=14$ 时，如果价格上涨 1%，总收入是增加还是减少，将变化百分之几？

解：（1）需求弹性函数为：$\varepsilon_p = q'(p) \cdot \frac{p}{q} = -\frac{p}{24-p}$

（2）$\varepsilon_{p=10} = -\frac{5}{7}$，$\varepsilon_{p=14} = -\frac{7}{5}$

当 $P=10$ 时，$|\varepsilon_{p=10}| = 0.714 < 1$，为低弹性，此时，商品的价格上涨 1%，需求量将下降 0.714%，价格上涨对需求量的下降影响较小，因此降价销售将使总收益减少，涨价销售将使总收益增加.

当 $P=14$ 时，$|\varepsilon_{p=14}| = 1.4 > 1$，为高弹性，此时，商品的价格上涨 1%，需求量将下降 1.4%，价格上涨对需求量下降影响较大，因此涨价销售将使总收益减少，而降价销售则可增加总收益.

（3）$R = pq = 12p - \frac{p^2}{2}$，$\frac{ER}{Ep} = R'(p) \cdot \frac{p}{R} = \frac{24-2p}{24-p}$，则 $\frac{ER}{Ep}\Big|_{p=10} = \frac{2}{7}$，$\frac{ER}{Ep}\Big|_{p=14} = -\frac{2}{5}$，即当该商品的价格为 10 时，价格每上涨 1%，总收入将上涨 0.29%. 当该商品的价格为 14 时，价格每上涨 1%，总收入将下降 0.4%.

31. 某城市肉类的消费水平 S 与消费者年平均收入 i 之间的关系为：

$$S = 24\sqrt{\frac{i}{2500}}$$

如果 i 的年增长率为 $\frac{di}{dt} = 10\%$，求当 $i = 10000$ 时 S 的增长率 $\frac{dS}{dt}\Big|_{i=10000}$.

解： $\frac{ds}{dt} = \frac{ds}{di} \cdot \frac{di}{dt} = \frac{6}{25\sqrt{i}} \cdot \frac{1}{10} = \frac{3}{125\sqrt{i}}$

则 $\frac{ds}{dt}\Big|_{i=10000} = \frac{3}{12500} = 0.024\%$

五、本章综合自测题

（一）填空题

1. 曲线 $\tan\left(x+y+\frac{\pi}{4}\right) = e^y$ 在点（0，0）处的切线方程是________.

2. 企业生产 q 吨产品的总成本为 $c(q) = q^2 - 10q + 20$，则产量为 8 吨时的边际成本是________.

3. $y = y(x)$ 是由方程 $x = \tan(x-y)$ 所确定的隐函数，则 $\frac{d^2y}{dx^2} =$ ________.

4. 已知 $f'(3) = 2$，则 $\lim\limits_{h\to 0}\frac{f(3-h)-f(3)}{2h} =$ ________.

5. $f(x)=\begin{cases}x^2, & x>1\\ ax+b, & x\leqslant 1\end{cases}$，在 $x=1$ 处连续且可导，则 $a=$________，$b=$________.

6. 若 $\varphi(x)$ 二阶可导，且 $y=\ln[\varphi(x^2)]$，则 $y''(x)=$________.

7. 若 $g(x)=\begin{cases}x^2\cos\dfrac{1}{x}, & x\neq 0\\ 0, & x=0\end{cases}$，且 $f(x)$ 在 $x=0$ 处可导，则 $\dfrac{d}{dx}f[g(x)]\Big|_{x=0}=$________.

8. 若 $y=\begin{cases}\dfrac{1}{x}\sin^2 x, & x\neq 0\\ 0, & x=0\end{cases}$，则 $y'(0)=$________，$y'\left(\dfrac{\pi}{2}\right)=$________.

9. 若 $y=\dfrac{1}{x^2-1}$，则 $y^{(5)}=$________.

10. 设 $f(x)=(x^{502}-1)g(x)$，$g(x)$ 在 $x=1$ 处连续，且 $g(1)=4$，则 $f'(1)=$________.

11. 由方程 $2^{xy}=x+y$ 所确定的隐函数为 $y=f(x)$，则 $f'(0)=$________.

12. 设 $y=(1+\sin x)^x$，则 $y'=$________.

13. 设 $f(x)=\dfrac{1}{x^2-3x+2}$，则 $f^{(n)}(x)=$________.

14. 设 $f(x)=(x-1)(x-2)\cdots(x-99)$，则 $f'(1)=$________.

15. 已知 $y=f\left(\dfrac{3x-2}{3x+2}\right)$，$f'(x)=\arctan x^2$，则 $\dfrac{dy}{dx}\Big|_{x=0}=$________.

16. 函数 $f(x)=\min\{\sin x,\cos x\}$ 在区间 $[0,2\pi]$ 上不可导点的个数为________.

17. 设 $y=f(x)$ 是方程 $x^2y+\ln y=1$ 确定的隐函数，且 $y(1)=1$，则 $y''(1)=$________.

18. 曲线 $y=\ln x$ 上与直线 $x+y=1$ 垂直的切线方程为________.

19. 已知函数 $f(x)=\begin{cases}ax+b, & x\leqslant 0\\ 1+x+x^2, & 0<x\leqslant 1\\ \dfrac{c}{x}+d, & x>1\end{cases}$ 在 $(-\infty,+\infty)$ 上可导，则 $a+b-c-d=$________.

20. 设函数 $y=f(x)$ 由方程 $\ln(x^2+y)=x^3y+\sin x$ 确定，则 $\dfrac{dy}{dx}\Big|_{x=0}=$________.

（二）选择题

1. 若 $f(x)$ 在 $x=a$ 处具有二阶导数，则 $\lim\limits_{x\to a}\dfrac{\dfrac{f(x)-f(a)}{x-a}-f'(a)}{x-a}=$（　　）.

(A) $\dfrac{1}{2}f''(a)$　　(B) $2f''(a)$　　(C) $f''(a)$　　(D) 0

2. 设 $f(x)=\begin{cases}\sqrt{|x|}\sin\dfrac{1}{x^2}, & x\neq 0\\ 0, & x=0\end{cases}$，则 $f(x)$ 在点 $x=0$ 处（　　）.

(A) 极限不存在　　(B) 极限存在但不连续

(C) 可导　　(D) 连续但不可导

3. 函数 $y=f\left(\frac{x+1}{x-1}\right)$ 满足 $f'(x)=\arctan\sqrt{x}$，则 $\left.\frac{dy}{dx}\right|_{x=2}=$（　　）．

（A）$\arctan\sqrt{2}$　　（B）$-2\sqrt{3}$　　（C）$-\frac{2\pi}{3}$　　（D）$\sqrt{3}$

4. 设 $f(x)$ 在 x_0 的附近有定义，则下列选项中与命题"$f'(x_0)$ 存在"不等价的是（　　）．

（A）$\lim\limits_{x\to 0}\frac{f(x_0+kx)-f(x_0)}{x}$ 存在（$k\neq 0$ 或 1）

（B）$\lim\limits_{x\to 0}\frac{f(x_0+a(x))-f(x_0)}{a(x)}$，其中 $a(x)>0$，且 $\lim\limits_{x\to 0}a(x)=0$

（C）$\lim\limits_{x\to\infty}x\left(f\left(x_0-\frac{1}{x}\right)-f(x_0)\right)$ 存在

（D）$\lim\limits_{x\to 0}\frac{f(x_0-x)-f(x_0)}{\sin x}$ 存在

5. 若 $f(x)$ 在 $x=x_0$ 处可导，则 $|f(x)|$ 在 $x=x_0$ 处（　　）．

（A）必可导　　（B）连续但不一定可导

（C）一定不可导　　（D）不连续

6. 已知 $f[g(x)]$ 在 $x=x_0$ 处可导，则（　　）．

（A）$f(x)$，$g(x)$ 都必可导　　（B）$f(x)$ 必可导

（C）$g(x)$ 必可导　　（D）$f(x)$，$g(x)$ 都不一定可导

7. 设函数 $f(x)$ 在 $x=0$ 处连续，下列命题错误的是（　　）．

（A）若 $\lim\limits_{x\to 0}\frac{f(x)}{x}$ 存在，则 $f(0)=0$　　（B）若 $\lim\limits_{x\to 0}\frac{f(x)+f(-x)}{x}$ 存在，则 $f(0)=0$

（C）若 $\lim\limits_{x\to 0}\frac{f(x)}{x}$ 存在，则 $f'(0)$ 存在　　（D）若 $\lim\limits_{x\to 0}\frac{f(x)-f(-x)}{x}$ 存在，则 $f'(0)$ 存在

8. 设 $f(x)=\begin{cases}x^2-2x+2, & x>1\\ 1, & x\leqslant 1\end{cases}$，则 $f(x)$ 在 $x=1$ 处（　　）．

（A）不连续　　（B）连续，但不可导

（C）连续，且有一阶导数　　（D）有任意阶导数

9. 设 $f(x)=(x-a)\varphi(x)$，而 $\varphi(x)$ 在 $x=a$ 处连续但不可导，则 $f(x)$ 在 $x=a$ 处（　　）．

（A）连续但不可导　　（B）可能可导，也可能不可导

（C）仅有一阶导数　　（D）可能有二阶导数

10. 若 $f(x)$ 为可微函数，当 $\Delta x\to 0$ 时，在点 x 处的 $\Delta y-dy$ 是关于 Δx 的（　　）．

（A）高阶无穷小　　（B）等阶无穷小

（C）低阶无穷小　　（D）不可比较

11. 某商品的需求量 Q 对价格 p 的弹性为 $-p\ln 3$，已知该商品的最大需求量为 1200，则需求量 Q 关于价格 p 的函数关系为（　　）．

（A）$Q=1200\times 3^{-p}$　　（B）$Q=1200\times 3e^{-p}$

（C）$Q=1200\times e^{-3p}$　　（D）$Q=1200\times 3^{p}$

12. 设 $f(x)=\begin{cases}x\arctan\dfrac{1}{x}, & x\neq 0\\ 0, & x=0\end{cases}$，则 $f(x)$ 在 $x=0$ 处（　　）.

（A）间断　　（B）连续，但不可导

（C）可导，且 $f'(0)=0$　　（D）可导，且 $f'(0)=1$

（三）计算题

1. 设 $y=f\left(\dfrac{3x-2}{3x+2}\right)$，$f'(x)=\arctan x^2$，计算 $\left.\dfrac{dy}{dx}\right|_{x=0}$.

2. 设 $f(x)$ 在 $x=1$ 处具有连续导数，且 $f'(1)=3$，求 $\lim\limits_{x\to 0^+}\dfrac{d}{dx}f(\cos\sqrt{x})$.

3. 设 $f(x)=2x^2+x|x|$，求 $f'(0)$，并证明 $f''(0)$ 不存在.

4. 设 $f(x)$ 在 $(0,+\infty)$ 上连续，$\forall x_1,x_2\in(0,+\infty)$ 满足 $f(x_1x_2)-f(x_1)=f(x_2)$，已知 $f'(1)$ 存在，且 $f'(1)=1$，试证明 $f(x)$ 在 $(0,+\infty)$ 内可导并求 $f'(x)$（提示：利用 $f'(x)$ 定义）.

5. 设 $f(x)=(x^2-a^2)g(x)$，其中 $g(x)$ 在 $x=a$ 处连续，求 $f'(a)$.

6. 设某商品需求量 Q 是价格 p 的单调减少函数：$Q=Q(p)$，其中需求弹性 $\eta=\dfrac{2p^2}{192-p^2}>0$.

（1）设 R 为总收益函数，证明 $\dfrac{dR}{dp}=Q(1-\eta)$；

（2）求 $p=6$ 时总收益对价格的弹性，并说明其经济学意义.

7. 已知 $f(x)=\begin{cases}e^{2x}, & x\geqslant 0\\ x^2+1, & x<0\end{cases}$，求 $f'(x)$.

8. 设 $y=\ln\sqrt{\dfrac{e^{4x}}{e^{4x}+1}}$，求 y' 及 $y'|_{x=0}$.

9. 设 $y=f(e^x)e^{f(x)}$ 且 $f'(x)$ 存在，求 y'.

10. 求下列函数的导数：

（1）$y=x\arctan x-\ln\sqrt{1+x^2}$　　（2）$y=\ln\left|\dfrac{\sqrt{1+x^3}-1}{\sqrt{1+x^3}+1}\right|$

（3）$y=\arcsin\dfrac{2\sin x+1}{2+\sin x}\left(|x|<\dfrac{\pi}{2}\right)$　　（4）$y=x+x^x$

（5）$y=\left(\dfrac{x}{1+x}\right)^x$　　（6）$y=\dfrac{\sqrt{x+2}(3-x)^4}{(1+x)^5}$

（7）$y=\sqrt{x\sin x\sqrt{1-e^x}}$　　（8）$y=\sqrt{x}+(x+1)\arccos\sqrt{\dfrac{x}{1+x}}$

（9）$y=x^{a^a}+a^{x^a}+a^{a^x}(a>0)$　　（10）$y=\sqrt{x+\sqrt{x+\sqrt{x}}}$

（11）$y=\ln(e^x+\sqrt{1+e^{2x}})$　　（12）$y=\dfrac{x}{2}\sqrt{a^2+x^2}+\dfrac{a^2}{2}\ln(x+\sqrt{a^2+x^2})$

（13）$y=\dfrac{x}{2}\sqrt{a^2-x^2}+\dfrac{a^2}{2}\arcsin\dfrac{x}{a}$，$(a>0)$　　（14）$y=\ln(x+\sqrt{x^2\pm a^2})$，$(a>0)$

(15) $y = a^x + \sqrt{1-a^{2x}}\arccos a^x$　　(16) $y = \arcsin e^{-\sqrt{x}}$

11. 求下列由隐函数方程所确定的函数 $y=y(x)$ 的导数：

(1) $x - y - e^y = 0$　　(2) $y\sin x - \cos(x-y) = 0$

(3) $\arctan\dfrac{y}{x} = \ln\sqrt{x^2+y^2}$　　(4) $x^y = y^x + 10^{x^2}$

12. 设 $y = \sqrt[7]{x} + \sqrt[x]{7} + \sqrt[7]{7}$，求微分 $dy|_{x=2}$.

13. 设 $y = \cos^2 x \cdot \ln x$，求 y''.

14. 求曲线 $y = \arctan x$ 上横坐标为 1 的点处的切线方程和法线方程.

15. 设函数 $f(x)$ 三阶可导，求 $f(x^2)$ 的一、二、三阶导数.

六、自测题参考答案

(一) 1. $y = -2x$　2. 6　3. $2\sin(x-y)\cos^3(x-y)$　4. -1　5. $a=2, b=-1$

6. $\dfrac{2\varphi'(x^2)\varphi(x^2) + 4x^2\varphi''(x^2)\varphi(x^2) - 4x^2\varphi'^2(x^2)}{\varphi^2(x^2)}$　7. 0　8. 1, $-\dfrac{4}{\pi^2}$

9. $y^{(5)} = 60\left[\dfrac{1}{(x+1)^6} - \dfrac{1}{(x-1)^6}\right]$　10. 2008　11. $\ln 2 - 1$

12. $(1+\sin x)^x[\ln(1+\sin x) + x\cos x/(1+\sin x)]$

13. $(-1)^n n!\left[\dfrac{1}{(x-2)^{n+1}} - \dfrac{1}{(x-1)^{n+1}}\right]$　14. $f'(1) = \lim\limits_{x\to 0^+}\dfrac{f(x)-f(1)}{x-1} = 98!$

15. $\dfrac{3}{4}\pi$　16. 2　17. $\dfrac{3}{2}$　18. $y = x - 1$　19. -1　20. 1

(二) 1. (A)　2. (D)　3. (C)　4. (B)　5. (B)　6. (D)　7. (BD)

8. (C)　9. (C)　10. (A)　11. (A)　12. (B)

(三) 1. $\dfrac{3\pi}{4}$　2. $-\dfrac{3}{2}$　3. $f'(0)=0$，$f''_+(0)=6$，$f''_-(0)=2$，故 $f''(0)$ 不存在

4. $f'(x) = 1/x$（提示：利用导数定义，结合题中条件）

5. $2ag(a)$

6. (1) 略　(2) $\dfrac{7}{13}\approx 0.54$，意义：当 $p=6$ 时，价格上涨 1%，则总收益将增加 0.54%.

7. $f'(x) = \begin{cases} 2e^{2x}, & x>0 \\ 2x, & x<0 \end{cases}$

8. $2 - \dfrac{2e^{4x}}{e^{4x}+1}, 1$

9. $e^{f(x)}[f'(e^x)e^x + f(e^x)f'(x)]$

10. (1) $\operatorname{arccot} x$　(2) $\dfrac{3}{x\sqrt{1+x^3}}$　(3) $\dfrac{\sqrt{3}}{2+\sin x}$　(4) $1 + x^x(1+\ln x)$

(5) $\left(\frac{x}{1+x}\right)^x\left(\ln\frac{x}{1+x}+\frac{1}{1+x}\right)$　　(6) $\frac{\sqrt{x+2}(3-x)^4}{(1+x)^5}\left(\frac{1}{2(x+2)}+\frac{4}{x-3}-\frac{5}{x+1}\right)$

(7) $\frac{1}{4}\sqrt{x\sin x\sqrt{1-e^x}}\left(\frac{2}{x}+2\cot x-\frac{e^x}{1-e^x}\right)$　　(8) $\arccos\sqrt{\frac{x}{1+x}}$

(9) $a^a\cdot x^{a^a-1}+a\ln a\cdot x^{a-1}\cdot a^{x^a}+\ln^2 a\cdot a^x\cdot a^{a^x}$

(10) $\frac{1}{2}(x+\sqrt{x+\sqrt{x}})^{-\frac{1}{2}}\left[1+\frac{1}{2}(x+\sqrt{x})^{-\frac{1}{2}}\left(1+\frac{1}{2\sqrt{x}}\right)\right]$

(11) $\frac{e^x}{\sqrt{1+e^{2x}}}$　　(12) $\sqrt{a^2+x^2}$　　(13) $\sqrt{a^2-x^2}$

(14) $\frac{1}{\sqrt{x^2\pm a^2}}$　　(15) $\frac{-a^{2x}\ln a\cdot\arccos a^x}{\sqrt{1-a^{2x}}}$　　(16) $\frac{-1}{2e^{\sqrt{x}}\sqrt{(1-e^{-2\sqrt{x}})x}}$

11. (1) $y'=\frac{1}{1+x-y}$　　(2) $y'=\frac{y\cos x+\sin(x-y)}{\sin(x-y)-\sin x}$

(3) $y'=\frac{x+y}{x-y}$　　(4) $y'=\frac{xy^{x+1}\ln y-y^2x^y+2x^2y\,10^{x^2}\ln 10}{yx^{y+1}\ln x-x^2y^x}$

12. $dy|_{x=2}=\left(\frac{\sqrt[7]{2}}{14}-\ln 7\cdot\frac{\sqrt{7}}{4}\right)dx$

13. $y''=-2\cos 2x\cdot\ln x-\frac{2\sin 2x}{x}-\frac{\cos^2 x}{x^2}$.

14. 切线方程：$y-\frac{\pi}{4}=\frac{1}{2}(x-1)$

法线方程：$y-\frac{\pi}{4}=-2(x-1)$

15. $2xf'(x^2)$, $2f'(x^2)+4x^2f''(x^2)$, $12xf''(x^2)+8x^3f'''(x^2)$

第 4 章

中值定理与导数的应用

一、基本内容

掌握罗尔定理与拉格朗日中值定理；会运用这些定理证明简单的证明题；熟练掌握洛必达法则和各种未定式的定值方法；熟练掌握函数单调性的判别定理并会运用该定理判别函数的单调性；掌握极值的概念；熟练掌握极值的判别定理；熟练掌握求极值的方法；了解函数极值与最值的关系和区别；掌握求经济函数的最值问题的方法；掌握曲线凹凸性与拐点的概念；熟练掌握曲线凹凸性的判别定理；掌握求曲线凹凸性与拐点的方法；掌握曲线渐近线的概念；掌握求曲线渐近线的方法；了解函数作图的基本步骤和方法；会作简单函数的图形．

二、内容提要

导数只反映了函数在一点的局部特征，而要了解函数在其定义域上的整体性态，需要在导数与函数间建立联系——搭起一座桥，这个“桥”就是微分中值定理．本章以中值定理为桥梁，讨论导数在研究函数性态（单调性、极值、凹凸性质）方面的应用．

1. 中值定理：

(1) 罗尔定理：函数 $f(x)$ 在 $[a,b]$ 上连续，(a,b) 内可导，且 $f(a)=f(b)$，则 (a,b) 内至少存在一点 ξ，使得：$f'(\xi)=0$

(2) 拉格朗日中值定理：函数 $f(x)$ 在 $[a,b]$ 上连续，(a,b) 内可导，则 (a,b) 内至少存在一点 ξ，使得：$f'(\xi)=\dfrac{f(b)-f(a)}{b-a}$

(3) 柯西中值定理：函数 $f(x)$ 和 $g(x)$ 在 $[a,b]$ 上连续，(a,b) 内可导，且 $g'(x)\neq 0$，

则(a,b)内至少存在一点ξ，使得：$\dfrac{f'(\xi)}{g'(\xi)}=\dfrac{f(b)-f(a)}{g(b)-g(a)}$

2. 洛必达法则：在一定条件下通过分子、分母分别求导再取极限来确定未定式极限的方法.

对满足条件的$\dfrac{0}{0}$，$\dfrac{\infty}{\infty}$型未定式，可以直接应用洛必达求极限；而对$0\cdot\infty$，$\infty-\infty$，0^0，1^∞，∞^0型未定式，可先化为$\dfrac{0}{0}$或$\dfrac{\infty}{\infty}$型未定式，再使用洛必达求其极限.

3. 导数判别函数单调性：函数$f(x)$在$[a,b]$上连续，(a,b)内可导，如果

(1) 在(a,b)内恒有$f'(x)>0$，则$f(x)$在$[a,b]$上单调增加；

(2) 在(a,b)内恒有$f'(x)<0$，则$f(x)$在$[a,b]$上单调减少.

4. 导数判别函数极值与最值：

(1) 函数极值与最值的定义.

(2) 函数极值与最值区别：最值相对的是整个区间，是全局性的；极值相对的只是极值点的某个邻域，是局部性的. 极值只能在区间的内部取得，最值可以在区间的端点取得.

(3) 极值的必要条件：可导的极值点必为驻点.

(4) 极值的第一充分条件：函数$f(x)$在x_0的左邻域到右邻域，如果一阶导数由正变负，$f(x)$在x_0取得极大值；一阶导数由负变正，$f(x)$在x_0取得极小值；一阶导数不变号，则x_0不是极值点，x_0处无极值.

(5) 极值的第二充分条件：函数$f(x)$在x_0点二阶可导，$f'(x_0)=0$，$f''(x_0)\neq 0$则二阶导数大于零，$f(x)$在x_0取得极大值；二阶导数小于零，$f(x)$在x_0取得极小值.

5. 导数判断曲线凹凸性和拐点：

(1) 函数凸凹性的定义：设函数$f(x)$在区间$[a,b]$上连续，若对于$[a,b]$上任意两点x_1，x_2都有不等式$f\left(\dfrac{x_1+x_2}{2}\right)>\dfrac{f(x_1)+f(x_2)}{2}$成立，则称函数$f(x)$在区间$[a,b]$上的图形是向上凸的（亦称凸弧）；若对于$[a,b]$上任意两点$x_1$，$x_2$都有不等式$f\left(\dfrac{x_1+x_2}{2}\right)<\dfrac{f(x_1)+f(x_2)}{2}$成立，则称函数$f(x)$在区间$[a,b]$上的图形是向下凸的（亦称凹弧）.

(2) 函数凸凹性的判别：函数$f(x)$在$[a,b]$上连续，(a,b)内二阶可导，若在(a,b)内$f''(x)>0$，则函数在$[a,b]$上是凹的；$f''(x)<0$，则函数在$[a,b]$上是凸的.

(3) 函数的拐点：曲线上凸弧与凹弧的分界点.

6. 曲线渐近线的判别方法：

(1) 曲线渐近线的定义：当曲线上的动点沿曲线移向无穷远时，曲线无限接近的直线.

(2) 渐近线的类型及判别：

①水平渐近线：若$\lim\limits_{x\to+\infty}f(x)=c$或$\lim\limits_{x\to-\infty}f(x)=c$，则水平渐近线为$y=c$；

②垂直渐近线：若$\lim\limits_{x\to x_0^-}f(x)=\infty$或$\lim\limits_{x\to x_0^+}f(x)=\infty$，则垂直渐近线为$x=x_0$；

③斜渐近线：若$\lim\limits_{x\to+\infty}[f(x)-(ax+b)]=0$或$\lim\limits_{x\to-\infty}[f(x)-(ax+b)]=0$，则斜渐近线为$y=ax+b$.

7. 函数作图的基本步骤：

（1）确定函数 $f(x)$ 的定义域；

（2）讨论函数的一些基本性质，如奇偶性、周期性、连续性等；

（3）求出 $f'(x)$，$f''(x)$ 的零点和不存在的点，确定函数的单调区间与极值点，凸凹区间与拐点；

（4）讨论曲线 $y=f(x)$ 的渐近线；

（5）在直角坐标系中，标明关键性的点，画出渐近线，按照曲线的性态逐段描绘图形.

8. 最值在经济学中的应用：经济学中的最优问题也就是最值问题. 在经济学中常见的最值问题有：最大利润、最高收入、最低成本、最小费用等. 这实际上就是求利润函数、收益函数、成本函数、费用函数等的最大值或最小值问题.

三、典型例题

题型一：中值定理的验证与应用

[例 4.1] 验证拉格朗日定理对于函数 $f(x)=\arctan x$ 在 $[0,1]$ 上的正确性.

解：$f(x)=\arctan x$ 在 $[0,1]$ 上连续，在 $(0,1)$ 内可导，故 $f(x)$ 在 $[0,1]$ 上满足拉格朗日定理的条件，存在 $\xi\in(0,1)$，使得 $\dfrac{f(1)-f(0)}{1-0}=\dfrac{1}{1+\xi^2}$，从而有 $1+\xi^2=\dfrac{4}{\pi}$，解得：

$$\xi=\sqrt{\frac{4-\pi}{\pi}}$$

所以拉格朗日定理对于 $f(x)=\arctan x$，$x\in[0,1]$ 是正确的.

注：微分学的三个中值定理在理论上有极其重要的意义，可以应用它们证明数学中的许多命题，在应用中值定理证题时，首先要考虑命题本身或变形后是否满足中值定理的条件，否则不能应用中值定理.

[例 4.2] 设 $f(x)$ 在 $[0,1]$ 上连续，在 $(0,1)$ 内可导，且 $f(0)=f(1)=0$，证明：存在 $\xi\in(0,1)$，使得：$f'(\xi)=-\dfrac{2f(\xi)}{\xi}$

证明：设 $F(x)=x^2\cdot f(x)$，则 $F(x)$ 在 $[0,1]$ 上连续，在 $(0,1)$ 内可导，且 $F(0)=F(1)=0$，即 $F(x)$ 在 $[0,1]$ 上满足罗尔中值定理的要求，所以至少存在一点 $\xi\in(0,1)$，使得 $f'(\xi)=0$，即 $\xi^2f'(\xi)+2\xi f(\xi)=0$，又因为 $\xi\neq0$，故有：$f'(\xi)=-\dfrac{2f(\xi)}{\xi}$

注：（1）这是一道典型的运用罗尔中值定理来证明的命题，即证存在 $\xi\in(a,b)$，使得 $G(\xi)=0$，其中 $G(\xi)$ 是带导数的式子. 证明这类问题的一般思路是：①作辅助函数 $F(x)$，满足 $f'(x)=G(x)$；②验证 $F(x)$ 符合罗尔中值定理的条件，对 $F(x)$ 在 $[a,b]$ 上应用定理得到所需结论.

（2）有时结论不是直接写成 $G(\xi)=0$ 的形式，还要先对所证结论变形，比如，本例中

先将 $f'(\xi)=-\dfrac{2f(\xi)}{\xi}$ 变形为 $\xi f'(\xi)+2f(\xi)=0$，但将 $\xi f'(\xi)+2f(\xi)$ 视为 $G(\xi)$ 去构造 $F(x)$ 仍不是一件容易的事，于是将等式 $\xi f'(\xi)+2f(\xi)=0$ 的两边同时乘以 ξ，得 $\xi^2 f'(\xi)+2\xi f(\xi)=0$，可观察出：$F(x)=x^2\cdot f(x)$

（3）构造 $F(x)$ 通常是通过观察，这就需要我们把结论变形为熟悉的公式形式，等我们学习了下一章不定积分后，会更容易得到 $F(x)$.

［例 4.3］设 $f(x)$ 在 $[a,b]$ 上可微，且 $0<a<b$，证明至少存在一点 $\xi\in(a,b)$，使得：

$$f(b)-f(a)=\xi f'(\xi)\ln\frac{b}{a}$$

证明：将待证等式变形为：$\dfrac{f(b)-f(a)}{\ln b-\ln a}=\xi f'(\xi)$

可见，若令 $g(x)=\ln x$，则 $f(x),g(x)$ 在 $[a,b]$ 上满足柯西中值定理的条件，于是，

至少存在一点 $\xi\in(a,b)$，使得 $\dfrac{f(b)-f(a)}{g(b)-g(a)}=\dfrac{f'(\xi)}{g'(\xi)}$，即：$\dfrac{f(b)-f(a)}{\ln b-\ln a}=\dfrac{f'(\xi)}{\dfrac{1}{\xi}}$

注：这是一道应用柯西中值定理来证明的命题，证明过程跟上例提到的方法是类似的．在碰到具体问题时，我们是根据所需证明的结论（或变形后的结论）和哪个中值定理的结论更相似来判断应该用哪个定理来证明，证明的过程都是先构造再验证．

题型二：利用洛必达法则求未定式的极限

洛必达法则是求未定式极限的一种简单有效的方法，但在使用时应注意以下几点：

（1）所求极限必须是未定式 $\dfrac{0}{0}$，$\dfrac{\infty}{\infty}$ 型．对于其他类型的未定式 $0\cdot\infty$，$\infty-\infty$，0^0，1^∞，∞^0 等必须通过变形转化为 $\dfrac{0}{0}$ 或 $\dfrac{\infty}{\infty}$ 型才能使用洛必达法则；另外，数列的极限可用函数极限求之，但数列不能求导数，故需将极限 $\lim\limits_{n\to\infty}f(n)$ 改为 $\lim\limits_{x\to+\infty}f(x)$ 后才能用洛必达法则．

（2）若使用一次洛必达法则后仍是未定式，可继续多次使用该法则，直到不再出现未定式为止．

［例 4.4］求极限 $\lim\limits_{x\to1}\left(\dfrac{3}{x^3-1}-\dfrac{1}{\ln x}\right)$.

解：属于 $\infty-\infty$ 型，先通分化为 $\dfrac{0}{0}$ 型，再利用洛必达法则得：

$$原式=\lim_{x\to1}\frac{3\ln x-(x^3-1)}{(x^3-1)\ln x}=\lim_{x\to1}\frac{\dfrac{3}{x}-3x^2}{3x^2\ln x+(x^3-1)\cdot\dfrac{1}{x}}=\lim_{x\to1}\frac{3-3x^3}{3x^3\ln x+(x^3-1)}$$

$$=\lim_{x\to1}\frac{-9x^2}{9x^2\ln x+6x^2}=-\frac{3}{2}$$

注：事实上，这是一个容易错解的极限问题，应注意上面的解答中从第 4 个等号后的极限已不属于未定式极限，故不能继续使用洛必达法则了．

（3）在使用洛必达法则的同时，要注意及时化简极限式，并分离出非未定式（若存在）．

[例 4.5] 求极限$\lim\limits_{x\to 0}\dfrac{x-\sin x}{x^2(e^x-1)}$.

解： 方法 1（三次使用洛必达法则）.

$$\text{原式}\left(\frac{0}{0}\text{型}\right)=\lim_{x\to 0}\frac{1-\cos x}{2x(e^x-1)+x^2e^x}=\lim_{x\to 0}\frac{\sin x}{2(e^x-1)+4xe^x+x^2e^x}$$

$$=\lim_{x\to 0}\frac{\cos x}{2e^x+6xe^x+x^2e^x}=\frac{1}{6}$$

方法 2（洛必达法则与等价无穷小代换结合使用）.

$$\text{原式}=\lim_{x\to 0}\frac{x-\sin x}{x^3}=\lim_{x\to 0}\frac{1-\cos x}{3x^2}=\lim_{x\to 0}\frac{\frac{1}{2}x^2}{3x^2}=\frac{1}{6}$$

注： 使用洛必达法则时，结合使用等价无穷小代换(这里需注意，只能在同一极限过程下的乘除运算中且代换后极限存在才能使用)、恒等变形、非零因子单独求极限不参与洛必达法则的求导运算，可使运算变得简单.

(4) 当导数比的极限不存在(也不为∞)时，或求导后发生循环时，尚不能得出原极限不存在的结论，需另寻他法.

[例 4.6] 求极限$\lim\limits_{x\to\infty}\dfrac{x+\sin x}{x-\sin x}$.

解： 原式$\left(\dfrac{\infty}{\infty}\text{型}\right)=\lim\limits_{x\to\infty}\dfrac{1+\cos x}{1-\cos x}$，但等式右边的极限不存在，故不能使用洛必达法则.

事实上：

$$\lim_{x\to\infty}\frac{x+\sin x}{x-\sin x}=\lim_{x\to\infty}\frac{1+\dfrac{\sin x}{x}}{1-\dfrac{\sin x}{x}}=\frac{1+0}{1-0}=1$$

(5) 用该法则也不一定总是最简便的方法，须灵活选用最简便的方法.

[例 4.7] 求极限$\lim\limits_{x\to 0}\dfrac{e^x-e^{\sin x}}{x-\sin x}$.

解： 方法 1（三次使用洛必达法则）：

$$\text{原式}\left(\frac{0}{0}\text{型}\right)=\lim_{x\to 0}\frac{e^x-e^{\sin x}\cos x}{1-\cos x}=\lim_{x\to 0}\frac{e^x-e^{\sin x}\cos^2x+e^{\sin x}\sin x}{\sin x}$$

$$=\lim_{x\to 0}\frac{e^x-e^{\sin x}\cos^3x+e^{\sin x}\sin 2x+\frac{1}{2}e^{\sin x}\sin 2x+e^{\sin x}\cos x}{\cos x}=1$$

方法 2（不使用洛必达法则）：

$$\text{原式}=\lim_{x\to 0}e^{\sin x}\frac{e^{x-\sin x}-1}{x-\sin x}=1$$

题型三：求幂指函数的极限

[例 4.8] 求极限$\lim\limits_{x\to+\infty}\left(\dfrac{\pi}{2}-\arctan x\right)^{\frac{1}{\ln x}}$.

解：原式（0^0 型）$=\lim\limits_{x\to+\infty}\exp\left\{\dfrac{1}{\ln x}\ln\left(\dfrac{\pi}{2}-\arctan x\right)\right\}$

$$=\exp\left\{\lim_{x\to+\infty}\frac{\ln\left(\frac{\pi}{2}-\arctan x\right)}{\ln x}\right\}\ \left(\frac{\infty}{\infty}\text{型}\right)$$

$$=\exp\left\{\lim_{x\to+\infty}\frac{-\frac{x}{1+x^2}}{\frac{\pi}{2}-\arctan x}\right\}\ \left(\frac{0}{0}\text{型}\right)$$

$$=\exp\left\{\lim_{x\to+\infty}\frac{1-x^2}{1+x^2}\right\}=e^{-1}$$

注：对于 0^0，1^∞，∞^0 这三类未定式，属于幂指函数求极限的问题，应先利用公式 $f(x)^{g(x)}=e^{g(x)\ln f(x)}$，将幂指函数化为指数函数的形式，再进行极限运算；或者令 $y=f(x)^{g(x)}$，两边取对数得 $\ln y=g(x)\ln f(x)$，然后求 $\ln y$ 的极限，从而得到 y 的极限．

［**例 4.9**］求极限 $\lim\limits_{x\to e}(\ln x)^{\frac{1}{1-\ln x}}$.

解：方法 1（先化为指数函数）：

原式（1^∞ 型）$=\lim\limits_{x\to e}\exp\left\{\dfrac{\ln(\ln x)}{1-\ln x}\right\}=\exp\left\{\lim\limits_{x\to e}\dfrac{\ln(\ln x)}{1-\ln x}\right\}\left(\dfrac{0}{0}\text{型}\right)$

$$=\exp\left\{\lim_{x\to e}\frac{\frac{1}{\ln x}\cdot\frac{1}{x}}{-\frac{1}{x}}\right\}=e^{-1}$$

方法 2（使用第二重要极限公式）：

原式（1^∞ 型）$=\lim\limits_{x\to e}(1+\ln x-1)^{\frac{1}{1-\ln x}}=\lim\limits_{x\to e}\{(1+\ln x-1)^{\frac{1}{\ln x-1}}\}^{-1}=e^{-1}$

注：特别地，对 1^∞ 这种形式的未定式除了可以利用上述方法求极限外，还可利用第二重要极限公式：$\lim\limits_{x\to\infty}\left(1+\dfrac{1}{x}\right)^x=e$ 或 $\lim\limits_{x\to 0}(1+x)^{\frac{1}{x}}=e$

题型四：函数性态的讨论及作图

［**例 4.10**］求函数 $f(x)=x^2e^{-x^2}$ 的极值．

解：方法 1（用第一充分条件判断）：

$$f'(x)=2xe^{-x^2}+x^2e^{-x^2}(-2x)=2xe^{-x^2}(1-x^2)$$

令 $f'(x)=0$，得驻点 $x_1=-1$，$x_2=0$，$x_3=1$. 以 x_1，x_2，x_3 为分点把定义域（$-\infty$，$+\infty$）分成四个区间，列表 4.1 讨论．

表 4.1

x	$(-\infty,\ -1)$	-1	$(-1,\ 0)$	0	$(0,\ 1)$	1	$(1,\ +\infty)$
y'	+	0	−	0	+	0	−
$y=f(x)$	↑	极大值	↓	极小值	↓	极大值	↑凹

由此可得极小值 $f(0)=0$，极大值 $f(\pm1)=e^{-1}$

方法 2（用第二充分条件判断）：

$$f'(x)=2xe^{-x^2}(1-x^2)$$

$$f''(x)=(2-10x^2+4x^4)e^{-x^2}$$

令 $f'(x)=0$，得驻点 $x_1=-1$，$x_2=0$，$x_3=1$. 因为 $f''(0)=2>0$，故 $f(0)=0$ 为极小值，又因为 $f''(\pm1)=-4e^{-1}<0$，故 $f(\pm1)=e^{-1}$ 为极大值.

注：(1) 函数的极值可能在驻点处取得，也可能在一阶导数不存在的点取得，因此需要把驻点和使一阶导数不存在的点全部求出，然后逐个加以判定.

(2) 对于驻点是否为极值点，可用第一充分条件，也可用第二充分条件判别. 第一判别法比较全面，不易出错，第二判别法判别极值较为简便，但对 $f''(x)=0$ 和 $f''(x)$ 不存在的点不能用此法判别，因此用第一充分条件判别极值是最基本的方法.

[**例 4.11**] 求曲线 $y=\frac{3}{5}x^{\frac{5}{3}}-\frac{3}{2}x^{\frac{2}{3}}+2$ 的凸区间、凹区间及拐点.

解：由 $y'=x^{\frac{2}{3}}-x^{-\frac{1}{3}}$，$y''=\frac{2}{3}x^{-\frac{1}{3}}+\frac{1}{3}x^{-\frac{4}{3}}=\frac{1}{3}(2x+1)x^{-\frac{4}{3}}$

令 $y''=0$，得 $x_1=-\frac{1}{2}$；在点 $x_2=0$ 处，二阶导数 y'' 不存在，以 $x_1=-\frac{1}{2}$ 和 $x_2=0$ 为分点，划分函数的定义域 $(-\infty,+\infty)$ 为三个子区间，并讨论函数在各子区间的凹凸性，其结果如表 4.2 所示.

表 4.2

x	$\left(-\infty,\frac{1}{2}\right)$	$-\frac{1}{2}$	$\left(-\frac{1}{2},0\right)$	0	$(0,+\infty)$
$f''(x)$	−	0	+	不存在	+
$f(x)$	凸的	拐点 $(-0.5,0.866)$	凹的	拐点 $(0,2)$	凸的

故曲线的凸区间为 $\left(-\infty,-\frac{1}{2}\right)$，凹区间为 $\left(-\frac{1}{2},0\right)$ 和 $(0,+\infty)$；拐点为 $(-0.5,0.866)$ 和 $(0,2)$.

注：求曲线拐点时，其二阶导数不存在的点有可能是拐点，故也应予以判定.

[**例 4.12**] 求曲线 $f(x)=x\ln\left(e+\frac{1}{x}\right)$ 的渐近线.

解：函数定义域为 $\left(-\infty,-\frac{1}{e}\right)\cup(0,+\infty)$，由 $\lim\limits_{x\to\left(-\frac{1}{e}\right)^-}f(x)=\lim\limits_{x\to\left(-\frac{1}{e}\right)^-}x\ln\left(e+\frac{1}{x}\right)=\infty$，可见直线 $x=-\frac{1}{e}$ 为曲线的垂直渐近线. 又因为 $\lim\limits_{x\to\infty}x\ln\left(e+\frac{1}{x}\right)=\infty$，故曲线没有水平渐近线. 此外，有

$$\lim_{x\to\infty}\frac{f(x)}{x}=\lim_{x\to\infty}\ln\left(e+\frac{1}{x}\right)=1$$

$$\lim_{x\to\infty}(f(x)-x)=\lim_{x\to\infty}\left[x\ln\left(e+\frac{1}{x}\right)-x\right]=\lim_{x\to\infty}\frac{\ln\left(e+\frac{1}{x}\right)-1}{\frac{1}{x}}=\lim_{x\to\infty}\frac{1}{e+\frac{1}{x}}=\frac{1}{e}$$

故曲线有斜渐近线：$y=x+\frac{1}{e}$

[例 4.13] 作出函数 $f(x)=\frac{x^2}{2x+1}$ 的图形．

解：（1）函数的定义域为 $\left(-\infty,-\frac{1}{2}\right)\cup\left(-\frac{1}{2},+\infty\right)$，$x_1=-\frac{1}{2}$ 为无穷间断点；

（2）因 $f'(x)=\frac{2x(x+1)}{(2x+1)^2}$，$f''(x)=\frac{2}{(2x+1)^3}\neq 0\left(x\neq-\frac{1}{2}\right)$

令 $f'(x)=0$，得驻点 $x_2=-1$ 和 $x_3=0$，由 $f''(x)$ 不存在，得特殊点：$x_1=-\frac{1}{2}$

（3）以 x_1，x_2，x_3 为分点，将函数定义域划分为四个子区间，并讨论 y' 和 y'' 在各子区间内的符号，列表确定函数增减区间，凹凸区间及极值点和拐点等．

表 4.3

x	$(-\infty,-1)$	-1	$\left(-1,-\frac{1}{2}\right)$	$-\frac{1}{2}$	$\left(-\frac{1}{2},0\right)$	0	$(0,+\infty)$
y'	+	0	−	不存在	−	0	+
y''	−	−	−	不存在	+	+	+
$y=f(x)$	↑凸	极大值	↓凸	无定义	↓凹	极小值	↑凹

由此得极大值点为 $(-1,1)$，极小值点为 $(0,0)$．

（4）由 $\lim\limits_{x\to-\frac{1}{2}}\frac{x^2}{2x+1}=\infty$，得该函数的垂直渐近线为 $x=\frac{1}{2}$；又由 $a=\lim\limits_{x\to\infty}\frac{\frac{x^2}{2x+1}}{x}=\frac{1}{2}$，$b=\lim\limits_{x\to\infty}\frac{x^2}{2x+1}-\frac{1}{2}x=-\frac{1}{4}$，得该函数的斜渐近线为：$y=\frac{1}{2}x-\frac{1}{4}$

（5）画出两条渐近线，并描出点 $(-1,1)$ 与 $(0,0)$，然后按表 4.3 列出的函数的单调性和曲线的凹凸性作图，如图 4.1 所示．

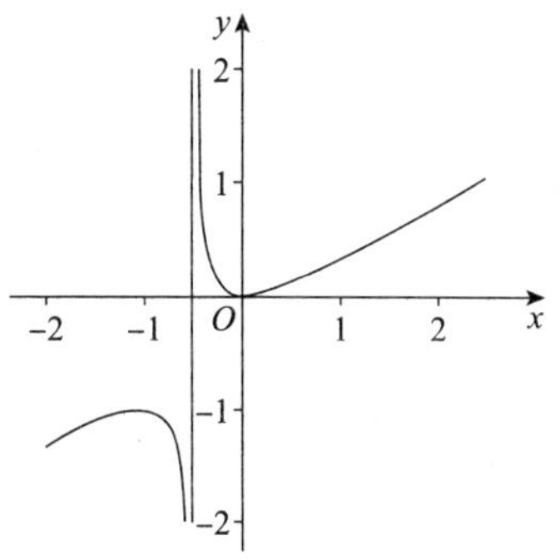

图 4.1

题型五：不等式的证明

［**例 4.14**］ 设 $0<\alpha<1$，$x\geqslant 0$，证明不等式：$x^{\alpha}-\alpha x\leqslant 1-\alpha$

证：方法 1（利用拉格朗日中值定理证明）：

当 $x=0$，不等式显然成立．

当 $x\neq 0$ 时，不等式变形为：$x^{\alpha}-1\leqslant \alpha x-\alpha=\alpha(x-1)$

设 $f(x)=x^{\alpha}$，对 $f(x)$ 在以 x 和 1 为端点的区间上应用拉格朗日中值定理，则在 x 和 1 之间存在 ξ，使得：$x^{\alpha}-1=\alpha\xi^{\alpha-1}(x-1)$

若 $x>1$，则 $1<\xi<x$，又 $0<\alpha<1$，故 $\xi^{\alpha-1}<1$，从而 $x^{\alpha}-1=\alpha\xi^{\alpha-1}(x-1)<\alpha(x-1)$

若 $x<1$，则 $0<\xi<1$，又 $0<\alpha<1$，故 $\xi^{\alpha-1}>1$，再由 $x-1<0$ 仍可得 $x^{\alpha}-1=\alpha\xi^{\alpha-1}(x-1)<\alpha(x-1)$

若 $x=1$，则 $x^{\alpha}-\alpha x=1-\alpha$ 得证．

方法 2（利用函数的单调性）：

设 $f(x)=x^{\alpha}-\alpha x$，则：$f'(x)=\alpha(x^{\alpha-1}-1)$

令 $f'(x)=0$，得：$x=1$

当 $x>1$ 时，$f'(x)<0$，$f(x)$ 在 $[1,+\infty)$ 上单调递减，故当 $x\in[1,+\infty)$ 时，$f(x)<f(1)=1-\alpha$

当 $0<x<1$ 时，$f'(x)>0$，$f(x)$ 在 $[0,1)$ 上单调递增，故当 $x\in[0,1)$ 时，$f(x)<f(1)=1-\alpha$

综上所述，当 $x\geqslant 0$ 时，$x^{\alpha}-\alpha x\leqslant 1-\alpha$，且当 $x=1$ 时取等号．

方法 3（利用函数的极值证明）：

设 $f(x)=x^{\alpha}-\alpha x$，$x\geqslant 0$，则：$f'(x)=\alpha(x^{\alpha-1}-1)$

令 $f'(x)=0$，得：$x=1$

又 $f''(x)=\alpha(\alpha-1)x^{\alpha-2}$，故 $f''(1)=\alpha(\alpha-1)<0$，故 $f(1)=1-\alpha$ 为 $f(x)$ 的极大值．

因 $x=1$ 为 $f(x)$ 在 $[0,+\infty)$ 上只有这一个极值点，故这个极大值点也是它的最大值点，即 $f(x)\leqslant f(1)=1-\alpha$，得证．

注：一般地，证明不等式可选用其中一种较为简便的方法进行证明即可，其中利用函数的单调性证明用得比较多．

［**例 4.15**］ 证明：在 $[\frac{1}{2},1]$ 上，有不等式 $\arctan x-\ln(1+x^2)\geqslant\frac{\pi}{4}-\ln 2$

证：令 $f(x)=\arctan x-\ln(1+x^2)$，则 $f'(x)=\frac{1-2x}{1+x^2}\leqslant 0$，$x\in[\frac{1}{2},1]$，故 $f(x)$ 在 $[\frac{1}{2},1]$ 上单调递减，$f(x)\geqslant f(1)=\frac{\pi}{4}-\ln 2$，得证．

题型六：方程根的存在及个数

［**例 4.16**］ 设在闭区间 $[0,1]$ 上，有 $0<f(x)<1$，$f(x)$ 可微且 $f'(x)\neq 1$，证明在 $(0,1)$ 内有且仅有一个 x，使 $f(x)=x$

证：令 $F(x)=f(x)-x$，则 $F(x)$ 在 $[0,1]$ 上连续，且 $F(0)=f(0)-0>0$，$F(1)=f(1)-1<0$

由零点定理知，在$(0,1)$内至少存在一点x，使得：

$$F(x)=f(x)-x=0$$

即$f(x)=x$

用反证法证唯一性．假设存在$x_1,x_2\in(0,1)$，且$x_1<x_2$，使$f(x_1)=x_1$，$f(x_2)=x_2$成立，则在区间$[x_1,x_2]$上应用拉格朗日中值定理，有：

$$f'(\xi)=\frac{f(x_2)-f(x_1)}{x_2-x_1}=\frac{x_2-x_1}{x_2-x_1}=1,\qquad \xi\in(x_1,x_2)$$

这与题设矛盾，故只能存在唯一的$x\in(0,1)$，使：$f(x)=x$

注：判别方程根的存在性常用的方法有：连续函数的零点定理、罗尔中值定理；判别方程根的唯一性常用的方法有：利用函数的单调性、反证法，在用反证法时，有时要用到微分中值定理．

题型七：应用问题

［**例4.17**］某酒厂有一批新酿的好酒，如果现在售出，总收入为R_0（元），如果窖藏起来待来日按陈酒出售，t年时总收入为$R=R_0e^{\frac{2}{5}\sqrt{t}}$．设银行年利率为$r$，以连续复利计息，求窖藏多少年售出可使总收入最大．

解：这批酒窖藏至t年末的现值为$A=R_0e^{\frac{2}{5}\sqrt{t}-rt}$．由于函数$e^x$单调递增，因而$A$的最大值点与函数$f(t)=\frac{2}{5}\sqrt{t}-rt$的最大值点相同．令$f'(t)=\frac{1}{5\sqrt{t}}-r=0$，可解得唯一驻点$t=\frac{1}{25r^2}$．由问题的实际意义可知，$f(t)$在该驻点取得最大值，从而$A$也在该点取得最大值．

注：设有一笔本金A存入银行，年利率为r，并以连续复利计息，t年末的本利和为$R(t)=Ae^{rt}$，其中A成为t年末总收入$R(t)$的现值，即$A=R(t)e^{-rt}$为现值计算公式，这就是贴现问题．

［**例4.18**］某商品进价为a（元/件），根据以往经验，当销售价为b（元/件），销售量为c（件）（a,b,c为正常数，且$b\geqslant\frac{4}{3}a$），市场调查表明，销售价每下降10%，销售量可增加40%，现决定一次性降价．试问，当销售价定为多少时，可获得最大利润？并求出最大利润．

解：设p为降价后的销售价，x为增加的销售量，则总利润：

$$L(x)=(p-a)(c+x)=\left(b-\frac{b}{4c}x-a\right)(c+x)$$

令$L'(x)=-\frac{b}{2c}x+\frac{3}{4}b-a=0$，得唯一驻点$x_0=\frac{(3b-4a)c}{2b}$

由问题的实际意义可知，$x_0=\frac{(3b-4a)c}{2b}$为最大值点，故定价为$p=b-\frac{b}{4c}x_0=\frac{5}{8}b+\frac{1}{2}a$元时，可获得最大利润，且最大利润为$L(x_0)=\frac{c}{16b}(5b-4a)^2$元．

四、教材习题解答

1. 验证下列函数在指定区间上是否满足罗尔定理的条件：

(1) $f(x)=\dfrac{x^2}{x-1}$，$[-2,2]$

解：不满足，因为$f(x)$在$x=1$点不连续，且$f(-2)\neq f(2)$.

(2) $f(x)=|x\cos x|$，$[-\pi,\pi]$

解：不满足，因为$f(x)=\begin{cases} x\cos x, x\in\left[-\pi,-\dfrac{\pi}{2}\right)\cup\left[0,\dfrac{\pi}{2}\right) \\ -x\cos x, x\in\left[-\dfrac{\pi}{2},0\right)\cup\left[\dfrac{\pi}{2},\pi\right) \end{cases}$ 在$x=0,\pm\dfrac{\pi}{2}$处不可导.

(3) $f(x)=x^4+2x^2-3$，$[-1,1]$

解：满足，因为$f(x)$在$[-1,1]$上连续，在$(-1,1)$上可导，且$f(-1)=f(1)$.

(4) $f(x)=x(e^x-1)$，$[0,1]$

解：满足，因为$f(x)$在$[0,1]$上连续，在（0，1）上可导，且$f(0)=f(1)$.

2. 对函数$f(x)=x^3-2x+1$在$[-1,1]$上验证拉格朗日中值定理.

解：$f(x)$在$[-1,1]$上连续，在$(-1,1)$上可导，满足拉格朗日中值定理的条件，又

$\dfrac{f(1)-f(-1)}{1+1}=\dfrac{0-2}{2}=-1$，且$f'(x)=3x^2-2$，故存在$\xi=\pm\dfrac{\sqrt{3}}{3}$，使得

$f'(\xi)=-1=\dfrac{f(1)-f(-1)}{1+1}$

3. 证明方程$x^3+3x-1=0$有且仅有一个正实根.

证：令$f(x)=x^3+3x-1$，则$f(x)$在$[0,+\infty)$上连续可导，且$f(0)=-1$，$f(1)=2$，故由零点定理可知，$\exists\xi\in(0,1)$，使得$f(\xi)=0$.

下证唯一性（反证法）. 假设存在$x_1<x_2\in[0,+\infty)$，满足$f(x_1)=f(x_2)=0$，则由罗尔中值定理可知，$\exists\xi\in(x_1,x_2)$，使得$f'(\xi)=0$，但$f'(x)=3x^2+3$在$[0,+\infty)$上不可能为0，故假设矛盾，方程有且仅有一个正实根.

4. 利用中值定理证明下列不等式：

(1) 当$b>a>0$时，$\dfrac{b-a}{b}<\ln\dfrac{b}{a}<\dfrac{b-a}{a}$

证：令$f(x)=\ln x$，则$f(x)$在$[a,b]$上连续，在(a,b)上可导，故存在$\xi\in(a,b)$，使得$f'(\xi)=\dfrac{1}{\xi}=\dfrac{f(b)-f(a)}{b-a}$，而$\dfrac{1}{b}<\dfrac{1}{\xi}<\dfrac{1}{a}$，得证.

(2) 当$b>a$时，$\arctan b-\arctan a\leqslant b-a$

证：令$f(x)=\arctan x$，则$f(x)$在$[a,b]$上连续，在(a,b)上可导，故存在$\xi\in(a,b)$，使得：$f'(\xi)=\dfrac{1}{1+\xi^2}=\dfrac{f(b)-f(a)}{b-a}$

又$\frac{1}{1+\xi^2}\leqslant 1$，故$\frac{\arctan b-\arctan a}{b-a}\leqslant 1$，得证．

（3）当 $x\geqslant 1$ 时，$e^x\geqslant ex$

证：令 $f(x)=e^x-ex$，则当 $x\geqslant 1$ 时，$f'(x)=e^x-e\geqslant 0$，于是 $f(x)$ 在 $[1,+\infty)$ 上单调递增，$f(x)\geqslant f(1)=0$，得证．

（4）当$\frac{\pi}{2}>x\geqslant 0$ 时，$\tan x\geqslant x$

证：令 $f(x)=\tan x-x$，则当 $x\in\left[0,\frac{\pi}{2}\right)$时，$f'(x)=\sec^2 x-1\geqslant 0$，于是 $f(x)$ 在$\left[0,\frac{\pi}{2}\right)$上单调递增，$f(x)\geqslant f(0)=0$，得证．

5. 对函数 $f(x)=2x^3$，$g(x)=x^2-1$ 在 $[0,1]$ 上验证柯西中值定理．

证：$f(x)$，$g(x)$ 在 $[0,1]$ 上连续，在 $(0,1)$ 上可导，且有$\frac{f(1)-f(0)}{g(1)-g(0)}=2$，$\frac{f'(x)}{g'(x)}=3x$，故存在 $\xi=\frac{2}{3}$，使得：$\frac{f(1)-f(0)}{g(1)-g(0)}=\frac{f'(\xi)}{g'(\xi)}$

6. 设函数 $f(x)$ 在 $[a,b]$ 上连续，在 (a,b) 内可导，且 $f(a)=f(b)=0$. 试证明：在 (a,b) 内至少存在一点 ξ，使得：$2f'(\xi)-f(\xi)=0$.

证：设 $g(x)=f(x)e^{-\frac{x}{2}}$，则 $g(x)$ 在 $[a,b]$ 上连续，在 (a,b) 上可导，且 $g(a)=g(b)=0$，故由罗尔中值定理可知，存在 $\xi\in(a,b)$，使得 $g'(\xi)=f'(\xi)e^{-\frac{\xi}{2}}+\frac{1}{2}f(\xi)e^{-\frac{\xi}{2}}=0$，即：$2f'(\xi)-f(\xi)=0$

7. 设函数 $f(x)$ 在区间 $[0,1]$ 上连续，在 $(0,1)$ 内可导且 $f(0)=f(1)=0,f\left(\frac{1}{2}\right)=1$，求证：（1）存在 $\eta\in\left(\frac{1}{2},1\right)$，使 $f(\eta)=\eta$.

（2）对 $\lambda\in R$，存在 $\xi\in(0,\eta)$，使 $f'(\xi)-\lambda[f(\xi)-\xi]=1$

证：（1）令 $g(x)=f(x)-x$，则 $g(x)$ 在 $[0,1]$ 上连续，且 $g(0)=0,g\left(\frac{1}{2}\right)=\frac{1}{2},g(1)=-1$，故由零点定理可知，存在 $\eta\in\left(\frac{1}{2},1\right)$，使得：$g(\eta)=f(\eta)-\eta=0$

（2）设 $h(x)=g(x)e^{-\lambda x}$，则 $h(x)$ 在 $[0,\eta]$ 上连续，在 $(0,\eta)$ 上可导，且 $h(0)=h(\eta)=0$，故由罗尔中值定理可知，存在 $\xi\in(0,\eta)$，使得 $h'(\xi)=g'(\xi)e^{-\lambda\xi}-\lambda g(\xi)e^{-\lambda\xi}=0$，即 $(f'(\xi)-1)e^{-\lambda\xi}-\lambda(f(\xi)-\xi)e^{-\lambda\xi}=0$，得证．

8. 已知函数 $f(x)$ 在 $[0,1]$ 上连续，在 $(0,1)$ 内可导，且 $f(0)=0,f(1)=1$，$f(x)$ 是 x 的非线性函数．试证明在 $(0,1)$ 内至少存在一点 ξ，使 $f'(\xi)>1$.

证：因为 $f(x)$ 是 x 的非线性函数，故必存在一点 $\eta\in(0,1)$，使得 $f(\eta)\neq\eta$.

若 $f(\eta)>\eta$，则$\frac{f(\eta)-f(0)}{\eta-0}>1$，由拉格朗日中值定理可知，存在 $\xi_1\in(0,\eta)\subset(0,1)$，使得：$f'(\xi_1)=\frac{f(\eta)-f(0)}{\eta-0}>1$

若$f(\eta)<\eta$，则$\frac{f(1)-f(\eta)}{1-\eta}=\frac{1-f(\eta)}{1-\eta}>\frac{1-\eta}{1-\eta}=1$，由拉格朗日中值定理可知，存在$\xi_2\in(\eta,1)\subset(0,1)$，使得$f'(\xi_2)=\frac{f(1)-f(\eta)}{1-\eta}>1$，得证．

9．求下列函数极限：

（1）$\lim\limits_{x\to1}\frac{x^n-1}{x^m-1}$

解：若$m=n$，则原式$=1$；若$m\neq n$，则原式$\left(\frac{0}{0}型\right)=\lim\limits_{x\to1}\frac{nx^{n-1}}{mx^{m-1}}=\frac{n}{m}$.

综上，原式$=\frac{n}{m}$.

（2）$\lim\limits_{x\to0}\frac{e^x-e^{-x}}{x}$

解：原式$\left(\frac{0}{0}型\right)=\lim\limits_{x\to0}\frac{e^x+e^{-x}}{1}=2$

（3）$\lim\limits_{x\to0}\frac{x-\sin x}{x^3}$

解：原式$\left(\frac{0}{0}型\right)=\lim\limits_{x\to0}\frac{1-\cos x}{3x^2}=\lim\limits_{x\to0}\frac{\sin x}{6x}=\frac{1}{6}$

（4）$\lim\limits_{x\to0}\frac{\tan ax}{\sin bx}$

解：原式$=\lim\limits_{x\to0}\frac{ax}{bx}=\frac{a}{b}$或原式$\left(\frac{0}{0}型\right)=\lim\limits_{x\to0}\frac{a\sec^2ax}{b\cos bx}=\frac{a}{b}$

（5）$\lim\limits_{x\to0^+}\frac{\ln\tan3x}{\ln\tan2x}$

解：原式$\left(\frac{0}{0}型\right)=\lim\limits_{x\to0^+}\frac{\frac{3}{\tan3x}\sec^23x}{\frac{2}{\tan2x}\sec^22x}=\frac{3}{2}\lim\limits_{x\to0^+}\frac{\tan2x}{\tan3x}=1$

（6）$\lim\limits_{x\to0}\frac{a^x-b^x}{x}$

解：原式$\left(\frac{0}{0}型\right)=\lim\limits_{x\to0}\frac{a^x\ln a-b^x\ln b}{1}=\ln a-\ln b$

或原式$=\lim\limits_{x\to0}\frac{b^x\left[\left(\frac{a}{b}\right)^x-1\right]}{x}=\lim\limits_{x\to0}\frac{x\cdot\ln\frac{a}{b}}{x}=\ln a-\ln b$

（7）$\lim\limits_{x\to+\infty}\frac{\ln\left(1-\frac{2}{x}\right)}{\operatorname{arccot}x}$

解：原式$=\lim\limits_{x\to+\infty}\frac{-\frac{2}{x}}{\operatorname{arccot}x}\left(\frac{0}{0}型\right)=-2\lim\limits_{x\to+\infty}\frac{-\frac{1}{x^2}}{-\frac{1}{1+x^2}}=-2$

(8) $\lim\limits_{x\to+\infty}\dfrac{e^{x}+e^{-x}}{e^{x}-e^{-x}}$

解： 原式 $=\lim\limits_{x\to+\infty}\dfrac{e^{2x}+1}{e^{2x}-1}\left(\dfrac{\infty}{\infty}\text{型}\right)=\lim\limits_{x\to+\infty}\dfrac{2e^{2x}}{2e^{2x}}=1$

(9) $\lim\limits_{x\to0^{+}}(\tan x)^{\sin x}$

解： 原式$(0^{0}\text{ 型})=\lim\limits_{x\to0^{+}}e^{\sin x\cdot\ln(\tan x)}=e^{\lim\limits_{x\to0^{+}}\sin x\cdot\ln(\tan x)}$，而

$$\lim_{x\to0^{+}}\sin x\cdot\ln(\tan x)=\lim_{x\to0^{+}}\frac{\ln(\tan x)}{\frac{1}{x}}\left(\frac{\infty}{\infty}\text{型}\right)=\lim_{x\to0^{+}}\frac{\frac{1}{\tan x}\sec^{2}x}{-\frac{1}{x^{2}}}=0\text{，故原式}=1$$

(10) $\lim\limits_{x\to0^{+}}\left(\dfrac{1}{x}\right)^{\sin x}$

解： 原式$(\infty^{0}\text{ 型})=\lim\limits_{x\to0^{+}}e^{\sin x\cdot\ln\frac{1}{x}}=\exp\left\{-\lim\limits_{x\to0^{+}}\dfrac{\ln x}{\frac{1}{x}}\right\}\left(\dfrac{\infty}{\infty}\text{型}\right)=\exp\left\{\lim\limits_{x\to0^{+}}\dfrac{\frac{1}{x}}{\frac{1}{x^{2}}}\right\}=e^{0}=1$

(11) $\lim\limits_{x\to\infty}(x^{2}-3)^{\frac{1}{x}}$

解： 原式$(\infty^{0}\text{ 型})=\lim\limits_{x\to\infty}e^{\frac{1}{x}\ln(x^{2}-3)}=e^{\lim\limits_{x\to\infty}\frac{\ln(x^{2}-3)}{x}}\left(\dfrac{\infty}{\infty}\text{型}\right)=e^{\lim\limits_{x\to\infty}\frac{2x}{x^{2}-3}}=e^{0}=1$

(12) $\lim\limits_{x\to1}\left(\dfrac{1}{x-1}-\dfrac{2}{x^{2}-1}\right)$

解： 原式$(\infty-\infty\text{ 型})=\lim\limits_{x\to1}\dfrac{x+1-2}{x^{2}-1}=\lim\limits_{x\to1}\dfrac{1}{x+1}=\dfrac{1}{2}$

(13) $\lim\limits_{x\to1}\left(\dfrac{1}{x-1}-\dfrac{1}{\ln x}\right)$

解： 原式$(\infty-\infty\text{ 型})=\lim\limits_{x\to1}\dfrac{\ln x-(x-1)}{(x-1)\ln x}\left(\dfrac{0}{0}\text{型}\right)=\lim\limits_{x\to1}\dfrac{\frac{1}{x}-1}{\ln x+\frac{x-1}{x}}$

$$=\lim_{x\to1}\frac{1-x}{x\ln x+x-1}\left(\frac{0}{0}\text{型}\right)=\lim_{x\to1}\frac{-1}{\ln x+2}=-\frac{1}{2}$$

(14) $\lim\limits_{x\to\infty}x(e^{\frac{1}{x}}-1)$

解： 原式$(\infty^{0}\text{型})=\lim\limits_{x\to\infty}\dfrac{e^{\frac{1}{x}}-1}{\frac{1}{x}}=\lim\limits_{x\to0}\dfrac{e^{x}-1}{x}=1$

(15) $\lim\limits_{x\to\frac{\pi}{2}}\dfrac{\ln\sin x}{(\pi-2x)^{2}}$

解： 原式$\left(\dfrac{0}{0}\text{型}\right)=\lim\limits_{x\to\frac{\pi}{2}}\dfrac{\frac{\cos x}{\sin x}}{-4(\pi-2x)}=-\dfrac{1}{4}\lim\limits_{x\to\frac{\pi}{2}}\dfrac{\cot x}{\pi-2x}\left(\dfrac{0}{0}\text{型}\right)=-\dfrac{1}{4}\lim\limits_{x\to\frac{\pi}{2}}\dfrac{-\csc^{2}x}{-2}=-\dfrac{1}{8}$

（16） $\lim\limits_{x\to0}\dfrac{x+\sin2x}{x-\ln(1-x)}$

解：原式$\left(\dfrac{0}{0}\text{型}\right)=\lim\limits_{x\to0}\dfrac{1+2\cos2x}{1+\dfrac{1}{1-x}}=\dfrac{3}{2}$（这里要注意不能多次使用洛必达法则）

（17） $\lim\limits_{x\to\infty}\dfrac{x-\sin x}{x+2\cos x}$

解：原式$\left(\dfrac{\infty}{\infty}\text{型}\right)=\lim\limits_{x\to\infty}\dfrac{1-\cos x}{1-2\sin x}$，极限不存在，洛必达法则失效，事实上，

$$\text{原式}=\lim_{x\to\infty}\frac{1-\dfrac{\sin x}{x}}{1+2\dfrac{\cos x}{x}}=1$$

（18） $\lim\limits_{x\to0}\left[x-x^2\ln\left(1+\dfrac{1}{x}\right)\right]$

解：原式$=\lim\limits_{x\to0}x\left(1-x\ln\left(1+\dfrac{1}{x}\right)\right)$，其中

$$\lim_{x\to0}x\ln\left(1+\frac{1}{x}\right)=\lim_{x\to0}\frac{\ln\left(1+\dfrac{1}{x}\right)}{\dfrac{1}{x}}=\lim_{x\to\infty}\frac{\ln(1+x)}{x}=0$$

故原式$=\lim\limits_{x\to0}x=0$

10. 确定下列函数的单调区间：

（1） $y=2x^3-9x^2+12x-4$

解：$x\in(-\infty,+\infty)$，$y'=6(x^2-3x+2)=6(x-1)(x-2)$

当$x\in(-\infty,1]$时，$y'\geqslant0$，函数单调递增；当$x\in(1,2)$时，$y'\leqslant0$，函数单调递减；当$x\in[2,+\infty)$时，$y'\geqslant0$，函数单调递增．故单调增区间为$(-\infty,1]$，$[2,+\infty)$，单调减区间为$[1,2]$．

（2） $y=x-\arctan x$

解：$x\in(-\infty,+\infty)$，$y'=1+\cos x\geqslant0$，故单调增区间为$(-\infty,+\infty)$．

（3） $y=x+\sin x$

解：$x\in(-\infty,+\infty)$，$y'=1-\dfrac{1}{1+x^2}=\dfrac{x^2}{1+x^2}\geqslant0$，故单调增区间为$(-\infty,+\infty)$．

（4） $y=x+\dfrac{1}{x}$

解：$x\in(-\infty,0)\cup(0,+\infty)$，$y'=1-\dfrac{1}{x^2}$

当$x\in(-\infty,-1]$时，$y'\geqslant0$，函数单调递增；当$x\in(-1,0)$和$x\in(0,1)$时，$y'\leqslant0$，函数单调递减；当$x\in[1,+\infty)$时，$y'\geqslant0$，函数单调递增．故单调增区间为$(-\infty,-1]$，$[1,+\infty)$，单调减区间为$[-1,0)$，$(0,1]$．

（5） $y=x+\ln(x+\sqrt{1+x^2})$

解：$x\in(-\infty,+\infty)$，$y'=1+\dfrac{1}{\sqrt{1+x^2}}\geqslant 0$，故单调增区间为$(-\infty,+\infty)$.

（6）$y=x^2e^{-x}$

解：$x\in(-\infty,+\infty)$，$y'=2xe^{-x}-x^2e^{-x}=x(2-x)e^{-x}$

当$x\in(-\infty,0]$时，$y'\leqslant 0$，函数单调递减；当$x\in(0,2)$时，$y'\geqslant 0$，函数单调递增．当$x\in[2,+\infty)$时，$y'\leqslant 0$，函数单调递减．故单调增区间为$[0,2]$，单调减区间为$(-\infty,0]$，$[2,+\infty)$.

（7）$y=(x-1)x^{\frac{1}{3}}$

解：$x\in(-\infty,+\infty)$，$y'=x^{\frac{1}{3}}+\dfrac{1}{3}(x-1)x^{-\frac{2}{3}}=\dfrac{\sqrt[3]{x}}{3}\left(4-\dfrac{1}{x}\right)=\dfrac{1}{3(\sqrt[3]{x})^2}(4x-1)$

因此$x=0$为不可导点，且当$x\in(-\infty,0)$时，$y'<0$，函数单调递减；当$x\in\left(0,\dfrac{1}{4}\right]$时，$y'\leqslant 0$，函数单调递减；当$x\in\left[\dfrac{1}{4},+\infty\right)$时，$y'\geqslant 0$，函数单调递增．故单调增区间为$\left[\dfrac{1}{4},+\infty\right)$，单调减区间为$\left(-\infty,\dfrac{1}{4}\right]$.

（8）$y=x^2-\dfrac{1}{2}\ln x$

解：$x\in(0,+\infty)$，$y'=2x-\dfrac{1}{2x}=\dfrac{(2x-1)(2x+1)}{2x}$

当$x\in\left(0,\dfrac{1}{2}\right]$时，$y'\leqslant 0$，函数单调递减；当$x\in\left[\dfrac{1}{2},+\infty\right)$时，$y'\geqslant 0$，函数单调递增．故单调增区间为$\left[\dfrac{1}{2},+\infty\right)$，单调减区间为$\left[0,\dfrac{1}{2}\right]$.

11. 利用函数的单调性，证明下列不等式：

（1）当$x>0$时，$e^x>1+x+\dfrac{x^2}{2}$

证：令$f(x)=e^x-x-\dfrac{x^2}{2}$，则$f'(x)=e^x-x-1$，$f''(x)=e^x-1$

当$x>0$时，$f''(x)>0$，于是$f'(x)$单调递增，$f'(x)>f'(0)=0$，$f(x)$单调递增，$f(x)>f(0)=1$，得证．

（2）当$x>0$时，$1+x>\sqrt{1+2x}$

证：令$f(x)=\sqrt{1+2x}-x$，则$f'(x)=\dfrac{1-\sqrt{1+2x}}{\sqrt{1+2x}}$

当$x>0$时，$f'(x)<0$，$f(x)$单调递减，$f(x)<f(0)=1$，得证．

（3）当$\dfrac{\pi}{2}>x>0$时，$x>\sin x>\dfrac{2}{\pi}x$

证：令$f(x)=\sin x-x$，则$f'(x)=\cos x-1$.

当$\dfrac{\pi}{2}>x>0$时，$f'(x)<0$，$f(x)$单调递减，$f(x)<f(0)=0$，故$\sin x<x$；

再令 $g(x)=\frac{2}{\pi}x-\sin x$，则 $g'(x)=\frac{2}{\pi}-\cos x$

当 $\frac{\pi}{2}>x>\arccos\frac{2}{\pi}$ 时，$g'(x)>0$，$g(x)$ 单调递增，$g(x)<g(\frac{\pi}{2})=0$

当 $\arccos\frac{2}{\pi}\geqslant x>0$ 时，$g'(x)\leqslant 0$，$g(x)$ 单调递减，$g(x)\leqslant g(0)=0$，故 $\frac{2}{\pi}x<\sin x$

综上可得，当 $\frac{\pi}{2}>x>0$ 时，$\frac{2}{\pi}x<\sin x<x$

(4) 当 $\frac{\pi}{2}>x>0$ 时，$\sin x>x-\frac{x^3}{6}$

证：令 $f(x)=\sin x-x+\frac{x^3}{6}$，则 $f'(x)=\cos x+\frac{x^2}{2}-1$，$f''(x)=x-\sin x$

当 $\frac{\pi}{2}>x>0$ 时，$f'''(x)=1-\cos x>0$，于是 $f''(x)$ 单调递增，$f''(x)>f''(0)=0$，$f'(x)$ 单调递增，$f'(x)>f'(0)=0$，$f(x)$ 单调递增，$f(x)>f(0)=0$，得证.

12. 证明方程 $\sin x=x$ 有且仅有一个实根.

证：由观察可知，$x=0$ 为一个实根.

令 $f(x)=\sin x-x$，则 $f(x)$ 为奇函数，故仅考虑 $f(x)$ 在正半轴的情形.

又 $-1\leqslant\sin x\leqslant 1$，故假设存在 $x_0\in(0,1]$，使得 $f(x_0)=0$，则存在 $\xi\in(0,x_0)$，使得 $f'(\xi)=0$.

但当 $x\in(0,1]$ 时，$f'(x)=\cos x-1<0$，故假设矛盾，$f(x)=0$ 在正半轴上无实根. 由对称性可知，$f(x)=0$ 在负半轴上也无实根.

综上，方程 $\sin x=x$ 有且仅有一个实根 $x=0$.

13. 设 $F(x)=\frac{f(x)-f(a)}{x-a}(x>a)$，其中 $f(x)$ 在 $[a,+\infty)$ 上连续，$f''(x)$ 在 $(a,+\infty)$ 内存在且大于零，证明 $F(x)$ 在 $(a,+\infty)$ 内单调递增.

证：$F'(x)=\frac{f'(x)(x-a)-(f(x)-f(a))}{(x-a)^2}$，其中 $x\in(a,+\infty)$.

因 $f(x)$ 在 $[a,+\infty)$ 上连续可导，故存在 $\xi_1\in(a,x)$，使得：$f'(\xi_1)(x-a)=f(x)-f(a)$

于是 $F'(x)=\frac{f'(x)-f'(\xi_1)}{(x-a)}$，其中 $\xi_1\in(a,x)$.

又因为 $f'(x)$ 在 $[\xi_1,+\infty)$ 上连续可导，且 $f''(x)>0$，故存在 $\xi_2\in(\xi_1,x)$，使得 $f''(\xi_2)(x-\xi_1)=f'(x)-f'(\xi_1)$. 于是 $F'(x)=\frac{f''(\xi_2)(x-\xi_1)}{(x-a)}>0$，从而 $F(x)$ 在 $(a,+\infty)$ 内单调递增.

14. 求下列函数的极值：

(1) $y=x^2+6x-4$

解：$x\in(-\infty,+\infty)$，$y'=2x+6$，令 $y'=0$，得：$x=-3$

当 $x\in(-3,+\infty)$ 时，$y'\geqslant 0$，函数单调递增；当 $x\in(-\infty,-3]$ 时，$y'\leqslant 0$，函数单调递减，故函数存在极小值：$y(-3)=-13$

（2）$y=\frac{2}{3}x^3-5x^2+12x-3$

解：$x\in(-\infty,+\infty)$，$y'=2(x-2)(x-3)$，令 $y'=0$，得 $x_1=2$，$x_2=3$

当 $x\in(-\infty,2]$时，$y'\geqslant 0$，函数单调递增；当 $x\in(2,3)$时，$y'\leqslant 0$，函数单调递减；当 $x\in[3,+\infty)$时，$y'\geqslant 0$，函数单调递增，故函数存在极大值 $y(2)=\frac{19}{3}$，极小值 $y(3)=6$.

（3）$y=x-\ln(1+x)$

解：$x\in(-1,+\infty)$，$y'=\frac{x}{1+x}$，令 $y'=0$，得：$x=0$.

当 $x\in(-1,0)$时，$y'\leqslant 0$，函数单调递减；当 $x\in[0,+\infty)$时，$y'\geqslant 0$，函数单调递增，故函数存在极小值 $y(0)=0$.

（4）$y=x+\sqrt{1-2x}$

解：$x\in\left(-\infty,\frac{1}{2}\right]$，$y'=1-\frac{1}{\sqrt{1-2x}}$，因此函数在 $x=\frac{1}{2}$处不可导，令 $y'=0$，得：$x=0$.

当 $x\in(-\infty,0]$时，$y'\geqslant 0$，函数单调递增；当 $x\in\left(0,\frac{1}{2}\right)$时，$y'\leqslant 0$，函数单调递减，故函数存在极大值 $y(0)=1$.

15. 求下列函数在所给区间上的最值：

（1）$y=x^3-15x^2+72x+8, x\in[2,5]$

解：$y'=3x^2-30x+72=3(x-4)(x-6)$，令 $y'=0$，得：$x_1=4, x_2=6$

比较 $y(2)=100$，$y(4)=120$，$y(5)=118$，$y(6)=116$，于是函数在$[2,5]$上有最大值 $y(4)=120$，最小值 $y(2)=100$.

（2）$y=x^x, x\in(0,+\infty)$

解：$y'=(e^{x\ln x})'=e^{x\ln x}(1+\ln x)$，令 $y'=0$，得：$x=e^{-1}$.

当 $x\in(0,e^{-1}]$时，$y'\leqslant 0$，函数单调递减；当 $x\in[e^{-1},+\infty)$时，$y'\geqslant 0$，函数单调递增，故函数在（0，+∞）内无最大值，但有最小值：$y(e^{-1})=e^{-\frac{1}{e}}$

（3）$y=4\sec^2 x+\cot x, x\in\left(0,\frac{\pi}{2}\right)$

解：$y'=\frac{8\sin x}{\cos^3 x}-\frac{1}{\sin^2 x}=\frac{8\sin^3 x-\cos^3 x}{\sin^2 x\cdot\cos^3 x}=\frac{8\tan^3 x-1}{\sin^2 x}$，令 $y'=0$，得：$\tan x=\frac{1}{2}$

在$\left(0,\frac{\pi}{2}\right)$内，$x=\arctan\frac{1}{2}$为唯一驻点，且当 $x\in\left(0,\arctan\frac{1}{2}\right]$时，$y'\leqslant 0$，函数单调递减；当 $x\in(\arctan\frac{1}{2},\frac{\pi}{2})$时，$y'>0$，函数单调递增，故函数存在极小值 $y(\arctan\frac{1}{2})=7$，也即最小值，无最大值.

（4）$y=x^{\beta}\ln x\ (\beta<0), x\in\left[\frac{1}{2},1\right]$

解：当 $\beta<0$，$x\in\left[\frac{1}{2},1\right]$时，$y'=\left(\frac{\ln x}{\beta}+1\right)x^{\beta-1}>0$，故函数单调递增，从而存在最大值 $y(1)=0$，最小值 $y\left(\frac{1}{2}\right)=-\ln 2\cdot\left(\frac{1}{2}\right)^{\beta}$

(5) $y=\text{arccot}|x-5|, x\in[2,6]$

解：$y=\begin{cases}\text{arccot}(x-5), x\in[5,6]\\ \text{arccot}(5-x), x\in[2,5)\end{cases}$，于是 $y'=\begin{cases}-\dfrac{1}{1+(x-5)^2}<0, x\in(5,6]\\ \dfrac{1}{1+(x-5)^2}>0, x\in[2,5)\end{cases}$

比较 $y(2)=\text{arccot}(3)$，$y(5)=\dfrac{\pi}{2}$，$y(6)=\text{arccot}(1)$，得函数的最大值 $y(5)=\dfrac{\pi}{2}$，最小值 $y(2)=\text{arccot}(3)$

(6) $y=|x^3-3x+2|, x\in\left[-2,\dfrac{3}{2}\right]$

解：令 $g(x)=x^3-3x+2=(x-1)^2(x+2)$，则当 $x\in\left[-2,\dfrac{3}{2}\right]$时，$g(x)\geqslant0$，故

$y=x^3-3x+2$，$y'=3(x^2-1)$．令 $y'=0$，得驻点 $x=\pm1$.

比较 $y(-2)=0$，$y(-1)=4$，$y(1)=0$，$y(\dfrac{3}{2})=\dfrac{7}{8}$，得：函数的最大值 $y(-1)=4$，最小值 $y(-2)=y(1)=0$.

16. 利用函数的最值证明下列不等式：

(1) $|x^4-4x^2|\leqslant4, x\in[-\sqrt{2},\sqrt{2}]$

证：令 $y(x)=x^4-4x^2$，则：$y'(x)=4x^3-8x=4x(x^2-2)$

令 $y'=0$ 得 $x=\pm\sqrt{2}, x=0$，比较 $y(\sqrt{2})=-4$，$y(0)=0$，$y(\sqrt{2})=-4$，故 $y_{\min}=-4$，$y_{\max}=0$，于是：$|y(x)|=|x^4-4x^2|\leqslant4$

(2) $x^\alpha\geqslant\dfrac{1}{\alpha}(1+\ln\alpha)+\ln x(0<\alpha<1), x\in(0,+\infty)$

证：即证 $x^\alpha-\ln x\geqslant\dfrac{1}{\alpha}(1+\ln\alpha)$，其中 $0<\alpha<1$，$x\in(0,+\infty)$.

令 $f(x)=x^\alpha-\ln x$，则：$f'(x)=\dfrac{1}{x}(\dfrac{x^\alpha}{\alpha}-1)$

令 $y'=0$ 得 $x^\alpha=\alpha, x=\sqrt[\alpha]{\alpha}$，且当 $x^\alpha<\alpha$ 时，$f'(x)<0$，$f(x)$单调递减；当 $x^\alpha>\alpha$ 时，$f'(x)>0$，$f(x)$单调递增，故：$f_{\min}=f(\sqrt[\alpha]{\alpha})=\alpha-\dfrac{1}{\alpha}\ln\alpha$

再令 $g(\alpha)=\alpha-\dfrac{1}{\alpha}\ln\alpha-\dfrac{1}{\alpha}-\dfrac{1}{\alpha}\ln\alpha=\alpha-\dfrac{1}{\alpha}(1+2\ln\alpha)$，则当 $0<\alpha<1$ 时，$g'(\alpha)=1+\dfrac{2}{\alpha^2}\ln\alpha-\dfrac{1}{\alpha^2}<0$，于是 $g(\alpha)$ 单调递减，$g(\alpha)>g(1)=0$，从而 $x^\alpha-\ln x\geqslant\alpha-\dfrac{1}{\alpha}\ln\alpha>\dfrac{1}{\alpha}(1+\ln\alpha)$

17. 设某公司的利润函数为 $L(x)=-0.2x^3+3x^2+120x-1000$，求使利润最大的产量 x.

解：$L'(x)=-0.6x^2+6x+120=-0.6(x-5)^2+135$，令 $L'(x)=0$，且考虑到 $x>0$，得 $x=20$，即当产量 x 为 20 个单位时，利润最大．

18. 某厂每批生产某种产品 x 单位的总成本为 $C(x)=0.01x^3+68x+2500$，问：

（1）每批生产多少单位的产品时，平均成本最小？

（2）达到最小平均成本时，相应的边际成本为多少，两者有何关系，试解释它的经济现象．

解：（1）$\overline{C}(x)=\dfrac{C(x)}{x}=0.01x^2+68+\dfrac{2500}{x}$，$\overline{C}'(x)=0.02x-\dfrac{2500}{x^2}$，令$\overline{C}'(x)=0$，得 $x=50$，即每批生产 50 个单位的产品时，平均成本最小．

（2）当 $x=50$ 时，$C'(50)=0.03\cdot 50^2+68=143$

$\overline{C}(50)=0.01\cdot 50^2+68+\dfrac{2500}{50}=143$

即此时，最小平均成本等于边际成本，均为 143（经济现象略）．

19. 设某种商品的单价为 p 时，售出的商品 Q 可以表示成 $Q=\dfrac{a}{p+b}-c$，其中 a,b,c 均为正数，且 $a>bc$，求：

（1）当 p 在何范围内变化时，其相应销售额增加或减少？

（2）要使销售额最大，商品单价 p 应取何值？最大销售额是多少？

解：（1）设$f(p)=Qp=\dfrac{ap}{p+b}-cp$，则 $f'(p)=\dfrac{ab}{(p+b)^2}-c$.

令 $f'(p)=0$，且注意到 $p>0,a>bc$，得 $p=\sqrt{\dfrac{b}{c}}(\sqrt{a}-\sqrt{bc})$.

当 $0<p<\sqrt{\dfrac{b}{c}}(\sqrt{a}-\sqrt{bc})$ 时，$f'(p)>0$，销售额随着 p 的增加而增加，当 $p>\sqrt{\dfrac{b}{c}}(\sqrt{a}-\sqrt{bc})$时，$f'(p)<0$，销售额随着 p 的增加而减少．

（2）由上可知，当 $p=\sqrt{\dfrac{b}{c}}(\sqrt{a}-\sqrt{bc})$时，销售额取最大值，且为$(\sqrt{a}-\sqrt{bc})^2$.

20. 求椭圆$\dfrac{x^2}{a^2}+\dfrac{y^2}{b^2}=1$ 内接矩形的最大面积．

解：设内接矩形的四个顶点为$(x_0,y_0),(-x_0,y_0),(-x_0,-y_0),(x_0,-y_0)$，其中 $x_0\geqslant 0$，$y_0\geqslant 0$，则其面积为 $S=4x_0y_0$. 又$\dfrac{x_0^2}{a^2}+\dfrac{y_0^2}{b^2}=1$，故 $S=4ay_0\sqrt{1-\dfrac{y_0^2}{b^2}}$，令 $S'(y_0)=0$ 时，得 $y_0=\dfrac{b}{\sqrt{2}}$，$x_0=\dfrac{a}{\sqrt{2}}$，于是矩形的最大面积为 $2ab$.

21. 从半径为 R 的圆面上剪下一扇形，并把这扇形卷成一个圆锥面，设这圆锥的体积为 V，问如何剪取能使得圆锥体积 V 最大？

解：设所剪扇形圆心角为 α，则弧长 $L=\alpha R$.

再设圆锥体的底面半径为 r，则底圆的周长为 $2\pi r=L$，于是 $r=\dfrac{\alpha R}{2\pi}$. 又可求圆锥的高 $h=\sqrt{R^2-r^2}=R\sqrt{1-\left(\dfrac{\alpha}{2\pi}\right)^2}$，故圆锥体的体积：

$V=\frac{1}{3}\pi r^2 h=\frac{R^3}{12\pi}\alpha^2\sqrt{1-\left(\frac{\alpha}{2\pi}\right)^2}$

令 $V'=\frac{R^3}{12\pi}\left[2\alpha\sqrt{1-\left(\frac{\alpha}{2\pi}\right)^2}-\frac{\alpha^3}{4\pi^2\sqrt{1-\left(\frac{\alpha}{2\pi}\right)^2}}\right]=0$，得驻点 $\alpha_1=\frac{2}{3}\sqrt{6}\pi,\alpha_2=0$

显然当扇形圆心角为 $\alpha_1=\frac{2}{3}\sqrt{6}\pi$ 时，圆锥体积最大，且 $V_{\max}=\frac{2\sqrt{3}}{27}\pi R^3$

22. 试求方程 $x^2+2xy+y^2=2x$ 所确定的隐函数 $y=y(x)$ 的极值.

解：方程两边对 x 求导，得 $2x+2y+2xy'+2yy'=2$，解得 $y'=\frac{1-x-y}{x+y}$，令 $y'=0$，得 $x+y=1$，将此式代入原方程中，得：$x=y=\frac{1}{2}$

又当 $x+y<1$，$y'>0$ 时，无极值；当 $x+y>1$，$y'<0$ 时，无极值；故 $x=y=\frac{1}{2}$时，$y(x)$存在极大值：$y\left(\frac{1}{2}\right)=\frac{1}{2}$

23. 设函数$f(x)$满足条件：$af(x)+bf(-x)=c\left(x^2+\frac{1}{x}\right)$，其中$a,b,c$为常数，且 $a^2-b^2>0$，$c>0$. 试问$f(x)$是否有极值，若有极值，求出相应极值点.

解：由 $af(x)+bf(-x)=c\left(x^2+\frac{1}{x}\right)$得，$af(-x)+bf(x)=c\left(x^2-\frac{1}{x}\right)$，两式联立得

$f(x)=\frac{cx^2}{a+b}+\frac{c}{(a-b)x}$，于是$f'(x)=\frac{2cx}{a+b}-\frac{c}{(a-b)x^2}$，$f''(x)=\frac{2c}{a+b}+\frac{2c}{(a-b)x^3}$.

令 $f'(x)=0$，得驻点 $x_0=\sqrt[3]{\frac{a+b}{2(a-b)}}$，且 $f''(x_0)=\frac{6c}{a+b}$

当 $a>b$ 时，$f''(x_0)>0$，$f(x)$有极小值$f(x_0)$；当 $a<b$ 时，$f''(x_0)<0$，$f(x)$有极大值$f(x_0)$.

24. 确定下列曲线的凸凹性区间及拐点：

(1) $y=x^2-x^3$

解：$x\in(-\infty,+\infty)$，$y'=2x-3x^2$，$y''=2-6x$

令 $y''=0$，得 $x=\frac{1}{3}$，$y\left(\frac{1}{3}\right)=\frac{2}{27}$

当 $x\in(-\infty,\frac{1}{3})$时，$y''>0$，曲线是凹的；当 $x\in\left(\frac{1}{3},+\infty\right)$时，$y''<0$，曲线是凸的. 故曲线存在拐点$\left(\frac{1}{3},\frac{2}{27}\right)$.

(2) $y=xe^x$

解：$x\in(-\infty,+\infty)$，$y'=(1+x)e^x$，$y''=(2+x)e^x$

令 $y''=0$，得 $x=-2$，$y(-2)=-2e^{-2}$

当 $x\in(-\infty,-2)$时，$y''<0$，曲线是凸的；当 $x\in(-2,+\infty)$时，$y''>0$，曲线是凹的. 故曲线存在拐点$\left(-2,-\frac{2}{e^2}\right)$.

（3） $y=x^2\ln x$

解： $x\in(0,+\infty)$，$y'=2x\ln x+x,y''=2\ln x+3$

令 $y''=0$，得 $x=e^{-\frac{3}{2}}$，$y(e^{-\frac{3}{2}})=-\frac{3}{2}e^{-3}$

当 $x\in(0,e^{-\frac{3}{2}})$时，$y''<0$，曲线是凸的；当 $x\in(e^{-\frac{3}{2}},+\infty)$时，$y''>0$，曲线是凹的．故曲线存在拐点$\left(e^{-\frac{3}{2}},-\frac{3}{2}e^{-\frac{3}{2}}\right)$.

（4） $y=\frac{1}{x^2-2x+4}$

解： $x\in(-\infty,+\infty)$，$y'=-\frac{2(x-1)}{(x^2-2x+4)^2},y''=\frac{6x(x-2)}{(x^2-2x+4)^3}$

令 $y''=0$，得 $x=0$ 或 2，$y(0)=\frac{1}{4},y(2)=\frac{1}{4}$

当 $x\in(-\infty,0)$时，$y''>0$，曲线是凹的；当 $x\in(0,2)$时，$y''<0$，曲线是凸的

当 $x\in(2,+\infty)$时，$y''>0$，曲线是凹的．故曲线存在拐点$\left(0,\frac{1}{4}\right)$，$\left(2,\frac{1}{4}\right)$.

（5） $2+(x-4)^{\frac{1}{3}}$

解： $x\in(-\infty,+\infty)$，$y'=\frac{1}{3}(x-4)^{-\frac{2}{3}}$，$x=4$ 为函数的不可导点．

当 $x\in(-\infty,4)\cup(4,+\infty)$时，$y''=-\frac{4}{9}(x-4)^{-\frac{5}{3}}$

当 $x\in(-\infty,4)$时，$y''>0$，曲线是凹的；当 $x\in(4,+\infty)$时，$y''<0$，曲线是凸的．故曲线存在拐点$(4,2)$.

（6） $y=e^{\arctan x}$

解： $x\in(-\infty,+\infty)$，$y'=\frac{1}{1+x^2}e^{\arctan x},y''=\frac{1-2x}{(1+x^2)^2}e^{\arctan x}$

令 $y''=0$，得 $x=\frac{1}{2}$，$y\left(\frac{1}{2}\right)=e^{\arctan\frac{1}{2}}$

当 $x\in\left(-\infty,\frac{1}{2}\right)$时，$y''>0$，曲线是凹的；当 $x\in\left(\frac{1}{2},+\infty\right)$时，$y''<0$，曲线是凸的．

故曲线存在拐点$\left(\frac{1}{2},e^{\arctan\frac{1}{2}}\right)$.

25. 设$(1,3)$为曲线 $y=ax^3+bx^2+1$ 的拐点，求 a,b.

解： $y'=3a^2x^2+2bx,y''=6ax+2b$

因为为曲线的拐点，故 $y''(1)=6a+2b=0$，又 $y(1)=a+b+1=3$，解得 $a=-1,b=3$.

26. 求下列曲线的渐近线：

（1） $\frac{x^2}{x^2-4}$

解： $x\neq\pm2$，且 $\lim\limits_{x\to\pm2}f(x)=\infty$，$\lim\limits_{x\to\infty}f(x)=1$，$\lim\limits_{x\to\infty}\frac{f(x)}{x}=0$

故存在垂直渐近线 $x=2,x=-2$，水平渐近线 $y=1$；

(2) $y=\dfrac{\sin x}{x(x+1)}$

解：$x\neq -1,0$，且$\lim\limits_{x\to 0}f(x)=1,\lim\limits_{x\to -1}f(x)=\infty,\lim\limits_{x\to\infty}f(x)=0,\lim\limits_{x\to\infty}\dfrac{f(x)}{x}=0$

故存在垂直渐近线 $x=-1$，水平渐近线 $y=0$.

(3) $y=x-\ln x$

解：$x>0$，且$\lim\limits_{x\to 0^+}f(x)=\infty,\lim\limits_{x\to\infty}f(x)=\lim\limits_{x\to\infty}x\left(1-\dfrac{\ln x}{x}\right)=\infty,\lim\limits_{x\to\infty}\dfrac{f(x)}{x}=1$

$\lim\limits_{x\to\infty}(f(x)-x)=\lim\limits_{x\to\infty}(-\ln x)=\infty$，故存在垂直渐近线 $x=0$

(4) $(1+x)\dfrac{1}{1-e^{\frac{x}{1-x}}}$

解：$x\neq 1$，且$\lim\limits_{x\to 0}f(x)=\infty,\lim\limits_{x\to\infty}f(x)=\infty$

$\lim\limits_{x\to\infty}\dfrac{f(x)}{x}=\lim\limits_{x\to\infty}\dfrac{1+x}{x}\cdot\dfrac{1}{1-e^{\frac{x}{1-x}}}=\dfrac{e}{e-1}$

$$\lim_{x\to\infty}\left(f(x)-\frac{e}{e-1}x\right)=\frac{e}{e-1}+\lim_{x\to\infty}\left(\frac{1}{1-e^{\frac{x}{1-x}}}-\frac{1}{1-e^{-1}}\right)x=\frac{e}{e-1}+\lim_{x\to\infty}\frac{\dfrac{1}{1-e^{\frac{x}{1-x}}}-\dfrac{1}{1-e^{-1}}}{\dfrac{1}{x}}$$

$$=\frac{e}{e-1}-\lim_{x\to 0}\frac{e^{\frac{1}{x-1}}\cdot\dfrac{1}{(x-1)^2}}{(1-e^{\frac{1}{x-1}})^2}=\frac{e}{e-1}-\frac{e^{-1}}{(1-e^{-1})^2}=\frac{e(e-2)}{(e-1)^2}$$

故存在垂直渐近线 $x=0$，斜渐近线：$y=\dfrac{e}{e-1}x+\dfrac{e(e-2)}{(e-1)^2}$

27. 作出下列函数的图象：

(1) $y=x^3-x^2-x+1$

解：①函数的定义域为 $(-\infty,+\infty)$.

②因 $y'=3x^2-2x-1$，$y''=6x-2$；令 $y'=0$，$y''=0$，得 $x_1=-\dfrac{1}{3}$，$x_2=1$，$x_3=\dfrac{1}{3}$

③以 x_1、x_2、x_3 为分点，将函数定义域划分为四个子区间，并进行如表 4.4 讨论：

表 4.4

x	$\left(-\infty,-\frac{1}{3}\right)$	$-\frac{1}{3}$	$\left(-\frac{1}{3},\frac{1}{3}\right)$	$\frac{1}{3}$	$\left(\frac{1}{3},1\right)$	1	$(1,+\infty)$
y'	+	0	−	−	−	0	+
y''	−	−	−	0	+	+	+
$y=f(x)$	↑凸	极大值	↓凸	拐点	↓凹	极小值	↑凹

由此得极大值点为$\left(-\dfrac{1}{3},\dfrac{32}{27}\right)$，极小值点为 $(1,0)$，拐点为$\left(\dfrac{1}{3},\dfrac{16}{27}\right)$.

④该函数无渐近线.

⑤描出点 $(1,0)$ 与 $(0,1)$，然后按上述讨论出的函数的单调性和曲线的凹凸性作

图，如图4.2.

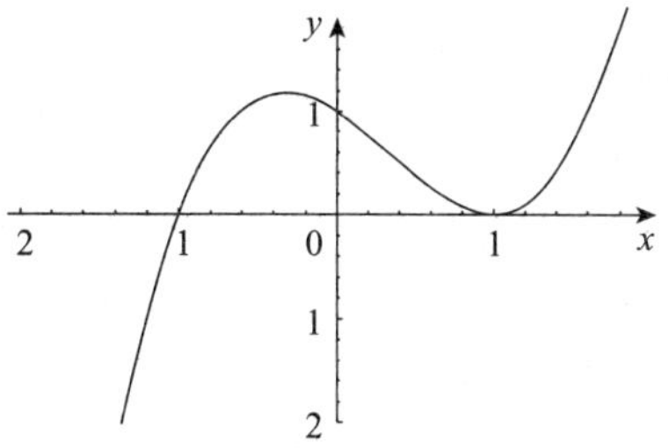

图4.2

(2) $y=x-\ln(x+1)$

解： ①函数的定义域为 $(-1, +\infty)$.

②因 $y'=\frac{x}{x+1}$，$y''=\frac{1}{(1+x)^2}>0$；令 $y'=0$，得 $x_1=0$.

③以 x_1 为分点，将函数定义域划分为两个子区间，并进行如表4.5讨论：

表4.5

x	$(-1, 0)$	0	$(0, +\infty)$
y'	−	0	+
y''	+	+	+
$y=f(x)$	↓凹	极小值	↑凹

由此得极小值点为 (0, 0)，无极大值点，无拐点.

④由 $\lim\limits_{x\to-1^+}(x-\ln(x+1))=\infty$，得该函数的垂直渐近线为 $x=-1$；

又由 $a=\lim\limits_{x\to+\infty}\frac{x-\ln(x+1)}{x}=1$，$b=\lim\limits_{x\to+\infty}(x-\ln(x+1)-x)=\infty$，得该函数无斜渐近线.

⑤画出渐近线，并描出点 (0, 0)，然后按上述讨论出的函数的单调性和曲线的凹凸性作图，如图4.3.

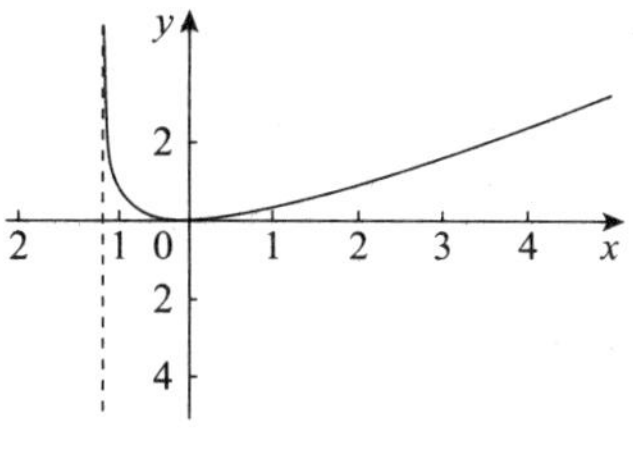

图4.3

(3) $y=\frac{x}{1+x^2}$

解： ①函数的定义域为 $(-\infty, +\infty)$，是奇函数，图像关于原点对称，因此只讨论 $(-\infty, 0)$ 内的图像.

②因 $y'=\frac{1-x^2}{(1+x^2)^2}$，$y''=\frac{2x(x^2-3)}{(1+x^2)^2}$；令 $y'=0$，$y''=0$，得 $x_1=-1$，$x_2=0$，$x_3=-\sqrt{3}$

③以 x_1，x_2，x_3 为分点，将 $(-\infty, 0]$ 划分为三个子区间，并进行如表 4.6 讨论：

表 4.6

x	$(-\infty, -\sqrt{3})$	$-\sqrt{3}$	$(-\sqrt{3}, -1)$	-1	$(-1, 0)$	0
y'	-	-	-	0	+	0
y''	-	0	+	+	+	0
$y=f(x)$	↓凸	拐点	↓凹	极小值	↑凹	拐点

由此得极小值点为$\left(-1, -\dfrac{1}{2}\right)$，拐点为$\left(-\sqrt{3}, -\dfrac{\sqrt{3}}{4}\right)$，$(0,0)$

④由 $\lim\limits_{x\to-\infty}\dfrac{x}{1+x^2}=0$，得该函数的水平渐近线为 $y=0$；

又由 $a=\lim\limits_{x\to-\infty}\dfrac{\frac{x}{1+x^2}}{x}=0$，该函数无斜渐近线．

⑤画出水平渐近线，并描出极小值点和拐点，然后按上述讨论出的函数的奇偶性、单调性和曲线的凹凸性作图，如图 4.4.

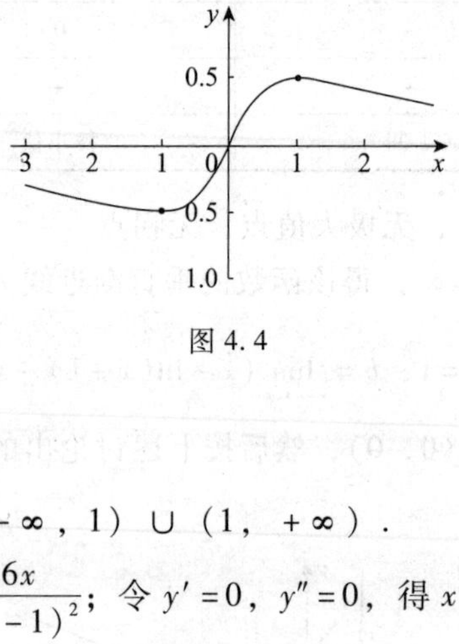

图 4.4

(4) $y=\dfrac{x^3}{(x-1)^2}$

解：①函数的定义域为 $(-\infty, 1)\cup(1, +\infty)$．

②因 $y'=\dfrac{x^3-3x^2}{(x-1)^2}$，$y''=\dfrac{6x}{(x-1)^2}$；令 $y'=0$，$y''=0$，得 $x_1=0$，$x_2=3$

③以 x_1、x_2 为分点，将函数定义域划分为四个子区间，并进行如表 4.7 的讨论：

表 4.7

x	$(-\infty, 0)$	0	$(0, 1)$	1	$(1, 3)$	3	$(3, +\infty)$
y'	-	0	-	无定义	-	0	+
y''	-	0	+	无定义	+	+	+
$y=f(x)$	↓凸	拐点	↓凹	无定义	↓凹	极小值	↑凹

由此得极小值点为$\left(3, \dfrac{27}{4}\right)$，拐点为 $(0, 0)$．

④由$\lim\limits_{x\to1}\dfrac{x^3}{(1-x)^2}=\infty$，得该函数的垂直渐近线为 $x=1$；

又由 $a=\lim\limits_{x\to\infty}\dfrac{x^2}{(1-x)^2}=1$，$b=\lim\limits_{x\to\infty}\left(\dfrac{x^3}{(1-x)^2}-x\right)=2$，得该函数的斜渐近线 $y=x+2$.

⑤画出两条渐近线，并描出极小值点与拐点，然后按上述讨论出的函数的单调性和曲线的凹凸性作图，如图 4.5.

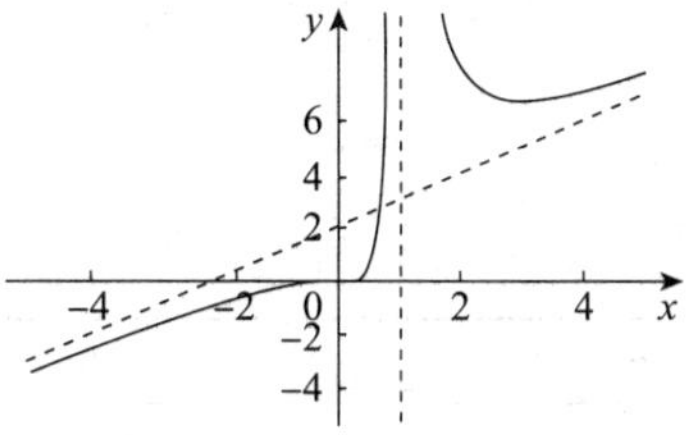

图 4.5

(5) $y=e^{\frac{1}{x}}$

解：①函数的定义域为 $(-\infty, 0)\cup(0, +\infty)$.

②因 $y'=-\dfrac{1}{x^2}e^{\frac{1}{x}}<0$，$y''=\left(\dfrac{1}{x^4}+\dfrac{2}{x^3}\right)e^{\frac{1}{x}}$；令 $y''=0$，得 $x_1=-\dfrac{1}{2}$.

③以 x_1 为分点，将函数定义域划分为两个子区间，并进行如表 4.8 的讨论：

表 4.8

x	$\left(-1, -\frac{1}{2}\right)$	$-\frac{1}{2}$	$\left(-\frac{1}{2}, 0\right)$	0	$(0, +\infty)$
y'	−	−	−	无定义	−
y''	−	0	+	无定义	+
$y=f(x)$	↓凸	拐点	↓凹	无定义	↓凹

由此得拐点 $\left(-\dfrac{1}{2}, e^{-2}\right)$.

④由 $\lim\limits_{x\to0^+}e^{\frac{1}{x}}=+\infty$，$\lim\limits_{x\to0^-}e^{\frac{1}{x}}=0$，得该函数的垂直渐近线为 $x=0$；

又由 $\lim\limits_{x\to\infty}e^{\frac{1}{x}}=1$，得该函数的水平渐近线为 $y=1$；

由 $a=\lim\limits_{x\to\infty}\dfrac{1}{x}e^{\frac{1}{x}}=0$，得该函数无斜渐近线.

⑤画出两套渐近线，并描出拐点，然后按上述讨论出的函数的单调性和曲线的凹凸性作图，如图 4.6.

(6) $y=\dfrac{7}{6}x^{\frac{6}{7}}$

解：①函数的定义域为 $(-\infty, +\infty)$，是偶函数.

②因 $y'=x^{-\frac{1}{7}}(x\neq0)$，$y''=-\dfrac{1}{7}x^{-\frac{8}{7}}<0(x\neq0)$；在 $x_1=0$ 处，y' 及 y'' 均不存在.

③以 x_1 为分点，将函数定义域划分为两个子区间，并进行如表 4.9 的讨论.

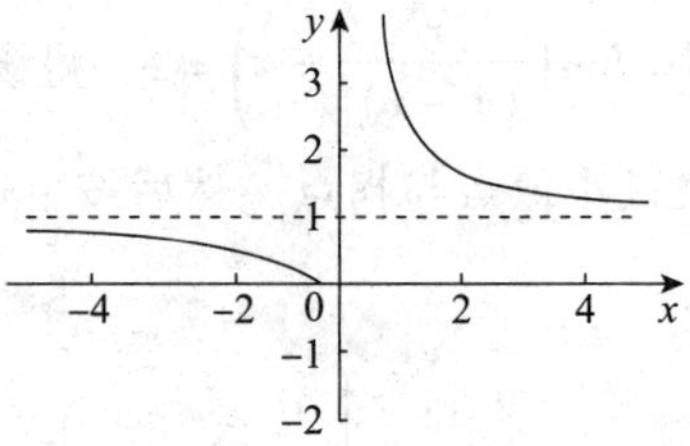

图 4.6

表 4.9

x	$(-\infty, 0)$	0	$(0, +\infty)$
y'	−	不存在	+
y''	−	不存在	−
$y=f(x)$	↓凸	极小值	↑凸

由此得极小值点为（0，0），无极大值点，无拐点.

④该函数无渐近线.

⑤描出点（0，0），然后按上述讨论出的函数的奇偶性、单调性和曲线和凹凸性作图，如图 4.7 所示.

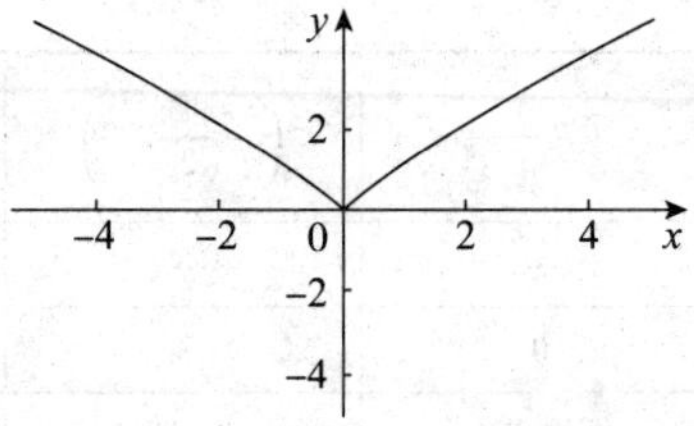

图 4.7

五、本章综合自测题

（一）思考题

1. 三个中值定理的关系是怎样的?

2. 如果两个可微函数在平面上的同一点出发而且在每点的变化率都相同，那么它们的图形是否相同?

3. 不连续变量能不能通过罗必达法则求极限? 罗必达法则能解决所有未定式的问题吗?

4. 函数的导数告诉你有关它的图形的什么信息?

（二）填空题

1. $\lim\limits_{x\to 0^+}\dfrac{\ln x}{\ln(e^x-1)}=$ ______

2. 设 $f(x)=ax^3-6ax^2+b$ 在区间 $[-1,2]$ 上的最大值为 3，最小值为 -29，又知 $a>0$，则 $a=$ ______，$b=$ ______

3. 设在 $[0,1]$ 上 $f''(x)>0$，则 $f'(0)$，$f'(1)$，$f(1)-f(0)$ 的大小顺序是______.

4. 曲线 $y=xe^{\frac{1}{x^2}}$ 的垂直渐近线是______.

5. $f'(x_0)=0$ 是可导函数 $f(x)$ 在点 x_0 处有极值的______条件.

6. 曲线 $y=e^{-x^2}$ 上凸区间是______.

7. $y=\dfrac{x^2}{3x+2}$ 的斜渐近线是______.

8. 设曲线 $f(x)=x^n$ 在点 $(1,1)$ 处的切线与 x 轴的交点为 $(\xi_n,0)$，则 $\lim\limits_{n\to\infty}f(\xi_n)$ $=$ ______

9. $\lim\limits_{x\to 0}(\cot x)^{\sin x}=$ ______

10. 设在 $(-\infty,+\infty)$ 内 $f''(x)>0$，$f(0)<0$，则函数 $\dfrac{f(x)}{x}$ 在______内单调______.

11. 设三次曲线 $y=x^3+3ax^2+3bx+c$ 在 $x=-1$ 处取极大值，点 $(0,3)$ 是拐点，则 $a=$ ______，$b=$ ______，$c=$ ______

12. $\lim\limits_{x\to 0}\left(\dfrac{1}{x^2}-\dfrac{1}{x\tan x}\right)=$ ______

13. $\lim\limits_{x\to 0}\dfrac{\sqrt{1+x}+\sqrt{1-x}-2}{x^2}=$ ______

14. 函数 $f(x)=\sin x-x\cos x$ 在 $(-2\pi,2\pi)$ 中的零点个数为______.

15. 曲线 $y=\dfrac{2x^4-5x^3+2x^2+1}{x^2(x-2)}$ 的渐近线的条数为______.

16. 已知方程 $x^3+3x^2-9x+k=0$ 恰有三个实根，则 k 的取值范围是______.

17. $\lim\limits_{n\to+\infty}\dfrac{\left(1+\dfrac{1}{n}\right)^{n^2}}{e^n}=$ ______

18. 曲线 $y=(3+x)e^{-\frac{1}{x}}$ 的斜渐近线方程是______.

（三）选择题

1. 若在 (a,b) 内，函数 $f(x)$ 的一阶导数 $f'(x)>0$，二阶导数 $f''(x)<0$，则函数 $f(x)$ 在此区间内（　　）.

(A) 单调减少，曲线是凹的　　(B) 单调减少，曲线是凸的

(C) 单调增加，曲线是凹的　　(D) 单调增加，曲线是凸的

2. 设 $f(x)$ 在 $(-\infty,+\infty)$ 有定义，x_0 是 $f(x)$ 的极大值点 $(x_0\neq 0)$，则（　　）.

(A) $-x_0$ 必是 $-f(-x)$ 的极小值点　　(B) x_0 是 $f(x)$ 的驻点

(C) $-x_0$ 是 $-f(x)$ 的极大值点　　(D) 对一切 x 有 $f(x)\leqslant f(x_0)$

3. 设 $f(x)$ 在闭区间 $[a,b]$ 有定义，在 (a,b) 内可导，则（　　）.

(A) 当 $f(a)f(b)<0$，存在 $\xi\in(a,b)$，使 $f(\xi)=0$

(B) 对任意 $\xi\in(a,b)$，有 $\lim\limits_{x\to\xi}(f(x)-f(\xi))=0$

(C) 当 $f(a)=f(b)$ 时，存在 $\xi\in(a,b)$ 使 $f'(\xi)=0$

(D) 存在 $\xi\in(a,b)$，使 $f(b)-f(a)=f'(\xi)(b-a)$

4. 当 a 取下面（　　）时，函数 $f(x)=2x^3-9x^2+12x-a$ 恰有两个不同的零点.

(A) 2　　(B) 4　　(C) 6　　(D) 8

5. 函数 $y=(x+2)e^{\frac{x-1}{x}}$（　　）.

(A) 仅有水平渐近线　　(B) 既有垂直又有水平渐近线

(C) 既有垂直又有斜渐近线　　(D) 既有垂直又有水平渐近线

6. 设函数 $f(x)$ 满足关系 $f''(x)+[f'(x)]^2=x$，且 $f'(0)=0$，则（　　）.

(A) $f(0)$ 是 $f(x)$ 的极大值

(B) $f(0)$ 是 $f(x)$ 的极小值

(C) 点 $(0,f(0))$ 是曲线 $y=f(x)$ 的拐点

(D) $f(0)$ 不是 $f(x)$ 的极值，点 $(0,f(0))$ 也不是曲线 $y=f(x)$ 的拐点

7. 设 $f(x)=\ln(1+x^2)-x^2$，$g(x)=\sqrt{1+2x^2}-1-x^2$，则当 $x\to0$ 时 $f(x)$ 是 $g(x)$ 的（　　）.

(A) 高阶无穷小　　(B) 等阶无穷小

(C) 低阶无穷小　　(D) 同阶但不等价的无穷小

（四）计算题

1. 设 $f(x)$ 具有一阶连续导数，且 $f(0)=0$，$f'(0)=2$，求 $\lim\limits_{x\to0}\dfrac{f(1-\cos x)}{\tan x^2}$.

2. (1) $\lim\limits_{x\to+\infty}(x+\sqrt{1+x^2})^{\frac{1}{\ln x}}$；　　(2) $\lim\limits_{x\to+\infty}\left(\dfrac{2}{\pi}\arctan x\right)^x$.

3. 确定曲线 $y=\sqrt[3]{x^3-3x}$，$(x\in(0,+\infty))$ 的凹凸性与拐点及渐近线.

4. 求 $y=e^{\frac{1}{x^2}}\arctan\dfrac{x^2+x+1}{(x+1)(x-2)}$ 的渐近线.

5. 函数 $y=y(x)$ 由方程 $2y^3-2y^2+2xy-x^2=1$ 所确定，求 $y=y(x)$ 的驻点，并判别它是否为极值点.

6. 设某产品的需求方程和总成本函数分别为 $p+0.1x=5$ 和 $C(x)=50+x-0.01x^2$，其中 x 为销售量（单位：万件），p 为价格（单位：万元/万件）.

(1) 问当价格 p 为多少时，该产品的总收益为最大？最大为多少？

(2) 计算当 $x=10$ 时该产品需求对价格的弹性并解释所得结果的经济意义.

7. 设 $a>1$，$f(x)=a^x-ax$ 在 $(-\infty,+\infty)$ 内的驻点为 $x(a)$，问 a 为何值时，$x(a)$ 最小，并求出最小值.

8. 一房产公司有50套公寓要出租，当月租金定为1000元时，公寓会全部租出去，当月租金每增加50元时，就会多一套公寓租不出去．而租出去的公寓每月需花费100元的维修费，试问房租定为多少可获得最大收入？

（五）证明题

1. 证明方程 $x=ae^{-x}+b(a>0,b>0)$ 在 $(0,a+b)$ 内至少有一根．

2. 设 $0<a<b$，$f(x)$ 在 $[a,b]$ 上连续，在 (a,b) 内可导，证明存在 $\xi,\eta\in(a,b)$，使得 $f'(\xi)=\eta f'(\eta)\dfrac{\ln\dfrac{b}{a}}{b-a}$.

3. 设 $f(x)$ 在 $[0,a]$ 上连续，在 $(0,a)$ 内可导，且 $f(a)=0$，证明存在一点 $\xi\in(0,a)$，使 $f(\xi)+\xi f'(\xi)=0$.

4. 设函数 $f(x)$ 在 $[0,3]$ 上连续，在 $(0,3)$ 内可导，且 $f(0)+f(1)+f(2)=3,f(3)=1$. 试证：必存在 $\xi\in(0,3)$，使 $f'(\xi)=0$.

六、自测题参考答案

（一）（略）

（二）1. 1　2. $a=2,b=3$　3. $f'(1)>f(1)-f(0)>f'(0)$　4. $x=0$　5. 必要

6. $\left[-\dfrac{\sqrt{2}}{2},\dfrac{\sqrt{2}}{2}\right]$　7. $y=\dfrac{x}{3}-\dfrac{2}{9}$　8. e^{-1}　9. 1　10. $(-\infty,0)\cup(0,+\infty)$ 增加

11. $a=0,b=-1,c=3$　12. $\dfrac{1}{3}$　13. $-\dfrac{1}{4}$　14. 3　15. 3

16. $(-27,5)$　17. $e^{-\frac{1}{2}}$　18. $y=x+2$

（三）1.（D）　2.（A）　3.（B）　4.（B）　5.（C）　6.（C）　7.（B）

（四）1. 1　2.（1）e；（2）$e^{-\frac{2}{\pi}}$

3. 凹区间是 $(0,\sqrt{3})$，凸区间是 $(\sqrt{3},+\infty)$，$(\sqrt{3},0)$ 是拐点，斜渐近线为 $y=x$，无垂直渐近线．

4. $y=\dfrac{\pi}{4}$ 为水平渐近线，无斜渐近线，$x=0$ 为垂直渐近线．

5. 两边求导，令 $y'=0$，得 $y=x$，代入原方程，得 $2x^3-x^2-1=0$，解得唯一驻点 $x=1$，再求出 $y''(1)=\dfrac{1}{2}>0$，即可知 $x=1$ 是极小值点．

6.（1）该产品的总利润 $L(x)=px-C(x)=-0.09x^2+4x-50$，令 $L'(x)=-0.18x+4=0$ 得唯一驻点 $x=\dfrac{200}{9}$，此时 $p=5-0.1x=\dfrac{25}{9}\approx3.8$，故当 $p=3.8$ 时利润最大，最大为 $L\left(\dfrac{200}{9}\right)\approx-10.5$

(2)需求价格函数为 $Q_d = x = 50 - 10p$,需求价格弹性为 $\varepsilon_p = \frac{EQ_d}{Ep} = \frac{-10p}{50-10p}$. 当 $x = 10, p = 4$ 时,$\varepsilon_p = -4$,$|\varepsilon_p| > 1$,高弹性,降价使总收益增加,提价减少.

7. $a = e^e$,最小值为 $1 - \frac{1}{e}$

8. 1800 元

(五) 1. 提示:令 $f(x) = x - ae^{-x} - b$,应用零点定理.

2. 提示:$f'(\xi) = \frac{f'(\eta)}{\frac{1}{\eta}} \cdot \frac{\ln b - \ln a}{b-a}$,且由 $\frac{f(b)-f(a)}{b-a} = \frac{f(b)-f(a)}{\ln b - \ln a} \cdot \frac{\ln b - \ln a}{b-a}$,然后分别应用拉格朗日中值定理和柯西中值定理.

3. 提示:令 $F(x) = xf(x)$,然后在区间 $[0,a]$ 上应用罗尔中值定理.

4. 提示:先应用最值定理,在运用介值定理和罗尔定理.

第5章

不定积分

一、基本要求

理解原函数与不定积分的概念；了解不定积分的几何意义；掌握不定积分的基本性质；熟练掌握基本积分公式；熟练掌握计算不定积分的两种换元积分法和分部积分法；掌握简单有理函数的积分方法．

二、内容提要

微分学的基本运算是从已知函数出发求其导数，即所谓的微分运算．相反地，从已知的某一函数的导数出发求其本身，这便是所谓的积分运算．显然，积分运算是微分运算的逆运算．另外积分运算也为后面定积分的运算奠定了基础．

（一）原函数与不定积分

（1）原函数：若 $F'(x)=f(x)$，则 $F(x)$ 称为 $f(x)$ 的一个原函数．

（2）原函数的性质：若 $F(x)$ 为 $f(x)$ 的一个原函数，则 $F(x)+c$ 也为 $f(x)$ 的原函数．

（3）不定积分：函数 $f(x)$ 的全体原函数称为 $f(x)$ 的不定积分，记为 $\int f(x)\,dx$，即：$\int f(x)\,dx=F(x)+C$，C 为任意常数．

（4）不定积分的几何意义：$\int f(x)\,dx$ 表示 $f(x)$ 的积分曲线族．

（5）不定积分的基本性质：①求不定积分与求导数或微分互为逆运算；②对函数进行

不定积分运算与线性运算可交换.

(二) 基本积分表(式中 C 为任意常数)

因为求不定积分是求导数的逆运算,所以基本导数公式,可得到如下的基本积分公式(式中 C 为任意常数):

(1) $\int 0dx = C$

(2) $\int x^{\mu} dx = \frac{x^{\mu+1}}{\mu+1} + C(\mu \neq -1)$

(3) $\int \frac{dx}{x} = \ln|x| + C$

(4) $\int a^x dx = \frac{a^x}{\ln a} + C(a > 0, a \neq 1)$

(5) $\int e^x dx = e^x + C$

(6) $\int \sin x dx = -\cos x + C$

(7) $\int \cos x dx = \sin x + C$

(8) $\int sec^2 x dx = \tan x + C$

(9) $\int \csc^2 x dx = -\cot x + C$

(10) $\int \sec x \tan x dx = \sec x + C$

(11) $\int \csc x \cot x dx = -\csc x + C$

(12) $\int \frac{1}{\sqrt{1-x^2}} dx = \arcsin x + C(= -\arccos x + \tilde{C})$

(13) $\int \frac{1}{1+x^2} dx = \arctan x + C(= -\operatorname{arccot} x + \tilde{C})$

(三) 换元积分法

(1) 第一换元法(凑微分): $\int f[\varphi(x)]\varphi'(x)dx = \int f[\varphi(x)]\, d\varphi(x) = F[\varphi(x)] + C$

(2) 第二换元法(变量替换法): $\int f(x)dx = \int f[\varphi(t)]\, d\varphi(t) = F[\varphi^{-1}(x)] + C$

(3) 两种换元方法的联系与区别.

(四) 分部积分法

(1) 分部积分公式: $\int udv = uv - \int vdu$

(2) "分部原则": 被积函数是幂函数和指数函数(或三角函数)相乘时,设幂函数为

u 部；被积函数是幂函数和对数函数（或反三角函数）相乘，设幂函数为 v' 部.

（五）有理函数的积分

假分式可以分解为多项式与真分式之和. 而真分式可以分解为部分分式之和，分解后的部分分式往往较易计算，但有时对于一些特殊问题可采取某些技巧以简化计算.

计算三角函数的有理式的积分，常采取万能代换公式，进而转换为有理函数的积分.

三、典型例题

题型一：运用基本积分公式积分

[**例 5.1**] 计算下列不定积分：(1) $\int \frac{1+2x^2}{x^2(1+x^2)}dx$　　(2) $\int \frac{\cos 2x}{\cos x - \sin x}dx$

解：(1) 原式 $= \int \frac{1+x^2+x^2}{x^2(1+x^2)}dx = \int \frac{1}{x^2}dx + \int \frac{1}{1+x^2}dx = -\frac{1}{x} + \arctan x + C$

(2) 原式 $= \int \frac{\cos^2 x - \sin^2 x}{\cos x - \sin x}dx = \int (\cos x + \sin x)dx = \sin x - \cos x + C$

注：所给积分不属于基本积分公式形式，需先利用代数恒等变形和三角恒等变形转化.

题型二：运用第一换元（凑微分法）积分

[**例 5.2**] 计算下列不定积分：

(1) $\int \frac{\ln(\tan x)}{\sin x \cos x}dx$　　(2) $\int \frac{\ln^2(x+\sqrt{1+x^2})}{\sqrt{1+x^2}}dx$

(3) $\int \frac{1}{1+e^x}dx$　　(4) $\int x^x(1+\ln x)dx$

(5) $\int \cos^4 x dx$　　(6) $\int \sec x dx$

解：(1) 因为 $[\ln(\tan x)]' = \frac{1}{\tan x} \cdot \frac{1}{\cos^2 x} = \frac{1}{\sin x \cos x}$，故

原式 $= \int \ln(\tan x) d\ln(\tan x) = \frac{1}{2}\ln^2(\tan x) + C$

(2) 因为 $\ln^2(x+\sqrt{1+x^2})$ 比 $\frac{1}{\sqrt{1+x^2}}$ 复杂，而又知 $[\ln^2(x+\sqrt{1+x^2})]' = \frac{1}{\sqrt{1+x^2}}$，故：

原式 $= \int \ln^2(x+\sqrt{1+x^2}) d\ln(x+\sqrt{1+x^2}) = \frac{1}{3}\ln^3(x+\sqrt{1+x^2}) + C$

(3) 方法 1（先拆项，再凑微分）：

原式 $= \int \left(1 - \frac{e^x}{1+e^x}\right)dx = x - \int \frac{e^x}{1+e^x}dx = x - \ln(1+e^x) + C$

方法 2（直接凑微分）：

$$\text{原式} = \int \frac{1}{e^x(1+e^{-x})}dx = \int \frac{e^{-x}}{1+e^{-x}}dx = -\ln(1+e^{-x}) + C = x - \ln(1+e^x) + C$$

（4）$\text{原式} = \int e^{x\ln x}d(x\ln x) = e^{x\ln x} + C = x^x + C$

（5）$\cos^4 x = \left(\frac{1+\cos 2x}{2}\right)^2 = \frac{1}{4}\left(\frac{1}{2} + 2\cos 2x + \frac{1+\cos 4x}{2}\right) = \frac{1}{4}\left(\frac{3}{2} + 2\cos 2x + \frac{1}{2}\cos 4x\right)$，故

$$\text{原式} = \frac{1}{4}\int\left(\frac{3}{2} + 2\cos 2x + \frac{1}{2}\cos 4x\right)dx = \frac{3}{8}x + \frac{1}{4}\sin 2x + \frac{1}{32}\sin 4x + C$$

注：当被积函数是三角函数的乘积时，若全为偶数次则先用倍角公式降次再积分，若含有奇数次幂则先拆开奇数次项凑微分再积分．

（6）$\text{原式} = \int \frac{1}{\cos x}dx = \int \frac{\cos x}{\cos^2 x}dx = \int \frac{1}{1-\sin^2 x}d(\sin x) = -\frac{1}{2}\ln\left|\frac{1-\sin x}{1+\sin x}\right| + C$

$$= -\ln\left|\frac{1-\sin x}{\cos x}\right| + C = \ln|\sec x + \tan x| + C$$

注：类似，可求得：$\int \csc x dx = \ln|\csc x - \cot x| + C$

注：（1）利用凑微分法计算不定积分时要掌握常见的微分形式及“凑”的一些技巧，除基本微分公式外，下面几种凑微分形式比较常见：

①$\sin 2x dx = d(\sin^2 x) = -d(\cos^2 x)$　　②$\tan x dx = -d(\ln\cos x)$

③$(1+\ln x)dx = d(x\ln x)$　　④$\left(\frac{1-\ln x}{x^2}\right)dx = d\left(\frac{\ln x}{x}\right)$

（2）像 $\int e^{\pm x^2}dx, \int \sin x^2 dx, \int \cos x^2 dx$，$\int \frac{1}{\ln x}dx$，$\int \frac{e^x}{x}dx$，$\int \frac{\sin x}{x}dx$，$\int \frac{\cos x}{x}dx$ 等这些不定积分不能用初等函数来表示，若在积分过程中划出上述积分，就不要再往下做了，应回头考虑采用别的方法求解．

（3）对于三角函数的积分，在变换被积分函数时有一些常用的方法，比如考虑基本积分公式、倍角公式、积化和差公式、和差化积公式、三角函数关系式等，应结合例题总结规律．

题型三：运用第二换元（变量代换法）积分

［**例 5.3**］计算下列不定积分：

（1）$\int \frac{dx}{1+\sqrt{x^2+2x+2}}$　　（2）$\int \frac{dx}{x^2\sqrt{a^2+x^2}}(a>0)$

（3）$\int \frac{dx}{x\sqrt{x^{12}-1}}$　　（4）$\int \frac{\sqrt{x}}{1+\sqrt[4]{x^3}}dx$

（5）$\int \frac{\sqrt{x(x+1)}}{\sqrt{x}+\sqrt{x+1}}dx$　　（6）$\int \sqrt{\frac{x}{2-x}}dx$

解：（1）令 $u=x+1$，则原式 $= \int \frac{du}{1+\sqrt{u^2+1}}$

再令 $u=\tan t$，则

$$原式 = \int \frac{\sec^2 t}{1+\sec t}dt = \int \frac{dt}{\cos t(1+\cos t)} = \int \frac{dt}{\cos t} - \int \frac{dt}{1+\cos t}$$

$$= \int \frac{dt}{\cos t} - \int \frac{dt}{\sin^2 t} + \int \frac{\cos t}{\sin^2 t}dt = \ln(\sec t + \tan t) + \cot t - \frac{1}{\sin t} + C$$

$$= \ln(\sqrt{1+u^2}+u) + \frac{1}{u} - \frac{\sqrt{1+u^2}}{u} + C$$

$$= \ln(\sqrt{x^2+2x+2}+x+1) + \frac{1-\sqrt{x^2+2x+2}}{x+1} + C$$

(2) 令 $x=a\tan t$，$-\frac{\pi}{2}<t<\frac{\pi}{2}$，则 $dx=a\sec^2 t dt$，于是

$$原式 = \int \frac{a\sec^2 t dt}{a^2\tan^2 t\cdot a\sec t} = \frac{1}{a^2}\int \frac{\sec t dt}{\tan^2 t} = \frac{1}{a^2}\int \frac{\cos t dt}{\sin^2 t}$$

$$= -\frac{1}{a^2}\cdot\frac{1}{\sin t} + C = -\frac{1}{a^2}\cdot\frac{\sqrt{a^2+x^2}}{x} + C$$

(3) 令 $x=\frac{1}{t}$，则 $dx=-\frac{1}{t^2}dt$，于是

$$原式 = \int \frac{t}{\sqrt{\frac{1}{t^{12}}-1}}\left(-\frac{1}{t^2}\right)dt = -\int \frac{t^5}{\sqrt{1-(t^6)^2}}dt = -\frac{1}{6}\int \frac{dt^6}{\sqrt{1-(t^6)^2}}$$

$$= -\frac{1}{6}\arcsin(t^6) + C = -\frac{1}{6}\arcsin\left(\frac{1}{x^6}\right) + C$$

(4) 令 $t=\sqrt[4]{x}$，则 $dx=4t^3dt$，于是

$$\int \frac{\sqrt{x}}{1+\sqrt[4]{x^3}}dx = \int \frac{t^2}{1+t^3}4t^3dt = 4\int \frac{t^5}{1+t^3}dt = 4\int\left(t^2-\frac{t^2}{1+t^3}\right)dt$$

$$= \frac{4}{3}[\sqrt[4]{x^3} - \ln(1+\sqrt[4]{x^3})] + C$$

(5) 被积函数含有无理代数式，一般先有理化以化简被积函数.

$$原式 = \int \frac{\sqrt{x(x+1)}(\sqrt{x}-\sqrt{x+1})}{x-(x+1)}dx = \int[(x+1)\sqrt{x} - x\sqrt{x+1}]dx = \frac{2}{5}x^{\frac{5}{2}} + \frac{2}{3}x^{\frac{3}{2}} -$$

$\int x\sqrt{x+1}dx$，令 $t=x+1$，则 $\int x\sqrt{x+1}dx = \int(t-1)\sqrt{t}dt = \frac{2}{5}t^{\frac{5}{2}} - \frac{2}{3}t^{\frac{3}{2}}$，于是：

$$原式 = \frac{2}{5}x^{\frac{5}{2}} + \frac{2}{3}x^{\frac{3}{2}} - \frac{2}{5}(x+1)^{\frac{5}{2}} + \frac{2}{3}(x+1)^{\frac{3}{2}} + C$$

(6) 令 $t=\sqrt{\frac{x}{2-x}}$，则 $x=\frac{2t^2}{1+t^2}$，于是有

$$原式 = \int t\frac{4t}{(1+t^2)^2}dt = -2\int td\frac{1}{(1+t^2)^2} = \frac{-2t}{1+t^2} + 2\int \frac{dt}{1+t^2}$$

$$= \frac{-2t}{1+t^2} + 2\arctan t + C$$

$$= 2\arctan\sqrt{\frac{x}{2-x}} - \sqrt{x(2-x)} + C$$

注：对于带根号的简单无理函数的不定积分主要是通过对被积函数的变形或根据被积函数表达式的特点选择适当的变换，去掉根号，从而将原来的积分化为有理函数的积分．除教材上给出的几种三角代换外，常用的变换方法还有：

① $\int f(x,\sqrt{a^2-b^2x^2})dx$，可作变量代换 $x=\frac{a}{b}\sin t$ 或 $x=\frac{a}{b}\cos t$；

② $\int f(x,\sqrt{a^2+b^2x^2})dx$，可作变量代换 $x=\frac{a}{b}\tan t$；

③ $\int f(x,\sqrt{b^2x^2-a^2})dx$，可作变量代换 $x=\frac{a}{b}\sec t$；

④ $\int f(x,\sqrt[n]{\frac{ax+b}{cx+d}})dx$，可作变量代换 $u=\sqrt[n]{\frac{ax+b}{cx+d}}, n=2,3,4,\cdots$

题型四：运用分部积分法积分

［**例 5.4**］计算下列不定积分：

(1) $\int \arcsin x dx$　　(2) $\int \csc^3 x dx$

(3) $\int e^x \sin x dx$　　(4) $I_n = \int (\ln x)^n dx$，并求 I_4

解：(1) 原式 $= x\arcsin x - \int \frac{x}{\sqrt{1-x^2}}dx = x\arcsin x + \sqrt{1-x^2} + C$

(2) 原式 $= -\int \csc x d(\cot x) = -\csc x\cdot\cot x - \int \csc x\cdot\cot^2 x dx$

$$= -\csc x\cdot\cot x - \int \csc x(\csc^2 x - 1)dx$$

$$= -\csc x\cdot\cot x - \int \csc^3 x dx + \int \csc x dx$$

$$= -\csc x\cdot\cot x - \int \csc^3 x dx + \ln|\csc x - \cot x|$$

于是，原式 $= -\frac{1}{2}\csc x\cdot\cot x + \frac{1}{2}\ln|\csc x - \cot x| + C$

注：①此题还有如下解法：

原式 $= \int \frac{1}{\sin^3 x}dx = \int \frac{\sin x}{\sin^4 x}dx = -\int \frac{d(\cos x)}{(1-\cos^2 x)^2} \overset{令\cos x = t}{=} -\int \frac{dt}{(1+t)^2(1-t)^2}$

$$= \frac{1}{4}\left(\frac{2t}{t^2-1} - \ln\left|\frac{1+t}{1-t}\right|\right) + C = -\frac{1}{2}\csc x\cdot\cot x + \frac{1}{2}\ln|\csc x - \cot x| + C$$

②类似地，可求得 $\int \sec^3 x dx = \frac{1}{2}\sec x\cdot\tan x + \frac{1}{2}\ln|\sec x + \tan x| + C$

(3) 原式 $= \int \sin x de^x = e^x\sin x - \int e^x\cos x dx = e^x\sin x - \int \cos x de^x$

$$= e^x\sin x - e^x\cos x - \int e^x\sin x dx$$

于是，原式 $=\dfrac{e^x}{2}(\sin x-\cos x)+C$

注：①分部积分法主要针对被积函数是两类不同函数的乘积的情形，公式为 $\int uv'dx=uv-\int u'vdx$ 或 $\int udv=uv-\int vdu$，应用这个方法的难点在于如何恰当地选取公式中的 u 和 v'，一般原则为：积分容易者选作 v'，求导容易者选作 u，不可兼得时以前者为优先．

②当需要多次使用分部积分公式以得到循环式时，一定要注意前后 u 和 v'的选择保持一致．另外，此题一开始若将三角函数选作 v'也是可以求解出来的．

(4) $I_n=\int(\ln x)^n dx=x(\ln x)^n-\int xd(\ln x)^n=x(\ln x)^n-n\int x(\ln x)^{n-1}\cdot\dfrac{1}{x}dx$

$$=x(\ln x)^n-n\int(\ln x)^{n-1}dx=x(\ln x)^n-nI_{n-1}$$

所以　$I_1=x(\ln x)-x+C$

$I_2=x(\ln x)^2-2x\ln x+2x+C$

$I_3=x(\ln x)^3-3x(\ln x)^2+6x\ln x+C$

$I_4=x(\ln x)^4-4x(\ln x)^3+12x(\ln x)^2-24x\ln x+24x+C$

注：此题通过使用分部积分公式得到递推式．

题型五：有理分式函数的积分

[**例 5.5**] 求下列不定积分：(1) $\int\dfrac{2x^5+6x^3+1}{x^4+3x^2}dx$　　(2) $\int\dfrac{dx}{x^4(x^2+1)}$

解：(1) 原式 $=\int\dfrac{2x(x^4+3x^2)+1}{x^4+3x^2}dx=\int 2xdx+\int\dfrac{1}{x^4+3x^2}dx$

$$=x^2+\frac{1}{3}\int\frac{x^2+3-x^2}{x^2(x^2+3)}dx=x^2+\frac{1}{3}\int\left(\frac{1}{x^2}-\frac{1}{x^2+3}\right)dx$$

$$=x^2-\frac{1}{3x^2}-\frac{1}{3\sqrt{3}}\arctan\frac{x}{\sqrt{3}}+C$$

(2) 方法1（标准方法）：

设 $\dfrac{1}{x^4(x^2+1)}=\dfrac{A}{x}+\dfrac{B}{x^2}+\dfrac{C}{x^3}+\dfrac{D}{x^4}+\dfrac{Ex+F}{x^2+1}$，去分母，比较等式左右两端同次幂的系数，得 $A=C=E=0,B=-1,D=F=1$

于是，原式 $=-\int\dfrac{1}{x^2}dx+\int\dfrac{1}{x^4}dx+\int\dfrac{1}{x^2+1}dx=-\dfrac{1}{x}-\dfrac{1}{3x^3}+\arctan x+C$

方法2（因为分母的次幂比分子的次幂高，故可采用倒代换计算）：

令 $x=\dfrac{1}{t}$，则 $dx=-\dfrac{1}{t^2}dt$

于是，原式 $=-\int\dfrac{t^4}{t^2+1}dt=-\int\left(t^2-1+\dfrac{1}{t^2+1}\right)dt=-\left(\dfrac{t^3}{3}-t+\arctan t\right)+C$

$$=-\frac{1}{x}-\frac{1}{3x^3}+\arctan x+C$$

方法 3（采用三角代换）：

令 $x=\tan t$，则 $dx=\sec^2 t dt$

于是，原式 $=\int \frac{1}{\tan^4 t}dt=\int \cot^2 t(\csc^2 t-1)dt=-\frac{1}{3}\cot^3 t-\int \cot^2 t dt$

$$=-\frac{1}{3}\cot^3 t-\int(\csc^2 t-1)dt=-\frac{1}{3}\cot^3 t+\cot t+t+C=-\frac{1}{x}-\frac{1}{3x^3}+\arctan x+C$$

注：有理函数的积分有两种方法：①标准方法（计算量较大）；②综合方法（利用代数知识尽可能简化为部分分式的计算，比较常用）.

题型六：三角函数有理式的积分

[例 5.6] 求不定积分 $\int \frac{\sin x}{\sin x+\cos x}dx$.

解：方法 1（利用万能变换公式）：

令 $\tan\frac{x}{2}=t$，则

$$原式=\int \frac{\frac{2t}{1+t^2}}{\frac{2t}{1+t^2}+\frac{1-t^2}{1+t^2}}\cdot\frac{2}{1+t^2}dt=\int\left(\frac{1+t}{1+t^2}-\frac{1-t}{1+2t-t^2}\right)dt$$

$$=\int\frac{1}{1+t^2}dt+\frac{1}{2}\int\frac{d(1+t^2)}{1+t^2}-\frac{1}{2}\int\frac{d(1+2t-t^2)}{1+2t-t^2}=\arctan t+\frac{1}{2}\ln\left|\frac{1+t^2}{1+2t-t^2}\right|+C$$

$$=\frac{x}{2}-\frac{1}{2}\ln|\cos x+\sin x|+C$$

方法 2（使用第一换元法）：

$$原式=\int\frac{\sin x-\cos x+\cos x}{\sin x+\cos x}dx=-\int\frac{d(\sin x+\cos x)}{\sin x+\cos x}+\int\frac{\cos x+\sin x-\sin x}{\sin x+\cos x}dx$$

$$=-\ln|\sin x+\cos x|+x-\int\frac{\sin x}{\sin x+\cos x}dx$$

故原式 $=-\frac{1}{2}\ln|\sin x+\cos x|+\frac{1}{2}x+C$

注：（1）做三角函数有理式的积分时首先根据被积函数的特点运用三角函数的恒等变换，用凑微分法和分部积分法解决.

（2）万能变换公式：设 $\tan\frac{x}{2}=t(-\pi<x<\pi)$，则 $x=2\arctan t$

$$\sin x=\frac{2t}{1+t^2},\ \cos x=\frac{1-t^2}{1+t^2},\ dx=\frac{2}{1+t^2}dt$$

利用万能变换公式把三角函数有理式化为有理函数的积分是一种很有效的方法，但积分很繁琐，因此能不用尽量不用.

题型七：综合题型

[例 5.7] 求不定积分 $\int\frac{\arctan e^x}{e^x}dx$.

解：方法 1（直接分部积分）：

原式 $=\int \arctan e^{x} de^{-x} = -e^{-x}\arctan e^{x} + \int e^{-x} d(\arctan e^{x})$

$= -e^{-x}\arctan e^{x} + \int e^{-x}\cdot \frac{e^{x}}{1+e^{2x}}dx = -e^{-x}\arctan e^{x} + \int\left(1-\frac{e^{2x}}{1+e^{2x}}\right)dx$

$= -e^{-x}\arctan e^{x} + x - \frac{1}{2}\int \frac{1}{1+e^{2x}}d(1+e^{2x}) = x - e^{-x}\arctan e^{x} - \frac{1}{2}\ln(1+e^{2x}) + C$

方法 2（先变量代换，再分部积分）：

令 $e^{x}=t$，则 $x=\ln t(t>0)$，$dx=\frac{1}{t}dt$，因此

原式 $=\int \frac{\arctan t}{t^{2}}dt = -\frac{1}{t}\arctan t + \int \frac{1}{t(1+t^{2})}dt = -\frac{1}{t}\arctan t + \int \frac{1+t^{2}-t^{2}}{t(1+t^{2})}dt$

$= -\frac{1}{t}\arctan t + \int\left(\frac{1}{t}-\frac{t}{1+t^{2}}\right)dt = -\frac{1}{t}\arctan t + \ln t - \frac{1}{2}\ln(1+t^{2}) + C$

$= x - e^{-x}\arctan e^{x} - \frac{1}{2}\ln(1+e^{2x}) + C$

方法 3（先换元，再分部积分）：

令 $\arctan e^{x}=t$，则 $x=\ln\tan t$，$dx=\frac{\sec^{2}t}{\tan t}dt$，于是可得：

原式 $=\int \frac{t}{\tan t}\cdot\frac{\sec^{2}t}{\tan t}dt = -\int t d\left(\frac{1}{\tan t}\right) = -\frac{t}{\tan t} + \int \frac{1}{\tan t}dt$

$= -\frac{t}{\tan t} + \ln|\sin t| + C = -e^{-x}\arctan e^{x} + \ln\left|\frac{e^{x}}{\sqrt{1+e^{2x}}}\right| + C$

$= x - e^{-x}\arctan e^{x} - \frac{1}{2}\ln(1+e^{2x}) + C$

注：具体的问题应注意多种积分法的综合运用.

[**例 5.8**] 求不定积分 $\int xf'(2x)dx$，其中 $f(x)$ 的原函数是 $\frac{\sin x}{x}$.

解：$\int xf'(2x)dx = \frac{1}{2}\int xdf(2x) = \frac{1}{2}xf(2x) - \frac{1}{4}\int f(2x)d2x$

因为 $f(x)$ 的原函数是 $\frac{\sin x}{x}$，所以

$$f(x)=\left(\frac{\sin x}{x}\right)'=\frac{x\cos x-\sin x}{x^{2}},\ f(2x)=\frac{2x\cos 2x-\sin 2x}{4x^{2}}$$

于是，原式 $=\frac{2x\cos 2x-\sin 2x}{8x}-\frac{\sin 2x}{8x}+C=\frac{\cos 2x}{4}-\frac{\sin 2x}{4x}+C$

四、教材习题解答

注：(1) 本章习题做法不同，其结果的形式可能看起来不同，可通过求导验证；(2) 以

下解答中提到的公式均可在教材中找到．

1．已知$f(x)$的一个原函数是$\frac{1}{x}$，求$f'(x)$．

解：由题设可知$\int f(x)dx=\frac{1}{x}+C$，故两边求导后得$f(x)=-\frac{1}{x^2}$，$f'(x)=\frac{2}{x^3}$.

2．设曲线$y=f(x)$上任一点x处的切线斜率为$3x^2$，且曲线通过（1，3）点，求此曲线方程．

解：已知$f'(x)=3x^2$，故两边积分后得$f(x)=x^3+C$；

又$f(1)=3$，故$C=2$，$y=x^3+2$.

3．已知某产品的总成本C是产量Q的函数，且边际成本为$C'(Q)=\sqrt{Q}+2$，固定成本为100元，求总成本函数$C(Q)$．

解：已知$C'(Q)=\sqrt{Q}+2$，故两边积分后得$C(Q)=\frac{2}{3}Q^{\frac{3}{2}}+2Q+M$，其中已知$M$为任意常数；又$C(0)=100$，故$M=100$，$C(Q)=\frac{2}{3}Q\sqrt{Q}+2Q+100$.

4．设$f'(\cos^2x)=\sin^2x$，且$f(0)=0$，求$f(x)$．

解：由题设可知$f'(\cos^2x)=\sin^2x=1-\cos^2x$，故$f'(x)=1-x$，两边积分后得

$f(x)=x-\frac{1}{2}x^2+C$；又$f(0)=0$，故$C=0$，$f(x)=x-\frac{1}{2}x^2$.

5．求下列不定积分：

（1）$\int\frac{x^3-8}{x-2}dx$

解：原式$=\int\frac{(x-2)(x^2+2x+4)}{x-2}dx=\int(x^2+2x+4)dx=\frac{1}{3}x^3+2x^2+4x+C$

（2）$\int(x+\sqrt{x})^2dx$

解：原式$=\int(x^2+2x^{\frac{3}{2}}+x)dx=\frac{1}{3}x^3+\frac{4}{5}x^{\frac{5}{2}}+\frac{1}{2}x^2+C$

（3）$\int\sqrt{x\sqrt{x\sqrt{x}}}\,dx$

解：原式$=\int\sqrt{x\cdot x^{\frac{3}{4}}}\,dx=\int x^{\frac{7}{8}}dx=\frac{8}{15}x^{\frac{15}{8}}+C$

（4）$\int 2^x\cdot 3^{2x}dx$

解：原式$=\int 18^x dx=\frac{18^x}{\ln 18}+C$

（5）$\int\frac{2^x+5^x}{10^x}dx$

解：原式$=\int\left[\left(\frac{1}{5}\right)^x+\left(\frac{1}{2}\right)^x\right]dx=-\frac{1}{5^x\ln 5}-\frac{1}{2^x\ln 2}+C$

（6）$\int\left(\frac{3}{1+x^2}-\frac{1}{\sqrt{4-4x^2}}\right)dx$

解：原式 $= 3\int \frac{1}{1+x^2}dx - \frac{1}{2}\int \frac{1}{\sqrt{1-x^2}}dx = 3\arctan x - \frac{1}{2}\arcsin x + C$

(7) $\int \sec x(\sec x - \tan x)dx$

解：原式 $= \int \sec^2 x dx - \int \sec x \cdot \tan x dx = \tan x - \sec x + C$

(8) $\int \left(\cot^2 x + \cos^2 \frac{x}{2}\right)dx$

解：原式 $= \int (\csc^2 x - 1)dx + \frac{1}{2}\int (1 + \cos x)dx = -\cot x + \frac{1}{2}\sin x - \frac{1}{2}x + C$

(9) $\int \frac{1}{x^2(1+x^2)}dx$

解：原式 $= \int \frac{1}{x^2}dx - \int \frac{1}{1+x^2}dx = -\frac{1}{x} - \arctan x + C$

(10) $\int \frac{(x+1)^2}{x(1+x^2)}dx$

解：原式 $= \int \frac{x^2+2x+1}{x(1+x^2)}dx = 2\int \frac{1}{1+x^2}dx + \int \frac{1}{x}dx = 2\arctan x + \ln|x| + C$

(11) $\int \left(\frac{e^{2x}-1}{e^x+1} + \frac{\cos 2x}{\sin x + \cos x}\right)dx$.

解：原式 $= \int (e^x - 1)dx + \int \frac{\cos^2 x - \sin^2 x}{\sin x + \cos x}dx = e^x - x + \sin x + \cos x + C$

6. 求下列不定积分：

(1) $\int \frac{1}{3-2x}dx$

解：原式 $= -\frac{1}{2}\int \frac{1}{3-2x}d(3-2x) = -\frac{1}{2}\ln|3-2x| + C$

(2) $\int (2x-3)^{50}dx$

解：原式 $= \frac{1}{2}\int (2x-3)^{50}d(2x-3) = \frac{1}{102}(2x-3)^{51} + C$

(3) $\int x\sqrt{x^2+1}\,dx$

解：原式 $= \frac{1}{2}\int \sqrt{x^2+1}\,d(x^2+1) = \frac{1}{3}\sqrt{(x^2+1)^3} + C$

(4) $\int \frac{1}{x^2+4x+13}dx$

解：原式 $= \int \frac{1}{(x+2)^2+9}dx = \frac{1}{3}\int \frac{1}{\left(\frac{x+2}{3}\right)^2+1}d\left(\frac{x+2}{3}\right) = \frac{1}{3}\arctan\frac{x+2}{3} + C$

(5) $\int \frac{1}{\sqrt{x-x^2}}dx$

解：原式 $=\int \frac{1}{\sqrt{\left(\frac{1}{2}\right)^2-\left(x-\frac{1}{2}\right)^2}}dx=\arcsin\frac{x-\frac{1}{2}}{\frac{1}{2}}+C=\arcsin(2x-1)+C$

(6) $\int \frac{1}{x^2+2x-3}dx$

解：原式 $=\int \frac{1}{(x+3)(x-1)}dx=\frac{1}{4}\int\left(\frac{1}{x-1}-\frac{1}{x+3}\right)dx=\frac{1}{4}\ln\left|\frac{x-1}{x+3}\right|+C$

(7) $\int \frac{5x-2}{(x-2)^3}dx$

解：原式 $=\int \frac{5x-10+8}{(x-2)^3}dx=5\int \frac{1}{(x-2)^2}d(x-2)+8\int \frac{1}{(x-2)^3}d(x-2)$

$=-\frac{5}{x-2}-\frac{4}{(x-2)^2}+C$

(8) $\int \frac{e^x}{1+e^{2x}}dx$

解：原式 $=\int \frac{1}{1+(e^x)^2}d(e^x)=\arctan e^x+C$

(9) $\int \frac{1}{\sqrt{x}(1+x)}dx$

解：原式 $=2\int \frac{1}{1+(\sqrt{x})^2}d(\sqrt{x})=2\arctan\sqrt{x}+C$

(10) $\int \frac{\sin(\ln x)}{x}dx$

解：原式 $=\int \sin(\ln x)d(\ln x)=-\cos(\ln x)+C$

(11) $\int \cos x\cdot e^{\sin x}dx$

解：原式 $=\int e^{\sin x}d(\sin x)=e^{\sin x}+C$

(12) $\int \frac{\arcsin x}{\sqrt{1-x^2}}dx$

解：原式 $=\int \arcsin x\, d(\arcsin x)=\frac{1}{2}(\arcsin x)^2+C$

(13) $\int \frac{1}{(1+x^2)\arctan x}dx$

解：原式 $=\int \frac{1}{\arctan x}d(\arctan x)=\ln|\arctan x|+C$

(14) $\int \sin^3 x dx$

解：原式 $=-\int (1-\cos^2 x)d(\cos x)=-\cos x+\frac{1}{3}\cos^3 x+C$

(15) $\int \frac{1}{\sqrt{2x+3}+\sqrt{2x-1}}dx$

解：原式 $= \int \frac{\sqrt{2x+3}-\sqrt{2x-1}}{4}dx = \frac{1}{8}\int \sqrt{2x+3}\,d(2x+3) - \frac{1}{8}\int \sqrt{2x-1}\,d(2x-1)$

$= \frac{1}{12}(\sqrt{(2x+3)^3} - \sqrt{(2x-1)^3}) + C$

(16) $\int \frac{1}{1+3e^{2x}}dx$

解：原式 $= \int \frac{e^{2x}}{e^{2x}(1+3e^{2x})}dx = \frac{1}{2}\int \frac{1}{3e^{2x}(1+3e^{2x})}d(3e^{2x})$

$= \frac{1}{2}\int\left(\frac{1}{3e^{2x}} - \frac{1}{1+3e^{2x}}\right)d(3e^{2x}) = \frac{1}{2}\ln(3e^{x}) - \frac{1}{2}\ln(1+3e^{2x}) + C$

$= x - \frac{1}{2}\ln(1+3e^{2x}) + C$

(17) $\int \sin^3 x\cos^2 x dx$

解：原式 $= -\int(1-\cos^2 x)\cos^2 x d(\cos x) = \frac{1}{5}\cos^5 x - \frac{1}{3}\cos^3 x + C$

(18) $\int \cos^2 x\sin^2 x dx$

解：原式 $= \frac{1}{4}\int (2\sin x\cos x)^2 dx = \frac{1}{4}\int \sin^2 2x dx = \frac{1}{8}\int(1-\cos 4x)dx$

$= \frac{1}{8}x - \frac{1}{32}\sin 4x + C$

(19) $\int \frac{1+x}{\sqrt{9-4x^2}}dx$

解：原式 $= \frac{1}{3}\int \frac{1}{\sqrt{1-\left(\frac{2}{3}x\right)^2}}dx - \frac{1}{8}\int \frac{-8x}{\sqrt{9-4x^2}}dx$

$= \frac{1}{3}\int \frac{1}{\sqrt{1-\left(\frac{2}{3}x\right)^2}}dx - \frac{1}{8}\int \frac{1}{\sqrt{9-4x^2}}d(9-4x^2) = \frac{1}{2}\arcsin\frac{2x}{3} - \frac{1}{4}\sqrt{9-4x^2} + C$

(20) $\int \frac{3x+1}{x^2+2x+3}dx$

解：原式 $= \int \frac{3(x+1)-2}{x^2+2x+3}dx = \frac{3}{2}\int \frac{2(x+1)}{x^2+2x+3}dx - 2\int \frac{1}{(x+1)^2+2}dx$

$= \frac{3}{2}\ln(x^2+2x+3) - \frac{2}{\sqrt{2}}\arctan\frac{x+1}{\sqrt{2}} + C$

(21) $\int \cos^4 x dx$

解：原式 $= \frac{1}{4}\int(1+\cos 2x)^2 dx = \frac{1}{4}\int\left(1+2\cos 2x+\frac{1+\cos 4x}{2}\right)dx$

$$= \frac{3}{8}x + \frac{1}{4}\sin 2x + \frac{1}{32}\sin 4x + C$$

(22) $\int \frac{1}{1 + \sin x}dx$

解：原式 $= \int \frac{1 - \sin x}{1 - \sin^2 x}dx = \int \sec^2 x dx - \int \frac{d(\cos x)}{\cos^2 x} = \tan x - \frac{1}{\cos x} + C$

(23) $\int \frac{\arctan\sqrt{x}}{\sqrt{x}(1 + x)}dx$

解：原式 $= 2\int \frac{\arctan\sqrt{x}}{1 + (\sqrt{x})^2}d(\sqrt{x}) = 2\int \arctan\sqrt{x}\, d(\arctan\sqrt{x}) = (\arctan\sqrt{x})^2 + C$

(24) $\int \frac{1}{1 - x^2}\ln\frac{1 + x}{1 - x}dx$

解：原式 $= \int \frac{1}{1 - x^2} \cdot \frac{(1 - x)^2}{2} \cdot \frac{2}{(1 - x)^2} \cdot \ln\frac{1 + x}{1 - x}dx \left(考虑到：\left(\frac{1 + x}{1 - x}\right)' = \frac{2}{(1 - x)^2}\right)$

$$= \frac{1}{2}\int \frac{1 - x}{1 + x} \cdot \ln\frac{1 + x}{1 - x}d\left(\frac{1 + x}{1 - x}\right) = \frac{1}{2}\int \ln\frac{1 + x}{1 - x}d\left(\ln\frac{1 + x}{1 - x}\right) = \frac{1}{4}\left(\ln\frac{1 + x}{1 - x}\right)^2 + C$$

(25) $\int \sqrt{\frac{a - x}{a + x}}dx$

解：原式 $= \int \frac{a - x}{\sqrt{a^2 - x^2}}dx = \int \frac{a}{\sqrt{a^2 - x^2}}dx + \frac{1}{2}\int \frac{d(a^2 - x^2)}{\sqrt{a^2 - x^2}}$

$$= a\arcsin\frac{x}{a} + \sqrt{a^2 - x^2} + C$$

(26) $\int \frac{\sin x + \cos x}{\sqrt[3]{\sin x - \cos x}}dx$

解：原式 $= \int \frac{d(\sin x - \cos x)}{\sqrt[3]{\sin x - \cos x}} = \frac{3}{2}\sqrt[3]{(\sin x - \cos x)^2} + C$

7. 利用第二换元积分法求下列不定积分：

(1) $\int \frac{1}{1 + \sqrt{2x}}dx$

解：原式 $= \int \frac{\sqrt{2x}}{\sqrt{2x}(1 + \sqrt{2x})}dx = \int \frac{\sqrt{2x}}{1 + \sqrt{2x}}d(\sqrt{2x}) \overset{令t=\sqrt{2x}}{=} \int \frac{t}{1 + t}dt = t - \int \frac{1}{1 + t}dt$

$$= \sqrt{2x} - \ln(1 + \sqrt{2x}) + C$$

(2) $\int \frac{1}{\sqrt{x}(1 + \sqrt[3]{x})}dx$

解：令 $t = \sqrt[3]{x}$，则 $x = t^3$，$dx = 3t^2 dt$

原式 $= 3\int \frac{t^{\frac{1}{2}}}{1 + t}dt = 6\int \frac{t}{1 + t}d(\sqrt{t}) = 6\sqrt{t} - 6\arctan\sqrt{t} + C = 6(\sqrt[6]{x} - \arctan\sqrt[6]{x}) + C$

(3) $\int \frac{1}{\sqrt{e^x + 1}}dx$

解：令 $t=\sqrt{e^x+1}$，则 $e^x+1=t^2$，$e^x dx=2tdt$

原式 $=\int \frac{1}{t(t^2-1)}d(t^2-1)=2\int \frac{1}{t^2-1}dt=\ln|t-1|-\ln|t+1|+C$

$=\ln\left|\frac{\sqrt{e^x+1}-1}{\sqrt{e^x+1}+1}\right|+C$

(4) $\int \frac{\sqrt{a^2-x^2}}{x^4}dx$

解：令 $x=a\sin t$，则

原式 $=\int \frac{a\cos t}{a^4\sin^4 t}d(a\sin t)=\frac{1}{a^2}\int \cot^2 t\cdot\csc^2 tdt=-\frac{1}{a^2}\int \cot^2 td(\cot t)$

$=-\frac{1}{3a^2}\cot^3 t+C=-\frac{1}{3a^2}\left(\frac{\sqrt{a^2-x^2}}{x}\right)^3+C=-\frac{(a^2-x^2)^{\frac{3}{2}}}{3a^2x^2}+C$

(5) $\int \frac{x^2}{\sqrt{2-x^2}}dx$

解：原式 $=-\int \frac{2-x^2-2}{\sqrt{2-x^2}}dx=-\int \sqrt{2-x^2}dx+2\int \frac{1}{\sqrt{2-x^2}}dx$

$\overset{\text{公式(15)}}{\underset{\text{和(22)}}{=}}-\arcsin\frac{x}{\sqrt{2}}-\frac{x}{2}\sqrt{2-x^2}+2\arcsin\frac{x}{\sqrt{2}}+C=\arcsin\frac{x}{\sqrt{2}}-\frac{x}{2}\sqrt{2-x^2}+C$

(6) $\int \frac{dx}{\sqrt{(1+x^2)^3}}$

解：令 $x=\tan t$，则

原式 $=\int \frac{\sec^2 t}{\sec^3 t}dt=\int \cos tdt=\sin t+C=\frac{x}{\sqrt{1+x^2}}+C$

(7) $\int \frac{dx}{x^2\sqrt{x^2+a^2}}$

解：令 $x=a\tan t$，则

原式 $=\int \frac{a\sec^2 t}{a^3\tan^2 t\sec t}dt=\frac{1}{a^2}\int \frac{\sec t}{\tan^2 t}dt=\frac{1}{a^2}\int \frac{1}{\sin^2 t}d(\sin t)=-\frac{1}{a^2\sin t}+C$

$=-\frac{1}{a^2}\cdot\frac{\sqrt{x^2+a^2}}{x}+C$

(8) $\int \frac{\sqrt{x^2-9}}{x}dx$

解：令 $x=3\sec t$，则

原式 $=\int \frac{3\sqrt{\sec^2 t-1}}{3\sec t}d(3\sec t)=3\int \tan^2 tdt=3\int(\sec^2 t-1)dt=3\tan t-3t+C$

$=\sqrt{x^2-9}-3\arccos\frac{3}{x}+C$

(9) $\int \frac{(1+x^2)dx}{x\sqrt{1+x^2}}$

解：令 $t=\sqrt{1+x^2}$，则 $t^2=1+x^2$

原式 $=\frac{1}{2}\int\frac{1+x^2}{x^2\sqrt{1+x^2}}d(1+x^2)=\frac{1}{2}\int\frac{t^2}{t(t^2-1)}d(t^2)=t+\frac{1}{2}\int(\frac{1}{t-1}-\frac{1}{t+1})dt$

$=t+\frac{1}{2}\ln\left|\frac{t-1}{t+1}\right|+C=\sqrt{1+x^2}+\ln\left|\frac{\sqrt{1+x^2}-1}{x}\right|+C$

(10) $\int\frac{1}{x+\sqrt{1+x^2}}dx$

解：原式 $=\int\sqrt{1+x^2}dx-\frac{1}{2}x^2$

令 $x=\tan t$，则

$\int\sqrt{1+x^2}dx=\int\sec^3tdt=\frac{1}{2}(\sec t\cdot\tan t+\ln|\sec t+\tan t|)+C$(注:公式的推导见前面的例题)

$=\frac{1}{2}x\sqrt{1+x^2}+\frac{1}{2}\ln(\sqrt{1+x^2}+x)+C$

于是，原式 $=\frac{1}{2}[x\sqrt{1+x^2}+\ln(\sqrt{1+x^2}+x)-x^2]+C$

(11) $\int\frac{\sqrt{x+1}+\sqrt{x-1}}{\sqrt{x+1}-\sqrt{x-1}}dx$

解：原式 $=\int\frac{(\sqrt{x+1}+\sqrt{x-1})^2}{2}dx=\frac{1}{2}x^2+\int\sqrt{x^2-1}dx$

令 $x=\sec t$，则

$\int\sqrt{x^2-1}dx=\int\tan^2t\cdot\sec tdt=\int(\sec^2t-1)\sec tdt=\int\sec^3tdt-\int\sec tdt$

$=\frac{1}{2}(\sec x\tan x+\ln|\sec x+\tan x|)-\ln|\sec x+\tan x|+C$

注:(公式的推导见前面的例题)

$=\frac{x}{2}\sqrt{x^2-1}-\frac{1}{2}\ln\left|x+\sqrt{x^2-1}\right|+C$

原式 $=\frac{x^2}{2}+\frac{x}{2}\sqrt{x^2-1}-\frac{1}{2}\ln\left|x+\sqrt{x^2-1}\right|+C$

(12) $\int\frac{x^2+1}{x\cdot\sqrt{1+x^4}}dx$

解：原式 $=\int\frac{x}{\sqrt{1+x^4}}dx+\int\frac{1}{x\sqrt{1+x^4}}dx=\frac{1}{2}\int\frac{d(x^2)}{\sqrt{1+x^4}}+\int\frac{d(x^2)}{x^2\sqrt{1+x^4}}$

由 $\overset{\text{公式}}{\underset{(23)}{=}}\frac{1}{2}\ln(x^2+\sqrt{x^4+1})+\frac{1}{2}\int\frac{d(x^2)}{x^2\sqrt{1+x^4}}$

令 $x^2=\tan t$，则

$\int\frac{d(x^2)}{x^2\sqrt{1+x^4}}=\int\frac{\sec t}{\tan t}dt=\int\csc tdt\overset{\text{由公式}}{\underset{(20)}{=}}\ln|\csc t-\cot t|+C=\ln\left(\frac{\sqrt{x^4+1}}{x^2}-\frac{1}{x^2}\right)+C$

于是，原式 $= \frac{1}{2}\ln(\sqrt{1+x^4}+x^2)+\frac{1}{2}\ln\left(\frac{\sqrt{1+x^4}}{x^2}-\frac{1}{x^2}\right)+C$

8. 利用分部积分法求下列不定积分：

(1) $\int xe^x dx$

解：原式 $=\int xd(e^x) = xe^x - \int e^x dx = xe^x - e^x + C$

(2) $\int x^2\sin xdx$

解：原式 $= -\int x^2 d(\cos x) = -x^2\cos x + 2\int x\cos xdx = -x^2\cos x + 2x\sin x - 2\int \sin xdx$

$= -x^2\cos x + 2x\sin x + 2\cos x + C$

(3) $\int x^n \ln xdx$

解：原式 $= \frac{1}{n+1}\int \ln xd(x^{n+1}) = \frac{1}{n+1}(x^{n+1}\ln x - \int x^n dx) = \frac{1}{n+1}x^{n+1}\left(\ln x - \frac{1}{n+1}\right)+C$

(4) $\int x\arcsin xdx$

解：原式 $= \frac{1}{2}\int \arcsin xd(x^2) = \frac{1}{2}\left(x^2\arcsin x - \int \frac{x^2}{\sqrt{1-x^2}}dx\right)$

$= \frac{1}{2}x^2\arcsin x + \frac{1}{2}\int \frac{1-x^2-1}{\sqrt{1-x^2}}dx = \frac{1}{2}x^2\arcsin x + \frac{1}{2}\left(\int \sqrt{1-x^2}dx - \int \frac{1}{\sqrt{1-x^2}}dx\right)$

$\overset{\text{由公式(22)}}{=} \frac{1}{2}x^2\arcsin x + \frac{1}{4}(\arcsin x + x\sqrt{1-x^2}) - \frac{1}{2}\arcsin x + C$

$= \frac{1}{2}x^2\arcsin x + \frac{1}{4}x\sqrt{1-x^2} - \frac{1}{4}\arcsin x + C$

(5) $\int \frac{\arctan x}{x^3}dx$

解：原式 $= -\frac{1}{2}\int \arctan xd\left(\frac{1}{x^2}\right) = -\frac{1}{2}\left[\frac{1}{x^2}\arctan x - \int \frac{1}{x^2(1+x^2)}dx\right]$

$= -\frac{\arctan x}{2x^2} + \frac{1}{2}\int\left(\frac{1}{x^2}-\frac{1}{1+x^2}\right)dx = -\frac{1}{2}\frac{\arctan x}{x^2} - \frac{1}{2x} - \frac{1}{2}\arctan x + C$

(6) $\int \frac{x}{\cos^2 x}dx$

解：原式 $= \int x\sec^2 xdx = \int xd(\tan x) = x\tan x - \int \tan xdx = x\tan x - \int \frac{d(\cos x)}{\cos x}$

$= x\tan x + \ln|\cos x| + C$

(7) $\int \arctan xdx$

解：原式 $= x\arctan x - \int \frac{x}{1+x^2}dx = x\arctan x - \frac{1}{2}\int \frac{1}{1+x^2}d(1+x^2)$

$= x\arctan x - \frac{1}{2}\ln(1+x^2)+C$

(8) $\int \ln(1+x^2)dx$

解：原式 $= x\ln(1+x^2) - \int \frac{2x^2}{1+x^2}dx = x\ln(1+x^2) - 2\int \frac{1+x^2-1}{1+x^2}dx$

$= x\ln(1+x^2) - 2x + 2\arctan x + C$

(9) $\int e^{ax}\cos bx dx$

解：原式 $= \frac{1}{b}\int e^{ax}d(\sin bx) = \frac{1}{b}(e^{ax}\sin bx - a\int e^{ax}\sin bx dx)$

$= \frac{1}{b}e^{ax}\sin bx + \frac{a}{b^2}\int e^{ax}d(\cos bx) = \frac{1}{b}e^{ax}\sin bx + \frac{a}{b^2}e^{ax}\cos bx - \frac{a^2}{b^2}\int e^{ax}\cos bx dx$

$\therefore (1+\frac{a^2}{b^2})\int e^{ax}\cos bx dx = \frac{1}{b}e^{ax}\sin bx + \frac{a}{b^2}e^{ax}\cos bx$

$\therefore$ 原式 $= \frac{ae^{ax}\cos bx + be^{ax}\sin bx}{a^2+b^2} + C$

(10) $\int \sin\sqrt{x}dx$

解：原式 $= 2\int \sqrt{x}\sin\sqrt{x}d(\sqrt{x}) = -2\int \sqrt{x}d(\cos\sqrt{x})$

$= -2(\sqrt{x}\cos\sqrt{x} - \int \cos\sqrt{x}d(\sqrt{x})) = 2\sin\sqrt{x} - 2\sqrt{x}\cos\sqrt{x} + C$

(11) $\int \arctan\sqrt{1+2x}dx$

解：令 $u = \sqrt{1+2x}$，则 $x = \frac{u^2-1}{2}$，于是

原式 $= \int \arctan u d\left(\frac{u^2-1}{2}\right) = \int u\arctan u du = \frac{1}{2}\left(u^2\arctan u - \int \frac{u^2}{1+u^2}du\right)$

$= \frac{1}{2}u^2\arctan u - \frac{1}{2}\int\left(1-\frac{1}{1+u^2}\right)du = \frac{1}{2}(u^2+1)\arctan u - \frac{1}{2}u + C$

$= (1+x)\arctan\sqrt{1+2x} - \frac{1}{2}\sqrt{1+2x} + C$

(12) $\int (x\cos x)^2 dx$

解：原式 $= \frac{1}{2}\int(x^2 + x^2\cos 2x)dx = \frac{1}{6}x^3 + \frac{1}{4}\int x^2 d(\sin 2x)$

$= \frac{1}{6}x^3 + \frac{1}{4}(x^2\sin 2x - 2\int x\sin 2x dx)$

$= \frac{1}{6}x^3 + \frac{1}{4}x^2\sin 2x + \frac{1}{4}(x\cos 2x - \int \cos 2x dx)$

$= \frac{1}{6}x^3 + \frac{1}{4}x^2\sin 2x + \frac{1}{4}x\cos 2x - \frac{1}{8}\sin 2x + C$

(13) $\int \sec^3 x dx$

解：原式 $= \sec x\cdot\tan x-\int\sec x\cdot\tan^2 x dx=\sec x\cdot\tan x-\int\sec^3 x dx+\int\sec x dx$

由 $\overset{\text{公式(21)}}{=}\sec x\cdot\tan x-\int\sec^3 x dx+\ln|\sec x+\tan x|$

故原式 $=\frac{1}{2}(\sec x\tan x+\ln|\sec x+\tan x|)+C$

(14) $\int\sin(\ln x)dx$

解：原式 $=x\sin(\ln x)-\int\cos(\ln x)dx=x\sin(\ln x)-x\cos(\ln x)-\int\sin(\ln x)dx$

故原式 $=\frac{x}{2}[\sin(\ln x)-\cos(\ln x)]+C$

(15) $\int\frac{x^3e^x}{(x+3)^2}dx$

解：原式 $=-\int x^3e^x d\left(\frac{1}{x+3}\right)=-\frac{x^3e^x}{x+3}+\int x^2e^x dx=-\frac{x^3e^x}{x+3}+x^2e^x-2\int xe^x dx$

$$=-\frac{x^3e^x}{x+3}+x^2e^x-2\left(xe^x-\int e^x dx\right)=-\frac{x^3e^x}{x+3}+e^x(x^2-2x+2)+C$$

9. 求下列不定积分：

(1) $\int\frac{x^3+2x}{x^2-1}dx$

解：原式 $=\int\frac{x^3-x^2+x^2+x+x-1+1}{x^2-1}dx$

$$=\int\frac{x^2}{x+1}dx+\int\frac{x}{x-1}dx+\int\frac{1}{x+1}dx+\int\frac{1}{x^2-1}dx$$

$$=\int\frac{x^2-1+1}{x+1}dx+\int\frac{x-1+1}{x-1}dx+\ln|x+1|+\frac{1}{2}\int\left(\frac{1}{x-1}-\frac{1}{x+1}\right)dx$$

$$=\frac{1}{2}x^2+\frac{3}{2}\ln|x^2-1|+C$$

(2) $\int\frac{3x}{x^2-2x-8}dx$

解：原式 $=\int\frac{3(x-1)+3}{x^2-2x-8}dx=\frac{3}{2}\int\frac{2x-2}{x^2-2x-8}dx+3\int\frac{1}{(x-4)(x+2)}dx$

$$=\frac{3}{2}\ln|x^2-2x-8|+\frac{1}{2}(\ln|x-4|-\ln|x+2|)+C$$

$$=2\ln|x-4|+\ln|x+2|+C$$

(3) $\int\frac{3x^2-x-2}{x^2(x+1)}dx$

解：原式 $=\int\frac{3x^2+2x-3x-3+1}{x^3+x^2}dx=\int\frac{3x^2+2x}{x^3-x^2}dx-3\int\frac{1}{x^2}dx+\int\frac{1}{x^2(x+1)}dx$

$$=\ln|x^3+x^2|+\frac{3}{x}+\int\frac{1}{x^2(x+1)}dx$$

令 $x = \frac{1}{t}$，则

$$\int \frac{1}{x^2(x+1)}dx = -\int \frac{t}{t+1}dt = -t + \ln|t+1| + C = -\frac{1}{x} + \ln\left|\frac{x+1}{x}\right| + C$$

于是，原式 $= \ln|x| + \frac{2}{x} + 2\ln|x+1| + C$

(4) $\int \frac{x+1}{x^2-6x+25}dx$

解：原式 $= \int \frac{x-3+4}{x^2-6x+25}dx = \frac{1}{2}\int \frac{2x-6}{x^2-6x+25}dx + 4\int \frac{1}{(x-3)^2+16}dx$

$$= \frac{1}{2}\ln(x^2-6x+25) + \int \frac{1}{\left(\frac{x-3}{4}\right)^2+1}d\left(\frac{x-3}{4}\right)$$

$$= \frac{1}{2}\ln(x^2-6x+25) + \arctan\frac{x-3}{4} + C$$

(5) $\int \frac{3x}{x^2-2x-8}dx$

解：原式 $= \frac{3}{2}\int \frac{2(x-2)+2}{x^2-2x-8}dx = \frac{3}{2}\int \frac{2x-2}{x^2-2x-8}dx + 3\int \frac{1}{(x-4)(x+2)}dx$

$$= \frac{3}{2}\ln|x^2-2x-8| + \frac{1}{2}\ln\left|\frac{x-4}{x+2}\right| + C = 2\ln|x-4| + \ln|x+2| + C$$

(6) $\int \frac{3x}{x^4-1}dx$

解：原式 $= \int \frac{3x}{(x^2+1)(x-1)(x+1)}dx$

令 $\frac{3x}{(x^2+1)(x-1)(x+1)} = \frac{A}{x-1} + \frac{B}{x+1} + \frac{Dx+E}{x^2+1}$，则可求得 $A = \frac{3}{4}, B = \frac{3}{4}, D = -\frac{3}{2}$，$E = 0$，于是

原式 $= \frac{3}{4}\int \frac{1}{x-1}dx + \int \frac{1}{x+1}dx - \frac{3}{2}\int \frac{x}{x^2+1}dx = \frac{3}{4}\ln\left|\frac{x^2-1}{x^2+1}\right| + C$

或原式 $= \frac{3}{2}\int \frac{1}{(x^2+1)(x^2-1)}d(x^2) = \frac{3}{4}\int\left(\frac{1}{x^2-1} - \frac{1}{x^2+1}\right)d(x^2) = \frac{3}{4}\ln\left|\frac{x^2-1}{x^2+1}\right| + C$

(7) $\int \frac{1}{x(x^4+1)}dx$

解：原式 $= \int \frac{1}{x(x^2-\sqrt{2}x+1)(x^2+\sqrt{2}x+1)}dx$

令 $\frac{1}{x(x^2-\sqrt{2}x+1)(x^2+\sqrt{2}x+1)} = \frac{A}{x} + \frac{Bx+C}{x^2-\sqrt{2}x+1} + \frac{Dx+E}{x^2+\sqrt{2}x+1}$，则可得

$A = 1, B = -\frac{1}{2}, C = \frac{\sqrt{2}}{4}, D = -\frac{1}{2}, E = -\frac{\sqrt{2}}{4}$，于是

$$原式=\int\frac{1}{x}dx+\int\frac{-\frac{1}{2}x+\frac{\sqrt{2}}{4}}{x^2-\sqrt{2}x+1}dx+\int\frac{-\frac{1}{2}x-\frac{\sqrt{2}}{4}}{x^2+\sqrt{2}x+1}dx$$

$$=\ln|x|-\frac{1}{4}\ln(x^4+1)+C$$

(8) $\int\frac{x^3}{x^8+1}dx$

解：$原式=\frac{1}{4}\int\frac{1}{(x^4)^2+1}d(x^4)=\frac{1}{4}\arctan x^4+C$

(9) $\int\frac{x^2}{(1+x^2)^2}dx$

解：$原式=\int\frac{x^2+1-1}{(x^2+1)^2}dx=\int\frac{1}{x^2+1}dx-\int\frac{1}{(x^2+1)^2}dx=\arctan x-\int\frac{1}{(x^2+1)^2}dx$

令 $x=\tan t$，则

$$\int\frac{1}{(x^2+1)^2}dx\int\frac{1}{\sec^2 t}dt=\int\cos^2 t dt=\int\frac{1+\cos 2t}{2}dt=\frac{1}{2}\left(t+\frac{1}{2}\sin 2t\right)+C$$

$$=\frac{1}{2}\arctan x+\frac{1}{2}\frac{x}{x^2+1}+C$$

于是，$原式=\frac{1}{2}\left(\arctan x-\frac{x}{x^2+1}\right)+C$

(10) $\int\frac{1}{x(1+x^8)^2}dx$

解：$原式=\int\frac{x^7}{x^8(x^8+1)^2}dx=\frac{1}{8}\int\frac{d(x^8)}{x^8(x^8+1)^2}$

令 $t=x^8$，则$原式=\frac{1}{8}\int\frac{dt}{t(t+1)^2}$

令 $\frac{1}{t(t+1)^2}=\frac{A}{t}+\frac{B}{t+1}+\frac{D}{(t+1)^2}$，则可求得 $A=1,B=-1,D=-1$，于是

$$原式=\frac{1}{8}\int\left(\frac{1}{t}-\frac{1}{t+1}-\frac{1}{(t+1)^2}\right)dt=\frac{1}{8}\left(\ln|t|-\ln|t+1|+\frac{1}{t+1}\right)+C$$

$$=\ln|x|-\frac{1}{8}\ln(x^8+1)+\frac{1}{8(x^8+1)}+C$$

五、本章综合自测题

（一）思考题

1. 一个函数可以有多余一个原函数吗？如果如此，它们之间的关系如何？
2. 换元积分法与求导的链式法则有什么关系？

(二) 填空题

1. 已知$f'(e^x)=xe^{-x}$，且$f(1)=0$，则$f(x)=$______.

2. 定义在$(0,+\infty)$上的函数$F(x)$是$f(x)=\dfrac{\ln(1+x)-x}{x^2}$的一个原函数，且$F(1)=1-2\ln 2$，则$F(x)=$__________.

3. 已知$f(x)$的一个原函数为$\ln^2 x$，则$\int xf'(x)dx=$__________.

(三) 选择题

1. 设$f(x)$是连续函数，$F(x)$是$f(x)$的一个原函数，则（　　）.

(A) 当$f(x)$是奇函数时，$F(x)$必是偶函数
(B) 当$f(x)$是偶函数时，$F(x)$必是奇函数
(C) 当$f(x)$是周期函数时，$F(x)$必是周期函数
(D) 当$f(x)$是单调增函数时，$F(x)$必是单调增函数

2. 若$\dfrac{x^2+ax+b}{(1+x)^2(1+x^2)}$的原函数的表达式中不包含对数函数，则其中的常数的取值为（　　）.

(A) $a=1$，b任意　　(B) a任意，$b=2$
(C) a任意，$b=1$　　(D) $a=0, b=2$

(四) 求下列不定积分

1. $\int x^3 e^{x^2}dx$

2. $\int \dfrac{1}{1+\sec 2x}dx$

3. $\int \dfrac{e^{2x}-1}{e^{2x}+3}dx$

4. $\int x^3\sqrt{a^2-x^2}\,dx$

5. $\int \dfrac{\sin^3 x}{2+\cos x}dx$

6. $\int \arctan\dfrac{1}{x}dx$

7. $\int \dfrac{1}{1+\sqrt{x^2+2x+2}}dx$

8. $\int \dfrac{x^6+1}{x^4+1}dx$

9. $\int \dfrac{\ln(1+x)}{\sqrt{x}}dx$

10. $\int x\ln(x+\sqrt{a^2+x^2})dx$

11. $\int \dfrac{1}{1-e^x}dx$

12. $\int \dfrac{x^2-1}{x^4+x^2+1}dx$

13. $\int \dfrac{1}{x(x^n+a)}dx$（$a$为常数，$n>0$）

14. $\int \dfrac{x^4+1}{x^6+1}dx$

15. $\int \dfrac{x^2-1}{x^4+1}dx$

16. $\int \dfrac{x}{x^8-1}dx$

17. $\int \dfrac{e^{\sin 2x}\sin^2 x}{e^{2x}}dx$

18. $\int \dfrac{3x-2}{x^2-4x+5}dx$

19. $\int \tan^3 x \sec^4 x dx$

20. $\int \frac{\sin x + \cos x}{\sqrt[3]{\sin x - \cos x}} dx$

21. $\int \frac{x - \sqrt{\arctan 2x}}{4 + 16x^2} dx$

22. $\int \frac{1}{\sin 2x \cos x} dx$

23. $\int \frac{1 + \cos x}{1 + \sin^2 x} dx$

24. $\int \frac{e^{\arctan x} + x\ln(1 + x^2)}{1 + x^2} dx$

25. $\int \frac{(\sin x + \cos x)^2}{\sqrt{1 + \sin 2x}(\sin x - \cos x)} dx$

26. $\int \frac{1 + \sin x + \cos x}{1 + \sin^2 x} dx$

27. $\int \frac{1}{(x^2 + a^2)^{\frac{3}{2}}} dx$

28. $\int \frac{x^2 + 1}{x\sqrt{1 + x^4}} dx$

29. $\int \frac{1}{(x - 3)\sqrt{x + 1}} dx$

30. $\int \frac{1}{\sqrt[3]{(x + 1)^2 (x - 1)^4}} dx$

31. $\int \frac{1}{x\sqrt{4 - x^2}} dx$

32. $\int \frac{x + 2}{x^2\sqrt{1 - x^2}} dx$

33. $\int \sqrt{5 - 4x - x^2} dx$

34. $\int \frac{1}{(1 + x^2)\sqrt{1 - x^2}} dx$

35. $\int \frac{1}{x^8(1 + x^2)} dx$

36. $\int \frac{1 - \ln x}{(x - \ln x)^2} dx$

37. $\int \frac{e^x}{x}(1 + x\ln x) dx$

38. $\int x\sin x\cos x dx$

39. $\int \frac{\ln(1 + x^2)}{x^3} dx$

40. $\int \sin\ln x dx$

41. $\int \frac{\ln(1 + e^x)}{e^x} dx$

42. $\int e^{3x} \sin^2 x dx$

43. $\int x\tan x \sec^4 x dx$

44. $\int \frac{xe^x}{(x + 1)^2} dx$

45. $\int \frac{x^5}{\sqrt{a^3 - x^3}} dx$

六、自测题参考答案

（一）（略）

（二）1. $\frac{1}{2}(\ln x)^2$　　2. $1 - \frac{x + 1}{x}\ln(1 + x)$　　3. $2\ln x - \ln^2 x + C$

（三）1. (A)　　2. (C)

（四）1. $\frac{1}{2}(x^2 - 1)e^{x^2} + c$（分部）

2. $\int \frac{\cos 2x}{\cos 2x + 1}dx = \int \frac{2\cos^2 x - 1}{2\cos^2 x}dx = x - \frac{1}{2}\tan x + c$

3. $x + \frac{2}{3}\ln(3e^{-2x} + 1) + c$（令 $e^{2x} = t$）

4. $\frac{1}{5}(a^2 - x^2)^{\frac{5}{2}} - \frac{a^2}{3}(a^2 - x^2)^{\frac{3}{2}} + c$（令 $x = a\sin t$）

5. $\frac{1}{2}\cos^2 x - 2\cos x + 3\ln(2 + \cos x) + c$

6. $x\arctan\frac{1}{x} + \frac{1}{2}\ln(1 + x^2) + c$（分部）

7. $\ln\left(1 + x + \sqrt{x^2 + 2x + 2}\right) + \frac{1 - \sqrt{x^2 + 2x + 2}}{1 + x} + c$（令 $x + 1 = \tan t$）

8. $\frac{1}{3}x^3 - \frac{1}{2\sqrt{2}}\ln\left|\frac{x^2 - \sqrt{2}x + 1}{x^2 + \sqrt{2}x + 1}\right| + c$

9. $2\sqrt{x}\ln(1 + x) - 4\sqrt{x} + 4\arctan\sqrt{x} + c$（分部）

10. $\frac{1}{4}(2x^2 + a^2)\ln\left(x + \sqrt{a^2 + x^2}\right) - \frac{1}{4}x\sqrt{a^2 + x^2} + c$（分部）

11. $-\ln|e^{-x} - 1| + C$

12. $\frac{1}{2}\ln\left|\frac{x^2 - x + 1}{x^2 + x + 1}\right| + C$

13. 当 $a = 0$ 时，$-\frac{1}{nx^n} + C$；当 $a \neq 0$ 时，$\frac{1}{a}\ln\frac{|x|}{\sqrt[n]{|x^n + a|}} + C$

14. $\arctan x + \frac{1}{3}\arctan x^3 + C$

15. $\frac{1}{2\sqrt{2}}\ln\left|\frac{x^2 - \sqrt{2}x + 1}{x^2 + \sqrt{2}x + 1}\right| + C$

16. $\frac{1}{8}\ln\left|\frac{x^2 - 1}{x^2 + 1}\right| - \frac{1}{4}\arctan x^2 + C$

17. $-\frac{1}{4}e^{\sin 2x - 2x} + C$

18. $\frac{3}{2}\ln(x^2 - 4x + 5) + 4\operatorname{arccot}(x - 2) + C$

19. $\frac{1}{4}\tan^4 x + \frac{1}{6}\tan^6 x + C$

20. $\frac{3}{2}(\sin x - \cos x)^{\frac{2}{3}} + C$

21. $\frac{1}{32}\ln(1 + 4x^2) - \frac{1}{12}\sqrt{(\arctan 2x)^3} + C$

22. $\frac{1}{2}\ln|\csc x - \cot x| + 2\sec x + C$

23. $\frac{1}{\sqrt{2}}\arctan(\sqrt{2}\tan x) + \arctan(\sin x) + C$

24. $e^{\arctan x}+\frac{1}{4}\ln^2(1+x^2)+C$

25. $\pm\ln|\sin x-\cos x|+C$

26. $\frac{1}{\sqrt{2}}\arctan(\sqrt{2}\tan x)-\frac{1}{2\sqrt{2}}\ln\left|\frac{\sqrt{2}+\cos x}{\sqrt{2}-\cos x}\right|+\arctan(\sin x)+C$

27. $\frac{1}{a^2}\frac{x}{\sqrt{a^2+x^2}}+C$

28. $\frac{1}{2}\left[\ln(\sqrt{x^4+1}+x^2)+\ln\frac{\sqrt{x^4+1}-1}{x^2}\right]+C$

29. $\frac{1}{2}\ln\left|\frac{\sqrt{x+1}-2}{\sqrt{x+1}+2}\right|+C$

30. $-\frac{3}{2}\sqrt[3]{\frac{x+1}{x-1}}+C$

31. $\frac{1}{2}\ln\left|\frac{2-\sqrt{4-x^2}}{x}\right|+C$

32. $\ln\left|\frac{1}{x}-\frac{\sqrt{1-x^2}}{x}\right|-\frac{2\sqrt{1-x^2}}{x}+C$

33. $\frac{9}{2}\arcsin\frac{x+2}{3}+\frac{x+2}{2}\sqrt{5-4x-x^2}+C$

34. $\frac{1}{\sqrt{2}}\arctan\frac{\sqrt{2}x}{\sqrt{1-x^2}}+C$

35. $-\frac{1}{7x^7}+\frac{1}{5x^5}-\frac{1}{3x^3}+\frac{1}{x}-\arctan\frac{1}{x}+C$

36. $\frac{x}{x-\ln x}+C$

37. $e^x\ln x+C$

38. $-\frac{1}{4}x\cos 2x+\frac{1}{8}\sin 2x+C$

39. $\ln\frac{x}{\sqrt{1+x^2}}-\frac{1}{2x^2}\ln(1+x^2)+C$

40. $\frac{x}{2}(\sin\ln x-\cos\ln x)+C$

41. $-e^{-x}\ln(1+e^x)+x-\ln(1+e^x)+C$

42. $\frac{1}{2}e^{3x}\left(\frac{1}{3}-\frac{2}{13}\sin 2x-\frac{3}{13}\cos 2x\right)+C$

43. $\frac{x}{4\cos^4 x}-\frac{1}{4}\left(\tan x+\frac{1}{3}\tan^3 x\right)+C$

44. $\frac{e^x}{x+1}+C$

45. $-\frac{2}{3}x^3\sqrt{a^3-x^3}-\frac{4}{9}\sqrt{(a^3-x^3)^3}+C$

第6章

定 积 分

一、基本要求

了解定积分的概念和基本性质，了解定积分中值定理，理解积分上限的函数并会求它的导数，掌握牛顿—莱布尼茨公式以及定积分的换元积分法和分部积分法．会利用定积分计算平面图形的面积、旋转体的体积和函数的平均值，会利用定积分求解简单的经济应用问题，了解反常积分的概念，会计算反常积分．

二、内容提要

（一）定积分的定义与性质

1. **定积分的定义**：若$f(x)$是在区间$[a,b]$上定义的函数，则对$[a,b]$的任意分割$\Delta=\{x_0,x_1,\cdots,x_n\}$及任意选取的点集$\xi=\{\xi_1,\xi_2,\cdots\xi_n\}$，$\xi_i\in[x_{i-1},x_i](i=1,2,\cdots,n)$，可以定义积分和$S(\Delta,\xi)=\sum\limits_{i=1}^{n}f(\xi_i)\Delta x_i$，其中$\Delta x_i=x_i-x_{i-1}(i=1,2,\cdots,n)$为小区间$[x_{i-1},x_i]$的长度．若当分割$\Delta$的模$\|\Delta\|=\max\limits_{1\leqslant i\leqslant n}\{\Delta x_i\}\to 0$时，积分和$S(\Delta,\xi)$的极限存在，且此极限的值$\lim\limits_{\|\Delta\|\to 0}\sum\limits_{i=1}^{n}f(\xi_i)\Delta x_i$与分割$\Delta$和点集$\xi$的选取无关，则称函数$f(x)$在区间$[a,b]$上是可积的，并称此极限的值为函数$f(x)$在区间$[a,b]$上的定积分，记作$\int_a^b f(x)\,dx$. 其中$f(x)$称为被积函数；$[a,b]$称为积分区间；$a$称为积分下限；$b$称为积分上限；$x$称为积分变量．

注：要注意当 a,b 都是常数时，$\int_a^b f(x)dx$ 就是一个确定的数．见例6.1、例6.2.

连续函数的可积性：若函数 $f(x)$ 在区间 $[a,b]$ 上连续，则 $f(x)$ 在区间 $[a,b]$ 上可积．

间断函数的可积性：若函数 $f(x)$ 在区间 $[a,b]$ 上有界，且在 $[a,b]$ 上只有有限个间断点，则 $f(x)$ 在区间 $[a,b]$ 上可积．

2. 定积分的性质．

（1）**线性可加性**．若函数 $f_1(x),f_2(x)$ 在区间 $[a,b]$ 上可积，k_1,k_2 为任意常数，则函数 $k_1f_1(x)+k_2f_2(x)$ 也在区间 $[a,b]$ 上可积，且：$\int_a^b [k_1f_1(x)+k_2f_2(x)]dx = k_1\int_a^b f_1(x)dx + k_2\int_a^b f_2(x)dx$

这一性质可以被推广到 n 个函数的情形．

（2）**区间可加性**．若函数 $f(x)$ 在区间 I 上可积，则对任意的 $a,b,c\in I$，有：

$$\int_a^b f(x)dx = \int_a^c f(x)dx + \int_c^b f(x)dx$$

（3）**保号性**．若函数 $f(x)$ 在区间 $[a,b]$ 上可积，且 $f(x)\geqslant 0, x\in[a,b]$，则：

$$\int_a^b f(x)dx \geqslant 0$$

推论1 若函数 $f(x),g(x)$ 在区间 $[a,b]$ 上可积，且 $f(x)\geqslant g(x), x\in[a,b]$，则：

$$\int_a^b f(x)dx \geqslant \int_a^b g(x)dx$$

推论2 若函数 $f(x)$ 在区间 $[a,b]$ 上可积，且 $A\leqslant f(x)\leqslant B, x\in[a,b]$，则：

$$A(b-a) = \int_a^b Adx \leqslant \int_a^b f(x)dx \leqslant \int_a^b Bdx = B(b-a)$$

（4）**严格保号性**．若函数 $f(x)$ 在区间 $[a,b]$ 上连续，$f(x)\geqslant 0$ 且 $f(x)$ 在区间 $[a,b]$ 上不恒等于0，则有：$\int_a^b f(x)dx > 0$

（二）微积分学基本原理

简单积分中值定理：若函数 $f(x)$ 在区间 $[a,b]$ 上连续，则至少存在一点 $\xi\in[a,b]$，使得：$\int_a^b f(x)dx = f(\xi)(b-a)$

积分上限函数：若函数 $f(t)$ 在区间 $[a,b]$ 上连续，则对每一个 $x\in[a,b]$，都有唯一的一个定积分值 $\int_a^x f(t)dt$ 与之相对应，这样，可构成在区间 $[a,b]$ 上定义的一个关于变量 x 的函数关系为：$\Phi(x) = \int_a^x f(t)dt, x\in[a,b]$，称为积分上限函数（或变上限积分）.

原函数存在定理：若函数 $f(x)$ 在区间 $[a,b]$ 上连续，则积分上限函数 $\Phi(x) = \int_a^x f(t)dt$ 是函数 $f(x)$ 在区间 $[a,b]$ 上的一个原函数，即有：

$$\Phi'(x) = \left(\int_a^x f(t)dt\right)' = f(x), x\in[a,b]$$

注：积分上限函数的求导以及它和其他知识点，比如分式极限、证明不等式、微分方程

等结合是近年考研的热点内容，见例 6.3，例 6.4，例 6.5.

微积分学基本定理：若函数 $f(x)$ 在区间 $[a,b]$ 上连续，$F(x)$ 是函数 $f(x)$ 在区间 $[a,b]$ 上的一个原函数，则：$\int_a^b f(x)dx = F(x)\big|_a^b = F(b) - F(a)$

上述公式称为**牛顿—莱布尼茨**（Newton - Lebniz）公式.

（三）定积分的计算

换元积分法：若函数 $f(x)$ 在区间 $[a,b]$ 上连续，函数 $x=\varphi(t)$ 在区间 $[\alpha,\beta]$ 上可导，且满足：

（1）$\varphi(\alpha)=a,\varphi(\beta)=b$；

（2）对任意的 $t\in[\alpha,\beta]$，有 $a\leqslant\varphi(t)\leqslant b$；

（3）$\varphi'(t)$ 在区间 $[\alpha,\beta]$ 上连续.

则有换元积分公式：

$$\int_a^b f(x)dx = \int_\alpha^\beta f(\varphi(t))\varphi'(t)dt$$

注：在使用换元法时，并没有规定 $\varphi(t)$ 一定为单调函数，只是如果取成了单调函数，会更方便我们的计算.

分部积分法：若函数 $u(x),v(x)$ 在区间 $[a,b]$ 上可导，且 $u'(x),v'(x)$ 在区间 $[a,b]$ 上连续，则有：$\int_a^b u(x)v'(x)dx = u(x)v(x)\big|_a^b - \int_a^b u'(x)v(x)dx$

注：这两种方法和不定积分的非常相似，具体请参考不定积分的内容，除此之外，定积分的计算还有可能涉及到消除法，奇偶性等等，见例 6.6、例 6.7.

（四）广义积分初步

无穷积分：设函数 $f(x)$ 在区间 $[a,+\infty)$ 上有定义，且对任意的 $u\in[a,+\infty)$，$f(x)$ 在区间 $[a,u]$ 上可积，若极限 $\lim\limits_{u\to+\infty}\int_a^u f(x)dx$ 存在，则称此极限为 $f(x)$ 在区间 $[a,+\infty)$ 上的无穷限广义积分（简称无穷积分），记为 $\int_a^{+\infty} f(x)dx = \lim\limits_{u\to+\infty}\int_a^u f(x)dx$；若极限 $\lim\limits_{u\to+\infty}\int_a^u f(x)dx$ 不存在，则称（形式上的）无穷积分 $\int_a^{+\infty} f(x)dx$ 发散.

瑕积分：设函数 $f(x)$ 在区间 $[a,b)$ 上有定义，b 为 $f(x)$ 在区间 $[a,b)$ 上的瑕点，且对任意的 $u\in[a,b)$，$f(x)$ 在区间 $[a,u]$ 上可积，若极限 $\lim\limits_{u\to b^-}\int_a^u f(x)dx$ 存在，则称此极限为无界函数 $f(x)$ 在区间 $[a,b)$ 上的瑕积分，记为 $\int_a^b f(x)dx = \lim\limits_{u\to b^-}\int_a^u f(x)dx$；若极限 $\lim\limits_{u\to b^-}\int_a^u f(x)dx$ 不存在，则称（形式上的）瑕积分 $\int_a^b f(x)dx$ 发散.

1.（广义积分的 **Newton - Lebniz** 公式）设函数 $f(x)$ 在区间 $(c,+\infty)$ 上连续，点 c 是 $f(x)$ 在区间 $(c,a]$ 上的瑕点，$F(x)$ 是 $f(x)$ 的一个原函数，则有：

$$\int_a^{+\infty} f(x)dx = F(x)\big|_a^{+\infty} = \lim_{x\to+\infty}F(x) - F(a)$$

$$\int_{c}^{a} f(x)dx = F(x)\Big|_{c}^{a} = F(a) - \lim_{x \to c^{+}} F(x)$$

2. （广义积分的换元积分法）若函数$f(x)$在区间$[a,b)$上连续（其中b可为常数或$+\infty$），函数$x=\varphi(t)$在区间$[\alpha,\beta)$上可导（其中β也可为常数或$+\infty$），且满足：

（1）$\varphi(\alpha)=a$，$\lim\limits_{x \to \beta^{-}} \varphi(x) = b$；

（2）$\varphi(t)$在区间$[\alpha,\beta)$上是单调函数；

（3）$\varphi'(t)$在区间$[\alpha,\beta)$上连续．

则有：

$$\int_{a}^{b} f(x)dx = \int_{\alpha}^{\beta} f(\varphi(t))\varphi'(t)dt$$

3. （广义积分的分部积分法）若函数$u(x)$，$v(x)$在区间$[a,b)$上可导，$u'(x)$，$v'(x)$在区间$[a,b)$上连续（其中b可为常数或$+\infty$），且三个极限$\lim\limits_{t \to b}\int_{a}^{t} u(x)v'(x)dx$，$\lim\limits_{t \to b}\int_{a}^{t} u'(x)v(x)dx$，$\lim\limits_{x \to +\infty} u(x)v(x)$中有两个存在，则第三个极限也存在，且有：

$$\int_{a}^{b} u(x)v'(x)dx = u(x)v(x)\Big|_{a}^{b} - \int_{a}^{b} u'(x)v(x)dx$$

注：（1）在使用瑕积分的 Newton－Lebniz 公式时，就算原函数$F(x)$在$[c,a]$上连续，即c不是$F(x)$的瑕点，但是在计算的过程中依然要体现出取极限这一步骤，而不是直接代入$F(c)$．

（2）在使用换元积分法时有可能将广义积分换成正常的定积分，则此后的计算过程按照定积分的计算过程即可，特别是最后使用 Newton－Lebniz 公式时，无需再体现取极限的过程（见例 6.8）．

（3）在使用广义积分的分部积分法时，一定要确保$\lim\limits_{x \to +\infty} u(x)v(x)$存在，否则不能轻易的使用分部积分法．

三、典型例题

题型一：利用积分的线性可加性

［例 6.1］ 求$\int_{0}^{1}(x + \cos x)dx$

解：$\int_{0}^{1}(x + \cos x)dx = \int_{0}^{1} xdx + \int_{0}^{1}\cos xdx$

$$= \frac{1}{2}x^{2}\Big|_{0}^{1} + \sin x\Big|_{0}^{1} = \frac{1}{2} + \sin 1$$

题型二：分段函数的定积分

［**例 6.2**］ 设 $f(x)=\begin{cases} xe^{x^2}, & -\frac{1}{2}\leqslant x<\frac{1}{2} \\ -1, & x>\frac{1}{2} \end{cases}$，求 $I=\int_{\frac{1}{2}}^{2}f(x-1)dx$.

解：令 $x-1=t$，则 $I=\int_{\frac{1}{2}}^{2}f(x-1)dx=\int_{-\frac{1}{2}}^{1}f(t)dt$

$$=\int_{-\frac{1}{2}}^{\frac{1}{2}}f(t)dt+\int_{\frac{1}{2}}^{1}f(t)dt=\int_{-\frac{1}{2}}^{\frac{1}{2}}te^{t^2}dt+\int_{\frac{1}{2}}^{1}(-1)dt$$

$$=-\frac{1}{2}$$

注：(1) 虽然 $f(x)$ 是分段的形式，但是 I 作为一个定积分，它积出来的一定是一个数值，而不是分段函数.

(2) 在最后一步的计算过程中对第一个定积分用到了性质对称区间上奇函数的定积分等于0.

题型三：常见函数的定积分求解

［**例 6.3**］ 若函数 $f(x)=\frac{1}{1+x^2}+\sqrt{1-x^2}\int_0^1 f(x)dx$，求 $\int_0^1 f(x)dx$.

解：注意到 $\int_0^1 f(x)dx$ 是一个确定的常数，故等式两边同时在［0,1］上对 x 积分得：

$\int_0^1 f(x)dx=\int_0^1\frac{1}{1+x^2}dx+\int_0^1\sqrt{1-x^2}dx\cdot\int_0^1 f(x)dx$，而 $\int_0^1\frac{1}{1+x^2}dx=\arctan x\Big|_0^1=\frac{\pi}{4}$，$\int_0^1\sqrt{1-x^2}dx=\frac{1}{2}\arcsin x+\frac{x}{2}\sqrt{1-x^2}\Big|_0^1=\frac{\pi}{4}$，代入上式得：

$$\int_0^1 f(x)dx=\frac{\pi}{4}+\frac{\pi}{4}\int_0^1 f(x)dx$$

从而 $\int_0^1 f(x)dx=\frac{\pi}{4-\pi}$

注：此题虽然考的是常见函数的定积分求解，但是需要我们注意的是，在本题中 $\int_0^1 f(x)dx$ 始终看成常数.

题型四：积分上限函数求导

［**例 6.4**］ 求极限 $\lim\limits_{x\to 0}\frac{\int_0^x\left[\int_0^{u^2}\arctan(1+t)dt\right]du}{x(1-\cos x)}$

解：$\lim\limits_{x\to 0}\frac{\int_0^x\left[\int_0^{u^2}\arctan(1+t)dt\right]du}{x(1-\cos x)}=\lim\limits_{x\to 0}\frac{\int_0^x\left[\int_0^{u^2}\arctan(1+t)dt\right]du}{x\cdot\frac{1}{2}x^2}$

$$= 2\lim_{x\to 0}\frac{\int_0^{x^2}\arctan(1+t)dt}{3x^2}$$

$$= 2\lim_{x\to 0}\frac{\arctan(1+x^2)\cdot 2x}{6x}$$

$$= \frac{2}{3}\arctan 1 = \frac{\pi}{6}$$

注：这里我们令 $\int_0^{u^2}\arctan(1+t)dt = f(u)$，故原式分子可以看成 $\int_0^x f(u)du$，其导数为 $f(x)$.

[例 6.5] 设 $f(x)$ 在区间 $[a,b]$ 上连续，证明不等式：

$$\left(\int_a^b f(x)dx\right)^2 \leqslant (b-a)\int_a^b f^2(x)dx$$

证明：设 $F(u) = (u-a)\int_a^u f^2(x)dx - \left(\int_a^u f(x)dx\right)^2, u \in [a,b]$，则 $F(a) = 0$

又 $F'(u) = \int_a^u f^2(x)dx + (u-a)f^2(u) - 2\int_a^u f(x)dx \cdot f(u)$

$$= \int_a^u f^2(x)dx + \int_a^u f^2(u)dx - 2\int_a^u f(x)f(u)dx$$

$$= \int_a^u (f(x)-f(u))^2 dx \geqslant 0$$

故 $F(u)$ 在 $[a,b]$ 上单调递增，由 $F(a) = 0$ 知 $F(b) \geqslant 0$，从而原式得证.

[例 6.6] 已知函数 $y = f(x)$ 连续，且满足 $f(x) + \int_0^x f(t)dt = -e^{-x}$，求 $f(x)$.

解：方程两边对 x 求导得：$f'(x) + f(x) = e^{-x}$，从而：

$$[f'(x) + f(x)]e^x = 1 \Rightarrow [f(x)e^x]' = 1$$

故：$f(x)e^x = x + c \Rightarrow f(x) = (x+c)e^{-x}$

又由题目知 $f(1) = -1$，代入得 $C = -1$，

从而：$f(x) = (x-1)e^{-x}$

注：以上三例是积分上限函数求导常见的题型，其中例 6.4 是和洛必达结合求极限，例 6.5 是和函数单调性结合用来证明不等式，例 6.6 和微分方程结合.

题型五：利用积分区域对称性求定积分

[例 6.7] 求 $\int_{-\frac{1}{2}}^{\frac{1}{2}}\frac{x(1+\arcsin x)}{\sqrt{1-x^2}}dx$

解：$\int_{-\frac{1}{2}}^{\frac{1}{2}}\frac{x(1+\arcsin x)}{\sqrt{1-x^2}}dx = \int_{-\frac{1}{2}}^{\frac{1}{2}}\frac{x\arcsin x}{\sqrt{1-x^2}}dx + \int_{-\frac{1}{2}}^{\frac{1}{2}}\frac{x}{\sqrt{1-x^2}}dx = I + II$

对于 I，被积函数为偶函数，被积区间关于原点对称；对于 II，被积函数为奇函数，被积区间关于原点对称，从而：

方法一：

原积分 $= 2\int_0^{\frac{1}{2}}\frac{x\arcsin x}{\sqrt{1-x^2}}dx = 2\int_0^{\frac{1}{2}}\arcsin x\, d\left(-\sqrt{1-x^2}\right)$

$$= -2\sqrt{1-x^2}\cdot\arcsin x\,|_0^{\frac{1}{2}} + 2\int_0^{\frac{1}{2}}\sqrt{1-x^2}\cdot\frac{1}{\sqrt{1-x^2}}dx$$

$$= 1-\frac{\sqrt{3}\pi}{6}$$

方法二：令 $x = \sin t$，则：

$$原积分 = 2\int_0^{\frac{\pi}{6}}\frac{\sin t\cdot t}{\cos t}\cos t dt = -2\int_0^{\frac{\pi}{6}} t d\cos t$$

$$= -2t\cos t\Big|_0^{\frac{\pi}{6}} + 2\int_0^{\frac{\pi}{6}}\cos t dt = -\frac{\sqrt{3}}{6}\pi + 1$$

题型六：分部积分法

[例 6.8] 求 $\int_0^1\left(1-\frac{2x}{(1+x)^2}\right)e^{\frac{1-x}{1+x}}dx$

解：由于 $\left(\frac{1-x}{1+x}\right)' = -\frac{2}{(1+x)^2}$，故原积分等于

$$\int_0^1[e^{\frac{1-x}{1+x}} + x(e^{\frac{1-x}{1+x}})']dx = \int_0^1 e^{\frac{1-x}{1+x}}dx + \int_0^1 x de^{\frac{1-x}{1+x}}$$

$$= \int_0^1 e^{\frac{1-x}{1+x}}dx + xe^{\frac{1-x}{1+x}}\Big|_0^1 - \int_0^1 e^{\frac{1-x}{1+x}}dx$$

$$= 1$$

注：一般地，$\int_a^b(1+xf'(x))e^{f(x)}dx$ 形式的定积分都可以类似处理．若不是此种形式，但是被积函数中也含有 $e^{f(x)}$，我们一般先把 $f(x)$ 的导数求出来，再和 $e^{f(x)}dx$ 结合成 $de^{f(x)}$ 的形式．

题型七：换元积分法

[例 6.9] 求 $\int_0^1\sqrt{\frac{x}{1-x}}dx$

解：令 $x = \sin^2 t$，则 $\int_0^1\sqrt{\frac{x}{1-x}}dx = \int_0^{\frac{\pi}{2}}\sqrt{\frac{\sin^2 t}{1-\sin^2 t}}d\sin^2 t = 2\int_0^{\frac{\pi}{2}}\sin^2 t dt = \frac{\pi}{2}$

[例 6.10] 求 $\int_0^1\frac{x}{e^x+e^{1-x}}dx$

解：令 $x = 1-t$，则 $\int_0^1\frac{x}{e^x+e^{1-x}}dx = \int_1^0\frac{1-t}{e^{1-t}+e^t}d(1-t) = \int_0^1\frac{1-t}{e^{1-t}+e^t}dt = \int_0^1\frac{1-x}{e^x+e^{1-x}}dx$

$$故原式 = \frac{1}{2}\int_0^1\frac{x+(1-x)}{e^x+e^{1-x}}dx = \frac{1}{2}\int_0^1\frac{1}{e^x+e^{1-x}}dx = \frac{1}{2}\int_0^1\frac{e^x}{e^{2x}+e^1}dx = \frac{1}{2}\int_0^1\frac{1}{e^{2x}+e^1}de^x$$

$$= \frac{1}{2}\frac{1}{\sqrt{e}}\arctan\frac{e^x}{\sqrt{e}}\Big|_0^1 = \frac{1}{2\sqrt{e}}(\arctan\sqrt{e} - arctan\frac{1}{\sqrt{e}})$$

[例 6.11] $\int_0^{\frac{\pi}{2}} \frac{\cos x}{\sin x + \cos x} dx$

解：令 $x = \frac{\pi}{2} - t$，

则 $I = \int_0^{\frac{\pi}{2}} \frac{\cos x}{\sin x + \cos x} dx = \int_{\frac{\pi}{2}}^0 \frac{\cos(\frac{\pi}{2} - t)}{\sin(\frac{\pi}{2} - t) + \cos(\frac{\pi}{2} - t)} d(\frac{\pi}{2} - t) = \int_0^{\frac{\pi}{2}} \frac{\sin t}{\sin t + \cos t} dt$

故 $2I = \int_0^{\frac{\pi}{2}} \left(\frac{\sin x}{\sin x + \cos x} + \frac{\cos x}{\sin x + \cos x} \right) dx = \int_0^{\frac{\pi}{2}} 1 dx = \frac{\pi}{2}$

从而原积分 $= \frac{\pi}{4}$

题型八：定积分的应用

[例 6.12] 设 D 是由曲线 $y = x^{\frac{1}{3}}$，直线 $x = a(a > 0)$ 以及 x 轴所围成的平面图形，V_x，V_y 分别是 D 绕 x 轴、y 轴旋转一周所得旋转体的体积，且 $V_x = 0.1 V_y$，求：

(1) a 的值；(2) D 的面积 .

解：(1) $V_x = \pi \int_0^a y^2 dx = \pi \int_0^a x^{\frac{2}{3}} dx = \frac{3}{5} \pi a^{\frac{5}{3}}$，$V_y = \pi \int_0^{a^{\frac{1}{3}}} (a^2 - y^6) dy = \frac{6}{7} \pi a^{\frac{7}{3}}$

由 $V_x = 0.1 V_y$ 得 $\frac{6}{7} \pi a^{\frac{7}{3}} = 10 \cdot \frac{3}{5} \pi a^{\frac{5}{3}}$，得：$a = 7\sqrt{7}$

(2) $S_D = \int_0^{7\sqrt{7}} x^{\frac{1}{3}} dx = \frac{3}{4} 7^4$

四、教材习题解答

1. 比较下列定积分的大小：

(1) $\int_3^4 \ln x dx$ 与 $\int_3^4 (\ln x)^2 dx$

解：当 $x \in [3,4]$ 时，由于 $x > e$，得 $\ln x > 1$，故 $\ln x < (\ln x)^2$，从而：

$$\int_3^4 \ln x dx < \int_3^4 (\ln x)^2 dx$$

(2) $\int_0^1 e^{-x} dx$ 与 $\int_0^1 (1 + x) dx$

解：令 $f(x) = e^{-x} - x - 1$，则 $f'(x) = -e^{-x} - 1 < 0$，又 $f(0) = 0$，故当 $x \in [0,1]$ 时，$f(x) < 0$，从而：$\int_0^1 e^{-x} dx < \int_0^1 (1 + x) dx$

2. 利用定积分的性质，估计下列定积分：

(1) $\int_0^2 \frac{x}{x^2+1}dx$

解：(1) 当 $x \in [0,2]$ 时，有 $0 \leqslant x \leqslant \frac{x^2+1}{2}$，故对 $f(x)=\frac{x}{x^2+1}$，有 $0 \leqslant f(x) \leqslant \frac{1}{2}$，从而：$0 \cdot 2 \leqslant \int_0^2 \frac{x}{x^2+1}dx \leqslant \frac{1}{2} \cdot 2$，即 $0 \leqslant \int_0^2 \frac{x}{x^2+1}dx \leqslant 1$

(2) $\int_{\frac{\pi}{4}}^{\frac{\pi}{2}} \frac{\sin x}{x}dx$

解：令 $f(x)=\frac{\sin x}{x}$，当 $x \in [\frac{\pi}{4},\frac{\pi}{2}]$ 时，有 $f'(x)=\frac{x\cos x-\sin x}{x^2}=\frac{x-\tan x}{x^2\cos x} \leqslant 0$

故 $f_{\max}(x)=f(\frac{\pi}{4})=\frac{2\sqrt{2}}{\pi}$，$f_{\min}(x)=f(\frac{\pi}{2})=\frac{2}{\pi}$

从而 $\frac{2}{\pi} \cdot (\frac{\pi}{2}-\frac{\pi}{4}) \leqslant \int_{\frac{\pi}{4}}^{\frac{\pi}{2}} \frac{\sin x}{x}dx \leqslant \frac{2\sqrt{2}}{\pi} \cdot (\frac{\pi}{2}-\frac{\pi}{4})$，即：$\frac{1}{2} \leqslant \int_{\frac{\pi}{4}}^{\frac{\pi}{2}} \frac{\sin x}{x}dx \leqslant \frac{\sqrt{2}}{2}$

3. 证明下列不等式：

(1) $1 < \int_0^1 e^{x^2}dx < e$

证明：当 $x \in [0,1]$ 时，$0 \leqslant x^2 \leqslant 1$，故 $1 \leqslant e^{x^2} \leqslant e$，从而 $1 \leqslant \int_0^1 e^{x^2}dx \leqslant e$，又 e^{x^2} 在 $[0,1]$ 中不恒等于 1 或者 e，故：$1 < \int_0^1 e^{x^2}dx < e$

(2) $\int_0^1 \frac{x}{1+x}dx < \int_0^1 \ln(1+x)dx$

证明：令 $f(x)=\frac{x}{1+x}-\ln(1+x)$，则当 $x \in [0,1]$ 时，

$f'(x)=\frac{1}{(1+x)^2}-\frac{1}{1+x}=-\frac{x}{(1+x)^2} \leqslant 0$，又 $f(0)=0$，且 $f(x)$ 不恒等于 0，从而 $\int_0^1 f(x)<0$，即：$\int_0^1 \frac{x}{1+x}dx < \int_0^1 \ln(1+x)dx$

4. 求下列函数的导数：

(1) $\int_0^{\sin x}(1+t^2)dt$

解：$f'(x)=(1+\sin^2 x) \cdot (\sin x)'=\cos x(1+\sin^2 x)$

(2) $\int_{\sqrt{x}}^{x^2} \arctan t dt$

解：$f'(x)=\arctan x^2 \cdot (x^2)'-\arctan\sqrt{x} \cdot (\sqrt{x})'=2x \cdot \arctan x^2-\frac{1}{2\sqrt{x}}\arctan\sqrt{x}$

5. 求下列极限：

(1) $\lim\limits_{x \to 0}\frac{\int_0^x t\sin t^2 dt}{x^4}$

解：由洛必达法则知：

$$\lim_{x\to 0}\frac{\int_0^x t\sin t^2 dt}{x^4}=\lim_{x\to 0}\frac{x\sin x^2}{4x^3}=\lim_{x\to 0}\frac{x\cdot x^2}{4x^3}=\frac{1}{4}$$

(2) $\lim\limits_{x\to 0}\frac{\int_{\cos x}^1 e^{-t^2}dt}{x\sin x}$

解：由洛必达法则知：

$$\lim_{x\to 0}\frac{\int_{\cos x}^1 e^{-t^2}dt}{x\sin x}=\lim_{x\to 0}\frac{\int_{\cos x}^1 e^{-t^2}dt}{x^2}=\lim_{x\to 0}\frac{-e^{-\cos^2 x}\cdot(-\sin x)}{2x}=\lim_{x\to 0}\frac{e^{-\cos^2 x}}{2}=\frac{1}{2e}$$

(3) $\lim\limits_{x\to +\infty}\frac{\left(\int_0^x e^{t^2}dt\right)^2}{\int_0^x e^{2t^2}dt}$

解：由洛必达法则知：

$$\lim_{x\to +\infty}\frac{\left(\int_0^x e^{t^2}dt\right)^2}{\int_0^x e^{2t^2}dt}=\lim_{x\to +\infty}\frac{2\left(\int_0^x e^{t^2}dt\right)\cdot e^{x^2}}{e^{2x^2}}=\lim_{x\to +\infty}\frac{2\int_0^x e^{t^2}dt}{e^{x^2}}=\lim_{x\to +\infty}\frac{2e^{x^2}}{e^{x^2}\cdot 2x}=0$$

(4) $\lim\limits_{x\to 0}\frac{x-\int_0^x e^{-t^2}dt}{x-\sin x}$

解：由洛必达法则知：

$$\lim_{x\to 0}\frac{x-\int_0^x e^{-t^2}dt}{x-\sin x}=\lim_{x\to 0}\frac{1-e^{-x^2}}{1-\cos x}=\lim_{x\to 0}\frac{-(-x^2)}{\frac{1}{2}x^2}=2$$

6. 利用微积分学基本定理计算下列定积分：

(1) $\int_a^b x^3 dx$

解：$\int_a^b x^3 dx=\frac{1}{4}x^4\Big|_a^b=\frac{1}{4}(b^4-a^4)$

(2) $\int_{-1}^{\sqrt{3}}\frac{1}{1+x^2}dx$

解：$\int_{-1}^{\sqrt{3}}\frac{1}{1+x^2}dx=\arctan x\Big|_1^{\sqrt{3}}=\arctan\sqrt{3}-\arctan(-1)=\frac{\pi}{3}-\left(-\frac{\pi}{4}\right)=\frac{7\pi}{12}$

(3) $\int_1^2\left(e^x+\frac{1}{x}\right)dx$

解：$\int_1^2\left(e^x+\frac{1}{x}\right)dx=(e^x+\ln x)\Big|_1^2=e^2-e+\ln 2$

(4) $\int_{-3}^3|x^2+x-2|dx$

解：$\int_{-3}^3|x^2+x-2|dx=\int_{-3}^{-2}(x^2+x-2)dx+\int_1^3(x^2+x-2)dx-\int_{-2}^1(x^2+x-2)dx$

$$= \left(\frac{1}{3}x^3 + \frac{1}{2}x^2 - 2x\right)\Bigg|_{-3}^{-2} + \left(\frac{1}{3}x^3 + \frac{1}{2}x^2 - 2x\right)\Bigg|_{1}^{3} - \left(\frac{1}{3}x^3 + \frac{1}{2}x^2 - 2x\right)\Bigg|_{-2}^{1}$$

$$= 15$$

(5) $\int_{\frac{\sqrt{3}}{3}}^{1} \frac{2x^2 + 1}{x^2(x^2 + 1)} dx$

解：原式 $= \int_{\frac{\sqrt{3}}{3}}^{1} \left(\frac{1}{x^2} + \frac{1}{x^2 + 1}\right) dx = \left(-\frac{1}{x} + \arctan x\right)\Bigg|_{\frac{\sqrt{3}}{3}}^{1} = \frac{\pi}{12} + \sqrt{3} - 1$

(6) $\int_{-\frac{\pi}{2}}^{\frac{\pi}{2}} \sqrt{1 - \cos x}\, dx$

解：原式 $= \int_{-\frac{\pi}{2}}^{\frac{\pi}{2}} \sqrt{2\sin^2\frac{x}{2}}\, dx = \sqrt{2}\int_{-\frac{\pi}{2}}^{\frac{\pi}{2}} \left|\sin\frac{x}{2}\right| dx$

$$= 2\sqrt{2}\int_{0}^{\frac{\pi}{2}} \sin\frac{x}{2} dx = -4\sqrt{2}\cos\frac{x}{2}\Bigg|_{0}^{\frac{\pi}{2}} = 4\sqrt{2} - 4$$

7. 用换元积分法计算下列定积分：

(1) $\int_{2}^{5} \frac{x}{\sqrt{x - 1}} dx$

解：令 $\sqrt{x - 1} = t$，则 $x = t^2 + 1, dx = 2tdt, x:[2,5] \to t:[1,2]$，从而

原式 $= \int_{1}^{2} \frac{t^2 + 1}{t} \cdot 2tdt = 2\left(\frac{1}{3}t^3 + t\right)\Bigg|_{1}^{2} = \frac{20}{3}$

(2) $\int_{0}^{\frac{\pi}{2}} x\sin x^2 dx$

解：$\int_{0}^{\frac{\pi}{2}} x\sin x^2 dx = \frac{1}{2}\int_{0}^{\frac{\pi}{2}} \sin x^2 dx^2 = -\frac{1}{2}\cos x^2 \Bigg|_{0}^{\frac{\pi}{2}} = \frac{1}{2} - \frac{1}{2}\cos\frac{\pi^2}{4}$

(3) $\int_{0}^{\frac{\pi}{4}} \tan^4 x dx$

解：$\int_{0}^{\frac{\pi}{4}} \tan^4 x dx = \int_{0}^{\frac{\pi}{4}} \tan^2 x(\sec^2 x - 1) dx = \int_{0}^{\frac{\pi}{4}} \tan^2 x d\tan x - \int_{0}^{\frac{\pi}{4}} \tan^2 x dx$

$$= \frac{1}{3}\tan^3 x\Bigg|_{0}^{\frac{\pi}{4}} - \int_{0}^{\frac{\pi}{4}} (\sec^2 x - 1) dx = \frac{1}{3} - (\tan x - x)\Bigg|_{0}^{\frac{\pi}{4}} = \frac{\pi}{4} - \frac{2}{3}$$

(4) $\int_{1}^{e} \frac{1}{x\sqrt{1 + \ln x}} dx$

解：$\int_{1}^{e} \frac{1}{x\sqrt{1 + \ln x}} dx = \int_{1}^{e} \frac{1}{\sqrt{1 + \ln x}} d\ln x = 2\sqrt{1 + \ln x}\Bigg|_{1}^{e} = 2\sqrt{2} - 2$

(5) $\int_{0}^{\frac{\pi}{2}} \frac{1}{1 + \cos x} dx$

解：$\int_{0}^{\frac{\pi}{2}} \frac{1}{1 + \cos x} dx = \frac{1}{2}\int_{0}^{\frac{\pi}{2}} \frac{1}{\cos^2\frac{x}{2}} dx = \int_{0}^{\frac{\pi}{2}} \sec^2\frac{x}{2} d\frac{x}{2} = \tan\frac{x}{2}\Bigg|_{0}^{\frac{\pi}{2}} = 1$

(6) $\int_0^1 \frac{dx}{(x^2+a^2)^2}$

解：令 $x = a\tan t$，则

原式 $= \int_0^{\arctan\frac{1}{a}} \frac{a\sec^2 t}{(a^2\tan^2 t + a^2)^2}dt = \frac{1}{a^3}\int_0^{\arctan\frac{1}{a}} \cos^2 t dt = \frac{1}{a^3}\int_0^{\arctan\frac{1}{a}} \frac{1+\cos 2t}{2}dt$

$$= \left(\frac{t}{2a^3}+\frac{\sin 2t}{4a^3}\right)\Bigg|_0^{\arctan\frac{1}{a}} = \frac{\arctan\frac{1}{a}}{2a^3} + \frac{\sin 2\arctan\frac{1}{a}}{4a^3} = \frac{\arctan\frac{1}{a}}{2a^3} + \frac{1}{4a^3}\cdot\frac{2\tan\arctan\frac{1}{a}}{1+\tan^2\arctan\frac{1}{a}}$$

$$= \frac{\arctan\frac{1}{a}}{2a^3} + \frac{1}{4a^3}\cdot\frac{2\frac{1}{a}}{1+\left(\frac{1}{a}\right)^2} = \frac{\arctan\frac{1}{a}}{2a^3} + \frac{1}{2a^2(a^2+1)}$$

(7) $\int_0^a \frac{dx}{(x^2+a^2)^{\frac{3}{2}}}$

解：令 $x = a\tan t$，则

原式 $= \int_0^{\frac{\pi}{4}} \frac{a\sec^2 t}{(a^2\tan^2 t + a^2)^{\frac{3}{2}}}dt = \frac{1}{a^2}\int_0^{\frac{\pi}{4}} \cos t dt = \frac{1}{a^2}\sin t\Big|_0^{\frac{\pi}{4}} = \frac{\sqrt{2}}{2a^2}$

(8) $\int_0^a (a^2-x^2)^{\frac{3}{2}}dx$

解：令 $x = a\sin t$，则

原式 $= \int_0^{\frac{\pi}{2}} (a^2 - a^2\sin^2 t)\,da\sin t = a^4\int_0^{\frac{\pi}{2}} \cos^4 t dt = a^4\frac{3!!}{4!!}\frac{\pi}{2} = \frac{3\pi a^4}{16}$

(9) $\int_0^1 x^2\sqrt{1-x^2}dx$

解：令 $x = a\sin t$，则

原式 $= \int_0^{\frac{\pi}{2}} \sin^2 t\sqrt{1-\sin^2 t}\,d\sin t = \int_0^{\frac{\pi}{2}} \sin^2 t\cos^2 t dt = \int_0^{\frac{\pi}{2}} \cos^2 t dt - \int_0^{\frac{\pi}{2}} \cos^4 t dt$

$$= \frac{\pi}{2}\frac{1!!}{2!!} - \frac{\pi}{2}\frac{3!!}{4!!} = \frac{\pi}{16}$$

注：$n!! = \begin{cases} n(n-2)\cdots 2, & n\text{ 为偶数} \\ n(n-2)\cdots 1, & n\text{ 为奇数} \end{cases}$

(10) $\int_1^3 \frac{1}{x^2+6x+10}dx$

解：$\int_1^3 \frac{dx}{x^2+6x+10} = \int_1^3 \frac{dx}{(x+3)^2+1} = \arctan(x+3)\Big|_1^3 = \arctan 6 - \arctan 4$

(11) $\int_0^{\pi} \sqrt{\sin^3 x - \sin^5 x}dx$

解：$\int_0^{\pi} \sqrt{\sin^3 x - \sin^5 x}dx = \int_0^{\pi} \sqrt{\sin^3 x}\,|\cos x|\,dx = \int_0^{\frac{\pi}{2}} \sqrt{\sin^3 x}\cos x dx - \int_{\frac{\pi}{2}}^{\pi} \sqrt{\sin^3 x}\cos x dx$

$$= \frac{2}{5}(\sin x)^{\frac{5}{2}}\Big|_0^{\frac{\pi}{2}} - \frac{2}{5}(\sin x)^{\frac{5}{2}}\Big|_{\frac{\pi}{2}}^{\pi} = \frac{4}{5}$$

(12) $\int_0^1 e^{-2x^2+\ln x}dx$

解：$\int_0^1 e^{-2x^2+\ln x}dx = \int_0^1 e^{-2x^2}\cdot xdx = \frac{1}{2}\int_0^1 e^{-2x^2}dx^2 = -\frac{1}{4}e^{-2x^2}\Big|_0^1 = \frac{1}{4}-\frac{1}{4e^2}$

(13) $\int_0^1 \frac{x}{(2-x^2)\sqrt{1-x^2}}dx$

解：令 $x=\sin t$，则

原式 $= \int_0^{\frac{\pi}{2}} \frac{\sin t}{(2-\sin^2 t)\cos t}\cos t dt = \int_0^{\frac{\pi}{2}} \frac{\sin t}{2-\sin^2 t}dt = -\int_0^{\frac{\pi}{2}} \frac{1}{1+\cos^2 t}d\cos t$

$= -\arctan\cos t\Big|_0^{\frac{\pi}{2}} = \frac{\pi}{4}$

(14) $\int_0^1 \frac{e^{\sqrt{\frac{1-x}{1+x}}}}{(1+x)\sqrt{1-x^2}}dx$

解：由于$\left(\sqrt{\frac{1-x}{1+x}}\right)' = \frac{1}{2\sqrt{\frac{1-x}{1+x}}}\cdot\left(-\frac{2}{(1+x)^2}\right) = -\frac{1}{(1+x)\sqrt{1-x^2}}$

故$\int_0^1 \frac{e^{\sqrt{\frac{1-x}{1+x}}}}{(1+x)\sqrt{1-x^2}}dx = -\int_0^1 de^{\sqrt{\frac{1-x}{1+x}}} = -e^{\sqrt{\frac{1-x}{1+x}}}\Big|_0^1 = e-1$

(15) $\int_0^1 x(1-x^4)^{\frac{3}{2}}dx$

解：$\int_0^1 x(1-x^4)^{\frac{3}{2}}dx = \frac{1}{2}\int_0^1 (1-x^4)^{\frac{3}{2}}dx^2 \xlongequal{x^2=u} \frac{1}{2}\int_0^1 (1-u^2)^{\frac{3}{2}}du$

再令 $u=\sin t$，则

上式 $= \frac{1}{2}\int_0^{\frac{\pi}{2}} (1-\sin^2 t)^{\frac{3}{2}}d\sin t = \frac{1}{2}\int_0^{\frac{\pi}{2}} \cos^4 t \quad dt = \frac{1}{2}\frac{3!!}{4!!}\frac{\pi}{2} = \frac{3\pi}{32}$

(16) $\int_1^2 \frac{1}{x(1+x^4)}dx$

解：$\int_1^2 \frac{1}{x(1+x^4)}dx = \int_1^2 \frac{x^3}{x^4(1+x^4)}dx = \frac{1}{4}\int_1^2 \frac{1}{x^4(1+x^4)}dx^4$

$\xlongequal{x^4=u} \frac{1}{4}\int_1^{24} \frac{1}{u(1+u)}du = \frac{1}{4}\int_1^{16}\left(\frac{1}{u}-\frac{1}{1+u}\right)du$

$= \frac{1}{4}\ln\left|\frac{u}{1+u}\right|_1^{16} = \frac{\ln 32-\ln 17}{4}$

8. 用分部积分法计算下列定积分：

(1) $\int_0^{\frac{\pi}{2}} x\sin 2x dx$

解：$\int_0^{\frac{\pi}{2}} x\sin 2x dx = -\frac{1}{2}\int_0^{\frac{\pi}{2}} xd\cos 2x = -\frac{1}{2}x\cos 2x\Big|_0^{\frac{\pi}{2}} + \frac{1}{2}\int_0^{\frac{\pi}{2}} \cos 2x dx$

$= \frac{\pi}{4} + \frac{1}{4}\sin 2x\Big|_0^{\frac{\pi}{2}} = \frac{\pi}{4}$

(2) $\int_{\frac{\pi}{4}}^{\frac{\pi}{3}} \frac{x}{\sin^2 x}dx$

解：$\int_{\frac{\pi}{4}}^{\frac{\pi}{3}} \frac{x}{\sin^2 x}dx = -\int_{\frac{\pi}{4}}^{\frac{\pi}{3}} xd\cot x = -x\cot x\Big|_{\frac{\pi}{4}}^{\frac{\pi}{3}} + \int_{\frac{\pi}{4}}^{\frac{\pi}{3}}\cot dx$

$$= \frac{\pi}{4} - \frac{\pi}{3}\frac{\sqrt{3}}{3} + \ln|\sin x|\Big|_{\frac{\pi}{4}}^{\frac{\pi}{3}} = \frac{\pi}{4} - \frac{\pi}{3}\frac{\sqrt{3}}{3} + \frac{1}{2}\ln\frac{3}{2}$$

(3) $\int_0^1 \ln(1+x^2)dx$

解：$\int_0^1 \ln(1+x^2)dx = x\ln(1+x^2)\Big|_0^1 - \int_0^1 \frac{2x\cdot x}{1+x^2}dx = \ln2 - 2\int_0^1 \frac{x^2+1-1}{1+x^2}dx$

$$= \ln2 - 2x\Big|_0^1 + 2\arctan x\Big|_0^1 = \frac{\pi}{2} + \ln2 - 2$$

(4) $\int_0^2 x^3 e^x dx$

解：$\int_0^2 x^3 e^x dx = \int_0^2 x^3 de^x = x^3 e^x\Big|_0^2 - \int_0^2 3x^2 e^x dx = 8e^2 - 3\int_0^2 x^2 de^x$

$$= 8e^2 - 3x^2e^x\Big|_0^2 + 3\int_0^2 e^x 2xdx = -4e^2 + 6\int_0^2 xde^x$$

$$= -4e^2 + 6xe^x\Big|_0^2 - 6\int_0^2 e^x dx = 8e^2 - 6e^x\Big|_0^2 = 2e^2 + 6$$

(5) $\int_0^1 \ln(x+\sqrt{x^2+1})dx$

解：$\int_0^1 \ln(x+\sqrt{x^2+1})dx = x\ln(x+\sqrt{x^2+1})\Big|_0^1 - \int_0^1 x\frac{1+\frac{x}{\sqrt{x^2+1}}}{x+\sqrt{x^2+1}}dx$

$$= \ln(1+\sqrt{2}) - \int_0^1 \frac{x}{\sqrt{x^2+1}}dx$$

$$= \ln(1+\sqrt{2}) - \frac{1}{2}\int_0^1 \frac{1}{\sqrt{x^2+1}}dx^2$$

$$= \ln(1+\sqrt{2}) - \sqrt{x^2+1}\Big|_0^1 = \ln(1+\sqrt{2}) - \sqrt{2} + 1$$

(6) $\int_{-2}^0 (x^2+1)e^{\frac{x}{2}}dx$

解：原式 $= 2\int_{-2}^0 x^2 de^{\frac{x}{2}} + \int_{-2}^0 e^{\frac{x}{2}}dx = 2x^2e^{\frac{x}{2}}\Big|_{-2}^0 - 4\int_{-2}^0 xe^{\frac{x}{2}}dx + \int_{-2}^0 e^{\frac{x}{2}}dx$

$$= -8e^{-1} - 8\int_{-2}^0 xde^{\frac{x}{2}} + \int_{-2}^0 e^{\frac{x}{2}}dx = -8e^{-1} - 8xe^{\frac{x}{2}}\Big|_{-2}^0 + 9\int_{-2}^0 e^{\frac{x}{2}}dx$$

$$= -24e^{-1} + 18e^{\frac{x}{2}}\Big|_{-2}^0 = 18 - 42e^{-1}$$

(7) $\int_0^\pi x\sqrt{\cos^2 x - \cos^4 x}dx$

解：原式 $= \int_0^\pi x|\sin x\cos x|dx = \frac{1}{2}\int_0^\pi x|\sin 2x|dx \xlongequal{2x=u} \frac{1}{8}\int_0^\pi u\sin udu - \frac{1}{8}\int_\pi^{2\pi} u\sin udu$

$$= -\frac{1}{8}\int_0^{\pi} ud\cos u + \frac{1}{8}\int_{\pi}^{2\pi} ud\cos u$$

$$= -\frac{1}{8}u\cos u\Big|_0^{\pi} + \frac{1}{8}\int_0^{\pi}\cos udu + \frac{1}{8}u\cos u\Big|_{\pi}^{2\pi} - \frac{1}{8}\int_{\pi}^{2\pi}\cos udu$$

$$= \frac{\pi}{2} + \frac{1}{8}\sin u\Big|_0^{\pi} - \frac{1}{8}\sin u\Big|_{\pi}^{2\pi} = \frac{\pi}{2}$$

(8) $\int_0^3 \arcsin\sqrt{\frac{x}{1+x}}dx$

解：原式 $= x\cdot\arcsin\sqrt{\frac{x}{1+x}}\Big|_0^3 - \int_0^3 xd\arcsin\sqrt{\frac{x}{1+x}}$

$$= \pi - \int_0^3 x\cdot\frac{1}{\sqrt{1-\frac{x}{1+x}}}\cdot\frac{1}{2\sqrt{\frac{x}{1+x}}}\cdot\frac{1}{(1+x)^2}dx$$

$$= \pi - \int_0^3\frac{\sqrt{x}}{2(1+x)}dx \xlongequal{\sqrt{x}=u} \pi - \int_0^{\sqrt{3}}\frac{u}{2(1+u^2)}2udu$$

$$= \pi - \int_0^{\sqrt{3}}\frac{u^2+1-1}{1+u^2}du = \pi - u\Big|_0^{\sqrt{3}} + \arctan u\Big|_0^{\sqrt{3}} = \frac{4\pi}{3} - \sqrt{3}$$

(9) $\int_0^1\frac{\ln(1+x)}{(2-x)^2}dx$

解：原式 $= \int_0^1\ln(1+x)d\frac{1}{2-x} = \frac{\ln(1+x)}{2-x}\Big|_0^1 - \int_0^1\frac{1}{2-x}\cdot\frac{1}{1+x}dx$

$$= \ln2 + \frac{1}{3}\int_0^1\left(\frac{1}{x-2} - \frac{1}{1+x}\right)dx = \ln2 + \frac{1}{3}\ln\left|\frac{x-2}{x+1}\right|_0^1 = \frac{1}{3}\ln2$$

(10) $\int_0^{\frac{\pi}{4}}\frac{x\sin x}{\cos^3 x}dx$

解：原式 $= \int_0^{\frac{\pi}{4}}xd\left(\frac{1}{2\cos^2 x}\right) = \frac{1}{2}x\sec^2 x\Big|_0^{\frac{\pi}{4}} - \frac{1}{2}\int_0^{\frac{\pi}{4}}\sec^2 xdx$

$$= \frac{\pi}{4} - \frac{1}{2}\tan x\Big|_0^{\frac{\pi}{4}} = \frac{\pi}{4} - \frac{1}{2}$$

9. 计算下列积分：

(1) $\int_{-2}^{2}\frac{1}{\sqrt{9-x^2}}\left(\frac{2}{1+e^x} - 1\right)dx$

解：令 $f(x) = \frac{1}{\sqrt{9-x^2}}$ 知 $f(x)$ 为偶函数，再令 $g(x) = \frac{2}{1+e^x} - 1 = \frac{1-e^x}{1+e^x}$，则 $g(-x) = \frac{1-e^{-x}}{1+e^{-x}} = \frac{e^x-1}{e^x+1} = -g(x)$，知 $g(x)$ 为奇函数，从而被积函数 $f(x)g(x)$ 为奇函数，故：

$$\int_{-2}^{2}\frac{1}{\sqrt{9-x^2}}\left(\frac{2}{1+e^x} - 1\right)dx = 0$$

(2) $\int_{-\frac{\pi}{3}}^{\frac{\pi}{3}}\frac{x\sin x}{\cos^2 x}dx$

解：显然，被积函数为偶函数，故：

$$原式 = 2\int_0^{\frac{\pi}{3}} \frac{x\sin x}{\cos^2 x}dx = 2\int_0^{\frac{\pi}{3}} x d\frac{1}{\cos x} = \frac{2x}{\cos x}\Big|_0^{\frac{\pi}{3}} - 2\int_0^{\frac{\pi}{3}} \sec x dx$$

$$= \frac{4\pi}{3} - 2\ln|\sec x + \tan x|\Big|_0^{\frac{\pi}{3}} = \frac{4\pi}{3} - 2\ln(2+\sqrt{3})$$

(3) $\int_0^{\frac{1}{2}} \frac{\arcsin\sqrt{x}}{\sqrt{1-x}}dx$

解：$原式 = \int_0^{\frac{1}{2}} \arcsin\sqrt{x}\, d(-2\sqrt{1-x})$

$$= -2\sqrt{1-x}\cdot\arcsin\sqrt{x}\Big|_0^{\frac{1}{2}} + 2\int_0^{\frac{1}{2}} \sqrt{1-x}\cdot\frac{1}{\sqrt{1-x}}\cdot(\sqrt{x})'dx$$

$$= -\frac{\sqrt{2}\pi}{4} + 2\sqrt{x}\Big|_0^{\frac{1}{2}} = \sqrt{2}\left(1-\frac{\pi}{4}\right)$$

(4) $\int_0^1 \frac{xe^x}{(1+x^2)}dx$

解：$原式 = \int_0^1 xe^x d\left(-\frac{1}{1+x}\right) = -\frac{xe^x}{1+x}\Big|_0^1 + \int_0^1 \frac{xe^x + e^x}{1+x}dx$

$$= -\frac{e}{2} + \int_0^1 e^x dx = -\frac{e}{2} + e^x\Big|_0^1 = \frac{e}{2} - 1$$

(5) $\int_{e^{-1}}^{e} \frac{(\ln x)^2}{1+x}dx$

解：令 $x = \frac{1}{t}$，则 $I = 原式 = \int_e^{e^{-1}} \frac{\left(\ln\frac{1}{t}\right)^2}{1+\frac{1}{t}}\left(-\frac{1}{t^2}\right)\mathrm{d}t = \int_{e^{-1}}^{e} \frac{(\ln t)^2}{t(1+t)}dt = \int_{e^{-1}}^{e} \frac{(\ln x)^2}{x(1+x)}dx$

而 $2I = \int_{e^{-1}}^{e} \frac{(\ln x)^2}{1+x}dx + \int_{e^{-1}}^{e} \frac{(\ln x)^2}{x(1+x)}dx = \int_{e^{-1}}^{e} \frac{(\ln x)^2}{x}dx = \int_{e^{-1}}^{e} (\ln x)^2 d\ln x$

$$= \frac{1}{3}(\ln x)^3\Big|_{e^{-1}}^{e} = \frac{2}{3}$$

故原积分 $= \frac{1}{3}$

(6) $\int_0^1 \frac{x}{e^x + e^{1-x}}dx$

解：见例 6.10.

(7) $\int_0^{\frac{\pi}{2}} \frac{\cos x}{\sin x + \cos x}dx$

解：见例 6.11.

(8) $\int_{\frac{1}{2}}^{2} \left(1 + x - \frac{1}{x}\right)e^{x+\frac{1}{x}}dx$

解：由于$\left(x+\frac{1}{x}\right)'=1-\frac{1}{x^2}$

故原式 $=\int_{\frac{1}{2}}^{2}\left(1+x\left(1-\frac{1}{x^2}\right)\right)e^{x+\frac{1}{x}}dx=\int_{\frac{1}{2}}^{2}e^{x+\frac{1}{x}}dx+\int_{\frac{1}{2}}^{2}x\left(x+\frac{1}{x}\right)'e^{x+\frac{1}{x}}dx$

$=\int_{\frac{1}{2}}^{2}e^{x+\frac{1}{x}}dx+\int_{\frac{1}{2}}^{2}xde^{x+\frac{1}{x}}=\int_{\frac{1}{2}}^{2}e^{x+\frac{1}{x}}dx+x\cdot e^{x+\frac{1}{x}}\Big|_{\frac{1}{2}}^{2}-\int_{\frac{1}{2}}^{2}e^{x+\frac{1}{x}}dx$

$=\frac{3}{2}e^{\frac{5}{2}}$

或者直接利用课本第 159 页的相关结果 .

(9) $\int_{0}^{-\ln 2}\sqrt{1-e^{2x}}dx$

解：令$\sqrt{1-e^{2x}}=t$，即$x=\frac{1}{2}\ln(1-t^2)$

则原式 $=\int_{0}^{\frac{\sqrt{3}}{2}}t\cdot\frac{1}{2}\frac{-2t}{1-t^2}dt=\int_{0}^{\frac{\sqrt{3}}{2}}\frac{t^2-1+1}{t^2-1}dt$

$=t\Big|_{0}^{\frac{\sqrt{3}}{2}}+\frac{1}{2}\ln\left|\frac{t-1}{t+1}\right|\Big|_{0}^{\frac{\sqrt{3}}{2}}=\frac{\sqrt{3}}{2}+\ln(2-\sqrt{3})$

另一种方法：做变量替换 $e^x=\sin t$ 亦可 .

(10) $\int_{0}^{\pi}\sin^{n-1}x\cdot\cos(n+1)xdx$

解：原式 $=\int_{0}^{\pi}\sin^{n-1}x\cdot(\cos nx\cdot\cos x-\sin nx\cdot\sin x)dx$

$=\int_{0}^{\pi}\sin^{n-1}x\cdot\cos nx\cdot\cos xdx-\int_{0}^{\pi}\sin nx\cdot\sin^{n}xdx$

$=\int_{0}^{\pi}\sin^{n-1}x\cdot\cos nx\cdot\cos xdx-\int_{0}^{\pi}\sin^{n}xd\left(-\frac{\cos nx}{n}\right)$

$=\int_{0}^{\pi}\sin^{n-1}x\cdot\cos nx\cdot\cos xdx+\sin^{n}x\frac{\cos nx}{n}\Big|_{0}^{\pi}-\int_{0}^{\pi}\frac{\cos nx}{n}\cdot n\sin^{n-1}x\cdot\cos xdx$

$=0$

(11) $\int_{0}^{1}\arcsin x\cdot\arccos xdx$

解：原式 $=\int_{0}^{1}\arcsin x\cdot\left(\frac{\pi}{2}-\arcsin x\right)dx$

$=\frac{\pi}{2}\arcsin x\cdot x\Big|_{0}^{1}-\frac{\pi}{2}\int_{0}^{1}x\frac{1}{\sqrt{1-x^2}}dx-(\arcsin x)2\cdot x\Big|_{0}^{1}+\int_{0}^{1}x\cdot 2\arcsin x$

$\cdot\frac{1}{\sqrt{1-x^2}}dx$

$=-\frac{\pi}{4}\int_{0}^{1}\frac{1}{\sqrt{1-x^2}}dx^2+\int_{0}^{1}\arcsin x\cdot\frac{1}{\sqrt{1-x^2}}dx^2$

$=-\frac{\pi}{4}\int_{0}^{1}\frac{1}{\sqrt{1-x^2}}dx^2+\int_{0}^{1}\arcsin xd(-2\sqrt{1-x^2})$

$$= \frac{\pi}{4} \cdot 2\sqrt{1-x^2}\Big|_0^1 - 2\sqrt{1-x^2} \cdot \arcsin x\Big|_0^1 + 2\int_0^1 \sqrt{1-x^2} \cdot \frac{1}{\sqrt{1-x^2}}dx$$

$$= -\frac{\pi}{2} + 2$$

(12) $\int_0^{\pi} \frac{1}{1+\sin^2 x}dx$

解：原式 $= \int_0^{\pi} \frac{\sec^2 x}{\sec^2 x + \tan^2 x}dx = \int_0^{\pi} \frac{1}{1+2\tan^2 x}d\tan x$

$$= \int_0^{\frac{\pi}{2}} \frac{1}{1+2\tan^2 x}d\tan x + \int_{\frac{\pi}{2}}^{\pi} \frac{1}{1+2\tan^2 x}d\tan x$$

$$= \frac{1}{\sqrt{2}}\arctan\sqrt{2}\tan x\Big|_0^{\frac{\pi}{2}} + \frac{1}{\sqrt{2}}\arctan\sqrt{2}\tan x\Big|_{\frac{\pi}{2}}^{\pi}$$

$$= \lim_{x\to\frac{\pi}{2}^-} \frac{1}{\sqrt{2}}\arctan\sqrt{2}\tan x - 0 + 0 - \lim_{x\to\frac{\pi}{2}^+} \frac{1}{\sqrt{2}}\arctan\sqrt{2}\tan x$$

$$= \frac{\pi}{\sqrt{2}}$$

10. 设函数 $f(x)$ 和 $g(x)$ 在区间 $[a,b]$ 上连续，且 $g(x) \neq 0, x \in [a,b]$，试证明：至少存在一点 $\xi \in (a,b)$，使得：$\left(\int_a^b f(x)dx\right)/\left(\int_a^b g(x)dx\right) = f(\xi)/g(\xi)$

分析：观察知：等式右边符合柯西中值定理的结果，但需要构造 $F(x)$，$G(x)$，使得：

$$F'(\xi) = f(\xi), G'(\xi) = g(\xi)$$

证明：令 $F(x) = \int_a^x f(x)dx, G(x) = \int_a^x g(x)dx$，由 $f(x), g(x)$ 在 $[a,b]$ 上连续，且 $g(x) \neq 0$ 知：

$F(x), G(x)$ 在 $[a,b]$ 上连续，(a,b) 内可导，且 $G'(x) = g(x)$ 在 (a,b) 内不为0，

由柯西中值定理知，至少存在一点 $\xi \in (a,b)$，使得：

$$\frac{F(b)-F(a)}{G(b)-G(a)} = \frac{F'(\xi)}{G'(\xi)}, \Rightarrow \frac{\int_a^b f(x)dx}{\int_a^b g(x)dx} = \frac{f(\xi)}{g(\xi)}$$

11. 试证明：若函数 $f(x)$ 在区间 $[a,b]$ 上连续，则有 $\left|\int_a^b f(x)dx\right| \leq \int_a^b |f(x)|dx$.

证明：由 $f(x) \leq |f(x)|$ 知：$\int_a^b f(x)dx \leq \int_a^b |f(x)|dx$

再由 $-f(x) \leq |f(x)|$ 知：$-\int_a^b f(x)dx \leq \int_a^b -f(x)dx \leq \int_a^b |f(x)|dx$

综上知：$\left|\int_a^b f(x)dx\right| \leq \int_a^b |f(x)|dx$

12. 试证明：若函数 $f(x), g(x)$ 在区间 $[a,b]$ 上连续，且 $g(x)$ 在 $[a,b]$ 上不变号，则至少存在一点 $\xi \in [a,b]$，使得：$\int_a^b f(x)g(x)dx = f(\xi)\int_a^b g(x)dx$

证明：由于 $g(x)$ 在 $[a,b]$ 上不变号，若 $g(x)$ 恒为 0，结论显然成立，不妨设在 $[a,b]$ 上有：$g(x)>0$，则 $\int_a^b g(x)dx>0$．由 $f(x)$ 在 $[a,b]$ 上连续知，$f(x)$ 在 $[a,b]$ 上可以取得最大值 M 以及最小值 m，故 $mg(x)\leqslant f(x)g(x)\leqslant Mg(x)$，$x\in[a,b]$，从而：

$$\int_a^b mg(x)dx\leqslant\int_a^b f(x)g(x)dx\leqslant\int_a^b Mg(x)dx$$

即：$m\leqslant\dfrac{\int_a^b f(x)g(x)dx}{\int_a^b g(x)dx}\leqslant M$

再由介值定理知：$\exists\xi\in[a,b]$，使得

$f(\xi)=\dfrac{\int_a^b f(x)g(x)dx}{\int_a^b g(x)dx}$，即：$\int_a^b f(x)g(x)dx=f(\xi)\int_a^b g(x)dx$

13. 设函数 $f(x)$ 在区间 $[0,2a]$ 上连续，试证明：$\int_0^{2a}f(x)dx=\int_0^a[f(x)+f(2a-x)]dx$，并由此计算 $\int_0^{\pi}\dfrac{x\sin x}{1+\cos^2x}dx$．

证明：

$$\int_0^{2a}f(x)dx=\int_0^a f(x)dx+\int_a^{2a}f(x)dx=\mathrm{A}+\mathrm{B}$$

对 B，令 $x=2a-t$，则 $\mathrm{B}=\int_a^0 f(2a-t)d(2a-t)=\int_0^a f(2a-t)dt$

故 $\int_0^{2a}f(x)dx=\int_0^a[f(x)+f(2a-x)]dx$

由上面结论知：

$$\begin{aligned}\int_0^{\pi}\frac{x\sin x}{1+\cos^2x}dx&=\int_0^{\frac{\pi}{2}}\left\{\frac{x\sin x}{1+\cos^2x}+\frac{(\pi-x)\sin(\pi-x)}{1+\cos^2(\pi-x)}\right\}dx\\&=\pi\int_0^{\frac{\pi}{2}}\frac{\sin x}{1+\cos^2x}dx=-\pi\int_0^{\frac{\pi}{2}}\frac{1}{1+\cos^2x}d\cos x\\&=-\pi\arctan\cos\Big|_0^{\frac{\pi}{2}}=\frac{\pi^2}{4}\end{aligned}$$

14. 利用下面两种方法计算定积分 $\int_0^1\dfrac{\ln(1+x)}{1+x^2}dx$：

(1) 先作变换 $x=\tan t$，再作变换 $u=\dfrac{\pi}{4}-t$；(2) 作变换 $x=\dfrac{1-t}{1+t}$．

解：(1) 令 $x=\tan t$，则 $I=$ 原式 $=\int_0^{\frac{\pi}{4}}\dfrac{\ln(1+\tan t)}{1+\tan^2t}\cdot\sec^2t\,dt=\int_0^{\frac{\pi}{4}}\ln(1+\tan t)dt$

再令 $t=\dfrac{\pi}{4}-u$，则：

上式 $=\int_{\frac{\pi}{4}}^0\ln\left(1+\tan\left(\dfrac{\pi}{4}-u\right)\right)d\left(\dfrac{\pi}{4}-u\right)$

$$= \int_0^{\frac{\pi}{4}} \ln\left(1 + \frac{\tan\frac{\pi}{4} - \tan u}{1 + \tan\frac{\pi}{4} \cdot \tan u}\right) du = \int_0^{\frac{\pi}{4}} \ln \frac{2}{1 + \tan u} du$$

从而，$2I = \int_0^{\frac{\pi}{4}} \ln(1 + \tan t) dt + \int_0^{\frac{\pi}{4}} \ln \frac{2}{1 + \tan u} du$

$$= \int_0^{\frac{\pi}{4}} \left(\ln(1 + \tan t) + \ln \frac{2}{1 + \tan t} \right) dt$$

$$= \int_0^{\frac{\pi}{4}} \ln 2 dt = \frac{\pi}{4} \ln 2$$

故原积分 $= I = \frac{\pi}{8} \ln 2$

(2) 令 $x = \frac{1 - t}{1 + t}$，则 $I =$ 原式 $= \int_1^0 \frac{\ln\left(1 + \frac{1 - t}{1 + t}\right)}{1 + \left(\frac{1 - t}{1 + t}\right)^2} \cdot \frac{-2}{(1 + t)^2} dt = \int_0^1 \frac{\ln \frac{2}{1 + t}}{1 + t^2} dt$

故 $2I = \int_0^1 \left[\frac{\ln(1 + x)}{1 + x^2} + \frac{\ln \frac{2}{1 + x}}{1 + x^2} \right] dx = \int_0^1 \frac{\ln 2}{1 + x^2} dx$

$$= \ln 2 \arctan x \Big|_0^1 = \frac{\pi}{4} \ln 2$$

故原积分 $= \frac{\pi}{8} \ln 2$

15. 判断下列广义积分的敛散性；若收敛，求其值．

(1) $\int_{-\infty}^{+\infty} \frac{2x}{1 + x^2} dx$

解：因为 $\int_0^A \frac{2x}{1 + x^2} dx = \int_0^A \frac{dx^2}{1 + x^2} = \ln(1 + x^2) \Big|_0^A$，而 $\lim\limits_{A \to +\infty} \ln(1 + A^2) = +\infty$，故原积分发散．

(2) $\int_1^{+\infty} \frac{1}{x^2(x + 1)} dx$

解：方法一——待定系数法：令 $\frac{1}{x^2(x + 1)} = \frac{Ax + B}{x^2} + \frac{C}{x + 1} = \frac{(Ax + B)(x + 1) + Cx^2}{x^2(x + 1)}$

解得：$A = -1, B = C = 1$

故原积分 $= \int_1^{+\infty} \left(\frac{1}{x^2} - \frac{1}{x} + \frac{1}{x + 1}\right) dx = \left[-\frac{1}{x} - \ln x + \ln(x + 1) \right] \Big|_1^{+\infty}$

$$= \lim_{x \to +\infty} \left[-\frac{1}{x} - \ln x + \ln(x + 1) \right] - (\ln 2 - 1)$$

$\lim\limits_{x \to +\infty} \ln \frac{x + 1}{x} + 1 - \ln 2 = 1 - \ln 2$

方法二——做变量替换 $x = \frac{1}{t}$ 亦可；

(3) $\int_0^1 \frac{1}{\sqrt[3]{(x-1)^2}}dx$

解：$\int_0^1 \frac{1}{\sqrt[3]{(x-1)^2}}dx = 3(x-1)^{\frac{1}{3}}\Big|_0^1 = \lim\limits_{x\to1^-} 3(x-1)^{\frac{1}{3}} - 3(0-1)^{\frac{1}{3}} = 3$

(4) $\int_{-\frac{\pi}{2}}^{\frac{\pi}{2}} \cot x dx$

解：由于$\int_{\varepsilon}^{\frac{\pi}{2}} \cot x dx = \ln|\sin x|\Big|_{\varepsilon}^{\frac{\pi}{2}} = -\ln\varepsilon$，而$\lim\limits_{\varepsilon\to0^+}(-\ln\varepsilon) = +\infty$，故原积分发散.

(5) $\int_1^{+\infty} \frac{dx}{x\sqrt{x-1}}$

解：令$\sqrt{x-1} = t$，则$x = t^2+1$，从而原积分$= \int_0^{+\infty} \frac{2tdt}{(t^2+1)t} = 2\arctan t\Big|_0^{+\infty} = 2\lim\limits_{t\to+\infty}\arctan t - 0 = \pi$

(6) $\int_0^{+\infty} \frac{x\ln x}{(1+x^2)^2}dx$

解：原积分$= \int_0^1 \frac{x\ln x}{(1+x^2)^2}dx + \int_1^{+\infty} \frac{x\ln x}{(1+x^2)^2}dx = I + II$，对于$I$，由于

$\lim\limits_{x\to0^+} \frac{x\ln x}{(1+x^2)^2} = 0$，从而$\frac{x\ln x}{(1+x^2)^2}$在$[0,1]$上可积；

对II令$x = \frac{1}{t}$，

则$II = \int_1^0 \frac{\frac{1}{t}\ln\frac{1}{t}}{\left(1+\frac{1}{t^2}\right)^2} \cdot \left(-\frac{1}{t^2}\right)dt = -\int_0^1 \frac{t\ln t}{(1+t^2)^2}dt = -I$

从而原积分$=0$

16. 计算下列积分：

(1) $\int_0^{+\infty} \frac{1}{x^2+4x+8}dx$

解：原积分$= \int_0^{+\infty} \frac{dx}{(x+2)^2+4} = \frac{1}{2}\arctan\frac{x+2}{2}\Big|_0^{+\infty}$

$$= \lim_{x\to+\infty} \frac{1}{2}\arctan\frac{x+2}{2} - \frac{\pi}{8} = \frac{\pi}{8}$$

(2) $\int_0^{+\infty} \frac{\arctan x}{\sqrt[3]{(1+x^2)}^2}dx$

解：令$x = \tan t$，则：

原积分$= \int_0^{\frac{\pi}{2}} \frac{t}{(1+\tan^2 t)^{\frac{3}{2}}}d\tan t = \int_0^{\frac{\pi}{2}} t\cos t dt = \int_0^{\frac{\pi}{2}} td\sin t$

$$= t\sin t\Big|_0^{\frac{\pi}{2}} - \int_0^{\frac{\pi}{2}} \sin t dt = \frac{\pi}{2} - 1$$

(3) $\int_0^1 \frac{1-2x}{\sqrt{x-x^2}}dx$

解：原积分 $=\int_0^1 \frac{d(x-x^2)}{\sqrt{x-x^2}}=2\sqrt{x-x^2}\Big|_0^1=\lim\limits_{x\to 1^-}2\sqrt{x-x^2}-\lim\limits_{x\to 0^+}2\sqrt{x-x^2}=0$

(4) $\int_0^{\pi} \frac{1}{1+\sin^2 x}dx$

解：见习题9（12）.

(5) $\int_0^1 \frac{\arcsin\sqrt{x}}{\sqrt{x(1-x)}}dx$

解：原积分 $=\int_0^1 \frac{\arcsin\sqrt{x}}{\sqrt{1-(\sqrt{x})^2}}d(2\sqrt{x})=2\int_0^1 \arcsin\sqrt{x}\,d(\arcsin\sqrt{x})$

$$=(\arcsin\sqrt{x})^2\Big|_0^1=\lim_{x\to 1^-}(\arcsin\sqrt{x})^2-\lim_{x\to 0^+}(\arcsin\sqrt{x})^2=\frac{\pi^2}{4}$$

(6) $\int_1^2\left[\frac{1}{x\ln^2 x}-\frac{1}{(x-1)^2}\right]dx$

解：由于 $\int\left[\frac{1}{x\ln^2 x}-\frac{1}{(x-1)^2}\right]dx=\int\frac{1}{\ln^2 x}d\ln x-\int\frac{1}{(x-1)^2}d(x-1)=-\frac{1}{\ln x}+\frac{1}{x-1}+C$

故原积分 $=\left(-\frac{1}{\ln x}+\frac{1}{x-1}\right)\Big|_1^2=1-\frac{1}{\ln 2}-\lim\limits_{x\to 1^+}\left(-\frac{1}{\ln x}+\frac{1}{x-1}\right)$

$$=1-\frac{1}{\ln 2}-\lim_{x\to 1^+}\frac{\ln x-(x-1)}{(x-1)\ln x}=1-\frac{1}{\ln 2}-\lim_{x\to 1^+}\frac{\ln x-(x-1)}{(x-1)^2}$$

$$=1-\frac{1}{\ln 2}-\lim_{x\to 1^+}\frac{\frac{1}{x}-1}{2(x-1)}=\frac{3}{2}-\frac{1}{\ln 2}$$

17. 令 $I_n=\int_0^1 \ln^n x dx$，试证明：$I_n=(-1)^n n!$

证明：我们用数学归纳法来证明这个结论.

$k=1$ 时，$I_1=\int_0^1 \ln x dx=x\ln x\Big|_0^1-\int_0^1 x\cdot\frac{1}{x}dx=0-\lim\limits_{x\to 0^+}x\ln x-1=-1$

假设 $k=n-1$ 时结论成立，即 $I_{n-1}=(-1)^{n-1}(n-1)!$，那么 $k=n$ 时，我们有

$$I_n=\int_0^1 \ln^n x dx=x\ln^n x\Big|_0^1-\int_0^1 x\cdot n\ln^{n-1}x\cdot\frac{1}{x}dx=0-\lim_{x\to 0^+}x\ln^n x-n\int_0^1 \ln^{n-1}x dx$$

$$=-nI_{n-1}=-n(-1)^{n-1}(n-1)!=(-1)^n n!$$

18. 证明：$\int_0^{+\infty}\frac{1}{1+x^4}dx=\int_0^{+\infty}\frac{x^2}{1+x^4}dx=\frac{\pi}{2\sqrt{2}}$

证明：令 $x=\frac{1}{t}$，则 $I=\int_0^{+\infty}\frac{1}{1+x^4}dx=\int_{+\infty}^0\frac{1}{1+\frac{1}{t^4}}\cdot\left(-\frac{1}{t^2}\right)dt=\int_0^{+\infty}\frac{t^2}{1+t^4}dt=\int_0^{+\infty}\frac{x^2}{1+x^4}dx$

故 $2I=\int_0^{+\infty}\frac{x^2+1}{x^4+1}dx=\int_0^{+\infty}\frac{1+\frac{1}{x^2}}{x^2+\frac{1}{x^2}}dx=\int_0^{+\infty}\frac{1}{\left(x-\frac{1}{x}\right)^2+2}d\left(x-\frac{1}{x}\right)$

$$= \frac{1}{\sqrt{2}}\arctan\frac{x-\frac{1}{x}}{\sqrt{2}}\Bigg|_0^{+\infty} = \lim_{x\to+\infty}\frac{1}{\sqrt{2}}\arctan\frac{x-\frac{1}{x}}{\sqrt{2}} - \lim_{x\to0^+}\frac{1}{\sqrt{2}}\arctan\frac{x-\frac{1}{x}}{\sqrt{2}}$$

$$= \frac{1}{\sqrt{2}}\frac{\pi}{2} - \frac{1}{\sqrt{2}}\left(-\frac{\pi}{2}\right) = \frac{\pi}{\sqrt{2}}$$

从而原积分 $= \dfrac{\pi}{2\sqrt{2}}$

19. 证明下列等式：

(1) $\int_0^{\frac{\pi}{2}}\ln\sin x dx = \int_0^{\frac{\pi}{2}}\ln\cos x dx$

证明：令 $x = \frac{\pi}{2} - t$，则 $\int_0^{\frac{\pi}{2}}\ln\sin x dx = \int_{\frac{\pi}{2}}^0 \ln\sin\left(\frac{\pi}{2}-t\right)d\left(\frac{\pi}{2}-t\right)$

$$= \int_0^{\frac{\pi}{2}}\ln\cos t dt = \int_0^{\frac{\pi}{2}}\ln\cos x dx$$

(2) $\int_0^{\pi}\ln\sin x dx = 2\int_0^{\frac{\pi}{2}}\ln\sin x dx$

证明：$\int_0^{\pi}\ln\sin x dx = \int_0^{\frac{\pi}{2}}\ln\sin x dx + \int_{\frac{\pi}{2}}^{\pi}\ln\sin x dx = \text{Ⅰ} + \text{Ⅱ}$

对 Ⅱ，令 $x = \pi - t$，则 $\text{Ⅱ} = \int_{\frac{\pi}{2}}^0 \ln\sin(\pi - t)d(\pi - t) = \int_0^{\frac{\pi}{2}}\ln\sin t dt = \int_0^{\frac{\pi}{2}}\ln\sin x dx$

从而 $\int_0^{\pi}\ln\sin x dx = 2\int_0^{\frac{\pi}{2}}\ln\sin x dx$

(3) $\int_0^{\frac{\pi}{2}}\ln\sin x dx = -\frac{\pi}{2}\ln 2$

证明：由（1）知：$2I = 2\int_0^{\frac{\pi}{2}}\ln\sin x dx = \int_0^{\frac{\pi}{2}}\ln\sin x dx + \int_0^{\frac{\pi}{2}}\ln\cos x dx = \int_0^{\frac{\pi}{2}}\ln(\sin x \cdot \cos x)dx$

$$= \int_0^{\frac{\pi}{2}}\left(\ln\frac{1}{2} + \ln\sin 2x\right)dx = -\frac{\pi}{2}\ln 2 + \int_0^{\frac{\pi}{2}}\ln\sin 2x dx$$

$$= -\frac{\pi}{2}\ln 2 + \frac{1}{2}\int_0^{\frac{\pi}{2}}\ln\sin 2x d2x$$

$$= -\frac{\pi}{2}\ln 2 + \frac{1}{2}\int_0^{\pi}\ln\sin x dx = -\frac{\pi}{2}\ln 2 + I$$

从而 $I = -\frac{\pi}{2}\ln 2$

(4) $\int_0^{\frac{\pi}{2}}\frac{x}{\tan x}dx = \frac{\pi}{2}\ln 2$

证明：$\int_0^{\frac{\pi}{2}}\frac{x}{\tan x}dx = \int_0^{\frac{\pi}{2}}x d\ln|\sin x| = x\ln|\sin x|\Big|_0^{\frac{\pi}{2}} - \int_0^{\frac{\pi}{2}}\ln|\sin x|dx$

$$= 0 - \lim_{x\to0^+}(x\ln|\sin x|) - \int_0^{\frac{\pi}{2}}\ln\sin x dx = 0 - \left(-\frac{\pi}{2}\ln 2\right) = \frac{\pi}{2}\ln 2$$

20. 计算下列平面图形的面积.

(1) 由两条抛物线 $y=x^2$, $x=y^2$ 所围成.

解：联立 $\begin{cases} y=x^2 \\ y=\sqrt{x} \end{cases} \Rightarrow \begin{cases} x=0 \\ y=0 \end{cases}, \begin{cases} x=1 \\ y=1, \end{cases}$ 故所求面积（见图6.1）：

$$S=\int_0^1(\sqrt{x}-x^2)dx=\left(\frac{2}{3}x^{\frac{3}{2}}-\frac{1}{3}x^3\right)\Big|_0^1=\frac{1}{3}$$

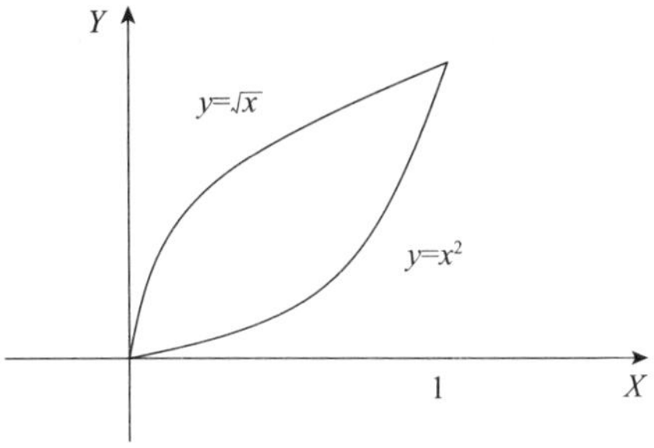

图 6.1

(2) 由曲线 $y=4-x^2$ 与 $y=x^2-4x-2$ 所围成.

解：联立 $\begin{cases} y=4-x^2 \\ y=x^2-4x-2 \end{cases} \Rightarrow \begin{cases} x=-1 \\ y=3 \end{cases}, \begin{cases} x=3 \\ y=-5, \end{cases}$ 故所求面积（见图6.2）：

$$S=\int_{-1}^3(4-x^2-(x^2-4x-2))dx=2\int_{-1}^3(3+2x-x^2)dx$$

$$=2\left(3x+x^2-\frac{1}{3}x^3\right)\Big|_{-1}^3=21\frac{1}{3}$$

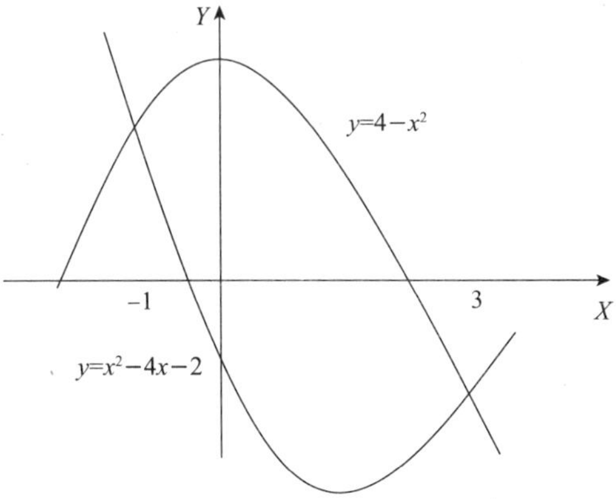

图 6.2

(3) 由曲线 $x=4y^2-1$ 与直线 $x-3y-6=0$ 所围成.

解：联立 $\begin{cases} x = 4y^2 - 1 \\ x = 3y + 6 \end{cases} \Rightarrow \begin{cases} x = 3 \\ y = -1 \end{cases}, \begin{cases} x = \dfrac{45}{4} \\ y = \dfrac{7}{4}, \end{cases}$ 故所求面积（见图 6.3）：

$$S = \int_{-1}^{\frac{7}{4}} (3y + 6 - (4y^2 - 1))\,dy = \left(\frac{3}{2}y^2 + 7y - \frac{4}{3}y^3\right)\Bigg|_{-1}^{\frac{7}{4}} = 13\frac{83}{96}$$

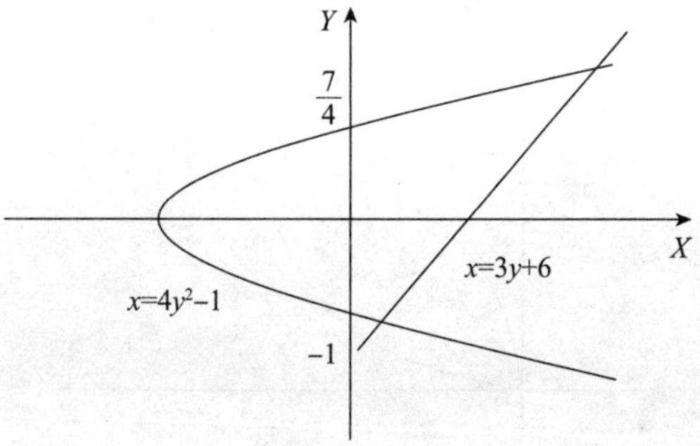

图 6.3

（4）由曲线 $y = \sin x$ 与 $y = \sin 2x$，直线 $x = 0$，$x = \pi$ 所围成．

解：在 $[0,\pi]$ 内联立 $\begin{cases} y = \sin x \\ y = \sin 2x \end{cases} \Rightarrow \begin{cases} x = 0 \\ y = 0 \end{cases}, \begin{cases} x = \dfrac{\pi}{3} \\ y = \dfrac{\sqrt{3}}{2}, \end{cases} \begin{cases} x = \pi \\ y = 0 \end{cases}$，故所求面积（见图 6.4）：

$$\begin{aligned} S &= \int_0^{\frac{\pi}{3}} (\sin 2x - \sin x)\,dx + \int_{\frac{\pi}{3}}^{\pi} (\sin x - \sin 2x)\,dx \\ &= \left(\cos x - \frac{1}{2}\cos 2x\right)\Bigg|_0^{\frac{\pi}{3}} + \left(\frac{1}{2}\cos 2x - \cos x\right)\Bigg|_0^{\frac{\pi}{3}} \\ &= \frac{5}{2} \end{aligned}$$

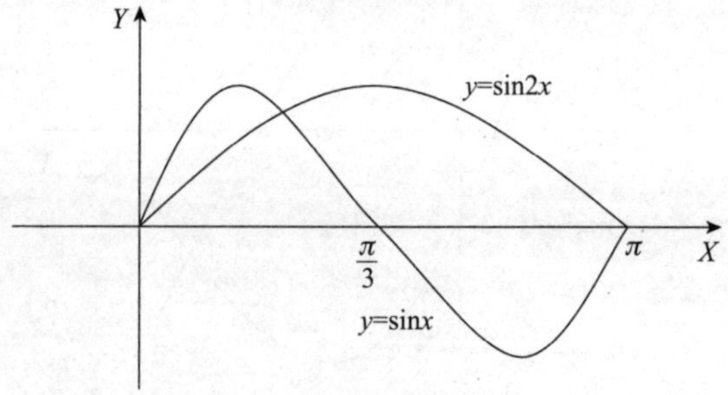

图 6.4

（5）由直线 $x = \dfrac{1}{2}$，曲线 $y = \ln x$ 及曲线在点 $(e,1)$ 处的切线所围成．

解：由 $y' = \frac{1}{x}$，故 $y'|_{x=e} = \frac{1}{e}$，从而所求切线方程为：$y - 1 = \frac{1}{e}(x - e)$，即 $y = \frac{1}{e}x$，故所求面积为（见图6.5）：

$$S = \int_{\frac{1}{2}}^{e}\left(\frac{x}{e} - \ln x\right)dx = \frac{x^2}{2e}\Big|_{\frac{1}{2}}^{e} - (x\ln x - x)\Big|_{\frac{1}{2}}^{e} = \frac{1}{2}\left(e - \frac{1}{4e} - 1 - \ln 2\right)$$

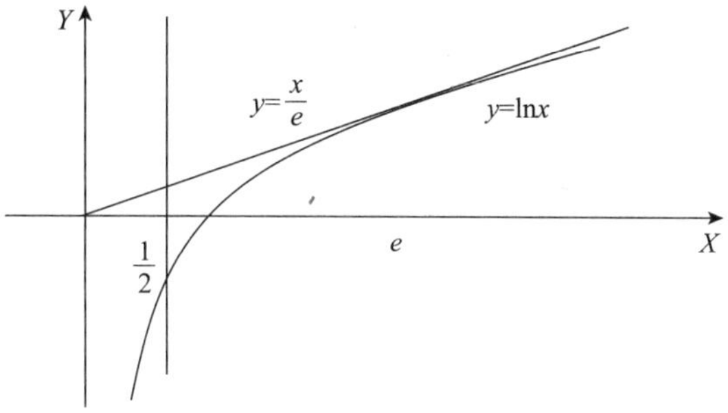

图6.5

（6）由曲线 $|\ln x| + |\ln y| = 1$ 所围成.

解：① 当 $x \geqslant 1, y \geqslant 1$ 时，原方程化为：$\ln x + \ln y = 1$，即：$xy = e$

② 当 $x \geqslant 1, 0 < y \leqslant 1$ 时，原方程化为：$\ln x - \ln y = 1$，即：$\frac{x}{y} = e$

③ 当 $y \geqslant 1, 0 < x \leqslant 1$ 时，原方程化为：$-\ln x + \ln y = 1$，即：$\frac{y}{x} = e$

④ 当 $0 < x \leqslant 1, 0 < y \leqslant 1$ 时，原方程化为：$-\ln x - \ln y = 1$，即：$xy = \frac{1}{e}$

分别联立方程①②、①③、③④、④②得：

$A(e,1)$，$B(1,e)$，$C\left(\frac{1}{e},1\right)$，$D\left(1,\frac{1}{e}\right)$，故所求面积为（见图6.6）：

$$S_1 + S_2 = \int_{\frac{1}{e}}^{1}\left(ex - \frac{1}{ex}\right)dx + \int_{1}^{e}\left(\frac{e}{x} - \frac{x}{e}\right)dx$$

$$= \left(\frac{1}{2}ex^2 - \frac{1}{e}\ln x\right)\Big|_{\frac{1}{e}}^{1} + \left(e\ln x - \frac{x^2}{2e}\right)\Big|_{1}^{e}$$

$$= e - \frac{1}{e}$$

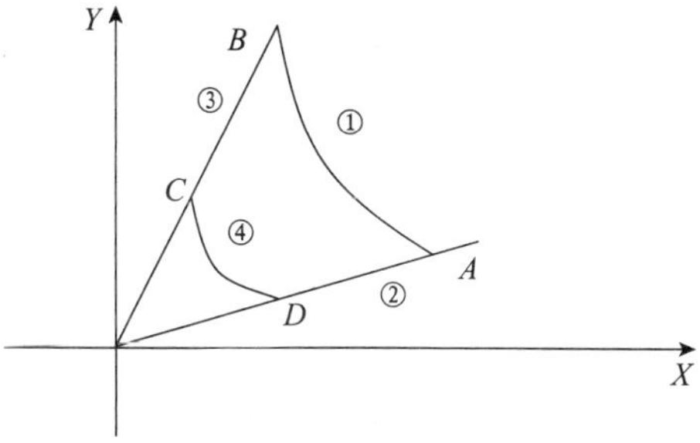

图6.6

21. 若由曲线 $y=1-x^2$，x 轴与 y 轴在第一象限所围成的图形被曲线 $y=ax^2(a>0)$ 分成面积相等的两部分，求常数 a 的值.

解：如图所示，由 $y=1-x^2$，x 轴，y 轴所围成图形的面积为（见图 6.7）：

$$S=\int_0^1(1-x^2)dx=\left(x-\frac{1}{3}x^3\right)\bigg|_0^1=\frac{2}{3}$$

而 S 被 $y=ax^2$ 分为 S_1 和 S_2 两部分，联立 $\begin{cases}y=1-x^2\\y=ax^2\end{cases}\Rightarrow\begin{cases}x=\dfrac{1}{\sqrt{a+1}}\\y=\dfrac{a}{a+1}\end{cases}$

故 $S_1=\int_0^{\frac{1}{\sqrt{a+1}}}(1-x^2-ax^2)dx=\left(x-\frac{a+1}{3}x^3\right)\bigg|_0^{\frac{1}{\sqrt{a+1}}}=\frac{2}{3}\frac{1}{\sqrt{a+1}}$

若要 $S_1=S_2$，即 $S_1=\frac{1}{2}S\Rightarrow\frac{2}{3}\frac{1}{\sqrt{a+1}}=\frac{1}{2}\frac{2}{3}\Rightarrow a=3$

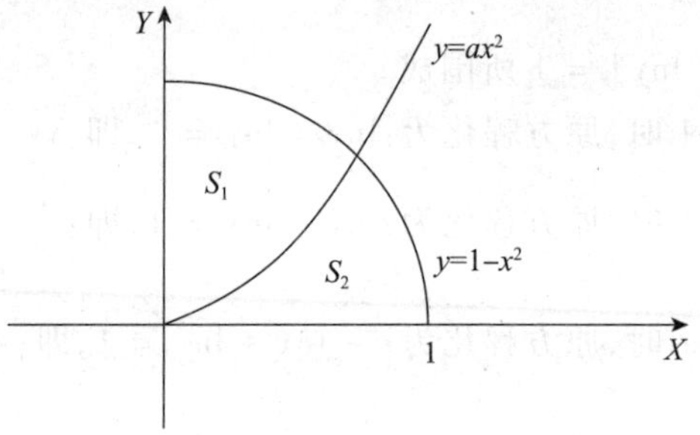

图 6.7

22. 设直线 $y=ax(a>1)$ 与曲线 $y=\sqrt{x}$ 所围图形面积为 S_1，$y=ax$，$y=\sqrt{x}$ 与 $x=1$ 所围图形面积为 S_2，试确定 a 的值使 $S=S_1+S_2$ 达到最小，并求出其最小值.

解：联立 $\begin{cases}y=\sqrt{x}\\y=ax\end{cases}\Rightarrow\begin{cases}x=0\\y=0\end{cases},\begin{cases}x=\dfrac{1}{a^2}\\y=\dfrac{1}{a}\end{cases}$

故 $S_1+S_2=\int_0^{\frac{1}{a^2}}(\sqrt{x}-ax)dx+\int_{\frac{1}{a^2}}^1(ax-\sqrt{x})dx=\left(\frac{2}{3}x^{\frac{3}{2}}-\frac{a}{2}x^2\right)\bigg|_0^{\frac{1}{a^2}}+\left(\frac{a}{2}x^2-\frac{2}{3}x^{\frac{3}{2}}\right)\bigg|_{\frac{1}{a^2}}^1$

$$=\frac{1}{3a^3}+\frac{a}{2}-\frac{2}{3}$$

从而 $\dfrac{d(S_1+S_2)}{da}=-\dfrac{1}{a^4}+\dfrac{1}{2}$，$\dfrac{d^2(S_1+S_2)}{da^2}=\dfrac{4}{a^5}$

令 $\dfrac{d(S_1+S_2)}{da}=0\Rightarrow a=\sqrt[4]{2}$，此时，$\dfrac{d^2(S_1+S_2)}{da^2}=\dfrac{4}{(\sqrt[4]{2})^5}>0$

故 $a=\sqrt[4]{2}$ 时，S 最小，且最小值为 $\dfrac{1}{3}\dfrac{1}{(\sqrt[4]{2})^3}+\dfrac{\sqrt[4]{2}}{2}-\dfrac{2}{3}=\dfrac{2}{3}(\sqrt[4]{2}-1)$

本题图见图 6.8.

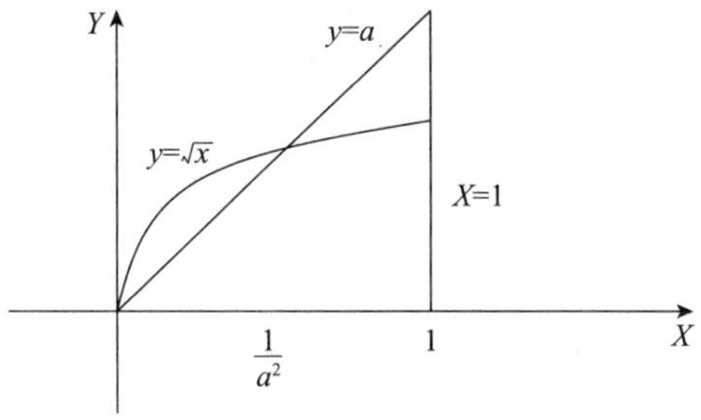

图 6.8

23. 计算下列空间立体的体积：

（1）由曲线 $y = x^2$，直线 $x = 2$ 及 x 轴所围成的平面图形分别绕 x 轴，y 轴旋转一周所得的旋转体（见图 6.9）.

解：$V_x = \pi\int_0^2 y^2 dx = \pi\int_0^2 x^4 dx = \frac{\pi}{5}x^5 \Big|_0^2 = \frac{32}{5}\pi$

$$V_y = \pi\int_0^4 2^2 dy - \pi\int_0^4 (\sqrt{y})^2 dy = 16\pi - \frac{\pi}{2}y^2 \Big|_0^4 = 8\pi$$

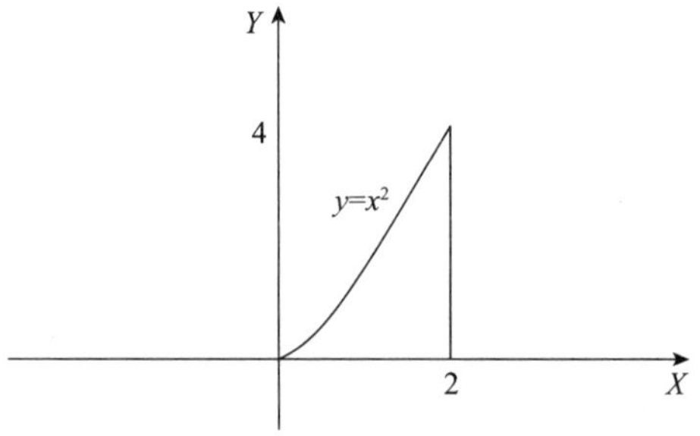

图 6.9

（2）由曲线 $y = e^x$，直线 $y = ex$ 与 y 轴所围成的图形绕 x 轴旋转一周所得的旋转体（见图 6.10）.

解：联立$\begin{cases} y = e^2 \\ y = ex \end{cases} \Rightarrow \begin{cases} x = 1 \\ y = e \end{cases}$，故

$$V_x = \pi\int_0^1 [(e^x)^2 - (ex)^2]dx = \pi\left(\frac{1}{2}e^{2x} - \frac{e^2}{3}x^3\right)\Big|_0^1 = \pi\left(\frac{e^2}{6} - \frac{1}{2}\right)$$

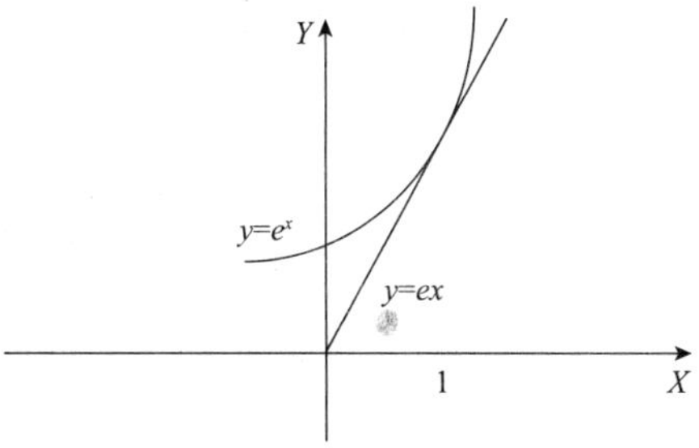

图 6.10

(3) 由曲线 $y \geqslant 2x, y \geqslant -x, x^2+y^2 \leqslant 10$ 确定的平面图形绕轴旋转一周所得的旋转体.

解：联立 $\begin{cases} y=-x \\ x^2+y^2=10 \end{cases} \Rightarrow \begin{cases} x=-\sqrt{5} \\ y=\sqrt{5} \end{cases}$，联立 $\begin{cases} y=2x \\ x^2+y^2=10 \end{cases} \Rightarrow \begin{cases} x=\sqrt{2} \\ y=2\sqrt{2} \end{cases}$，故

$$V_x = \pi\int_{-\sqrt{5}}^{0}[(10-x^2)-(-x)^2]dx + \pi\int_{0}^{\sqrt{2}}[(10-x^2)-(2x)^2]dx$$

$$= \pi\left(10x-\frac{2}{3}x^3\right)\Big|_{-\sqrt{5}}^{0} + \pi\left(10x-\frac{5}{3}x^3\right)\Big|_{0}^{\sqrt{2}}$$

$$= \frac{20}{3}(\sqrt{5}+\sqrt{2})\pi$$

再由图象的对称性知，绕 y 轴旋转时，y 轴左边部分图形旋转所形成的旋转体完全包含了 y 轴右边部分图形旋转所形成的旋转体（见图6.11），故：

$$V_y = \pi\int_{0}^{\sqrt{5}} y^2dy + \pi\int_{\sqrt{5}}^{\sqrt{10}}(10-y^2)dy$$

$$= \pi\frac{1}{3}y^3\Big|_{0}^{\sqrt{5}} + \pi\left(10y-\frac{1}{3}y^3\right)\Big|_{\sqrt{5}}^{\sqrt{10}}$$

$$= \frac{20}{3}(\sqrt{10}-\sqrt{5})\pi$$

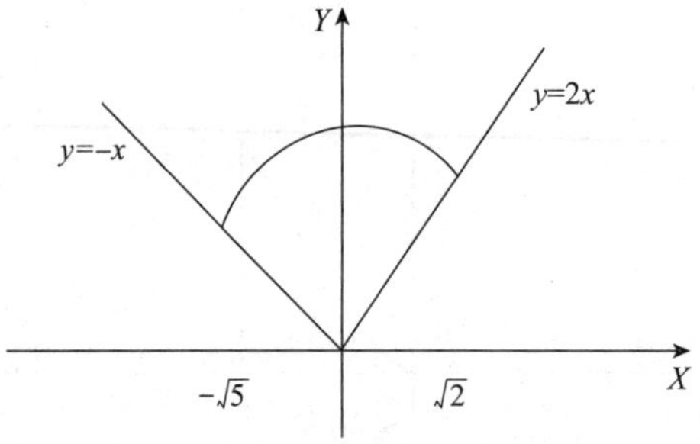

图 6.11

(4) 由曲面 $\frac{x^2}{a^2}+\frac{y^2}{b^2}=1$，$z=\frac{c}{b}y$，$z=0$ 所围成的空间立体.

解：该立体位于平面 $x=-a, x=a$ 之间，用平面 $x=x_0(-a<x_0<a)$ 去截该立体，所得截面面积为

$S(x_0)=\frac{1}{2}y_0\cdot y_0\tan\alpha=\frac{c}{2b}y_0^2=\frac{c}{2b}\cdot b^2\left(1-\frac{x_0^2}{a^2}\right)$，故该立体体积为：

$$V=\frac{1}{2}bc\int_{-a}^{a}\left(1-\frac{x^2}{a^2}\right)dx=\frac{1}{2}bc\left(x-\frac{1}{3a^2}x^3\right)\Big|_{-a}^{a}=\frac{2}{3}abc$$

24. 若某连续的现金流每年可获得3000元的固定收益，贴现率为6%：

(1) 若此现金流持续2年，求其贴现值；

(2) 若此现金流一直持续下去，求其贴现值.

解：(1) 由题意知：现金流 $R(t)=3000$，贴现率 $r=0.06$，故 $T=2$ 时，其贴现值为：

$$3000\int_0^2 e^{-0.06t}dt=-\frac{3000}{0.06}e^{-0.06t}\Big|_0^2=50000(1-e^{-0.12})$$

（2）若此现金流一直持续下去，其贴现值为：

$$3000\int_0^{+\infty} e^{-0.06t}dt = -\frac{3000}{0.06}e^{-0.06t}\Big|_0^{+\infty} = 50000 - 50000\lim_{t\to+\infty} e^{-0.06t} = 50000$$

25. 求下列极限：

(1) $\lim\limits_{n\to 0}\frac{1}{n}\sum\limits_{k=0}^{n}\sin\frac{kb}{n}, b > 0$

解：由 $\frac{1}{n}\sum\limits_{k=0}^{n}\sin\frac{kb}{n} = \sum\limits_{k=1}^{n}\frac{1}{n}\sin b\cdot\frac{k}{n}$ 得：

$$\lim_{n\to+\infty}\frac{1}{n}\sum_{k=0}^{n}\sin\frac{kb}{n} = \int_0^1\sin bx dx = -\frac{1}{b}\cos bx\Big|_0^1 = \frac{1-\cos b}{b}$$

(2) $\lim\limits_{n\to 0}\int_0^a x^n\sin x dx, (0 < a < 1)$

解：显然 $0 < x < a < 1$ 时有 $x^n\sin x \geqslant 0$，故 $\int_0^a x^n\sin x dx \geqslant 0$，

又 $0 < x < a < 1$ 时有 $0 < \sin x < 1$，故 $x^n\sin x < x^n$，从而

$$\int_0^a x^n\sin x dx < \int_0^a x^n dx = \frac{1}{n+1}x^{n+1}\Big|_0^a = \frac{a^{n+1}}{n+1}$$

再由 $\lim\limits_{n\to+\infty}\frac{a^{n+1}}{n+1} = 0$，从而由夹逼准则知：

$$\lim_{n\to+\infty}\int_0^a x^n\sin x dx = 0$$

五、本章综合自测题

（一）填空题

1. $f(x) = \sin x$ 在 $[0,\pi]$ 上的平均值是__________.

2. 若 $\frac{d}{dx}\int_0^{e^{-x}} f(t)dt = e^x$，则 $f(x) =$ __________.

3. 已知 $\int_{c-2}^{c+2}\max\{x,c\}dx = 6$，则 $c =$ __________.

4. 设 $f(x)$ 连续，则 $\frac{d}{dx}\int_0^x tf(x^2-t^2)dt =$ __________.

5. 已知 $f(x)$ 有一个原函数 $\frac{\sin x}{x}$，则 $\int_{\frac{\pi}{2}}^{\pi} xf'(x)dx =$ __________.

6. $\lim\limits_{n\to\infty}\frac{1}{n}\left(\sec^2\frac{\pi}{4n} + \sec^2\frac{2\pi}{4n} + \cdots + \sec^2\frac{n\pi}{4n}\right) =$ __________.

7. $\lim\limits_{n\to\infty}\frac{\sqrt[n]{n(n+1)\cdots(2n-1)}}{n} =$ __________.

8. 若 $f(x)=x^2-x\int_0^2 f(x)dx+2\int_0^1 f(x)dx$，则 $f(x)=$ ________.

9. $\frac{d}{dx}\int_0^x \sin^{100}(x-t)dt=$ ________.

10. $\int_{-\frac{\pi}{2}}^{\frac{\pi}{2}}(x+1)\min\left\{\frac{1}{2},\cos x\right\}dx=$ ________.

11. 设 $f(x)$ 连续，$\varphi(x)=\int_0^{x^2} xf(t)dt$，若 $\varphi(1)=1,\varphi'(1)=5$，则 $f(1)=$ ________.

（二）选择题

1. 设 $f(x)$ 在 $[a,b]$ 上连续，则下列等式中正确的是（　　）.

(A) $\int_a^b xf(x)dx=x\int_a^b f(x)dx$　　(B) $\int_a^b f(xt)dx=x\int_a^b f(t)dx$

(C) $\int_a^b tf(x)dt=t\int_a^b f(x)dt$　　(D) $\int_a^b xf(t)dt=x\int_a^b f(t)dt$

2. 下列广义积分收敛的是（　　）.

(A) $\int_{-\infty}^{+\infty}\sin x dx$　　(B) $\int_{-1}^{1}\frac{1}{x^2}dx$

(C) $\int_0^{+\infty}e^{-x}dx$　　(D) $\int_{-\infty}^{0}e^{-x}dx$

3. 广义积分 $\int_0^{+\infty}\min\left\{e^{-x},\frac{1}{2}\right\}dx=$（　　）.

(A) $2\ln 2+\frac{1}{2}$　　(B) $2\ln 2-\frac{1}{2}$

(C) $\frac{1}{2}\ln 2+\frac{1}{2}$　　(D) $\frac{1}{2}\ln 2-\frac{1}{2}$

4. 若 $f(x)=x\sin\sqrt{x}$，则 $\lim\limits_{x\to 0^+}\frac{\int_0^x f(t)dt}{x^2}=$（　　）.

(A) 1　　(B) 0

(C) $\frac{1}{2}$　　(D) $\frac{1}{3}$

（三）计算题

1. $\int_{\frac{1}{3}}^{1}\frac{\arctan\sqrt{x}}{\sqrt{x}(1+x)}dx$　　2. $\int_0^{\frac{1}{2}}x\ln\left(\frac{1+x}{1-x}\right)dx$

3. $\int_0^{\frac{\pi}{2}}\frac{\cos x}{\sin x+\cos x}dx$　　4. $\int_0^a\frac{1}{x+\sqrt{a^2-x^2}}dx\ (a>0)$

5. $\int_1^3\frac{1}{x\sqrt{x^2+5x+1}}dx$　　6. $\int_0^1\frac{xe^x}{(1+x)^2}dx$

7. $\int_0^1\frac{x}{e^x+e^{1-x}}dx$　　8. $\int_0^{+\infty}\frac{\ln x}{1+x^2}dx$

9. $\int_{\frac{1}{2}}^{2}\left(1+x-\frac{1}{x}\right)e^{x+\frac{1}{x}}dx$

10. $\int_{0}^{1}\frac{dx}{(x^{2}-x+1)^{3/2}}$

11. $\int_{0}^{2\pi}\sqrt{1+\sin x}\,dx$

12. 设 $I=\int_{0}^{+\infty}e^{-ax}\cos bx\,dx$, $J=\int_{0}^{+\infty}e^{-ax}\sin bx\,dx$, 其中 $a>0$, $b\in R$, 求 I, J.

13. 已知 $f(x)=\begin{cases}\dfrac{1}{x+1}, & x\geqslant 0\\ \dfrac{1}{e^{x}+1}, & x<0\end{cases}$, 计算 $\int_{0}^{2}f(x-1)dx$.

14. 当 $x>0$ 时, $f(x)=\int_{1}^{x}\frac{\ln t}{1+t}dt$, 求 $f(x)+f\left(\frac{1}{x}\right)$.

15. 设 $f(x)$, $g(x)$ 在 $x=0$ 的邻域内连续, $f(0)=g(0)\neq 0$, 求 $\lim\limits_{x\to 0}\dfrac{\int_{0}^{x^{2}}f(\sqrt{x^{2}-t})dt}{\int_{0}^{1}x^{2}g(xt)dt}$.

(四) 应用题

1. 设直线 $y=x$ 将椭圆 $x^{2}+3y^{2}-6y=0$ 分成两部分, 求直线下方一部分的面积.

2. 由于折旧等因素, 某机械转售价格 $p(t)$ 是时间 t 的减函数: $p(t)=\frac{3A}{4}e^{-\frac{t}{96}}$, 其中 A 为机器的最初价格, 在任何时间 t, 机器开动就能产生 $R=\frac{A}{4}e^{-\frac{t}{48}}$ 的利润. 问机器使用了多长时间转售出去能使总利润最大? 最大利润是多少?

3. 求抛物线 $y=-x^{2}+4x-3$ 及其过点 $(0,-3)$, $(3,0)$ 的切线所围成的图形的面积.

4. 设直线 $y=ax$ 与抛物线 $y=x^{2}$ 所围图形的面积为 S_1, 它们与直线 $x=1$ 所围成的图形的面积为 S_2, 并且 $0<a<1$.

(1) 确定 a 的值, 使 S_1+S_2 达到最小, 并求出最小值;

(2) 求该最小值所对应的平面图形绕 x 轴旋转一周所得的旋转体体积.

(五) 证明题

1. 设 $f(x)$ 在区间 $[a,b]$ 上连续, 试证明: $\left|\int_{a}^{b}f(x)dx\right|\leqslant\int_{a}^{b}|f(x)|dx$

2. 设 $f(x)$ 在区间 $[0,a]$ $(a>0)$ 连续且 $f(a-x)=f(x)$, 试证明: $\int_{0}^{a}xf(x)dx=\frac{a}{2}\int_{0}^{a}f(x)dx$

3. 试证明: 若函数 $f(x)$, $g(x)$ 在区间 $[a,b]$ 上连续, 且 $g(x)>0$, 则至少存在一点 $\xi\in[a,b]$, 使得 $\int_{a}^{b}f(x)g(x)dx=f(\xi)\int_{a}^{b}g(x)dx$

4. 设$f(x)$在$[0,+\infty)$上连续并恒取正值，试证明：$\varphi(x)=\dfrac{\int_0^x tf(t)dt}{\int_0^x f(t)dt}$在$(0,+\infty)$上递增.

5. 设$f(x)$在$[a,b]$上有连续的二阶导数，且$f(a)=f(b)=0$，试证明：

(1) $\int_a^b f(x)dx=\dfrac{1}{2}\int_a^b f''(x)(x-a)(b-x)dx$

(2) 令$M=\max\limits_{a\leqslant x\leqslant b}|f''(x)|$，则有$\left|\int_a^b f(x)dx\right|\leqslant\dfrac{1}{12}(b-a)^3M$

6. 设$f(x)$，$g(x)$均为$[a,b]$上的连续增函数$(a,b>0)$，试证明：

$$\int_a^b f(x)dx\int_a^b g(x)dx\leqslant(b-a)\int_a^b f(x)g(x)dx$$

六、自测题参考答案

（一）1. $\dfrac{2}{\pi}$　2. $-\dfrac{1}{x^2}$　3. 1　4. $xf(x^2)$　5. $-1+\dfrac{4}{\pi}$　6. $\dfrac{4}{\pi}$

7. $\dfrac{4}{e}$（提示：取对数化为积分和的形式）

8. $x^2-\dfrac{4}{3}x+\dfrac{2}{3}$（提示：注意到定积分是一个常数，等式两边分别在［0，1］，［0，2］积分）

9. $\sin^{100}x$（提示：换元$u=x-t$）

10. $\dfrac{\pi}{3}+2-\sqrt{3}$（提示：利用奇偶性先化简）.

11. 2（提示：注意$\varphi'(x)$的正确求法）

（二）1. D　2. C　3. C　4. B

（三）1. $\dfrac{5\pi^2}{144}$（提示：令$y=\arctan\sqrt{x}$）

2. $-\dfrac{3}{8}\ln3+\dfrac{1}{2}$

3. $\dfrac{\pi}{4}$（提示：令$x=\dfrac{\pi}{2}-t$计算两个积分的和）

4. $\dfrac{\pi}{4}$

5. $\ln\dfrac{7+2\sqrt{7}}{9}$（提示：令$x=\dfrac{1}{t}$）

6. $\dfrac{e}{2}-1$

7. $\frac{1}{2\sqrt{e}}\left(\arctan\sqrt{e}-\arctan\frac{1}{\sqrt{e}}\right)$（提示：令 $x=1-t$ 计算两个积分的和）

8. 0（提示：注意这是混合型广义积分，将积分区间分成 $(0,1)$，$(1,+\infty)$，在第二个积分中令 $x=\frac{1}{t}$）

9. $\frac{3}{2}e^{\frac{5}{2}}$（提示：换元 $x=\frac{1}{t}$，然后利用分部积分）

10. $\frac{4}{3}$（提示：将分子括号里面的式子写成 $[1+(\varphi(x))^2]$ 的形式，然后换元）

11. $4\sqrt{2}$（提示：将被积函数写成 $\sqrt{2}\left|\sin\left(\frac{x}{2}+\frac{\pi}{4}\right)\right|$ 的形式，然后换元并利用周期性）

12. $I=\frac{a}{a^2+b^2}, J=\frac{b}{a^2+b^2}$（提示：分部积分两次）

13. $\ln(1+e)$（提示：换元 $t=x-1$）

14. $\frac{1}{2}\ln^2 x$（提示：计算 $f\left(\frac{1}{x}\right)$ 时换元 $x=\frac{1}{t}$）

15. 1（提示：分子中令 $x^2-t=u$，分母中令 $xt=u$，用洛必达法则和积分中值定理）

（四）1. $\frac{\sqrt{3}\pi}{3}-\frac{3}{4}$

2. $T=48\ln 32$（提示：假设 T 时间卖出去，此时利润 $L(T)=\int_0^T p(t)dt+R(T)-A$）

3. $\frac{9}{4}$

4. （1）$a=\frac{\sqrt{2}}{2}, S_{\min}=\frac{1-\sqrt{2}/2}{3}$；（2）$V_x=\frac{(1+\sqrt{2})\pi}{30}$

（五）1. 提示：利用不等式 $-|f(x)|\leqslant f(x)\leqslant|f(x)|$ 及估值定理．

2. 提示：左边的积分中令 $x=a-t$ 即证．注意本题是教材例 6.19 的一般形式，在不少积分的计算中可起简化作用，如本节计算题第 7 题等．

3. 提示：仿定理 6.4 的证明．

4. 提示：求导证明单调性．

5. 提示：（1）在右边的积分中使用分部积分两次即证；

（2）利用本章综合题（A）证明题第一小题结论与估值定理．

6. 提示：仿课本例 6.10 的证明，利用导数．

第 7 章

无 穷 级 数

一、基本要求

理解常数项级数收敛、发散以及收敛级数的和的概念，掌握级数的基本性质及收敛的必要条件；掌握几何级数与 p 级数的收敛与发散的条件，正项级数收敛性的比较判别法和比值判别法，会用根值判别法；掌握交错级数的莱布尼茨判别法，了解任意项级数绝对收敛与条件收敛的概念以及绝对收敛与收敛的关系；了解函数项级数的收敛域及和函数的概念，理解幂级数的收敛半径的概念，并掌握幂级数的收敛半径、收敛区间及收敛域的求法；了解幂级数在其收敛区间内的一些基本性质（和函数的连续性、逐项求导和逐项积分），会求一些幂级数在收敛区间内的和函数，并会由此求出某些数项级数的和；了解函数展开为泰勒级数的充分必要条件；掌握 e^x、$\sin x$、$\cos x$、$\ln(1+x)$、$(1+x)^\alpha$ 的麦克劳林（*Maclaurin*）展开式，会用它们将一些简单函数间接展开成幂级数．

二、内容提要

（一）数项级数的基本概念与性质

1. 级数的定义：给定一个无穷数列 $\{u_n\}$，用加号依次连接它的所有项所得的表达式 $u_1 + u_2 + \cdots + u_n + \cdots$ 称为**常数项无穷级数**（简称**数项级数**或**级数**），记为 $\sum\limits_{n=1}^{\infty} u_n$，其中，第 n 项 u_n 称为级数 $\sum\limits_{n=1}^{\infty} u_n$ 的一般项或通项．

2. 部分和定义：令 $S_n = u_1 + u_2 + \cdots + u_n = \sum_{k=1}^{n} u_k$ 称为级数 $\sum_{n=1}^{\infty} u_n$ 的**部分和**，数列$\{S_n\}$称为级数 $\sum_{n=1}^{\infty} u_n$ 的部分和数列．若 $\lim_{n\to\infty} S_n = S$（$S$ 为常数），则称级数 $\sum_{n=1}^{\infty} u_n$ **收敛**，S 为级数 $\sum_{n=1}^{\infty} u_n$ 的**和**，即 $\sum_{n=1}^{\infty} u_n = S$，也称级数 $\sum_{n=1}^{\infty} u_n$ 收敛于 S；若数列$\{S_n\}$发散，则称级数 $\sum_{n=1}^{\infty} u_n$ **发散**．

注：因此符号 $\sum_{n=1}^{\infty} u_n$ 具有双重含义：一方面它表示一个无穷级数；另一方面它也表示当这个级数收敛时的和（一个确定的实数）．

3. 级数的基本性质：

（1）（级数收敛的必要条件）若级数 $\sum_{n=1}^{\infty} u_n$ 收敛，则 $\lim_{n\to\infty} u_n = 0$．

注：①此性质常被用来证明一些级数发散，在判断一个级数是否收敛时，第一步往往是看其通项是否趋于零．例如：$\sum_{n=1}^{\infty} \frac{n}{n+1}$ 发散，因为 $\lim_{n\to\infty} \frac{n}{n+1} = 1 \neq 0$；$\sum_{n=1}^{\infty} (-1)^n$ 发散，因为 $\lim_{n\to\infty} (-1)^n$ 不存在；$\sum_{n=1}^{\infty} n\sin\frac{1}{n}$ 发散，因为 $\lim_{n\to\infty} n\sin\frac{1}{n} = 1 \neq 0$．

②级数通项趋于零仅仅是级数收敛的必要条件，而非充分条件．例如调和级数 $\sum_{n=1}^{\infty} \frac{1}{n}$ 满足 $\lim_{n\to\infty} \frac{1}{n} = 0$，但是它却是发散的．因此，通项趋于零并不能保证级数一定收敛，更为关键的是看其趋于零的速度（参看正项级数比较判别法的极限形式）．

（2）（收敛级数的线性运算法则）若级数 $\sum_{n=1}^{\infty} u_n$ 收敛于 U，级数 $\sum_{n=1}^{\infty} v_n$ 收敛于 V，a,b 为任意常数，则级数 $\sum_{n=1}^{\infty} (au_n + bv_n)$ 也收敛，且其和为 $aU + bV$．

注：①此性质保证了收敛级数的线性运算法则．例如，考察级数 $\sum_{n=1}^{\infty} \frac{(-1)^{n-1} + 2^{n-1}}{3^n}$ 的敛散性问题时，我们注意到其通项为两个数列的线性组合形式，即

$$\sum_{n=1}^{\infty} \frac{(-1)^{n-1} + 2^{n-1}}{3^n} = \sum_{n=1}^{\infty} \left[\frac{1}{3}\left(-\frac{1}{3}\right)^{n-1} + \frac{1}{3}\left(\frac{2}{3}\right)^{n-1} \right]$$

而

$$\sum_{n=1}^{\infty} \left(-\frac{1}{3}\right)^{n-1} = \frac{1}{1-\left(-\frac{1}{3}\right)} = \frac{3}{4}, \sum_{n=1}^{\infty} \left(\frac{2}{3}\right)^{n-1} = \frac{1}{1-\left(\frac{2}{3}\right)} = 3$$

所以：$\sum_{n=1}^{\infty} \frac{(-1)^{n-1} + 2^{n-1}}{3^n} = \frac{1}{3}\cdot\frac{3}{4} + \frac{1}{3}\cdot 1 = \frac{5}{4}$

②一些推论与说明：若 $\sum_{n=1}^{\infty} u_n = U, \sum_{n=1}^{\infty} v_n = V$，则 $\sum_{n=1}^{\infty} (u_n \pm v_n) = U \pm V$，$\sum_{n=1}^{\infty} ku_n = kU (k \neq 0)$；

若 $\sum_{n=1}^{\infty} u_n$ 收敛，$\sum_{n=1}^{\infty} v_n$ 发散，则 $\sum_{n=1}^{\infty}(u_n \pm v_n)$ 发散；

若 $\sum_{n=1}^{\infty} u_n$ 发散，$\sum_{n=1}^{\infty} v_n$ 发散，则 $\sum_{n=1}^{\infty}(u_n \pm v_n)$ 敛散性不确定．

(3)（无穷级数的敛散性与其有限项无关）级数增加、减少或改变有限项，不改变其敛散性．

注：①这个性质实际上是说：对于两个级数 $\sum_{n=1}^{\infty} u_n$ 和 $\sum_{n=1}^{\infty} v_n$，如果存在一个正整数 N，使得对于所有的 $n > N$ 的项都有 $u_n = v_n$，则它们的敛散性相同．

②根据这条性质，在本章建立的各种基于不等式的敛散性判别定理中，不等式只需要从某一项开始得到满足即可（而并不是要求从第一项开始）；但是，在级数求和过程中，最终的结果却是和每一项密切相关的．

(4)（对于收敛级数结合律成立）将收敛级数 $\sum_{n=1}^{\infty} u_n = u_1 + u_2 + \cdots + u_n + \cdots$ 的某些相邻的项合并（在级数中加入括号）但并不改变次序得到的新级数仍收敛，且和原级数有相同和．

注：①这个性质说明对于收敛级数，结合律成立，即任意加括号不改变它的敛散性与和．同时请注意，加括号时不可改变各项的先后次序，改变次序实际上使用了交换律，而交换律成立对级数提出了更高的要求（绝对收敛）．因此，无穷个数相加和有限个数相加还是有本质区别的．

②逆命题不成立，即添加括号之后得到的级数收敛不能推出原级数收敛．例如 $\sum_{n=1}^{\infty}(-1)^n = 1 - 1 + 1 - 1 + \cdots$ 发散，但是加括号所得级数 $(1-1)+(1-1)+\cdots$ 收敛到0.

（二）正项级数的定义及性质

1. 正项级数的定义：若级数 $\sum_{n=1}^{\infty} u_n$ 的一般项 $u_n \geqslant 0(n = 1,2,\cdots)$，则称级数 $\sum_{n=1}^{\infty} u_n$ 为正项级数．

注：根据上一节级数性质3，在判断一个级数的敛散性时，若其通项从某一项开始非负，则可以视其为正项级数从而可以使用本节中建立的各种判别法．例如，$\sum_{n=1}^{\infty} \frac{n-5}{n^2}$ 可以看作是正项级数，因为从第6项开始每一项都非负．

2. 判别正项级数敛散性的性质及定理：

(1) **定理** 若 $\{S_n\}$ 为正项级数 $\sum_{n=1}^{\infty} u_n$ 的部分和数列，则 $\sum_{n=1}^{\infty} u_n$ 收敛的充分必要条件是 $\{S_n\}$ 有界．

注：此定理是正项级数各种判别法的理论基础，但是在使用起来并不是很方便．因此人们根据该定理导出了一系列判别法．这些方法可以分为两类：第一类是将需要判定敛散性的级数与一个已知敛散性或敛散性较为容易确定的级数进行比较，一般是与几何级数或 p 级数进行比较；第二类是根据级数自己的通项趋于零的速度的快慢来判定级数的敛散性，最常用

的刻画这个速度的是相邻两项的比值．

（2）（比较判别法）若 $\sum_{n=1}^{\infty} u_n$ 与 $\sum_{n=1}^{\infty} v_n$ 均为正项级数，且 $u_n \geqslant v_n (n = 1,2,\cdots)$，则：若 $\sum_{n=1}^{\infty} u_n$ 收敛，则 $\sum_{n=1}^{\infty} v_n$ 收敛；若 $\sum_{n=1}^{\infty} v_n$ 发散，则 $\sum_{n=1}^{\infty} u_n$ 发散．

注：因为 $u_n \geqslant v_n$，可将 $\sum_{n=1}^{\infty} v_n$ 称为"小级数"，而 $\sum_{n=1}^{\infty} u_n$ 为"大级数"．于是结论可以记为：大级数收敛 $\Rightarrow$ 小级数收敛；小级数发散 $\Rightarrow$ 大级数发散．

（3）（比较判别法的极限形式）若 $\sum_{n=1}^{\infty} u_n$ 与 $\sum_{n=1}^{\infty} v_n$ 均为正项级数，$v_n > 0$，且 $\lim\limits_{n\to\infty} \dfrac{u_n}{v_n} = r$，则：若 $0 < r < +\infty$，则 $\sum_{n=1}^{\infty} u_n$ 与 $\sum_{n=1}^{\infty} v_n$ 同敛散；若 $r = +\infty$，且 $\sum_{n=1}^{\infty} u_n$ 收敛，则 $\sum_{n=1}^{\infty} v_n$ 收敛；若 $r = 0$，且 $\sum_{n=1}^{\infty} u_n$ 发散，则 $\sum_{n=1}^{\infty} v_n$ 发散．

注：常用于比较的级数如下：

几何级数 $\sum_{n=1}^{\infty} aq^{n-1}$ 当 $|q| < 1$ 时收敛，当 $|q| \geqslant 1$ 时发散；

p 级数 $\sum_{n=1}^{\infty} \dfrac{1}{n^p}$ 当 $p > 1$ 时收敛，当 $p \leqslant 1$ 时发散；

特别当 $p = 1$ 时，调和级数 $\sum_{n=1}^{\infty} \dfrac{1}{n}$ 发散．

（4）（比值判别法）若 $\sum_{n=1}^{\infty} u_n$ 为正项级数，$u_n > 0$ 且 $\lim\limits_{n\to\infty} \dfrac{u_{n+1}}{u_n} = r(0 \leqslant r \leqslant +\infty)$，若 $r < 1$，则 $\sum_{n=1}^{\infty} u_n$ 收敛；若 $r > 1$，则 $\sum_{n=1}^{\infty} u_n$ 发散．

（5）（根值判别法）若 $\sum_{n=1}^{\infty} u_n$ 为正项级数，且 $\lim\limits_{n\to\infty} \sqrt[n]{u_n} = r(0 \leqslant r \leqslant +\infty)$，若 $r < 1$，则 $\sum_{n=1}^{\infty} u_n$ 收敛；若 $r > 1$，则 $\sum_{n=1}^{\infty} u_n$ 发散．

注：在比值法或者根值法中，若 $r = 1$，则仅说明此方法失效，需要用其他方法来判别；比值法适用于通项 u_n 中含有乘幂与阶乘的形式，根值法适用于通项中含有以 n 为指数幂的因子；比值法与根值法条件仅仅是充分的但是非必要的，即正项级数收敛推不出 $\lim\limits_{n\to\infty} \dfrac{u_{n+1}}{u_n} = r < 1$ 或 $\lim\limits_{n\to\infty} \sqrt[n]{u_n} = r < 1$．例如可以考虑反例 $\sum_{n=1}^{\infty} \dfrac{2 + (-1)^n}{2^n}$．

（三）任意项级数的判别法

1. 交错级数的定义：若 $u_n > 0, n = 1,2,\cdots$，则称级数 $\sum_{n=1}^{\infty} (-1)^{n-1} u_n$ 与 $\sum_{n=1}^{\infty} (-1)^n u_n$ 为交错级数．

2. （莱布尼茨判别法）若交错级数 $\sum_{n=1}^{\infty}(-1)^{n-1}u_n$ 满足：

$$\lim_{n\to\infty}u_n = 0;\ u_{n+1}\leqslant u_n(n=1,2,\cdots)$$

则 $\sum_{n=1}^{\infty}(-1)^{n-1}u_n$ 收敛.

注：莱布尼茨判别法条件可以改成“若存在一个正整数 N，使得对于所有的 $n>N$ 的项都有 $u_{n+1}\leqslant u''_n$，即单调递减这个性质是从某一项开始的.

3. 绝对收敛与条件收敛. 若级数 $\sum_{n=1}^{\infty}|u_n|$ 收敛，则称级数 $\sum_{n=1}^{\infty}u_n$ **绝对收敛**；若级数 $\sum_{n=1}^{\infty}u_n$ 收敛，但级数 $\sum_{n=1}^{\infty}|u_n|$ 发散，则称级数 $\sum_{n=1}^{\infty}u_n$ **条件收敛**.

4. **定理** 若级数 $\sum_{n=1}^{\infty}|u_n|$ 收敛，则级数 $\sum_{n=1}^{\infty}u_n$ 收敛.

注：这个结论的好处在于判断一个任意项级数 $\sum_{n=1}^{\infty}u_n$ 的敛散性时，我们可以首先考虑将其通项加绝对值从而得到一个正项级数 $\sum_{n=1}^{\infty}|u_n|$. 而对于正项级数，我们已经建立了很多判别法，如果利用这些方法可以判断 $\sum_{n=1}^{\infty}|u_n|$ 收敛，那么相应地就可以得出原级数 $\sum_{n=1}^{\infty}u_n$ 也收敛.

（四）幂级数的收敛域、和函数及其性质

1. 幂级数的基本概念：

形如 $\sum_{n=0}^{\infty}a_nx^n = a_0+a_1x+\cdots+a_nx^n+\cdots$ 或 $\sum_{n=0}^{\infty}a_n(x-x_0)^n = a_0+a_1(x-x_0)+\cdots+a_n(x-x_0)^n+\cdots$ 的含有参数 x 的级数称为（关于 x 或 $x-x_0$ 的）**幂级数**，其中 x_0 为给定的点，$a_n(n=0,1,2,\cdots)$ 称为幂级数的系数.

注：在幂级数 $\sum_{n=0}^{\infty}a_nx^n$ 中只需要做简单的变量替换 $x\to x-x_0$ 就可以转化为幂级数 $\sum_{n=0}^{\infty}a_n(x-x_0)^n$，因此我们仅需讨论 $\sum_{n=0}^{\infty}a_nx^n$ 即可. 显然，幂级数 $\sum_{n=0}^{\infty}a_nx^n$ 当 $x=0$ 时总是收敛的，因此需要讨论的是 $x\neq 0$ 的敛散性问题.

2. 有关收敛性的一系列概念：给定点 x_0，若级数 $\sum_{n=0}^{\infty}a_nx_0^n$ 收敛，则称幂级数 $\sum_{n=0}^{\infty}a_nx^n$ 在点 x_0 处收敛，点 x_0 称为幂级数 $\sum_{n=0}^{\infty}a_nx^n$ 的**收敛点**；若级数 $\sum_{n=0}^{\infty}a_nx_0^n$ 发散，则称幂级数 $\sum_{n=0}^{\infty}a_nx^n$ 在点 x_0 处发散，点 x_0 称为幂级数 $\sum_{n=0}^{\infty}a_nx^n$ 的**发散点**. 若 $\sum_{n=0}^{\infty}a_nx^n$ 在点集 X 上的每一点处均收敛，则称幂级数 $\sum_{n=0}^{\infty}a_nx^n$ 在点集 X 上收敛. 幂级数 $\sum_{n=0}^{\infty}a_nx^n$ 的所有收敛点的集合称为其**收敛域**，所有发散点的集合称为其**发散域**. 若幂级数 $\sum_{n=0}^{\infty}a_nx^n$ 的收敛域为 D，则在 D 上

定义的满足 $S(x)=\sum_{n=0}^{\infty}a_nx^n, x\in D$ 的函数 $S(x)$ 称为幂级数 $\sum_{n=0}^{\infty}a_nx^n$ 的**和函数**．另一方面，也称函数 $S(x)$ 在 D 上可**展开**成（关于 x 的）幂级数 $\sum_{n=0}^{\infty}a_nx^n$，记为：$S(x)=\sum_{n=0}^{\infty}a_nx^n, x\in D$

此时，$\sum_{n=0}^{\infty}a_nx^n$ 称为函数 $S(x)$ 在 D 上的**幂级数展开式**．

3.（Abel 定理）如果幂级数 $\sum_{n=0}^{\infty}a_nx^n$ 在某点 $x_0\neq 0$ 处收敛，则在满足不等式 $|x|<|x_0|$ 的一切点的 x 处绝对收敛；如果幂级数 $\sum_{n=0}^{\infty}a_nx^n$ 在某点 $x_0\neq 0$ 处发散，则在满足不等式 $|x|>|x_0|$ 的一切点的 x 处发散．

注：根据 Abel 定理，对于幂级数 $\sum_{n=0}^{\infty}a_nx^n$，如果它不是仅仅在 $x=0$ 收敛，也不是在整个实数轴收敛，那么它一定在某个实数 $x_1\neq 0$ 处收敛，并在某个实数 $x_2\neq 0$ 处发散，且一定有 $|x_2|>|x_1|$．可以证明一定存在某个正数 $R>0$，使得幂级数 $\sum_{n=0}^{\infty}a_nx^n$ 对所有满足 $|x|<R$ 的 x 绝对收敛，对所有满足 $|x|>R$ 的 x 发散．这个正数 R 就是收敛区间和发散区间的“分界点”，即“收敛半径”．

4.（收敛半径）设幂级数 $\sum_{n=0}^{\infty}a_nx^n$ 的收敛域为 D，则存在唯一的 $0\leqslant R\leqslant+\infty$，使得：若 x 满足 $|x|<R$，则 $x\in D$；若 x 满足 $|x|>R$，则 $x\notin D$．$R(0\leqslant R\leqslant+\infty)$ 称为幂级数 $\sum_{n=0}^{\infty}a_nx^n$ 的**收敛半径**，其中 $R=0$ 表示幂级数仅在 $x=0$ 处收敛，$R=+\infty$ 表示幂级数在 $(-\infty,+\infty)$ 上收敛．若 $0<R<+\infty$，则称区间 $(-R,R)$ 为幂级数 $\sum_{n=0}^{\infty}a_nx^n$ 的**收敛区间**．

注：因此幂级数的收敛半径 R 是一个广义实数，满足 $0\leqslant R\leqslant+\infty$．当 $0<R<+\infty$ 时，说明幂级数在 $(-R,R)$ 内绝对收敛，在 $[-R,R]$ 以外发散，但在 $x=\pm R$ 处敛散性未知，需要具体分析．

5.（收敛半径的求法）设幂级数 $\sum_{n=0}^{\infty}a_nx^n$ 的收敛半径为 R，若 $\lim\limits_{n\to\infty}\left|\frac{a_{n+1}}{a_n}\right|=\rho$ 或 $\lim\limits_{n\to\infty}\sqrt[n]{|a_n|}=\rho(0\leqslant\rho\leqslant+\infty)$，则：当 $0<\rho<+\infty$ 时，$R=\frac{1}{\rho}$；当 $\rho=0$ 时，$R=+\infty$；当 $\rho=+\infty$ 时，$R=0$.

注：一旦知道了幂级数的收敛半径 $0<R<+\infty$，那么其**收敛域**就是下列四个区间之一：$(-R,R)$，$[-R,R]$，$[-R,R)$，$(-R,R]$．这四种情况都可能发生，例如考虑下面的四个幂级数：

$$\sum_{n=0}^{\infty}x^n,\sum_{n=0}^{\infty}\frac{x^n}{n^2},\sum_{n=0}^{\infty}\frac{x^n}{n},\sum_{n=0}^{\infty}\frac{(-1)^n}{n^2}x^n$$

容易说明，它们的收敛半径都是 1，但它们的收敛域分别为 $(-1,1)$，$[-1,1]$，$[-1,1)$，$(-1,1]$．

因此在求出了幂级数的收敛半径 R 之后，必须对 $x=\pm R$ 处幂级数的敛散性单独进行讨论，以最终确定它的收敛域．

6. 幂级数的基本性质及和函数的分析性质．

(1)（线性运算性质）设幂级数 $\sum_{n=0}^{\infty} a_n x^n$ 与 $\sum_{n=0}^{\infty} b_n x^n$ 的收敛域分别为 D_1, D_2，k_1, k_2 为非零常数，则幂级数 $\sum_{n=0}^{\infty}(k_1 a_n + k_2 b_n)x^n$ 的收敛域 $D = D_1 \cap D_2$，且：

$$\sum_{n=0}^{\infty}(k_1 a_n \pm k_2 b_n)x^n = k_1 \sum_{n=0}^{\infty} a_n x^n \pm k_2 \sum_{n=0}^{\infty} b_n x^n, x \in D$$

此性质说明，两个幂级数在它们公共收敛域内可以进行加减法运算，运算的结果就是将对应的系数相加减．

(2)（和函数的连续性）若幂级数 $\sum_{n=0}^{\infty} a_n x^n$ 的收敛半径为 $R>0$，和函数为 $S(x)$，则 $S(x)$ 在幂级数的收敛区间 $(-R,R)$ 内连续，即有

$$\lim_{x\to x_0} S(x) = \lim_{x\to x_0}\left(\sum_{n=0}^{\infty} a_n x^n\right) = \sum_{n=0}^{\infty}\left(\lim_{x\to x_0} a_n x^n\right) = \sum_{n=0}^{\infty} a_n x_0^n, x_0 \in (-R,R)$$

且若 $\sum_{n=0}^{\infty} a_n x^n$ 在 $x=-R$ 处收敛，则 $S(x)$ 在点 $x=-R$ 处右连续，若 $\sum_{n=0}^{\infty} a_n x^n$ 在 $x=R$ 处收敛，则 $S(x)$ 在点 $x=R$ 处左连续．

(3)（和函数的可导性）若幂级数 $\sum_{n=0}^{\infty} a_n x^n$ 的收敛半径为 $R>0$，和函数为 $S(x)$，则 $S(x)$ 在幂级数的收敛区间 $(-R,R)$ 内可导，且其导数可以通过**逐项求导**得出，即

$$S'(x) = \left(\sum_{n=0}^{\infty} a_n x^n\right)' = \sum_{n=1}^{\infty}(a_n x^n)' = \sum_{n=1}^{\infty} n a_n x^{n-1}, x \in (-R,R)$$

例如，已知 $\frac{1}{1-x} = \sum_{n=0}^{\infty} x^n$，$-1<x<1$，两边同时对 x 求导，我们有

$$\left(\frac{1}{1-x}\right)' = \left(\sum_{n=0}^{\infty} x^n\right)' = \sum_{n=0}^{\infty}(x^n)' = \sum_{n=1}^{\infty} n x^{n-1}$$

于是得到 $\sum_{n=1}^{\infty} n x^{n-1} = \frac{1}{(1-x)^2}$，$-1<x<1$，这也是一个使用频率非常高的公式．

反复利用此性质可以得出：$S(x)$ 在 $(-R,R)$ 内有任意阶导数，且

$$S^{(k)}(x) = \sum_{n=k}^{\infty} n(n-1)\cdots(n-k+1)a_n x^{n-k}, -R<x<R$$

(4)（和函数的可积性）若幂级数 $\sum_{n=0}^{\infty} a_n x^n$ 的收敛半径为 $R>0$，和函数为 $S(x)$，则 $S(x)$ 在幂级数的收敛区间 $(-R,R)$ 内可积，且它的一个原函数可以通过**逐项积分**得出，即：

$$\int_0^x S(x)dx = \int_0^x\left(\sum_{n=0}^{\infty} a_n x^n\right)dx = \sum_{n=0}^{\infty}\left(\int_0^x (a_n x^n)dx\right) = \sum_{n=0}^{\infty}\frac{a_n x^{n+1}}{n+1}, x \in (-R,R)$$

（五）幂级数展开

1. **定理**　（幂级数展开式的唯一性）若函数 $f(x)$ 在点 x_0 的某邻域 D 内有任意阶导数，

且$f(x)$在D上可以展开成幂级数$\sum_{n=0}^{\infty} a_n(x-x_0)^n$，则有：

$$a_n=\frac{1}{n!}f^{(n)}(x_0)\,(n=0,1,2,\cdots)$$

其中，约定$0!=1$，$f^{(0)}(x_0)=f(x_0)$

麦克劳林（Maclaurin）级数定义 若函数$f(x)$在点x_0的某邻域内有任意阶导数，则称幂级数$\sum_{n=0}^{\infty}\frac{f^{(n)}(x_0)}{n!}(x-x_0)^n$为函数$f(x)$在$x=x_0$处的**泰勒（Taylor）级数**；若$x_0=0$，则称幂级数$\sum_{n=0}^{\infty}\frac{f^{(n)}(0)}{n!}x^n$为函数$f(x)$的**麦克劳林（Maclaurin）级数**.

注：(1) 此定理说明，若函数$f(x)$在点x_0的某邻域D内可以展开成幂级数，则这个幂级数不是别的，它恰好就是$f(x)$在$x=x_0$处的泰勒（Taylor）级数.

(2) 反之，只要函数$f(x)$在点x_0的某邻域内有任意阶导数，那么就可以写出它在该点的泰勒级数，但是这个级数可能不收敛到$f(x)$本身，即它的和函数不一定等于$f(x)$. 例如，我们有下面的这个经典反例

$$f(x)=\begin{cases}e^{-\frac{1}{x^2}}, & x\neq 0\\ 0, & x=0\end{cases}$$

因此，函数在点x_0的某邻域内有任意阶导数只是函数可以展开成幂级数的必要条件，而非充分条件. 实际上，为了可以展开成幂级数，还必须满足下列条件：

定理（函数可以展开成幂级数的充要条件） 若函数$f(x)$在点x_0的某邻域内有任意阶导数，则$f(x)$的泰勒级数$\sum_{n=0}^{\infty}\frac{f^{(n)}(x_0)}{n!}(x-x_0)^n$在某个区间$(x_0-r,x_0+r)$上收敛于$f(x)$（或者说$f(x)$在区间$(x_0-r,x_0+r)$上可以展开成幂级数$\sum_{n=0}^{\infty}\frac{f^{(n)}(x_0)}{n!}(x-x_0)^n$）的充分必要条件是：对任意点$x\in(x_0-r,x_0+r)$，都有

$$\lim_{n\to\infty}R_n(x)=0$$

其中$R_n(x)=f(x)-S_n(x)$为$f(x)$的泰勒级数的**余项**，常常使用**拉格朗日型余项**$R_n(x)=\frac{f^{(n+1)}(\xi)}{(n+1)!}(x-x_0)^{n+1}$，其中$\xi$是介于$x$与点$x_0$之间的某一点.

2. 幂级数展开的方法与常见展开式.

(1) 将给定函数在某点处展开成泰勒级数有两种方法：**直接法和间接法**. 间接法，就是利用已知的函数展开式，通过适当的变量代换、四则运算、复合以及逐项求导、积分而将一个函数展开成幂级数的方法. 通常使用的是间接法.

(2) 用函数的展开式：

$$e^x=\sum_{n=0}^{\infty}\frac{x^n}{n!}=1+x+\frac{x^2}{2!}+\cdots+\frac{x^n}{n!}+\cdots(-\infty<x<+\infty)$$

$$\cos x=\sum_{n=0}^{\infty}(-1)^n\frac{x^{2n}}{(2n)!}=1-\frac{x^2}{2!}+\cdots+(-1)^n\frac{x^{2n}}{(2n)!}+\cdots(-\infty<x<+\infty)$$

$$\ln(1+x)=\sum_{n=1}^{\infty}(-1)^{n-1}\frac{x^n}{n}=x-\frac{x^2}{2}+\cdots+(-1)^{n-1}\frac{x^n}{n}+\cdots(-1<x\leqslant 1)$$

$$(1+x)^{\alpha}=1+\alpha x+\frac{\alpha(\alpha-1)}{2!}x^2+\cdots+\frac{\alpha(\alpha-1)\cdots(\alpha-n+1)}{n!}x^n+\cdots(-1<x<1)$$

$$\frac{1}{1+x}=\sum_{n=0}^{\infty}(-1)^n x^n=1-x+x^2-\cdots+(-1)^n x^n+\cdots(-1<x<1)$$

$$\frac{1}{\sqrt{1+x}}=1+\sum_{n=1}^{\infty}(-1)^n\frac{(2n-1)!!}{(2n)!!}x^n$$

$$=1-\frac{1}{2}x+\frac{1\cdot 3}{2\cdot 4}x^2+\cdots+(-1)^n\frac{(2n-1)!!}{(2n)!!}+\cdots(-1<x\leqslant 1)$$

$$\sqrt{1+x}=1+\frac{1}{2}x\sum_{n=2}^{\infty}(-1)^{n-1}\frac{(2n-3)!!}{(2n)!!}x^n$$

$$=1+\frac{1}{2}x-\frac{1}{2\cdot 4}x^2+\frac{1\cdot 3}{2\cdot 4\cdot 6}x^3+\cdots+(-1)^{n-1}\frac{(2n-3)!!}{(2n)!!}x^n+\cdots(-1\leqslant x\leqslant 1)$$

三、典型例题

题型一：利用定义判断级数的敛散性

[例 7.1] 利用定义判断下列级数的敛散性：

(1) $\sum_{n=1}^{\infty}\frac{1}{4n^2-1}$ (2) $\sum_{n=1}^{\infty}\frac{1}{\sqrt{n}+\sqrt{n+1}}$

解： (1) 先求部分和，有

$$S_n=\sum_{k=1}^{n}\frac{1}{4k^2-1}=\sum_{k=1}^{n}\frac{1}{2}\left(\frac{1}{2k-1}-\frac{1}{2k+1}\right)$$

$$=\frac{1}{2}\left(1-\frac{1}{3}+\frac{1}{3}-\frac{1}{5}+\cdots+\frac{1}{2n-1}-\frac{1}{2n+1}\right)=\frac{1}{2}\left(1-\frac{1}{2n+1}\right)$$

因为 $\lim\limits_{n\to\infty}S_n=\lim\limits_{n\to\infty}\frac{1}{2}\left(1-\frac{1}{2n+1}\right)=\frac{1}{2}$，所以级数 $\sum_{n=1}^{\infty}\frac{1}{4n^2-1}$ 收敛，且其和为 $\frac{1}{2}$，即：

$$\sum_{n=1}^{\infty}\frac{1}{4n^2-1}=\frac{1}{2}$$

(2) 部分和 $S_n=\sum_{k=1}^{n}\frac{1}{\sqrt{n}+\sqrt{n+1}}=\sum_{k=1}^{n}(\sqrt{n+1}-\sqrt{n})=\sqrt{n+1}-1$，因为 $\lim\limits_{n\to\infty}S_n=\lim\limits_{n\to\infty}(\sqrt{n+1}-1)$ 不存在，所以级数发散．

注：把一个级数的通项进行分拆，使得相加时能够前后相消进而得到关于部分和数列的一个简单明晰的表达式，是应用定义判断级数敛散性和求和的一个基本方法．

[**例 7.2**] 设级数 $\sum_{n=1}^{\infty} u_n$ 收敛于 S，试证明级数 $\sum_{n=1}^{\infty}(u_n + u_{n+1})$ 收敛于 $2S - u_1$.

证明：记级数 $\sum_{n=1}^{\infty} u_n$ 的部分和为 S_n，则由题意有 $\lim_{n\to\infty} S_n = S$；令级数 $\sum_{n=1}^{\infty}(u_n + u_{n+1})$ 的部分和为 T_n，则 $T_n = \sum_{k=1}^{n}(u_k + u_{k+1}) = (u_1 + u_2) + (u_2 + u_3) + \cdots + (u_n + u_{n+1})$

$$= u_1 + 2(u_2 + u_3 + \cdots + u_n) + u_{n+1} = 2(u_1 + u_2 + \cdots + u_n) - u_1 + u_{n+1}$$
$$= 2S_n - u_1 + u_{n+1}$$

因为 $\lim_{n\to\infty} T_n = \lim_{n\to\infty}(2S_n - u_1 + u_{n+1}) = 2S - u_1 + 0 = 2S - u_1$，所以级数 $\sum_{n=1}^{\infty}(u_n + u_{n+1})$ 收敛于 $2S - u_1$，即证.

题型二：级数的基本性质

[**例 7.3**] 判断下列命题是否正确并说明理由：

(1) 若数列 $\{u_n\}$ 发散，则级数 $\sum_{n=1}^{\infty} u_n$ 也发散；

(2) 若级数 $\sum_{n=1}^{\infty} u_n$ 发散，则 $\lim_{n\to\infty} u_n \neq 0$；

(3) 级数 $\left(1 + \frac{1}{2}\right) + \left(\frac{1}{2} + \frac{1}{2^2}\right) + \left(\frac{1}{3} + \frac{1}{2^3}\right) + \cdots\left(\frac{1}{n} + \frac{1}{2^n}\right) + \cdots$ 收敛；

(4) 级数 $\sum_{n=1}^{\infty} \frac{1}{\left(1 + \frac{1}{n}\right)^n}$ 收敛.

解：(1) 错误；反证进而假设级数 $\sum_{n=1}^{\infty} u_n$ 发散，则必有 $\lim_{n\to\infty} u_n = 0$，这与数列 $\{u_n\}$ 发散矛盾；

(2) 错误；调和级数 $\sum_{n=1}^{\infty} \frac{1}{n}$ 发散，但是却有 $\lim_{n\to\infty} \frac{1}{n} = 0$；

(3) 错误；级数 $\left(1 + \frac{1}{2}\right) + \left(\frac{1}{2} + \frac{1}{2^2}\right) + \left(\frac{1}{3} + \frac{1}{2^3}\right) + \cdots\left(\frac{1}{n} + \frac{1}{2^n}\right) + \cdots = \sum_{n=1}^{\infty}\left(\frac{1}{n} + \frac{1}{2^n}\right)$，由级数 $\sum_{n=1}^{\infty} \frac{1}{n}$ 发散与级数 $\sum_{n=1}^{\infty} \frac{1}{2^n}$ 收敛可知 $\sum_{n=1}^{\infty}\left(\frac{1}{n} + \frac{1}{2^n}\right)$ 发散；

注：一个级数发散，一个级数收敛，其和一定发散.

(4) 错误；由于 $\lim_{n\to\infty} \frac{1}{\left(1 + \frac{1}{n}\right)^n} = \frac{1}{e} \neq 0$，因此级数 $\sum_{n=1}^{\infty} \frac{1}{\left(1 + \frac{1}{n}\right)^n}$ 发散.

题型三：正项级数的比较判别法

[**例 7.4**] 判断下列级数的敛散性：

(1) $\sum_{n=1}^{\infty} \frac{1}{\ln(1 + n)}$　　(2) $\sum_{n=1}^{\infty} \frac{1}{1 + a^n}(a > 0)$

解：（1）由 $\ln(1+n)<n$ 可知 $\dfrac{1}{\ln(1+n)}>\dfrac{1}{n}$，因此由比较判别法与 $\sum\limits_{n=1}^{\infty}\dfrac{1}{n}$ 发散可知级数 $\sum\limits_{n=1}^{\infty}\dfrac{1}{\ln(1+n)}$ 发散；

（2）当 $0<a<1$ 时，$\lim\limits_{n\to\infty}\dfrac{1}{1+a^n}=1\neq 0$；$a=1$ 时，$\lim\limits_{n\to\infty}\dfrac{1}{1+a^n}=\dfrac{1}{2}\neq 0$，因此这两种情况下级数都发散．当 $a>1$ 时，由 $\dfrac{1}{1+a^n}<\dfrac{1}{a^n}$ 与 $\sum\limits_{n=1}^{\infty}\dfrac{1}{a^n}$ 收敛可知 $\sum\limits_{n=1}^{\infty}\dfrac{1}{1+a^n}$ 收敛．综上，当 $0<a<1$ 时级数发散，$a>1$ 时级数收敛．

注：当出现 a^n 时，要讨论 a 的范围，其理论依据是

$$\lim_{n\to\infty}a^n\begin{cases}=0, & |a|<1\\ =1, & a=1\\ \text{不存在}, & a=-1,|a|>1\end{cases}$$

［**例 7.5**］设 $\lim\limits_{n\to\infty}nu_n=1$，证明级数 $\sum\limits_{n=1}^{\infty}u_n$ 发散．

证明：由 $\lim\limits_{n\to\infty}nu_n=1$ 可知：

$$\forall\varepsilon>0,\exists N,n>N,|nu_n-1|<\varepsilon\Rightarrow 1-\varepsilon<nu_n<1+\varepsilon$$

因此对于 $\varepsilon=\dfrac{1}{2},\exists N_1,n>N_1$ 时，$\dfrac{1}{2}<nu_n<\dfrac{3}{2}$. 于是，当 $n>N_1$ 时，$u_n>\dfrac{1}{2n}$.

这说明当 $n>N_1$ 时，$\sum\limits_{n=1}^{\infty}u_n$ 是正项级数且 $u_n>\dfrac{1}{2n}$，故由 $\sum\limits_{n=1}^{\infty}\dfrac{1}{2n}$ 发散可知 $\sum\limits_{n=1}^{\infty}u_n$ 发散．

注：错误解法如下：

由 $\lim\limits_{n\to\infty}nu_n=1$ 可知 $\lim\limits_{n\to\infty}\dfrac{u_n}{\frac{1}{n}}=1$，因此 $\sum\limits_{n=1}^{\infty}u_n$ 和 $\sum\limits_{n=1}^{\infty}\dfrac{1}{n}$ 有相同的敛散性．于是由 $\sum\limits_{n=1}^{\infty}\dfrac{1}{n}$ 发散可知级数 $\sum\limits_{n=1}^{\infty}u_n$ 发散．错误的原因在于没有说明 $\sum\limits_{n=1}^{\infty}u_n$ 是正项级数．

［**例 7.6**］判断下列级数的敛散性：

（1）$\sum\limits_{n=1}^{\infty}\dfrac{n-1}{\sqrt{n^5+n^2+100}}$　　（2）$\sum\limits_{n=1}^{\infty}\dfrac{6^n}{7^n-5^n}$

（3）$\sum\limits_{n=1}^{\infty}\dfrac{1}{\sqrt{n}}\ln\left(1+\dfrac{1}{n}\right)$　　（4）$\sum\limits_{n=1}^{\infty}\dfrac{1-e^{-\frac{1}{n}}}{n}$

分析：（1）和（2）是同一种类型的问题，这种级数的特点是形式上与我们已知敛散性的级数（p 级数、几何级数等）十分相似，所以基本的想法就是通过“抓主项”的形式找到和其同敛散的级数．例如（1），当 n 较大时，分子 $n-1$ 的主项是 n，分母 $\sqrt{n^5+n^2+100}$ 的主项是 $\sqrt{n^5}=n^{5/2}$，所以其实这个级数的通项在 $n\to\infty$ 时的速度和 $\dfrac{n}{n^{5/2}}=\dfrac{1}{n^{3/2}}$ 差不多，因此我们可以将其与 $\sum\limits_{n=1}^{\infty}\dfrac{1}{n^{3/2}}$ 比较，而后者我们知道是收敛的．类似可以分析（2），其分母 7^n-

5^n 的主项应该是 7^n，所以我们可以将其与几何级数 $\sum\limits_{n=1}^{\infty}\left(\frac{6}{7}\right)^n$ 进行比较.（3）和（4）是同一种类型的问题，这种级数的特点是可以通过找 $n\to\infty$ 时通项的等价无穷小来找出和其具有相同敛散性的级数.

解：（1）因为

$$\lim_{n\to\infty}\frac{\frac{n-1}{\sqrt{n^5+n^2+100}}}{\frac{1}{n^{3/2}}}=\lim_{n\to\infty}\frac{n^{3/2}(n-1)}{\sqrt{n^5+n^2+100}}=\lim_{n\to\infty}\frac{1-\frac{1}{n}}{\sqrt{1+\frac{1}{n^3}+\frac{100}{n^5}}}=1$$

所以 $\sum\limits_{n=1}^{\infty}\frac{n-1}{\sqrt{n^5+n^2+100}}$ 和 $\sum\limits_{n=1}^{\infty}\frac{1}{n^{3/2}}$ 有相同的敛散性．于是由 $\sum\limits_{n=1}^{\infty}\frac{1}{n^{3/2}}$ 收敛可知级数 $\sum\limits_{n=1}^{\infty}\frac{n-1}{\sqrt{n^5+n^2+100}}$ 收敛；

（2）因为

$$\lim_{n\to\infty}\frac{\frac{6^n}{7^n-5^n}}{\left(\frac{6}{7}\right)^n}=\lim_{n\to\infty}\frac{7^n}{7^n-5^n}=\lim_{n\to\infty}\frac{1}{1-\left(\frac{5}{7}\right)^n}=1$$

所以 $\sum\limits_{n=1}^{\infty}\frac{6^n}{7^n-5^n}$ 和 $\sum\limits_{n=1}^{\infty}\left(\frac{6}{7}\right)^n$ 有相同的敛散性．于是由 $\sum\limits_{n=1}^{\infty}\left(\frac{6}{7}\right)^n$ 收敛可知级数 $\sum\limits_{n=1}^{\infty}\frac{6^n}{7^n-5^n}$ 收敛；

（3）当 $n\to\infty$ 时，$\frac{1}{\sqrt{n}}\ln\left(1+\frac{1}{n}\right)\sim\frac{1}{\sqrt{n}}\cdot\frac{1}{n}=\frac{1}{n^{3/2}}$，即

$$\lim_{n\to\infty}\frac{\frac{1}{\sqrt{n}}\ln\left(1+\frac{1}{n}\right)}{\frac{1}{n^{3/2}}}=1$$

所以 $\sum\limits_{n=1}^{\infty}\frac{1}{\sqrt{n}}\ln\left(1+\frac{1}{n}\right)$ 和 $\sum\limits_{n=1}^{\infty}\frac{1}{n^{3/2}}$ 有相同的敛散性．于是由 $\sum\limits_{n=1}^{\infty}\frac{1}{n^{3/2}}$ 收敛可知级数 $\sum\limits_{n=1}^{\infty}\frac{1}{\sqrt{n}}\ln\left(1+\frac{1}{n}\right)$ 收敛；

（4）当 $n\to\infty$ 时，$\frac{1-e^{-\frac{1}{n}}}{n}\sim\frac{-\left(-\frac{1}{n}\right)}{n}=\frac{1}{n^2}$，即

$$\lim_{n\to\infty}\frac{\frac{1-e^{-\frac{1}{n}}}{n}}{\frac{1}{n^2}}=1$$

所以 $\sum\limits_{n=1}^{\infty}\frac{1-e^{-\frac{1}{n}}}{n}$ 和 $\sum\limits_{n=1}^{\infty}\frac{1}{n^2}$ 有相同的敛散性．于是由 $\sum\limits_{n=1}^{\infty}\frac{1}{n^2}$ 收敛可知级数 $\sum\limits_{n=1}^{\infty}\frac{1-e^{-\frac{1}{n}}}{n}$ 收敛.

题型四：正项级数的比值、根值判别法

[**例 7.7**] 判断下列级数的敛散性：

(1) $\sum_{n=1}^{\infty} \frac{n^n}{(n!)^2}$　　(2) $\sum_{n=1}^{\infty} 2n\tan\frac{\pi}{5^{n+1}}$

(3) $\sum_{n=1}^{\infty} \frac{1}{2^n}\left(1+\frac{1}{n}\right)^{n^2}$　　(4) $\sum_{n=1}^{\infty} \left(1-\frac{p}{n}\right)^{n^2}$

分析：(1) 和 (2) 是典型的用比值判别法的级数，(3) 和 (4) 是典型的用根值判别法的级数．

解：(1) 记 $u_n=\frac{n^n}{(n!)^2}$，则$\frac{u_{n+1}}{u_n}=\frac{\frac{(n+1)^{n+1}}{[(n+1)!]^2}}{\frac{n^n}{(n!)^2}}=\left(\frac{n+1}{n}\right)^n\cdot\frac{1}{n+1}$. 由

$\lim\limits_{n\to\infty}\frac{u_{n+1}}{u_n}=\lim\limits_{n\to\infty}\left(\frac{n+1}{n}\right)^n\cdot\frac{1}{n+1}=e\cdot 0=0<1$ 可知级数 $\sum_{n=1}^{\infty}\frac{n^n}{(n!)^2}$ 收敛；

(2) 记 $u_n=2n\tan\frac{\pi}{5^{n+1}}$，则$\frac{u_{n+1}}{u_n}=\frac{2(n+1)\tan\frac{\pi}{5^{n+2}}}{2n\tan\frac{\pi}{5^{n+1}}}=\left(1+\frac{1}{n}\right)\cdot\frac{\tan\frac{\pi}{5^{n+2}}}{\tan\frac{\pi}{5^{n+1}}}$. 由 $\lim\limits_{n\to\infty}\frac{u_{n+1}}{u_n}=$

$\lim\limits_{n\to\infty}\left(1+\frac{1}{n}\right)\cdot\frac{\tan\frac{\pi}{5^{n+2}}}{\tan\frac{\pi}{5^{n+1}}}=\lim\limits_{n\to\infty}\left(1+\frac{1}{n}\right)\cdot\frac{\frac{\pi}{5^{n+2}}}{\frac{\pi}{5^{n+1}}}1\cdot\frac{1}{5}=\frac{1}{5}<1$ 可知级数 $\sum_{n=1}^{\infty}\frac{n^n}{(n!)^2}$ 收敛；

(3) 记 $u_n=\frac{1}{2^n}\left(1+\frac{1}{n}\right)^{n^2}$，则$\sqrt[n]{u_n}=\sqrt[n]{\frac{1}{2^n}\left(1+\frac{1}{n}\right)^{n^2}}=\frac{1}{2}\left(1+\frac{1}{n}\right)^n$

由$\lim\limits_{n\to\infty}\sqrt[n]{u_n}=\lim\limits_{n\to\infty}\frac{1}{2}\left(1+\frac{1}{n}\right)^n=\frac{e}{2}>1$ 可知级数 $\sum_{n=1}^{\infty}\frac{1}{2^n}\left(1+\frac{1}{n}\right)^{n^2}$ 发散；

(4) 记 $u_n=\left(1-\frac{p}{n}\right)^{n^2}$，则$\sqrt[n]{u_n}=\sqrt[n]{\left(1-\frac{p}{n}\right)^{n^2}}=\left(1-\frac{p}{n}\right)^n$. 则由

$\lim\limits_{n\to\infty}\sqrt[n]{u_n}=\lim\limits_{n\to\infty}\left(1-\frac{p}{n}\right)^n=e^{-p}$与根值判别法可知当 $p>0$ 时级数收敛，$p<0$ 时级数发散；

当 $p=0$ 时级数为 $\sum_{n=1}^{\infty}1$ 发散．综上所述：$p>0$ 时级数收敛，$p\leqslant 0$ 时级数发散．

题型五：一般项级数敛散性判别法

[**例 7.8**] 判断下列级数的敛散性：

(1) $\sum_{n=1}^{\infty}(-1)^n\ln\left(\frac{n+1}{n}\right)$　　(2) $\sum_{n=1}^{\infty}\frac{\sin n\alpha}{n^4}$　　(3) $\sum_{n=1}^{\infty}(-1)^n\frac{n^2}{e^n}$

解：(1) 记 $u_n=\ln\frac{n+1}{n}=\ln\left(1+\frac{1}{n}\right)$，则易见 u_n 单调递减趋于零，由莱布尼茨判别

法知 $\sum_{n=1}^{\infty}(-1)^n\ln\frac{n+1}{n}$ 收敛；考虑级数 $\sum_{n=1}^{\infty}\left|(-1)^n\ln\frac{n+1}{n}\right|=\sum_{n=1}^{\infty}\ln\left(1+\frac{1}{n}\right)$，因为

$\lim\limits_{n\to\infty}\frac{\ln\left(1+\frac{1}{n}\right)}{\frac{1}{n}}=\lim\limits_{n\to\infty}\frac{\frac{1}{n}}{\frac{1}{n}}=1$，所以 $\sum_{n=1}^{\infty}\ln\left(1+\frac{1}{n}\right)$ 与 $\sum_{n=1}^{\infty}\frac{1}{n}$ 有相同的敛散性，于是由 $\sum_{n=1}^{\infty}\frac{1}{n}$ 发散知 $\sum_{n=1}^{\infty}\ln\left(1+\frac{1}{n}\right)$ 发散；综上，$\sum_{n=1}^{\infty}(-1)^n\ln\frac{n+1}{n}$ 条件收敛；

(2) 由 $\left|\frac{\sin n\alpha}{n^4}\right|\leqslant\frac{1}{n^4}$ 与 $\sum_{n=1}^{\infty}\frac{1}{n^4}$ 收敛知 $\sum_{n=1}^{\infty}\frac{\sin n\alpha}{n^4}$ 绝对收敛；

(3) $\sum_{n=1}^{\infty}\left|(-1)^n\frac{n^2}{e^n}\right|=\sum_{n=1}^{\infty}\frac{n^2}{e^n}$，记 $u_n=\frac{n^2}{e^n}$，则由

$$\lim_{n\to\infty}\frac{u_{n+1}}{u_n}=\lim_{n\to\infty}\frac{(n+1)^2}{e^{n+1}}\cdot\frac{e^n}{n^2}=\frac{1}{e}<1$$

与比值判别法知 $\sum_{n=1}^{\infty}\frac{n^2}{e^n}$ 收敛，从而 $\sum_{n=1}^{\infty}(-1)^n\frac{n^2}{e^n}$ 绝对收敛.

注：对于一个任意项级数 $\sum_{n=1}^{\infty}u_n$，首先应该考虑将其通项加绝对值构成级数 $\sum_{n=1}^{\infty}|u_n|$，再用正项级数的判别法判断其是否收敛，若 $\sum_{n=1}^{\infty}|u_n|$ 收敛则原级数绝对收敛；若 $\sum_{n=1}^{\infty}|u_n|$ 发散，则不能轻易得出原级数发散的结论（除非是通过正项级数的比值或根植法），因此必须进一步判断. 例如观察原级数是否为交错级数（从而可以使用莱布尼茨判别法）、利用定义和性质等. 判断一个任意项级数的敛散性时，最终必须指明该级数是绝对收敛、条件收敛还是发散.

题型六：求幂级数的收敛域

[**例 7.9**] 求下列幂级数的收敛域：

(1) $\sum_{n=1}^{\infty}\frac{(-1)^n}{(n+1)\cdot 3^n}x^n$　　(2) $\sum_{n=1}^{\infty}\frac{(x-5)^n}{\sqrt{n}}$　　(3) $\sum_{n=1}^{\infty}\frac{3^n+(-2)^n}{n}x^{2n-1}$

解： (1) $a_n=\frac{(-1)^n}{(n+1)\cdot 3^n}$, $R=\lim\limits_{n\to\infty}\left|\frac{a_n}{a_{n+1}}\right|=\lim\limits_{n\to\infty}3\cdot\frac{n+2}{n+1}=3$，故收敛区间为 $(-3,3)$. 当 $x=3$ 时，级数为 $\sum_{n=1}^{\infty}\frac{(-1)^n}{(n+1)}$ 发散（莱布尼茨判别法），当 $x=-3$ 时，级数为 $\sum_{n=1}^{\infty}\frac{1}{(n+1)}$ 发散（调和级数），因此收敛域为 $(-3,3]$；

(2) 令 $t=x-5$，考虑级数 $\sum_{n=1}^{\infty}\frac{t^n}{\sqrt{n}}$，易知其收敛域为 $[-1,1)$，因此 $\sum_{n=1}^{\infty}\frac{(x-5)^n}{\sqrt{n}}$ 的收敛域为 $[4,6)$；

(3) 记 $u_n=\frac{3^n+(-2)^n}{n}x^{2n-1}$

则 $\lim\limits_{n\to\infty}\left|\dfrac{u_{n+1}}{u_n}\right| = \lim\limits_{n\to\infty}\dfrac{\dfrac{3^{n+1}+(-2)^{n+1}}{n+1}|x|^{2n+1}}{\dfrac{3^n+(-2)^n}{n}|x|^{2n-1}} = \lim\limits_{n\to\infty}\dfrac{n}{n+1}\cdot\dfrac{3^{n+1}+(-2)^{n+1}}{3^n+(-2)^n}\cdot|x|^2 = 3|x|^2$

故 $3|x|^2<1$ 即 $|x|<\dfrac{\sqrt{3}}{3}$ 时原级数绝对收敛，于是收敛区间为 $\left(-\dfrac{\sqrt{3}}{3},\dfrac{\sqrt{3}}{3}\right)$. 当 $x=\dfrac{\sqrt{3}}{3}$ 时，级数为 $\sum\limits_{n=1}^{\infty}\dfrac{3^n+(-2)^n}{n}\left(\dfrac{\sqrt{3}}{3}\right)^{2n-1} = \sum\limits_{n=1}^{\infty}\sqrt{3}\left[\dfrac{3^n+(-2)^n}{n}\cdot\dfrac{1}{3^n}\right] = \sum\limits_{n=1}^{\infty}\sqrt{3}\left[\dfrac{1}{n}+\dfrac{1}{n}\cdot\left(-\dfrac{2}{3}\right)^n\right]$，由 $\sum\limits_{n=1}^{\infty}\dfrac{1}{n}$ 发散与 $\sum\limits_{n=1}^{\infty}\dfrac{1}{n}\cdot\left(-\dfrac{2}{3}\right)^n$ 收敛（$\because \left|\dfrac{1}{n}\cdot\left(-\dfrac{2}{3}\right)^n\right|\leqslant\left(\dfrac{2}{3}\right)^n$）可知此级数发散，同理可以验证 $x=-\dfrac{\sqrt{3}}{3}$ 时级数也发散，因此收敛域为 $\left(-\dfrac{\sqrt{3}}{3},\dfrac{\sqrt{3}}{3}\right)$；

注：对于标准幂级数 $\sum\limits_{n=1}^{\infty}a_nx^n$，可以利用公式 $R=\lim\limits_{n\to\infty}\left|\dfrac{a_n}{a_{n+1}}\right|$ 求出其收敛半径 R，于是收敛区间为 $(-R,R)$，再讨论区间两个端点 $\pm R$ 处的敛散性进而得到整个收敛域，例如（1）与（2）.

对于一般形式的幂级数 $\sum\limits_{n=1}^{\infty}a_n(ax+b)^n$，可以作变量替换 $t=ax+b$ 将其转化为标准幂级数进行讨论，例如（3）与（4）；对于缺项级数等更一般的幂级数 $\sum\limits_{n=1}^{\infty}u_n$，可以通过计算 $l=\lim\limits_{n\to\infty}\left|\dfrac{u_{n+1}}{u_n}\right|$ 再通过解不等式 $l<1$ 求出收敛区间进而得出收敛域，例如（5）与（6），而这也是求幂级数收敛区间的一般方法.

题型七：求幂级数的和函数

［**例 7.10**］求下列幂级数的收敛域及其和函数：

(1) $\sum\limits_{n=1}^{\infty}(2n+1)x^n$　　(2) $\sum\limits_{n=1}^{\infty}(n+1)(n+3)x^n$

(3) $\sum\limits_{n=1}^{\infty}\dfrac{x^{4n+1}}{4n+1}$　　(4) $\sum\limits_{n=1}^{\infty}\dfrac{x^n}{n^2-1}$

分析：当幂级数的系数是关于 n 的多项式时，一般利用下列几个常用结论：

$$\sum_{n=0}^{\infty}x^n=\frac{1}{1-x},\ \sum_{n=0}^{\infty}nx^n=\frac{x}{(1-x)^2},\ \sum_{n=0}^{\infty}n(n-1)x^n=\frac{2x^2}{(1-x)^3},x\in(-1,1)$$

将多项式分解进而将级数拆成几个级数的线性组合形式，详见第（2）题的分析与解题过程；当幂级数的系数是关于 n 的多项式的倒数时，常见情形是多项式可以分解因式从而级数亦可以分解，这时一般采用逐项求导将其转化为几何级数的求和，详见第（4）题的分析与解题过程. 注意逐项求导与逐项积分都只能在收敛区间内部进行，在得出收敛区间内和函数的表达式之后再利用和函数连续性求出整个收敛域上和函数.

解：(1) 易知其收敛域为 $(-1,1)$，当 $x\in(-1,1)$ 时有

$$\sum_{n=1}^{\infty}2nx^n=2x\sum_{n=1}^{\infty}nx^{n-1}=2x\sum_{n=1}^{\infty}(x^n)'=2x\left(\sum_{n=1}^{\infty}x^n\right)'=2x\left(\frac{x}{1-x}\right)'=\frac{2x}{(1-x)^2}$$

所以 $\sum_{n=1}^{\infty}(2n+1)x^n = \sum_{n=1}^{\infty}2nx^n + \sum_{n=1}^{\infty}x^n = \frac{2x}{(1-x)^2} + \frac{1}{1-x} = \frac{3x-x^2}{(1-x)^2}, x \in (-1,1)$

（2）易知其收敛域为$(-1,1)$，由$(n+1)(n+3)=n(n-1)+5n+3$可知$x\in(-1,1)$时有

$\sum_{n=0}^{\infty}(n+1)(n+3)x^n = \sum_{n=0}^{\infty}n(n-1)x^n + \sum_{n=0}^{\infty}5nx^n + \sum_{n=0}^{\infty}3x^n$，其中

$$\sum_{n=0}^{\infty}n(n-1)x^n = \sum_{n=2}^{\infty}n(n-1)x^n = x^2\sum_{n=2}^{\infty}n(n-1)x^{n-2}$$

$$= x^2\sum_{n=2}^{\infty}(x^n)'' = x^2\left(\sum_{n=2}^{\infty}x^n\right)'' = x^2\left(\frac{x^2}{1-x}\right)'' = \frac{2x^2}{(1-x)^3}$$

$$\sum_{n=0}^{\infty}5nx^n = 5\sum_{n=1}^{\infty}nx^n = 5x\sum_{n=1}^{\infty}nx^{n-1} = 5x\sum_{n=1}^{\infty}(x^n)' = 5x\left(\sum_{n=1}^{\infty}x^n\right)' = 5x\left(\frac{x}{1-x}\right)' = \frac{5x}{(1-x)^2}$$

$$\sum_{n=0}^{\infty}3x^n = \frac{3}{1-x} \Rightarrow \sum_{n=0}^{\infty}(n+1)(n+3)x^n = \frac{2x^2}{(1-x)^3} + \frac{5x}{(1-x)^2} + \frac{3}{1-x} = \frac{3-x}{(1-x)^3}, x \in (-1,1)$$

（3）易知其收敛域为$(-1,1)$，记其和函数为$S(x)$，则

$$S'(x) = \sum_{n=0}^{\infty}\left(\frac{x^{4n+1}}{4n+1}\right)' = \sum_{n=0}^{\infty}x^{4n} = \frac{1}{1-x^4} \Rightarrow$$

$$S(x) = \int_0^x S'(t)dt + S(0) = \int_0^x \frac{1}{1-t^4}dt + 0 = \frac{1}{2}\int_0^x\left(\frac{1}{1-t^2} + \frac{1}{1+t^2}\right)dt$$

$$= \frac{1}{4}\ln\frac{1+x}{1-x} + \frac{1}{2}\arctan x, x \in (-1,1)$$

（4）易知其收敛域为$[-1,1]$，记其和函数为$S(x)$，则显然$S(0)=0$，当$x\in(-1,1)$时

$$\sum_{n=2}^{\infty}\frac{x^n}{n^2-1} = \frac{1}{2}\left(\sum_{n=2}^{\infty}\frac{x^n}{n-1} - \sum_{n=2}^{\infty}\frac{x^n}{n+1}\right)$$

设 $S_1(x) = \sum_{n=2}^{\infty}\frac{x^{n-1}}{n-1}, S_2(x) = \sum_{n=2}^{\infty}\frac{x^{n+1}}{n+1}$，则$x\in(-1,1)$时可逐项求导得

$$S_1'(x) = \left(\sum_{n=2}^{\infty}\frac{x^{n-1}}{n-1}\right)' = \sum_{n=2}^{\infty}x^{n-2} = \frac{1}{1-x}$$

$$S_2'(x) = \left(\sum_{n=2}^{\infty}\frac{x^{n+1}}{n+1}\right)' = \sum_{n=2}^{\infty}x^n = \frac{x^2}{1-x}$$

故

$$S_1(x) = \int_0^x S_1'(t)dt + S_1(0) = \int_0^x\frac{1}{1-t}dt + 0 = -\ln(1-x)$$

$$S_2(x) = \int_0^x S_2'(t)dt + S_2(0) = \int_0^x\frac{t^2}{1-t}dt + 0 = -\ln(1-x) - x - \frac{x^2}{2}$$

于是

$$\sum_{n=2}^{\infty}\frac{x^n}{n-1} = xS_1(x) = -x\ln(1-x), x \in (-1,1)$$

$$\sum_{n=2}^{\infty}\frac{x^n}{n+1} = \frac{S_2(x)}{x} = -\frac{\ln(1-x)}{x} - 1 - \frac{x}{2}, x \in (-1,0)\cup(0,1)$$

因此

$$S(x)=\frac{1}{2}\left(\sum_{n=2}^{\infty}\frac{x^n}{n-1}-\sum_{n=2}^{\infty}\frac{x^n}{n+1}\right)=\frac{1}{2}\left[-x\ln(1-x)+\frac{\ln(1-x)}{x}+1+\frac{x}{2}\right],\ x\in(-1,0)\cup(0,1)$$

又由和函数的连续性知

$$S(-1)=\lim_{x\to-1^+}\frac{1}{2}\left[-x\ln(1-x)+\frac{\ln(1-x)}{x}+1+\frac{x}{2}\right]=\frac{1}{4}$$

$$S(1)=\lim_{x\to1^-}\frac{1}{2}\left[-x\ln(1-x)+\frac{\ln(1-x)}{x}+1+\frac{x}{2}\right]=\frac{3}{2}$$

综上可得

$$S(x)=\begin{cases}\frac{1}{2}\left[-x\ln(1-x)+\frac{\ln(1-x)}{x}+1+\frac{x}{2}\right], & x\in[-1,0)\cup(0,1)\\ 0, & x=0\\ \frac{3}{2}, & x=1\end{cases}$$

题型八：构造幂级数求某些数项级数的和

[例 7.11] 求数项级数 $\sum\limits_{n=1}^{\infty}\frac{n(n+1)}{3^n}$ 的和.

分析：求数项级数和的一种方法就是构造适当的幂级数，使得这个数项级数恰好是其和函数在收敛域内某一点的函数值. 例如本题可以构造幂级数 $\sum\limits_{n=1}^{\infty}n(n+1)x^n$，易知其收敛域为$(-1,1)$且记其和函数为$S(x)$，则要求 $\sum\limits_{n=1}^{\infty}\frac{n(n+1)}{3^n}=S\left(\frac{1}{3}\right)$.

解：考虑幂级数 $\sum\limits_{n=1}^{\infty}n(n+1)x^n$，易知其收敛域为$(-1,1)$且记其和函数为$S(x)$，则

$$S(x)=\sum_{n=1}^{\infty}n(n+1)x^n=x\sum_{n=1}^{\infty}n(n+1)x^{n-1}=x\sum_{n=1}^{\infty}(x^{n+1})''$$

$$=x\left(\sum_{n=1}^{\infty}x^{n+1}\right)''=x\left(\frac{x^2}{1-x}\right)''=\frac{2x}{(1-x)^3}$$

故 $\sum\limits_{n=1}^{\infty}\frac{n(n+1)}{3^n}=S\left(\frac{1}{3}\right)=\frac{9}{4}$

[例 7.12] 试证明：$\sum\limits_{n=0}^{\infty}\frac{(-1)^n}{3n+1}=\frac{1}{3}\left(\ln2+\frac{\pi}{\sqrt{3}}\right)$

分析：根据该级数的特点构造幂级数 $\sum\limits_{n=0}^{\infty}(-1)^n\frac{x^{3n+1}}{3n+1}=S(x)$，求和代入 $x=1$.

证明：考虑幂级数 $\sum\limits_{n=0}^{\infty}(-1)^n\frac{x^{3n+1}}{3n+1}$，易知其收敛域为$(-1,1]$且记其和函数为$S(x)$，则 $x\in(-1,1)$时可逐项求导得：

$$S'(x)=\sum_{n=0}^{\infty}(-1)^n\cdot x^{3n}=\sum_{n=0}^{\infty}(-x^3)^n=\frac{1}{1+x^3}$$

故

$$S(x)=\int_0^x S'(t)dt+S(0)=\int_0^x\frac{1}{1+t^3}dt,x\in(-1,1)$$

当 $x=1$ 时由连续性可知：

$$S(1)=\lim_{x\to1^-}S(x)=\lim_{x\to1^-}\int_0^x\frac{1}{1+t^3}dt=\int_0^1\frac{1}{1+t^3}dt$$

故

$$\begin{aligned}\sum_{n=0}^{\infty}\frac{(-1)^n}{3n+1}&=S(1)=\int_0^1\frac{1}{1+t^3}dt=\int_0^1\frac{1}{3}\left(\frac{1}{1+t}+\frac{2-t}{t^2+t+1}\right)dt\\&=\frac{1}{3}\ln(t+1)\Big|_0^1-\frac{1}{2}\ln(t^2+t+1)\Big|_0^1+\sqrt{3}\arctan\left[\frac{2}{\sqrt{3}}\left(t-\frac{1}{2}\right)\right]\Big|_0^1\\&=\frac{1}{3}\left(\ln2+\frac{\pi}{\sqrt{3}}\right)\end{aligned}$$

即证.

题型九：函数的幂级数展开

［**例 7.13**］将函数 $f(x)=\dfrac{x}{2+x-x^2}$ 展开为关于 x 的幂级数，并求其收敛域.

解：$\dfrac{1}{2+x-x^2}=\dfrac{1}{(1+x)(2-x)}=\dfrac{1}{3}\cdot\dfrac{1}{1+x}+\dfrac{1}{3}\cdot\dfrac{1}{2-x}$，其中

$$\frac{1}{1+x}=\frac{1}{1-(-x)}=\sum_{n=0}^{\infty}(-x)^n=\sum_{n=0}^{\infty}(-1)^nx^n,\ |-x|<1\text{ 即 }-1<x<1$$

$$\frac{1}{2-x}=\frac{1}{2}\cdot\frac{1}{1-\frac{x}{2}}=\frac{1}{2}\sum_{n=0}^{\infty}\left(\frac{x}{2}\right)^n,\ -2<x<2\text{，所以}$$

$$\begin{aligned}\frac{x}{2+x-x^2}&=\frac{x}{3}\cdot\frac{1}{1+x}+\frac{x}{3}\cdot\frac{1}{2-x}=\frac{x}{3}\sum_{n=0}^{\infty}(-1)^nx^n+\frac{x}{3}\frac{1}{2}\sum_{n=0}^{\infty}\left(\frac{x}{2}\right)^n\\&=\frac{1}{3}\sum_{n=0}^{\infty}\left[(-1)^n+\frac{1}{2^{n+1}}\right]x^{n+1},\ -1<x<1\end{aligned}$$

［**例 7.14**］将函数 $\ln(1-x-2x^2)$ 展开为关于 x 的幂级数，并求其收敛域.

解：$\ln(1-x-2x^2)=\ln[(1-2x)(1+x)]=\ln(1-2x)+\ln(1+x)$，其中

$$\ln(1+x)=\sum_{n=1}^{\infty}\frac{(-1)^{n-1}}{n}x^n,\ -1<x\leqslant1$$

$$\ln(1-2x)=\sum_{n=1}^{\infty}\frac{(-1)^{n-1}}{n}(-2x)^n=-\sum_{n=1}^{\infty}\frac{2^n}{n}x^n,\ -2x\in(-1,1]\Rightarrow x\in\left[-\frac{1}{2},\frac{1}{2}\right)$$

所以 $\ln(1+x-2x^2)=\displaystyle\sum_{n=1}^{\infty}\left[\frac{(-1)^{n-1}-2^n}{n}\right]x^n,x\in\left[-\frac{1}{2},\frac{1}{2}\right)$

［**例 7.15**］将函数 $\dfrac{1}{x^2-3x-4}$ 展开成 $x-1$ 的幂级数，并求其收敛域.

解：令 $x-1=t$，则 $x=t+1$，故

$$\frac{1}{x^2-3x-4}=\frac{1}{(t+1)^2-3(t+1)-4}=\frac{1}{t^2-t-6}=-\frac{1}{5}\left(\frac{1}{2+t}+\frac{1}{3-t}\right)$$

其中

$$\frac{1}{3-t}=\frac{1}{3}\frac{1}{1-\frac{t}{3}}=\frac{1}{3}\sum_{n=0}^{\infty}\left(\frac{t}{3}\right)^n=\sum_{n=0}^{\infty}\frac{1}{3^{n+1}}t^n,\ -3<t<3$$

$$\frac{1}{2+t}=\frac{1}{2}\frac{1}{1+\frac{t}{2}}=\frac{1}{2}\sum_{n=0}^{\infty}\left(-\frac{t}{2}\right)^n=\sum_{n=0}^{\infty}\frac{(-1)^n}{2^{n+1}}t^n,\ -2<t<2$$

所以 $\frac{1}{x^2-3x-4}=-\frac{1}{5}\left(\sum_{n=0}^{\infty}\frac{(-1)^n}{2^{n+1}}t^n+\sum_{n=0}^{\infty}\frac{1}{3^{n+1}}t^n\right)=-\frac{1}{5}\sum_{n=0}^{\infty}\left[\frac{(-1)^n}{2^{n+1}}+\frac{1}{3^{n+1}}\right]t^n$

$$=-\frac{1}{5}\sum_{n=0}^{\infty}\left[\frac{(-1)^n}{2^{n+1}}+\frac{1}{3^{n+1}}\right](x-1)^n,\ |x-1|<2,\text{即 } -1<x<3$$

四、教材习题解答

1. 根据定义判别下列无穷级数是否收敛，若收敛则求其和：

(1) $1+\frac{p-1}{p}+\left(\frac{p-1}{p}\right)^2+\left(\frac{p-1}{p}\right)^3+\cdots(p>1)$

(2) $1+\frac{1}{2}+\frac{3}{2^2}+\frac{5}{2^3}+\cdots+\frac{2n-1}{2^n}+\cdots$

(3) $\sum_{n=2}^{\infty}\frac{1}{(n-1)(n+1)}$

(4) $\sum_{n=1}^{\infty}\ln\frac{n+1}{n}$

解：(1) $1+\frac{p-1}{p}+\left(\frac{p-1}{p}\right)^2+\left(\frac{p-1}{p}\right)^3+\cdots=\sum_{n=0}^{\infty}\left(\frac{p-1}{p}\right)^n$. 记其部分和数列为 S_n，则

$S_n=\sum_{k=0}^{n-1}\left(\frac{p-1}{p}\right)^k=p\left[1-\left(\frac{p-1}{p}\right)^{n-1}\right]$，由 $\lim_{n\to\infty}S_n=p$ 可知级数收敛，且其和为 p.

(2) $1+\frac{1}{2}+\frac{3}{2^2}+\frac{5}{2^3}+\cdots+\frac{2n-1}{2^n}+\cdots=1+\sum_{n=1}^{\infty}\frac{2n-1}{2^n}$. 记级数 $\sum_{n=1}^{\infty}\frac{2n-1}{2^n}$ 的部分和数列为 S_n，则由初等的错位相减求和法可得：$S_n=\sum_{k=1}^{n}\frac{2k-1}{2^k}=1+2\left[1-\left(\frac{1}{2}\right)^{n-1}\right]-\frac{2n-1}{2^{n+1}}$

由 $\lim_{n\to\infty}S_n=3$ 可知级数 $\sum_{n=1}^{\infty}\frac{2n-1}{2^n}$ 收敛，且其和为3，故原级数收敛且和为4.

(3) 记级数 $\sum_{n=2}^{\infty}\frac{1}{(n-1)(n+1)}$ 的部分和数列为 S_n，则

$$S_n=\sum_{k=2}^{n+1}\frac{1}{(k-1)(k+1)}=\frac{1}{1\cdot 3}+\frac{1}{2\cdot 4}+\cdots+\frac{1}{n\cdot(n+2)}$$

$$=\frac{1}{2}\left(1-\frac{1}{3}+\frac{1}{2}-\frac{1}{4}+\frac{1}{3}-\frac{1}{5}+\frac{1}{4}-\frac{1}{6}+\cdots+\frac{1}{n-1}-\frac{1}{n+1}+\frac{1}{n}-\frac{1}{n+2}\right)$$

$$=\frac{1}{2}\left(\frac{3}{2}-\frac{1}{n+1}-\frac{1}{n+2}\right)$$

由 $\lim\limits_{n\to\infty}S_n=\frac{3}{4}$ 可知级数 $\sum\limits_{n=2}^{\infty}\frac{1}{(n-1)(n+1)}$ 收敛，且其和为 $\frac{3}{4}$.

（4）记级数 $\sum\limits_{n=1}^{\infty}\ln\frac{n+1}{n}$ 的部分和数列为 S_n，则

$$S_n=\sum_{k=1}^{n}\ln\frac{k+1}{k}=\sum_{k=1}^{n}[\ln(k+1)-\ln k]$$
$$=\ln 2-\ln 1+\ln 3-\ln 2+\cdots+\ln(n+1)-\ln n=\ln(n+1)$$

由 $\lim\limits_{n\to\infty}S_n=\lim\limits_{n\to\infty}\ln(n+1)=\infty$ 可知级数 $\sum\limits_{n=1}^{\infty}\ln\frac{n+1}{n}$ 发散.

2. 证明：如果数列 $\{u_n\}$ 满足 $\lim\limits_{n\to\infty}u_n=\infty$，则

（1）级数 $\sum\limits_{n=0}^{\infty}(u_{n+1}-u_n)$ 发散；

（2）若 $u_0\neq 0$，则级数 $\sum\limits_{n=0}^{\infty}\left(\frac{1}{u_n}-\frac{1}{u_{n+1}}\right)$ 收敛于 $\frac{1}{u_0}$.

证明：（1）记级数 $\sum\limits_{n=0}^{\infty}(u_{n+1}-u_n)$ 的部分和数列为 S_n，则

$$S_n=\sum_{k=0}^{n-1}(u_{k+1}-u_k)=u_1-u_0+u_2-u_1+\cdots+u_{n+1}-u_n=u_n-u_0$$

由 $\lim\limits_{n\to\infty}S_n=\lim\limits_{n\to\infty}(u_n-u_0)=\infty$ 可知级数 $\sum\limits_{n=0}^{\infty}(u_{n+1}-u_n)$ 发散；

（2）记级数 $\sum\limits_{n=0}^{\infty}\left(\frac{1}{u_n}-\frac{1}{u_{n+1}}\right)$ 的部分和数列为 T_n，则

$$T_n=\sum_{k=0}^{n-1}\left(\frac{1}{u_k}-\frac{1}{u_{k+1}}\right)=\frac{1}{u_0}-\frac{1}{u_1}+\frac{1}{u_1}-\frac{1}{u_2}+\cdots+\frac{1}{u_{n-1}}-\frac{1}{u_n}=\frac{1}{u_0}-\frac{1}{u_n}$$

由 $\lim\limits_{n\to\infty}T_n=\lim\limits_{n\to\infty}\left(\frac{1}{u_0}-\frac{1}{u_n}\right)=\frac{1}{u_0}$ 可知 $\sum\limits_{n=0}^{\infty}\left(\frac{1}{u_n}-\frac{1}{u_{n+1}}\right)$ 收敛于 $\frac{1}{u_0}$.

3. 判别下列级数的敛散性：

（1）$\sum\limits_{n=1}^{\infty}(1+n)^{\frac{1}{n}}$　　（2）$\left(1-\frac{1}{2}\right)+\left(\frac{1}{2}-\frac{1}{2^2}\right)+\left(\frac{1}{3}-\frac{1}{2^3}\right)+\cdots+\left(\frac{1}{n}-\frac{1}{2^n}\right)+\cdots$

（3）$\sum\limits_{n=1}^{\infty}\sin\frac{n\pi}{6}$　　（4）$\frac{2}{1}-\frac{1}{2}+\frac{4}{3}-\frac{1}{2^2}+\frac{6}{5}-\frac{1}{2^3}+\cdots+\frac{2n}{2n-1}-\frac{1}{2^n}+\cdots$

解：（1）由 $\lim\limits_{n\to\infty}(1+n)^{\frac{1}{n}}=\lim\limits_{n\to\infty}e^{\ln(1+n)^{\frac{1}{n}}}=\lim\limits_{n\to\infty}e^{\frac{\ln(1+n)}{n}}=e^0=1\neq 0$ 可知级数 $\sum\limits_{n=1}^{\infty}(1+n)^{\frac{1}{n}}$ 发散.

（2）$\left(1-\frac{1}{2}\right)+\left(\frac{1}{2}-\frac{1}{2^2}\right)+\left(\frac{1}{3}-\frac{1}{2^3}\right)+\cdots+\left(\frac{1}{n}-\frac{1}{2^n}\right)+\cdots=\sum\limits_{n=1}^{\infty}\left(\frac{1}{n}-\frac{1}{2^n}\right)$

由 $\sum\limits_{n=1}^{\infty}\frac{1}{n}$ 发散与 $\sum\limits_{n=1}^{\infty}\frac{1}{2^n}$ 收敛可知 $\sum\limits_{n=1}^{\infty}\left(\frac{1}{n}-\frac{1}{2^n}\right)$ 发散.

(3) 由 $\lim\limits_{n\to\infty}\sin\dfrac{n\pi}{6}$ 不存在可知 $\sum\limits_{n=1}^{\infty}\sin\dfrac{n\pi}{6}$ 发散.

(4) $\dfrac{2}{1}-\dfrac{1}{2}+\dfrac{4}{3}-\dfrac{1}{2^2}+\dfrac{6}{5}-\dfrac{1}{2^3}+\cdots+\dfrac{2n}{2n-1}-\dfrac{1}{2^n}+\cdots=\sum\limits_{n=1}^{\infty}\left(\dfrac{2n}{2n-1}-\dfrac{1}{2^n}\right)$

由 $\sum\limits_{n=1}^{\infty}\dfrac{2n}{2n-1}$ 发散（通项的极限为1）与 $\sum\limits_{n=1}^{\infty}\dfrac{1}{2^n}$ 收敛可知 $\sum\limits_{n=1}^{\infty}\left(\dfrac{2n}{2n-1}-\dfrac{1}{2^n}\right)$ 发散.

4. 利用比较判别法或其极限形式，判别下列级数的敛散性：

(1) $\sum\limits_{n=1}^{\infty}\dfrac{1}{n^n}$　　(2) $\sum\limits_{n=1}^{\infty}\dfrac{1+n}{1+n^2}$

(3) $\sum\limits_{n=1}^{\infty}\dfrac{1}{\ln(n+1)}$　　(4) $\sum\limits_{n=1}^{\infty}\dfrac{1}{n}\left(\dfrac{1}{2}\right)^n$

(5) $\sum\limits_{n=1}^{\infty}\dfrac{1}{(1+a)^n}(a>0)$　　(6) $\sum\limits_{n=1}^{\infty}\dfrac{1}{n\sqrt[n]{n}}$

(7) $\sum\limits_{n=1}^{\infty}\sin\dfrac{1}{n}$　　(8) $\sum\limits_{n=1}^{\infty}\dfrac{\sqrt{n^3}}{2^n}$

(9) $\sum\limits_{n=1}^{\infty}\left(1-\cos\dfrac{1}{n}\right)$　　(10) $\sum\limits_{n=1}^{\infty}\int_0^{\frac{1}{n}}\dfrac{x}{1+x^2}dx$

(11) $\sum\limits_{n=2}^{\infty}\dfrac{1}{(\ln n)^{\ln n}}$　　(12) $\sum\limits_{n=1}^{\infty}\left(\sqrt[n]{a}+\dfrac{1}{\sqrt[n]{a}}-2\right)(a>0)$

解：(1) 因为 $n\geqslant 3$ 时有 $\dfrac{1}{n^n}<\dfrac{1}{n^2}$，故由 $\sum\limits_{n=1}^{\infty}\dfrac{1}{n^2}$ 收敛可知 $\sum\limits_{n=1}^{\infty}\dfrac{1}{n^n}$ 收敛；

(2) 因为 $\lim\limits_{n\to\infty}\dfrac{\frac{1+n}{1+n^2}}{\frac{1}{n}}=\lim\limits_{n\to\infty}\dfrac{n+n^2}{1+n^2}=1$，所以 $\sum\limits_{n=1}^{\infty}\dfrac{1+n}{1+n^2}$ 与 $\sum\limits_{n=1}^{\infty}\dfrac{1}{n}$ 有相同的敛散性，于是由 $\sum\limits_{n=1}^{\infty}\dfrac{1}{n}$ 发散可知 $\sum\limits_{n=1}^{\infty}\dfrac{1+n}{1+n^2}$ 发散；

(3) 由 $\dfrac{1}{\ln(n+1)}>\dfrac{1}{n}$ 与 $\sum\limits_{n=1}^{\infty}\dfrac{1}{n}$ 发散可知 $\sum\limits_{n=1}^{\infty}\dfrac{1}{\ln(1+n)}$ 发散；

(4) 由 $\dfrac{1}{n}\left(\dfrac{1}{2}\right)^n\leqslant\left(\dfrac{1}{2}\right)^n$ 与 $\sum\limits_{n=1}^{\infty}\left(\dfrac{1}{2}\right)^n$ 收敛可知 $\sum\limits_{n=1}^{\infty}\dfrac{1}{n}\left(\dfrac{1}{2}\right)^n$ 收敛；

(5) $\dfrac{1}{(1+a)^n}=\left(\dfrac{1}{1+a}\right)^n$，由 $a>0$ 可知 $\sum\limits_{n=1}^{\infty}\dfrac{1}{(1+a)^n}$ 为公比小于1的几何级数，因此收敛；

(6) 因为 $\lim\limits_{n\to\infty}\dfrac{\frac{1}{n\sqrt[n]{n}}}{\frac{1}{n}}=\lim\limits_{n\to\infty}\dfrac{1}{\sqrt[n]{n}}=1$，所以 $\sum\limits_{n=1}^{\infty}\dfrac{1}{n\sqrt[n]{n}}$ 与 $\sum\limits_{n=1}^{\infty}\dfrac{1}{n}$ 有相同的敛散性，于是由 $\sum\limits_{n=1}^{\infty}\dfrac{1}{n}$ 发散可知 $\sum\limits_{n=1}^{\infty}\dfrac{1}{n\sqrt[n]{n}}$ 发散；

（7）因为 $\lim\limits_{n\to\infty}\dfrac{\sin\frac{1}{n}}{\frac{1}{n}}=\lim\limits_{n\to\infty}\dfrac{\frac{1}{n}}{\frac{1}{n}}=1$，所以 $\sum\limits_{n=1}^{\infty}\sin\dfrac{1}{n}$ 与 $\sum\limits_{n=1}^{\infty}\dfrac{1}{n}$ 有相同的敛散性，于是由 $\sum\limits_{n=1}^{\infty}\dfrac{1}{n}$ 发散可知 $\sum\limits_{n=1}^{\infty}\sin\dfrac{1}{n}$ 发散；

（8）（用比值法较为容易）记 $u_n=\dfrac{\sqrt{n^3}}{2^n}$，则：$\dfrac{u_{n+1}}{u_n}=\dfrac{\sqrt{(n+1)^3}}{2^{n+1}}\dfrac{2^n}{\sqrt{n^3}}=\dfrac{1}{2}\sqrt{\left(1+\dfrac{1}{n}\right)^3}$

由 $\lim\limits_{n\to\infty}\dfrac{u_{n+1}}{u_n}=\lim\limits_{n\to\infty}\dfrac{1}{2}\sqrt{\left(1+\dfrac{1}{n}\right)^3}=\dfrac{1}{2}<1$ 可知级数 $\sum\limits_{n=1}^{\infty}\dfrac{\sqrt{n^3}}{2^n}$ 收敛；

（9）因为 $\lim\limits_{n\to\infty}\dfrac{1-\cos\frac{1}{n}}{\frac{1}{n^2}}=\lim\limits_{n\to\infty}\dfrac{\frac{1}{2n^2}}{\frac{1}{n^2}}=\dfrac{1}{2}$，所以 $\sum\limits_{n=1}^{\infty}\left(1-\cos\dfrac{1}{n}\right)$ 与 $\sum\limits_{n=1}^{\infty}\dfrac{1}{n^2}$ 有相同的敛散性，于是由 $\sum\limits_{n=1}^{\infty}\dfrac{1}{n^2}$ 收敛可知 $\sum\limits_{n=1}^{\infty}\left(1-\cos\dfrac{1}{n}\right)$ 收敛；

（10）由 $\int_0^{\frac{1}{n}}\dfrac{x}{1+x^2}dx=\dfrac{1}{2}\ln(1+x^2)\Big|_0^{\frac{1}{n}}=\dfrac{1}{2}\ln\left(1+\dfrac{1}{n^2}\right)$ 可知 $\sum\limits_{n=1}^{\infty}\int_0^{\frac{1}{n}}\dfrac{x}{1+x^2}dx=\sum\limits_{n=1}^{\infty}\dfrac{1}{2}\ln\left(1+\dfrac{1}{n^2}\right)$，因为 $\lim\limits_{n\to\infty}\dfrac{\frac{1}{2}\ln\left(1+\frac{1}{n^2}\right)}{\frac{1}{n^2}}=\lim\limits_{n\to\infty}\dfrac{\frac{1}{2n^2}}{\frac{1}{n^2}}=\dfrac{1}{2}$，所以 $\sum\limits_{n=1}^{\infty}\dfrac{1}{2}\ln\left(1+\dfrac{1}{n^2}\right)$ 与 $\sum\limits_{n=1}^{\infty}\dfrac{1}{n^2}$ 有相同的敛散性，于是由 $\sum\limits_{n=1}^{\infty}\dfrac{1}{n^2}$ 收敛可知 $\sum\limits_{n=1}^{\infty}\dfrac{1}{2}\ln\left(1+\dfrac{1}{n^2}\right)$ 收敛，从而 $\sum\limits_{n=1}^{\infty}\int_0^{\frac{1}{n}}\dfrac{x}{1+x^2}dx$ 收敛；

（11）由 $(\ln n)^{\ln n}=e^{\ln[(\ln n)^{\ln n}]}=e^{\ln n\cdot\ln\ln n}=n^{\ln\ln n}\geqslant n^2,n\geqslant e^{e^2}$ 可得 $\dfrac{1}{(\ln n)^{\ln n}}\leqslant\dfrac{1}{n^2},n\geqslant e^{e^2}$.

故由 $\sum\limits_{n=1}^{\infty}\dfrac{1}{n^2}$ 收敛可得 $\sum\limits_{n=2}^{\infty}\dfrac{1}{(\ln n)^{\ln n}}$ 收敛；

（12）$\sqrt[n]{a}+\dfrac{1}{\sqrt[n]{a}}-2=\dfrac{(\sqrt[n]{a})^2+1-2\sqrt[n]{a}}{\sqrt[n]{a}}=\dfrac{(\sqrt[n]{a}-1)^2}{\sqrt[n]{a}}$

因为 $n\to\infty$ 时，$\sqrt[n]{a}-1=a^{\frac{1}{n}}-1\sim\dfrac{\ln a}{n}$，所以

$$\lim_{n\to\infty}\frac{\sqrt[n]{a}+\frac{1}{\sqrt[n]{a}}-2}{\frac{1}{n^2}}=\lim_{n\to\infty}\frac{\frac{(\sqrt[n]{a}-1)^2}{\sqrt[n]{a}}}{\frac{1}{n^2}}=\lim_{n\to\infty}\frac{\frac{\left(\frac{\ln a}{n}\right)^2}{\sqrt[n]{a}}}{\frac{1}{n^2}}=(\ln a)^2$$

因此 $\sum\limits_{n=1}^{\infty}\left(\sqrt[n]{a}+\dfrac{1}{\sqrt[n]{a}}-2\right)(a>0)$ 与 $\sum\limits_{n=1}^{\infty}\dfrac{1}{n^2}$ 有相同的敛散性，从而收敛.

5. 设 $\sum_{n=1}^{\infty}u_n$ 与 $\sum_{n=1}^{\infty}v_n$ 均为正项级数，试证明：若 $\sum_{n=1}^{\infty}v_n$ 收敛，且$\frac{u_{n+1}}{u_n}\leqslant\frac{v_{n+1}}{v_n}(n=1,2,3,\cdots)$，则 $\sum_{n=1}^{\infty}u_n$ 也收敛.

证明：由题意有$\frac{u_2}{u_1}\leqslant\frac{v_2}{v_1},\frac{u_3}{u_2}\leqslant\frac{v_3}{v_2},\cdots,\frac{u_n}{u_{n-1}}\leqslant\frac{v_n}{v_{n-1}}$，将这些不等式相乘可得$\frac{u_n}{u_1}\leqslant\frac{v_n}{v_1}\Rightarrow u_n\leqslant\frac{u_1}{v_1}v_n$. 又由 $\sum_{n=1}^{\infty}v_n$ 收敛可得 $\sum_{n=1}^{\infty}\frac{u_1}{v_1}v_n$ 收敛，从而由正项级数的比较判别法知 $\sum_{n=1}^{\infty}u_n$ 收敛.

6. 试证明：若级数 $\sum_{n=1}^{\infty}u_n^2$ 收敛，则 $\sum_{n=1}^{\infty}\frac{u_n}{n}$ 也收敛.

证明：$\left|\frac{u_n}{n}\right|=|u_n|\cdot\frac{1}{n}=\sqrt{u_n^2\cdot\frac{1}{n^2}}\leqslant\frac{1}{2}\left(u_n^2+\frac{1}{n^2}\right)$. 由 $\sum_{n=1}^{\infty}u_n^2$ 收敛与 $\sum_{n=1}^{\infty}\frac{1}{n^2}$ 收敛知 $\sum_{n=1}^{\infty}\frac{1}{2}\left(u_n^2+\frac{1}{n^2}\right)$ 收敛，故由正项级数的比较判别法知 $\sum_{n=1}^{\infty}\left|\frac{u_n}{n}\right|$ 收敛，从而 $\sum_{n=1}^{\infty}\frac{u_n}{n}$ 收敛.

7. 利用比值判别法或根值判别法，判别下列级数的敛散性：

(1) $\sum_{n=1}^{\infty}\frac{1\cdot 3\cdots(2n-1)}{n!}$ (2) $\sum_{n=1}^{\infty}\frac{(n!)^2}{(2n)!}$

(3) $\sum_{n=1}^{\infty}\frac{n!}{2^n}$ (4) $\sum_{n=1}^{\infty}\frac{2^n}{2n-1}$

(5) $\sum_{n=1}^{\infty}n\tan\frac{\pi}{2^n}$ (6) $\sum_{n=1}^{\infty}\frac{n^a}{a^n}(a>0)$

(7) $\sum_{n=1}^{\infty}\frac{a^n n!}{n^n}(a>0)$ (8) $\sum_{n=1}^{\infty}\frac{a^n}{\sqrt[3]{n^n}}(a>0)$

(9) $\sum_{n=1}^{\infty}\frac{x^n}{3^n}(x>0)$ (10) $\sum_{n=2}^{\infty}\left(\frac{2n+1}{n-1}\right)^n$

(11) $\sum_{n=2}^{\infty}\frac{(n-1)^n}{(n+1)^{n+2}}$ (12) $\sum_{n=1}^{\infty}\frac{x^n}{(1+x)(1+x^2)\cdots(1+x^n)}(x\geqslant 0)$

解：(1) 记 $u_n=\frac{1\cdot 3\cdots(2n-1)}{n!}$，则$\frac{u_{n+1}}{u_n}=\frac{2n+1}{n+1}$. 由$\lim_{n\to\infty}\frac{u_{n+1}}{u_n}=\lim_{n\to\infty}\frac{2n+1}{n+1}=2>1$ 可知级数 $\sum_{n=1}^{\infty}\frac{1\cdot 3\cdots(2n-1)}{n!}$ 发散.

(2) 记 $u_n=\frac{(n!)^2}{(2n)!}$，则$\frac{u_{n+1}}{u_n}=\frac{(n+1)^2}{(2n+1)(2n+2)}$

由$\lim_{n\to\infty}\frac{u_{n+1}}{u_n}=\lim_{n\to\infty}\frac{(n+1)^2}{(2n+1)(2n+2)}=\frac{1}{4}<1$ 可知级数 $\sum_{n=1}^{\infty}\frac{(n!)^2}{(2n)!}$ 收敛.

(3) 记 $u_n=\frac{n!}{2^n}$，则$\frac{u_{n+1}}{u_n}=\frac{n+1}{2}$

由$\lim_{n\to\infty}\frac{u_{n+1}}{u_n}=\lim_{n\to\infty}\frac{n+1}{2}=\infty$ 可知级数 $\sum_{n=1}^{\infty}\frac{n!}{2^n}$ 发散.

(4) 记 $u_n=\frac{2^n}{2n-1}$，则$\frac{u_{n+1}}{u_n}=\frac{2(2n-1)}{2n+1}$

由$\lim\limits_{n\to\infty}\frac{u_{n+1}}{u_n}=\lim\limits_{n\to\infty}\frac{2(2n-1)}{2n+1}=2>1$可知级数$\sum\limits_{n=1}^{\infty}\frac{2^n}{2n-1}$发散.

(5) 记 $u_n=n\tan\frac{\pi}{2^n}$，则$\frac{u_{n+1}}{u_n}=\frac{(n+1)\tan\frac{\pi}{2^{n+1}}}{n\tan\frac{\pi}{2^n}}$

由$\lim\limits_{n\to\infty}\frac{u_{n+1}}{u_n}=\lim\limits_{n\to\infty}\frac{(n+1)\tan\frac{\pi}{2^{n+1}}}{n\tan\frac{\pi}{2^n}}=\lim\limits_{n\to\infty}\frac{(n+1)\frac{\pi}{2^{n+1}}}{n\frac{\pi}{2^n}}=\frac{1}{2}<1$可知级数$\sum\limits_{n=1}^{\infty}n\tan\frac{\pi}{2^n}$收敛.

(6) 记 $u_n=\frac{n^a}{a^n}$，则$\frac{u_{n+1}}{u_n}=\left(1+\frac{1}{n}\right)^a\frac{1}{a}$. 由$\lim\limits_{n\to\infty}\frac{u_{n+1}}{u_n}=\lim\limits_{n\to\infty}\left(1+\frac{1}{n}\right)^a\frac{1}{a}=\frac{1}{a}$与比值判别法可知当$a>1$时级数收敛，$a<1$时级数发散；当$a=1$时级数为$\sum\limits_{n=1}^{\infty}n$发散. 综上所述：$a>1$时级数收敛，$0<a\leqslant 1$时级数发散.

(7) 记 $u_n=\frac{a^n n!}{n^n}$，则$\frac{u_{n+1}}{u_n}=a\left(\frac{n}{n+1}\right)^n$. 由$\lim\limits_{n\to\infty}\frac{u_{n+1}}{u_n}=\lim\limits_{n\to\infty}a\left(\frac{n}{n+1}\right)^n=\frac{a}{e}$与比值判别法可知当$a<e$时级数收敛，$a>e$时级数发散.

当$a=e$时，$\frac{u_{n+1}}{u_n}=e\left(\frac{n}{n+1}\right)^n=\frac{e}{\left(1+\frac{1}{n}\right)^n}>\frac{e}{e}=1$，因此$u_n$不以0为极限从而此时级数发散.

综上所述：$0<a<e$时级数收敛，$a\geqslant e$时级数发散.

(8) 记 $u_n=\frac{a^n}{\sqrt[3]{n^n}}$，则$\sqrt[n]{u_n}=\sqrt[n]{\frac{a^n}{\sqrt[3]{n^n}}}=\sqrt[n]{\frac{a^n}{n^{n\cdot\frac{1}{3}}}}=\frac{a}{n^{\frac{1}{3}}}$

由$\lim\limits_{n\to\infty}\sqrt[n]{u_n}=\lim\limits_{n\to\infty}\frac{a}{n^{\frac{1}{3}}}=0<1$可知级数$\sum\limits_{n=1}^{\infty}\frac{a^n}{\sqrt[3]{n^n}}(a>0)$收敛.

(9) 记 $u_n=\frac{x^n}{3^n}$，则$\sqrt[n]{u_n}=\sqrt[n]{\frac{x^n}{3^n}}=\frac{x}{3}$. 则由$\lim\limits_{n\to\infty}\sqrt[n]{u_n}=\lim\limits_{n\to\infty}\frac{x}{3}=\frac{x}{3}$与根值判别法可知，当$0<x<3$时级数收敛，$x>3$时级数发散；当$x=1$时级数为$\sum\limits_{n=1}^{\infty}1$发散. 综上所述：$0<x<3$时级数收敛，$x\geqslant 3$时级数发散.

(10) 记 $u_n=\left(\frac{2n+1}{n-1}\right)^n$，则$\sqrt[n]{u_n}=\sqrt[n]{\left(\frac{2n+1}{n-1}\right)^n}=\frac{2n+1}{n-1}$

由$\lim\limits_{n\to\infty}\sqrt[n]{u_n}=\lim\limits_{n\to\infty}\frac{2n+1}{n-1}=2>1$可知级数$\sum\limits_{n=2}^{\infty}\left(\frac{2n+1}{n-1}\right)^n$发散.

(11) 由$\frac{(n-1)^n}{(n+1)^{n+2}}=\left(\frac{n-1}{n+1}\right)^n\frac{1}{(n+1)^2}<\frac{1}{(n+1)^2}$与$\sum\limits_{n=2}^{\infty}\frac{1}{(n+1)^2}$收敛可知原级数收敛.

注：本题不可以用比值法或者根值法得出结论，因为两种方法算出的极限均为 1（无法判断）.

（12）记 $u_n=\dfrac{x^n}{(1+x)(1+x^2)\cdots(1+x^n)}$，则 $\dfrac{u_{n+1}}{u_n}=\dfrac{x}{1+x^n}$

令 $r=\lim\limits_{n\to\infty}\dfrac{u_{n+1}}{u_n}=\lim\limits_{n\to\infty}\dfrac{x}{1+x^n}$

则：当 $0<x<1$ 时 $r=x<1$，当 $x>1$ 时 $r=\lim\limits_{n\to\infty}\dfrac{\dfrac{1}{x^{n-1}}}{\dfrac{1}{x^n}+1}=0<1$，当 $x=1$ 时 $r=\dfrac{1}{2}<1$，因此对于所有的 $x\neq0$ 时级数均收敛，又 $x=0$ 时级数显然收敛，

故原级数 $\sum\limits_{n=1}^{\infty}\dfrac{x^n}{(1+x)(1+x^2)\cdots(1+x^n)}$ 对所有的 $x\geqslant0$ 均收敛.

8. 设 $\lim\limits_{n\to\infty}nu_n=1$，试证明：级数 $\sum\limits_{n=1}^{\infty}u_n$ 发散（见例 5）.

9. 判断正误并说明理由（给出证明或举出反例）：

（1）若级数 $\sum\limits_{n=1}^{\infty}u_n$ 发散，则必有：$\lim\limits_{n\to\infty}u_n=0$

解：错误；反例：$\sum\limits_{n=1}^{\infty}(-1)^n$ 发散，但是 $\lim\limits_{n\to\infty}(-1)^n$ 不存在.

（2）级数 $\sum\limits_{n=1}^{\infty}u_n$ 收敛的充要条件是其前 n 项和数列 $\{S_n\}$ 有界.

解：错误；此结论对于正项级数成立，但对于任意项级数必要性成立而充分性未必成立. 必要性成立是因为：若级数 $\sum\limits_{n=1}^{\infty}u_n$ 收敛则其部分和数列 $\{S_n\}$ 一定有极限（收敛），而数列收敛蕴涵其一定有界；充分性未必成立：考虑级数 $\sum\limits_{n=1}^{\infty}(-1)^n$，显然其部分和数列有界，但是它却是发散的.

（3）若级数 $\sum\limits_{n=1}^{\infty}u_n^2$ 收敛，则级数 $\sum\limits_{n=1}^{\infty}u_n$ 也收敛.

解：错误；反例：$\sum\limits_{n=1}^{\infty}\left(\dfrac{1}{n}\right)^2$ 收敛，但是 $\sum\limits_{n=1}^{\infty}\dfrac{1}{n}$ 发散.

（4）设 $u_n>0(n=0,1,2,\cdots)$，若 $\dfrac{u_{n+1}}{u_n}<1(n=0,1,2,\cdots)$，则级数 $\sum\limits_{n=0}^{\infty}u_n$ 收敛.

解：错误；反例：$u_n=\dfrac{1}{n}$

（5）设 $\sum\limits_{n=1}^{\infty}u_n$ 为正项级数，且 $\lim\limits_{n\to\infty}u_n=0$，若 $\lim\limits_{n\to\infty}\dfrac{u_{n+1}}{u_n}=k$，则 $k\leqslant1$

解：正确；若 $k>1$，则由 $\lim\limits_{n\to\infty}\dfrac{u_{n+1}}{u_n}=k>1$ 可知存在 $N,n>N$ 时有 $\dfrac{u_{n+1}}{u_n}>1\Rightarrow u_{n+1}>u_n$，而这显然与 $\lim\limits_{n\to\infty}u_n=0$ 矛盾.

（6）如果正项级数 $\sum_{n=1}^{\infty} u_n$ 收敛，则 $u_n<\frac{1}{n},(n=1,2,\cdots)$，如果正项级数 $\sum_{n=1}^{\infty} u_n$ 发散，则 $u_n>\frac{1}{n},(n=1,2,\cdots)$.

解：错误；反例：对于第一个命题，因为改变级数的有限项不改变级数的敛散性，所以可以将收敛级数 $\sum_{n=1}^{\infty}\frac{1}{n^2}$ 的前几项修改即可得到反例，例如可以令 u_n 为 $u_1=1,u_2=2,u_n=\frac{1}{n^2}$，$n\geqslant 3$，这样其前两项就不满足 $u_n<\frac{1}{n}$；对于第二个命题，可以构造反例 $u_n=\frac{1}{2n}$.

（7）设 $u_n=(-1)^n\ln\left(1+\frac{1}{\sqrt{n}}\right)$，则级数 $\sum_{n=1}^{\infty}u_n$ 与 $\sum_{n=1}^{\infty}u_n^2$ 都收敛.

解：错误；对于 $\sum_{n=1}^{\infty}u_n$，因为数列 $\ln(1+\frac{1}{\sqrt{n}})$ 单调递减趋于零，故由莱布尼茨判别法知其收敛；而对于 $\sum_{n=1}^{\infty}u_n^2=\sum_{n=1}^{\infty}\left[\ln\left(1+\frac{1}{\sqrt{n}}\right)\right]^2$，因为 $n\to\infty$ 时 $\left[\ln\left(1+\frac{1}{\sqrt{n}}\right)\right]^2\sim\left[\frac{1}{\sqrt{n}}\right]^2=\frac{1}{n}$ 故 $\sum_{n=1}^{\infty}u_n^2=\sum_{n=1}^{\infty}\left[\ln\left(1+\frac{1}{\sqrt{n}}\right)\right]^2$ 与 $\sum_{n=1}^{\infty}\frac{1}{n}$ 有相同的敛散性从而 $\sum_{n=1}^{\infty}u_n^2$ 发散.

（8）若级数 $\sum_{n=1}^{\infty}u_n$ 与 $\sum_{n=1}^{\infty}v_n$ 都收敛，数列 $\{a_n\}$ 满足 $u_n<a_n<v_n,(n=1,2,\cdots)$，则级数 $\sum_{n=1}^{\infty}a_n$ 也收敛.

解：正确；由 $u_n<a_n<v_n,(n=1,2,\cdots)$ 可知 $0<a_n-u_n<v_n-u_n,(n=1,2,\cdots)$.

因为 $\sum_{n=1}^{\infty}u_n$ 与 $\sum_{n=1}^{\infty}v_n$ 都收敛，所以 $\sum_{n=1}^{\infty}(v_n-u_n)$ 收敛. 故由正项级数的比较判别法得出 $\sum_{n=1}^{\infty}(a_n-u_n)$ 收敛，这连同 $\sum_{n=1}^{\infty}u_n$ 收敛可推出 $\sum_{n=1}^{\infty}a_n$ 也收敛.

（9）若级数 $\sum_{n=1}^{\infty}|u_n|$ 发散，则 $\sum_{n=1}^{\infty}u_n$ 也发散.

解：错误；反例：$u_n=(-1)^n\frac{1}{n}$

10. 利用莱布尼茨判别法说明下列级数的收敛性：

（1）$\sum_{n=1}^{\infty}\frac{(-1)^n}{2n-1}$　　（2）$\sum_{n=1}^{\infty}\frac{(-1)^{n+1}}{\ln(n+1)}$

（3）$\sum_{n=2}^{\infty}\frac{(-1)^{n+1}}{\sqrt{n^2-n}}$　　（4）$\sum_{n=1}^{\infty}(-1)^{n-1}\frac{\ln n}{\sqrt{n}}$

（5）$\sum_{n=1}^{\infty}\frac{(-1)^{n-1}}{\sqrt{n}-\ln n}$　　（6）$\sum_{n=1}^{\infty}\sin(\pi\sqrt{n^2+1})$

解：（1）记 $u_n=\frac{1}{2n-1}$，则易知 u_n 单调递减且 $\lim\limits_{n\to\infty}u_n=0$，故由莱布尼茨判别法知 $\sum_{n=1}^{\infty}\frac{(-1)^n}{2n-1}$ 收敛.

（2）$u_n=\dfrac{1}{\ln(n+1)}$，则易知 u_n 单调递减且 $\lim\limits_{n\to\infty}u_n=0$，故级数收敛．

（3）$u_n=\dfrac{1}{\sqrt{n^2-n}}$，则易知 u_n 单调递减且 $\lim\limits_{n\to\infty}u_n=0$，故级数收敛．

（4）记 $u_n=\dfrac{\ln n}{\sqrt{n}}$，则 $\lim\limits_{n\to\infty}u_n=\lim\limits_{n\to\infty}\dfrac{\ln n}{\sqrt{n}}=\lim\limits_{x\to+\infty}\dfrac{\ln x}{\sqrt{x}}=\lim\limits_{x\to+\infty}\dfrac{1/x}{(1/2)\cdot x^{-1/2}}=\lim\limits_{x\to+\infty}\dfrac{2}{\sqrt{x}}=0$

令 $f(x)=\dfrac{\ln x}{\sqrt{x}}$，则当 $x>e^2$ 时，$f'(x)=\dfrac{2-\ln x}{2x\sqrt{x}}<0$，即 $n>e^2$ 时，$u_n=\dfrac{\ln n}{\sqrt{n}}$单调递减．因此由莱布尼茨判别法知 $\sum\limits_{n=1}^{\infty}(-1)^{n-1}\dfrac{\ln n}{\sqrt{n}}$ 收敛．

（5）记 $u_n=\dfrac{1}{\sqrt{n}-\ln n}$，则 $\lim\limits_{n\to\infty}u_n=\lim\limits_{n\to\infty}\dfrac{1}{\sqrt{n}-\ln n}=\lim\limits_{n\to\infty}\dfrac{\frac{1}{\sqrt{n}}}{1-\frac{\ln n}{\sqrt{n}}}=0$

令 $f(x)=\dfrac{1}{\sqrt{x}-\ln x}$，则 $f'(x)=\dfrac{1}{(\sqrt{x}-\ln x)^2}\left(-\dfrac{1}{2\sqrt{x}}-\dfrac{1}{x}\right)<0$，即 $u_n=\dfrac{1}{\sqrt{n}-\ln n}$单调递减．因此由莱布尼茨判别法知 $\sum\limits_{n=1}^{\infty}\dfrac{(-1)^{n-1}}{\sqrt{n}-\ln n}$ 收敛．

（6）$\sin(\pi\sqrt{n^2+1})=\sin[(\pi\sqrt{n^2+1}-n\pi+n\pi)]=(-1)^n\sin(\pi\sqrt{n^2+1}-n\pi)$

$$=(-1)^n\sin\frac{\pi}{\sqrt{n^2+1}+n}$$

记 $u_n=\sin\dfrac{\pi}{\sqrt{n^2+1}+n}$，则 $\lim\limits_{n\to\infty}u_n=\lim\limits_{n\to\infty}\sin\dfrac{\pi}{\sqrt{n^2+1}+n}=\lim\limits_{n\to\infty}\dfrac{\pi}{\sqrt{n^2+1}+n}=0$，且易知 u_n 单调递减．因此由莱布尼茨判别法知 $\sum\limits_{n=1}^{\infty}\sin(\pi\sqrt{n^2+1})$ 收敛．

11. 判别下列级数的敛散性，并说明收敛级数是绝对收敛还是条件收敛：

（1）$\sum\limits_{n=1}^{\infty}\dfrac{\cos(n!)}{n\sqrt{n}}$　　（2）$\sum\limits_{n=1}^{\infty}(-1)^{n-1}\dfrac{2+(-1)^{n-1}}{n^3}$

（3）$\sum\limits_{n=1}^{\infty}(-1)^{n+1}\dfrac{\sin\frac{\pi}{n+1}}{\pi^{n+1}}$　　（4）$\sum\limits_{n=1}^{\infty}\dfrac{1}{n^2}x^{2n}$

（5）$\sum\limits_{n=1}^{\infty}(-1)^n\ln\dfrac{n+1}{n}$　　（6）$\sum\limits_{n=2}^{\infty}\dfrac{(-1)^n}{\sqrt{n}+(-1)^n}$

（7）$\sum\limits_{n=1}^{\infty}(-1)^{n+1}\dfrac{2^{n^2}}{n!}$　　（8）$\sum\limits_{n=1}^{\infty}(-1)^{n+1}\dfrac{1}{na^{2n}}(a\neq 0)$

（9）$\sum\limits_{n=1}^{\infty}\dfrac{x^n}{1+x^{2n}}$

解：（1）由 $\left|\dfrac{\cos(n!)}{n\sqrt{n}}\right|\leqslant\dfrac{1}{n\sqrt{n}}$与 $\sum\limits_{n=1}^{\infty}\dfrac{1}{n\sqrt{n}}$ 收敛知 $\sum\limits_{n=1}^{\infty}\dfrac{\cos(n!)}{n\sqrt{n}}$ 绝对收敛．

(2) 由 $\left|(-1)^{n-1}\frac{2+(-1)^{n-1}}{n^3}\right|\leqslant\frac{1}{n^3}$ 与 $\sum\limits_{n=1}^{\infty}\frac{1}{n^3}$ 收敛知 $\sum\limits_{n=1}^{\infty}(-1)^{n-1}\frac{2+(-1)^{n-1}}{n^3}$ 绝对收敛.

(3) $\sum\limits_{n=1}^{\infty}\left|(-1)^{n+1}\frac{\sin\frac{\pi}{n+1}}{\pi^{n+1}}\right| = \sum\limits_{n=1}^{\infty}\frac{\sin\frac{\pi}{n+1}}{\pi^{n+1}}$，记 $u_n=\frac{\sin\frac{\pi}{n+1}}{\pi^{n+1}}$，则由 $\lim\limits_{n\to\infty}\frac{u_{n+1}}{u_n}=$ $\lim\limits_{n\to\infty}\frac{\sin\frac{\pi}{n+1}}{\pi^{n+1}}\cdot\frac{\pi^n}{\sin\frac{\pi}{n}}=\frac{1}{\pi}<1$ 与比值判别法知 $\sum\limits_{n=1}^{\infty}\frac{\sin\frac{\pi}{n+1}}{\pi^{n+1}}$ 收敛，从而 $\sum\limits_{n=1}^{\infty}(-1)^{n+1}\frac{\sin\frac{\pi}{n+1}}{\pi^{n+1}}$ 绝对收敛.

(4) $x=0$ 时显然收敛. 以下设 $x\neq 0$，记 $u_n=\frac{x^{2n}}{n^2}$，则 $\lim\limits_{n\to\infty}\left|\frac{u_{n+1}}{u_n}\right|=\lim\limits_{n\to\infty}\frac{x^{2n+2}}{(n+1)^2}\cdot\frac{n^2}{x^{2n}}=x^2$，故 $x^2<1$ 即 $0<|x|<1$ 时原级数绝对收敛，$x^2>1$ 即 $|x|>1$ 时级数发散；当 $|x|=1$ 时，级数为 $\sum\limits_{n=1}^{\infty}\frac{1}{n^2}$ 收敛. 综上所述，原级数当 $|x|\leqslant 1$ 时绝对收敛，$|x|>1$ 时发散.

(5) 见例7.8.

(6) $\sum\limits_{n=2}^{\infty}\frac{(-1)^n}{\sqrt{n}+(-1)^n}=\sum\limits_{n=2}^{\infty}\frac{(-1)^n[\sqrt{n}-(-1)^n]}{n-1}=\sum\limits_{n=2}^{\infty}\left[\frac{(-1)^n\sqrt{n}}{n-1}-\frac{1}{n-1}\right]$

对于级数 $\sum\limits_{n=2}^{\infty}\frac{(-1)^n\sqrt{n}}{n-1}$，易用莱布尼茨判别法说明其收敛，而 $\sum\limits_{n=2}^{\infty}\frac{1}{n-1}$ 发散（调和级数），因此原级数发散.

(7) 记 $u_n=(-1)^{n+1}\frac{2^{n^2}}{n!}$，则 $\lim\limits_{n\to\infty}\left|\frac{u_{n+1}}{u_n}\right|=\lim\limits_{n\to\infty}\frac{2^{(n+1)^2}}{(n+1)!}\cdot\frac{n!}{2^{n^2}}=\lim\limits_{n\to\infty}\frac{2^{2n+2}}{n+1}=\infty$，所以级数 $\sum\limits_{n=1}^{\infty}(-1)^{n+1}\frac{2^{n^2}}{n!}$ 发散.

(8) 记 $u_n=(-1)^{n+1}\frac{1}{n\cdot a^{2n}}$，则 $\lim\limits_{n\to\infty}\left|\frac{u_{n+1}}{u_n}\right|=\lim\limits_{n\to\infty}\frac{na^{2n}}{(n+1)a^{2n+2}}=\frac{1}{a^2}$，所以原级数当 $0<|a|<1$ 时发散，$|a|>1$ 时绝对收敛；当 $|a|=1$ 时，级数为 $\sum\limits_{n=1}^{\infty}\frac{(-1)^{n+1}}{n}$ 条件收敛.

综上所述，原级数当 $0<|a|<1$ 时发散，$|a|>1$ 时绝对收敛，$|a|=1$ 时条件收敛.

(9) 记 $u_n=\frac{x^n}{1+x^{2n}}$，则 $\left|\frac{u_{n+1}}{u_n}\right|=|x|\left|\frac{1+x^{2n}}{1+x^{2n+2}}\right|$，令 $r=\lim\limits_{n\to\infty}\left|\frac{u_{n+1}}{u_n}\right|=\lim\limits_{n\to\infty}|x|\left|\frac{1+x^{2n}}{1+x^{2n+2}}\right|$

则：当 $|x|<1$ 时 $r=|x|<1$，当 $|x|>1$ 时 $r=|x|\lim\limits_{n\to\infty}\frac{\frac{1}{x^{2n+2}}+\frac{1}{x^2}}{\frac{1}{x^{2n+2}}+1}=\frac{1}{|x|}<1$，因此对于所有的 $|x|\neq 1$ 级数均绝对收敛；又 $|x|=1$ 时级数显然发散. 综上所述，$|x|\neq 1$ 时级数绝对收敛，$|x|=1$ 时发散.

12. 如果级数 $\sum\limits_{n=1}^{\infty}u_n^2$ 与 $\sum\limits_{n=1}^{\infty}v_n^2$ 都收敛，试证明：级数 $\sum\limits_{n=1}^{\infty}u_nv_n$ 绝对收敛.

证明：$|u_nv_n|\leqslant\frac{1}{2}(u_n^2+v_n^2)$. 由 $\sum\limits_{n=1}^{\infty}u_n^2$ 收敛与 $\sum\limits_{n=1}^{\infty}v_n^2$ 收敛知 $\sum\limits_{n=1}^{\infty}\frac{1}{2}(u_n^2+v_n^2)$ 收敛，故由正项级数的比较判别法知 $\sum\limits_{n=1}^{\infty}|u_nv_n|$ 收敛，从而 $\sum\limits_{n=1}^{\infty}u_nv_n$ 绝对收敛.

13. 求下列幂级数的收敛域：

(1) $\sum\limits_{n=1}^{\infty}\frac{x^n}{n^2}$　　(2) $\sum\limits_{n=0}^{\infty}\frac{n^2x^n}{2^n}$

(3) $\sum\limits_{n=0}^{\infty}(\sqrt{n+1}-\sqrt{n})x^n$　　(4) $\sum\limits_{n=1}^{\infty}\frac{1}{n2^n}x^{n-1}$

(5) $\sum\limits_{n=1}^{\infty}\sin\frac{\pi}{2^n}x^n$　　(6) $\sum\limits_{n=1}^{\infty}\frac{3^n+(-2)^n}{n}x^{2n-1}$

(7) $\sum\limits_{n=1}^{\infty}\frac{(x-5)^n}{\ln(n+1)}$　　(8) $\sum\limits_{n=1}^{\infty}(-1)^n\frac{(x+2)^{2n}}{n\cdot 4^n}$

(9) $\sum\limits_{n=1}^{\infty}\frac{(-x)^n}{3^{n-1}\cdot\sqrt{n}}$

解：(1) $a_n=\frac{1}{n^2},R=\lim\limits_{n\to\infty}\left|\frac{a_n}{a_{n+1}}\right|=\lim\limits_{n\to\infty}\frac{(n+1)^2}{n^2}=1$，故收敛区间为$(-1,1)$. 当 $x=1$ 时，级数为 $\sum\limits_{n=1}^{\infty}\frac{1}{n^2}$ 收敛，当 $x=-1$ 时，级数为 $\sum\limits_{n=1}^{\infty}\frac{(-1)^2}{n^2}$ 收敛，因此收敛域为$[-1,1]$.

(2) $a_n=\frac{n^2}{2^n},R=\lim\limits_{n\to\infty}\left|\frac{a_n}{a_{n+1}}\right|=\lim\limits_{n\to\infty}\frac{n^2}{2^n}\cdot\frac{2^{n+1}}{(n+1)^2}=2$，故收敛区间为$(-2,2)$. 当 $x=2$ 时，级数为 $\sum\limits_{n=1}^{\infty}n^2$ 发散，当 $x=-2$ 时，级数为 $\sum\limits_{n=1}^{\infty}(-1)^nn^2$ 发散，因此收敛域为$(-2,2)$.

(3) $a_n=\sqrt{n+1}-\sqrt{n},R=\lim\limits_{n\to\infty}\left|\frac{a_n}{a_{n+1}}\right|=\lim\limits_{n\to\infty}\frac{\sqrt{n+1}-\sqrt{n}}{\sqrt{n+2}-\sqrt{n+1}}=\lim\limits_{n\to\infty}\frac{\sqrt{n+2}+\sqrt{n+1}}{\sqrt{n+1}+\sqrt{n}}=1$，故收敛区间为$(-1,1)$. 当 $x=1$ 时，级数为 $\sum\limits_{n=1}^{\infty}(\sqrt{n+1}-\sqrt{n})=\sum\limits_{n=1}^{\infty}\frac{1}{\sqrt{n+1}+\sqrt{n}}$ 发散（与 $\sum\limits_{n=1}^{\infty}\frac{1}{\sqrt{n}}$ 同敛散），当 $x=-1$ 时，级数为 $\sum\limits_{n=1}^{\infty}(-1)^n(\sqrt{n+1}-\sqrt{n})=\sum\limits_{n=1}^{\infty}\frac{(-1)^n}{\sqrt{n+1}+\sqrt{n}}$ 收敛（莱布尼茨判别法），因此收敛域为$[-1,1)$.

(4) 记 $u_n=\frac{1}{n\cdot 2^n}x^{n-1}$，则 $\lim\limits_{n\to\infty}\left|\frac{u_{n+1}}{u_n}\right|=\lim\limits_{n\to\infty}\frac{|x|^n}{(n+1)2^{n+1}}\cdot\frac{n2^n}{|x|^{n-1}}=\frac{|x|}{2}$

故$\frac{|x|}{2}<1$ 即$|x|<2$ 时原级数绝对收敛，于是收敛区间为$(-2,2)$. 当 $x=2$ 时，级数为 $\sum\limits_{n=1}^{\infty}\frac{1}{2n}$ 发散；当 $x=-2$ 时，级数为 $\sum\limits_{n=1}^{\infty}\frac{(-1)^{n-1}}{2n}$ 收敛（莱布尼茨判别法），因此收敛域为$[-2,2)$.

(5) $a_n=\sin\frac{\pi}{2^n},R=\lim\limits_{n\to\infty}\left|\frac{a_n}{a_{n+1}}\right|=\lim\limits_{n\to\infty}\frac{\pi}{2^n}\frac{2^{n+1}}{\pi}=2$，故收敛区间为$(-2,2)$. 当 $x=2$ 时，级

数为 $\sum_{n=1}^{\infty}\sin\frac{\pi}{2^n}\cdot 2^n$ 发散（$\because \lim_{n\to\infty}\sin\frac{\pi}{2^n}\cdot 2^n=\lim_{n\to\infty}\frac{\pi}{2^n}\cdot 2^n=\pi\neq 0$），同理可说明当 $x=-2$ 时，级数为 $\sum_{n=1}^{\infty}\sin\frac{\pi}{2^n}\cdot(-2)^n$ 发散，因此收敛域为$(-2,2)$.

(6) 见例7.8.

(7) 记 $u_n=\frac{(x-5)^n}{\ln(n+1)}$，则 $\lim_{n\to\infty}\left|\frac{u_{n+1}}{u_n}\right|=\lim_{n\to\infty}\frac{|x-5|^{n+1}}{\ln(n+2)}\cdot\frac{\ln(n+1)}{|x-5|^n}=|x-5|$

故 $|x-5|<1$ 即 $4<x<6$ 时原级数绝对收敛，于是收敛区间为$(4,6)$. 当 $x=4$ 时，级数为 $\sum_{n=1}^{\infty}\frac{(-1)^n}{\ln(n+1)}$ 收敛（莱布尼茨判别法），当 $x=6$ 时，级数为 $\sum_{n=1}^{\infty}\frac{1}{\ln(n+1)}$ 发散，因此收敛域为$[4,6)$.

(8) 记 $u_n=(-1)^n\frac{(x+2)^{2n}}{n\cdot 4^n}$，则 $\lim_{n\to\infty}\left|\frac{u_{n+1}}{u_n}\right|=\lim_{n\to\infty}\frac{(x+2)^{2n+2}}{(n+1)\cdot 4^{n+1}}\cdot\frac{n\cdot 4^n}{(x+2)^{2n}}=\frac{1}{4}(x+2)^2$

故 $\frac{1}{4}(x+2)^2<1$ 即 $-4<x<0$ 时原级数绝对收敛，于是收敛区间为$(-4,0)$. 当 $x=4$ 或 $x=0$ 时，级数为 $\sum_{n=1}^{\infty}\frac{(-1)^n}{n}$ 收敛，因此收敛域为$[-4,0]$.

(9) 记 $u_n=\frac{(-x)^n}{3^{n-1}\cdot\sqrt{n}}$，则 $\lim_{n\to\infty}\left|\frac{u_{n+1}}{u_n}\right|=\lim_{n\to\infty}\frac{|x|^{n+1}}{3^n\cdot\sqrt{n+1}}\cdot\frac{3^{n-1}\cdot\sqrt{n}}{|x|^n}=\frac{1}{3}|x|$

故 $\frac{1}{3}|x|<1$，即 $-3<x<3$ 时原级数绝对收敛，于是收敛区间为$(-3,3)$. 当 $x=3$ 时，级数为 $\sum_{n=1}^{\infty}\frac{(-1)^n\cdot 3}{\sqrt{n}}$ 收敛（莱布尼茨判别法），当 $x=-3$ 时，级数为 $\sum_{n=1}^{\infty}\frac{3}{\sqrt{n}}$ 发散，因此收敛域为$(-3,3]$.

14. 求下列幂级数的收敛域及其在收敛域内的和函数：

(1) $\sum_{n=1}^{\infty}(2n-1)x^n$　　(2) $\sum_{n=2}^{\infty}\frac{x^{n-2}}{n}$

(3) $\sum_{n=1}^{\infty}(2n-1)x^{2n-1}$　　(4) $\sum_{n=0}^{\infty}(n+1)^2x^n$

(5) $\sum_{n=2}^{\infty}\frac{x^n}{n^2-1}$　　(6) $\sum_{n=1}^{\infty}\frac{x^{2n}}{(2n)!}$

(7) $\sum_{n=1}^{\infty}\frac{2n+1}{n!}x^{2n}$　　(8) $\sum_{n=0}^{\infty}\frac{x^{n+1}}{(n+1)2^n}$

(9) $\sum_{n=0}^{\infty}\frac{1}{4n+1}x^{4n+1}$

解：(1) 易知其收敛域为$(-1,1)$，当 $x\in(-1,1)$时有：

$$\sum_{n=1}^{\infty}2nx^n=2x\sum_{n=1}^{\infty}nx^{n-1}=2x\sum_{n=1}^{\infty}(x^n)'=2x\left(\sum_{n=1}^{\infty}x^n\right)'=2x\left(\frac{x}{1-x}\right)'=\frac{2x}{(1-x)^2}$$

所以，$\sum_{n=1}^{\infty}(2n-1)x^n=\sum_{n=1}^{\infty}2nx^n-\sum_{n=1}^{\infty}x^n=\frac{2x}{(1-x)^2}-\frac{1}{1-x}=\frac{x(1+x)}{(1-x)^2},x\in(-1,1)$

(2) 易知其收敛域为$[-1,1)$，记其和函数为$S(x)$，则显然$S(0)=\frac{1}{2}$；当$x\neq 0$且$x\in(-1,1)$时有$S(x)=\sum_{n=2}^{\infty}\frac{x^{n-2}}{n}=\frac{1}{x^2}\sum_{n=2}^{\infty}\frac{x^n}{n}$，记$T(x)=\sum_{n=2}^{\infty}\frac{x^n}{n}$，由逐项求导得：

$$T'(x)=\sum_{n=2}^{\infty}\left(\frac{x^n}{n}\right)'=\sum_{n=2}^{\infty}x^{n-1}=\frac{x}{1-x}\Rightarrow$$

$T(x)=\int_0^x T'(t)dt+T(0)=\int_0^x\frac{t}{1-t}dt+0=-x-\ln(1-x)$，所以

$$S(x)=-\frac{x+\ln(1-x)}{x^2},x\in(-1,0)\cup(0,1)$$

又由和函数的连续性知：

$$S(-1)=\lim_{x\to -1^+}\left[-\frac{x+\ln(1-x)}{x^2}\right]=1-\ln 2$$

综上可得：

$$S(x)=\begin{cases}-\frac{x+\ln(1-x)}{x^2}, & x\in[-1,0)\cup(0,1)\\ \frac{1}{2}, & 0\end{cases}$$

(3) 易知其收敛域为$(-1,1)$，记其和函数为$S(x)$，则显然$S(0)=0$；以下设$x\neq 0$且$x\in(-1,1)$. 在第 (1) 小题我们已经得到$\sum_{n=1}^{\infty}2nx^n=\frac{2x}{(1-x)^2}$，故

$$\sum_{n=1}^{\infty}2nx^{2n}=\frac{2x^2}{(1-x^2)^2}\Rightarrow\sum_{n=1}^{\infty}2nx^{2n-1}=\frac{1}{x}\frac{2x^2}{(1-x^2)^2}=\frac{2x}{(1-x^2)^2}$$

又有$\sum_{n=1}^{\infty}x^{2n-1}=\frac{x}{1-x^2}$，所以当$x\neq 0$且$x\in(-1,1)$时我们有

$$\sum_{n=1}^{\infty}(2n-1)x^{2n-1}=\frac{2x}{(1-x^2)^2}-\frac{x}{1-x^2}=\frac{x(1+x^2)}{(1-x^2)^2}$$

联立$S(0)=0$得出：

$$S(x)=\sum_{n=1}^{\infty}(2n-1)x^{2n-1}=\frac{x(1+x^2)}{(1-x^2)^2},x\in(-1,1)$$

(4) 易知其收敛域为$(-1,1)$，由$(n+1)^2=n(n-1)+3n+1$可知$x\in(-1,1)$时有

$$\sum_{n=0}^{\infty}(n+1)^2x^n=\sum_{n=0}^{\infty}n(n-1)x^n+\sum_{n=0}^{\infty}3nx^n+\sum_{n=0}^{\infty}x^n$$

其中：$\sum_{n=0}^{\infty}n(n-1)x^n=\sum_{n=2}^{\infty}n(n-1)x^n=x^2\sum_{n=2}^{\infty}n(n-1)x^{n-2}$

$$=x^2\sum_{n=2}^{\infty}(x^n)''=x^2\left(\sum_{n=2}^{\infty}x^n\right)''=x^2\left(\frac{x^2}{1-x}\right)''=\frac{2x^2}{(1-x)^3}$$

$$\sum_{n=0}^{\infty}3nx^n=3\sum_{n=1}^{\infty}nx^n=3x\sum_{n=1}^{\infty}nx^{n-1}=3x\sum_{n=1}^{\infty}(x^n)'=3x\left(\sum_{n=1}^{\infty}x^n\right)'=3x\left(\frac{x}{1-x}\right)'=\frac{3x}{(1-x)^2}$$

$$\sum_{n=0}^{\infty}x^n=\frac{1}{1-x},\Rightarrow\sum_{n=0}^{\infty}(n+1)^2x^n=\frac{2x^2}{(1-x)^3}+\frac{3x}{(1-x)^2}+\frac{1}{1-x}=\frac{x+1}{(1-x)^3},x\in(-1,1)$$

(5) 见例7.10.

(6) 首先观察级数 $\sum_{n=1}^{\infty}\frac{x^{2n}}{(2n)!}=\frac{x^2}{2!}+\frac{x^4}{4!}+\frac{x^6}{6!}+\cdots$，由

$e^x=\sum_{n=0}^{\infty}\frac{x^n}{n!}=1+x+\frac{x^2}{2!}+\frac{x^3}{3!}+\frac{x^4}{4!}+\cdots$ 与 $e^{-x}=\sum_{n=0}^{\infty}\frac{(-x)^n}{n!}=1-x+\frac{x^2}{2!}-\frac{x^3}{3!}+\frac{x^4}{4!}+\cdots$

可得：

$$e^x+e^{-x}=2+2\cdot\frac{x^2}{2!}+2\cdot\frac{x^4}{4!}+\cdots=2+2\sum_{n=1}^{\infty}\frac{x^{2n}}{(2n)!}$$

故 $\sum_{n=1}^{\infty}\frac{x^{2n}}{(2n)!}=\frac{e^x+e^{-x}-2}{2},x\in(-\infty,+\infty)$

(7) 由 $\sum_{n=1}^{\infty}\frac{2n}{n!}x^{2n}=2\sum_{n=1}^{\infty}\frac{(x^2)^n}{(n-1)!}=2x^2\sum_{n=1}^{\infty}\frac{(x^2)^{n-1}}{(n-1)!}=2x^2\sum_{i=0}^{\infty}\frac{(x^2)^i}{i!}=2x^2e^{x^2}$ 与

$$\sum_{n=1}^{\infty}\frac{1}{n!}x^{2n}=\sum_{n=1}^{\infty}\frac{(x^2)^n}{n!}=\sum_{n=0}^{\infty}\frac{(x^2)^n}{n!}-1=e^{x^2}-1$$

可知：$\sum_{n=1}^{\infty}\frac{2n+1}{n!}x^{2n}=2x^2e^{x^2}+e^{x^2}-1,x\in(-\infty,+\infty)$

(8) 首先考虑幂级数 $\sum_{n=0}^{\infty}\frac{x^{n+1}}{n+1}$，易知其收敛域为$[-1,1)$，且和函数为：

$$S(x)=-\ln(1-x),x\in[-1,1)$$

因此：

$$\sum_{n=0}^{\infty}\frac{x^{n+1}}{(n+1)2^n}=2\sum_{n=0}^{\infty}\frac{\left(\frac{x}{2}\right)^{n+1}}{n+1}=2S\left(\frac{x}{2}\right)=-2\ln\left(1-\frac{x}{2}\right)=2\ln2-2\ln(2-x)$$

此式成立的范围为$\frac{x}{2}\in[-1,1)$,即 $x\in[-2,2)$.

(9) 见例7.11.

15. 求幂级数 $\sum_{n=1}^{\infty}(2n+1)x^n$ 的和函数并求数项级数 $\sum_{n=1}^{\infty}\frac{2n+1}{2^n}$ 的和.

解：易知其收敛域为$(-1,1)$，且由14题（1）的解答过程我们可以得出和函数

$$S(x)=\sum_{n=1}^{\infty}(2n+1)x^n=\frac{2x}{(1-x)^2}+\frac{x}{1-x}=\frac{3x-x^2}{(1-x)^2},x\in(-1,1)$$

于是：$\sum_{n=1}^{\infty}\frac{2n+1}{2^n}=S\left(\frac{1}{2}\right)=5$

16. 求幂级数 $\sum_{n=1}^{\infty}\frac{n(n+1)}{2}x^n$ 的收敛域及和函数，并求数项级数 $\sum_{n=1}^{\infty}\frac{n(n+1)}{2^n}$ 的和.

解：易知其收敛域为$(-1,1)$，记其和函数为 $S(x)$，则

$$S(x)=\frac{x}{2}\sum_{n=1}^{\infty}n(n+1)x^{n-1}=\frac{x}{2}\sum_{n=1}^{\infty}(x^{n+1})''$$

$$=\frac{x}{2}\left(\sum_{n=1}^{\infty}x^{n+1}\right)''=\frac{x}{2}\left(\frac{x^2}{1-x}\right)''=\frac{x}{(1-x)^3},x\in(-1,1)$$

故：$\sum\limits_{n=1}^{\infty}\dfrac{n(n+1)}{2^n}=2S\left(\dfrac{1}{2}\right)=8$

17. 求幂级数 $\sum\limits_{n=1}^{\infty}\dfrac{x^{2n-1}}{2n-1}$ 的收敛区间与和函数，并求数项级数 $\sum\limits_{n=1}^{\infty}\dfrac{1}{(2n-1)4^n}$ 的和.

解：易知其收敛域为$(-1,1)$，记其和函数为 $S(x)$，则由逐项求导得：

$$S'(x)=\sum_{n=1}^{\infty}\left(\frac{x^{2n-1}}{2n-1}\right)'=\sum_{n=1}^{\infty}x^{2n-2}=\frac{1}{1-x^2}$$

$$S(x)=\int_0^x S'(t)dt+S(0)=\frac{1}{2}\ln\frac{1+x}{1-x},x\in(-1,1)$$

故：$\sum\limits_{n=1}^{\infty}\dfrac{1}{(2n-1)4^n}=\dfrac{1}{2}\sum\limits_{n=1}^{\infty}\dfrac{\left(\frac{1}{2}\right)^{2n-1}}{(2n-1)}=\dfrac{1}{2}S\left(\dfrac{1}{2}\right)=\dfrac{1}{4}\ln3$

18. 将下列函数展开为关于 x 的幂级数，并求其收敛域：

(1) $\dfrac{x}{1+x-2x^2}$

(2) $\ln(1+x-2x^2)$

(3) $\ln(x+\sqrt{1+x^2})$

(4) $\cos^2 x$

(5) $x^2e^{-2x^2}$

(6) $\arctan\dfrac{1+x}{1-x}$

(7) $(1-x^2)\arctan x$

(8) $\int_0^x\dfrac{\sin t}{t}dt$

(9) $\left(\dfrac{e^x-1}{x}\right)'$

解：(1) $\dfrac{1}{1+x-2x^2}=\dfrac{1}{(1+2x)(1-x)}=\dfrac{2}{3}\cdot\dfrac{1}{1+2x}+\dfrac{1}{3}\cdot\dfrac{1}{1-x}$，其中

$$\frac{1}{1+2x}=\frac{1}{1-(-2x)}=\sum_{n=0}^{\infty}(-2x)^n=\sum_{n=0}^{\infty}(-2)^nx^n,\ |-2x|<1$$

即：$-\dfrac{1}{2}<x<\dfrac{1}{2}$

$\dfrac{1}{1-x}=\sum\limits_{n=0}^{\infty}x^n,-1<x<1$，所以：

$$\frac{x}{1+x-2x^2}=\frac{2x}{3}\cdot\frac{1}{1+2x}+\frac{x}{3}\cdot\frac{1}{1-x}=\frac{2x}{3}\sum_{n=0}^{\infty}(-2)^nx^n+\frac{x}{3}\sum_{n=0}^{\infty}x^n$$

$$=\sum_{n=0}^{\infty}\frac{1+(-1)^n2^{n+1}}{3}x^{n+1},-\frac{1}{2}<x<\frac{1}{2}$$

(2) $\ln(1+x-2x^2)=\ln[(1+2x)(1-x)]=\ln(1+2x)+\ln(1-x)$，其中

$$\ln(1-x)=\sum_{n=1}^{\infty}\frac{(-1)^{n-1}}{n}(-x)^n=\sum_{n=1}^{\infty}-\frac{x^n}{n},-x\in(-1,1]\Rightarrow x\in[-1,1)$$

$$\ln(1+2x)=\sum_{n=1}^{\infty}\frac{(-1)^{n-1}}{n}(2x)^n=\sum_{n=1}^{\infty}\frac{(-1)^{n-1}2^n}{n}x^n,2x\in(-1,1]\Rightarrow x\in\left(-\frac{1}{2},\frac{1}{2}\right]$$

所以 $\ln(1+x-2x^2)=\sum\limits_{n=1}^{\infty}\left[\dfrac{(-1)^{n-1}2^n-1}{n}\right]x^n,x\in\left(-\dfrac{1}{2},\dfrac{1}{2}\right]$

(3) $[\ln(x+\sqrt{1+x^2})]'=\dfrac{1}{\sqrt{1+x^2}}$，由牛顿二项展开式

$$\frac{1}{\sqrt{1+x^2}}=(1+x^2)^{-1/2}=1+\sum_{n=1}^{\infty}\frac{\left(-\frac{1}{2}\right)\left(-\frac{1}{2}-1\right)\cdots\left(-\frac{1}{2}-n+1\right)}{n!}x^{2n}$$

$$=1+\sum_{n=1}^{\infty}\frac{\left(-\frac{1}{2}\right)^n 1\cdot3\cdot5\cdots(2n-1)}{n!}x^{2n},\ x^2\in(-1,1]\Rightarrow x\in[-1,1]$$

所以由逐项积分可得出：

$$\ln(x+\sqrt{1+x^2})=\int_0^x\frac{1}{\sqrt{1+t^2}}dt=x+\sum_{n=1}^{\infty}\frac{\left(-\frac{1}{2}\right)^n 1\cdot3\cdot5\cdots(2n-1)}{(2n+1)\cdot n!}x^{2n+1},x\in[-1,1]$$

(4) $\cos^2x=\dfrac{\cos2x+1}{2}=\dfrac{1}{2}+\dfrac{1}{2}\cos2x=\dfrac{1}{2}+\dfrac{1}{2}\sum\limits_{n=0}^{\infty}\dfrac{(-1)^n}{(2n)!}(2x)^{2n}$

$$=\frac{1}{2}+\frac{1}{2}\sum_{n=0}^{\infty}\frac{(-1)^n4^n}{(2n)!}x^{2n},x\in(-\infty,+\infty)$$

(5) $e^x=\sum\limits_{n=0}^{\infty}\dfrac{x^n}{n!},x\in(-\infty,+\infty)\Rightarrow e^{-2x^2}=\sum\limits_{n=0}^{\infty}\dfrac{(-2x^2)^n}{n!},x\in(-\infty,+\infty)$，于是

$$x^2e^{-2x^2}=x^2\sum_{n=0}^{\infty}\frac{(-2x^2)^n}{n!}=\sum_{n=0}^{\infty}\frac{(-2)^n}{n!}x^{2n+2},x\in(-\infty,+\infty)$$

(6) $\left(\arctan\dfrac{1+x}{1-x}\right)'=\dfrac{1}{1+x^2}=\sum\limits_{n=0}^{\infty}(-x^2)^n=\sum\limits_{n=0}^{\infty}(-1)^nx^{2n},x\in(-1,1)$，故由逐项积分可知

$$\arctan\frac{1+x}{1-x}=\int_0^x\frac{1}{t^2+1}dt+\arctan1=\frac{\pi}{4}+\sum_{n=0}^{\infty}\frac{(-1)^n}{2n+1}x^{2n+1},x\in(-1,1)$$

因为上式右端的级数在 $x=-1$ 收敛且 $\arctan\dfrac{1+x}{1-x}$ 在 $x=-1$ 连续，故

$$\arctan\frac{1+x}{1-x}=\frac{\pi}{4}+\sum_{n=0}^{\infty}\frac{(-1)^n}{2n+1}x^{2n+1},x\in[-1,1)$$

(7) 由 $(\arctan x)'=\dfrac{1}{1+x^2}$ 与 (6) 同样的推导可知

$$\arctan x=\sum_{n=0}^{\infty}\frac{(-1)^nx^{2n+1}}{2n+1},x\in[-1,1]，所以$$

$$(1-x^2)\arctan x=\sum_{n=0}^{\infty}\frac{(-1)^nx^{2n+1}}{2n+1}-\sum_{n=0}^{\infty}\frac{(-1)^nx^{2n+3}}{2n+1}$$

$$=x+\left[\frac{(-1)^1}{3}-\frac{(-1)^0}{1}\right]x^3+\left[\frac{(-1)^2}{5}-\frac{(-1)^1}{3}\right]x^5+\cdots$$

$$=x+\sum_{n=1}^{\infty}\left[\frac{(-1)^n}{2n+1}-\frac{(-1)^{n+1}}{2n-1}\right]x^{2n+1}$$

$$=x+\sum_{n=1}^{\infty}\frac{(-1)^n4n}{4n^2-1}x^{2n+1},x\in[-1,1]$$

(8) 由 $\sin t=\sum_{n=0}^{\infty}(-1)^n\frac{t^{2n+1}}{(2n+1)!}\Rightarrow\frac{\sin t}{t}=\sum_{n=0}^{\infty}(-1)^n\frac{t^{2n}}{(2n+1)!},t\neq 0$，通过逐项积分可得：

$$\int_0^x\frac{\sin t}{t}dt=\int_0^x\sum_{n=0}^{\infty}(-1)^n\frac{t^{2n}}{(2n+1)!}dt=\sum_{n=0}^{\infty}(-1)^n\frac{x^{2n+1}}{(2n+1)\cdot(2n+1)!},x\in(-\infty,+\infty)$$

(9) $e^x-1=\sum_{n=1}^{\infty}\frac{x^n}{n!},x\in(-\infty,+\infty)\Rightarrow\frac{e^x-1}{x}=\sum_{n=1}^{\infty}\frac{x^{n-1}}{n!},x\neq 0$，于是由逐项求导可得：

$$\left(\frac{e^x-1}{x}\right)'=\left(\sum_{n=1}^{\infty}\frac{x^{n-1}}{n!}\right)'=\sum_{n=2}^{\infty}\frac{(n-1)x^{n-2}}{n!}=\sum_{n=1}^{\infty}\frac{nx^{n-1}}{(n+1)!},x\neq 0$$

19. 在指定点将下列函数展开成幂级数：

(1) $\frac{1}{x}$，$x=2$　　(2) e^x，$x=1$

(3) $\frac{1}{x^2+3x+2}$，$x=-4$　　(4) $\cos x$，$x=-2$

(5) $\ln x$，$x=2$　　(6) $\frac{1}{(1+x)^2}$，$x=1$

解：(1) $\frac{1}{x}=\frac{1}{x-2+2}=\frac{1}{2}\frac{1}{1+\left(\frac{x-2}{2}\right)}=\frac{1}{2}\sum_{n=0}^{\infty}\left(-\frac{x-2}{2}\right)^n=\sum_{n=0}^{\infty}\frac{(-1)^n}{2^{n+1}}(x-2)^n$

上式成立的条件是 $\left|-\frac{x-2}{2}\right|<1$ 即 $0<x<4$；

(2) $e^x=e^{x-1+1}=e\cdot e^{x-1}=e\cdot\sum_{n=0}^{\infty}\frac{(x-1)^n}{n!},x\in(-\infty,+\infty)$

(3) $\frac{1}{x^2+3x+2}=\frac{1}{(x+1)(x+2)}=\frac{1}{x+1}-\frac{1}{x+2}$，其中

$$\frac{1}{x+1}=\frac{1}{x+4-3}=-\frac{1}{3}\frac{1}{1-\left(\frac{x+4}{3}\right)}=-\frac{1}{3}\sum_{n=0}^{\infty}\left(\frac{x+4}{3}\right)^n,\quad\left|\frac{x+4}{3}\right|<1，即 -7<x<-1$$

$$\frac{1}{x+2}=\frac{1}{x+4-2}=-\frac{1}{2}\frac{1}{1-\left(\frac{x+4}{2}\right)}=-\frac{1}{2}\sum_{n=0}^{\infty}\left(\frac{x+4}{2}\right)^n,\quad\left|\frac{x+4}{2}\right|<1，即 -6<x<-2$$

所以：
$$\frac{1}{x^2+3x+2}=-\frac{1}{3}\sum_{n=0}^{\infty}\left(\frac{x+4}{3}\right)^n+\frac{1}{2}\sum_{n=0}^{\infty}\left(\frac{x+4}{2}\right)^n$$
$$=\sum_{n=0}^{\infty}\left(\frac{1}{2^{n+1}}-\frac{1}{3^{n+1}}\right)(x+4)^n,\ -6<x<-2$$

(4) $\cos x=\cos[(x+2)-2]=\cos2\cos(x+2)+\sin2\sin(x+2)$，因为

$\sin(x+2)=\sum_{n=0}^{\infty}(-1)^n\frac{(x+2)^{2n+1}}{(2n+1)!}$，$\cos(x+2)=\sum_{n=0}^{\infty}(-1)^n\frac{(x+2)^{2n}}{(2n)!}$，所以

$$\cos x=\cos2\sum_{n=0}^{\infty}(-1)^n\frac{(x+2)^{2n}}{(2n)!}+\sin2\sum_{n=0}^{\infty}(-1)^n\frac{(x+2)^{2n+1}}{(2n+1)!}=\sum_{n=0}^{\infty}a_n(x+2)^n$$

$$\text{其中 } a_n=\begin{cases}\dfrac{(-1)^k}{(2k)!}\cos 2, & n=2k\\ \dfrac{(-1)^k}{(2k+1)!}\sin 2, & n=2k+1\end{cases}$$

(5) $\ln x=\ln[(x-2)+2]=\ln\left[2\left(1+\dfrac{x-2}{2}\right)\right]$

$$=\ln 2+\ln\left(1+\frac{x-2}{2}\right)=\ln 2+\sum_{n=1}^{\infty}\frac{(-1)^{n-1}}{n}\left(\frac{x-2}{2}\right)^n$$

$$=\ln 2+\sum_{n=1}^{\infty}\frac{(-1)^{n-1}}{n2^n}(x-2)^n,\ -1<\frac{x-2}{2}\leqslant 1 \text{ 即 } 0<x\leqslant 4$$

(6) 首先观察出$\dfrac{1}{(1+x)^2}=\left(-\dfrac{1}{1+x}\right)'$；当$-1<x<3$时

$\dfrac{1}{1+x}=\dfrac{1}{x-1+2}=\dfrac{1}{2}\dfrac{1}{1+\left(\dfrac{x-1}{2}\right)}=\dfrac{1}{2}\sum\limits_{n=0}^{\infty}\left(-\dfrac{x-1}{2}\right)^n=\dfrac{1}{2}\sum\limits_{n=0}^{\infty}\left(-\dfrac{1}{2}\right)^n(x-1)^n$，所以由逐项求导我们有：

$$\frac{1}{(1+x)^2}=\left(-\frac{1}{1+x}\right)'=\left[-\frac{1}{2}\sum_{n=0}^{\infty}\left(-\frac{1}{2}\right)^n(x-1)^n\right]'=-\frac{1}{2}\sum_{n=1}^{\infty}\left(-\frac{1}{2}\right)^n n(x-1)^{n-1}$$

$$=\sum_{n=1}^{\infty}\frac{(-1)^{n+1}n}{2^{n+1}}(x-1)^{n-1},\ -1<x<3$$

20. 设$f(x)=\begin{cases}\dfrac{1+x^2}{x}\arctan x, & x\neq 0\\ 1, & 0\end{cases}$，将$f(x)$展开成$x$的幂级数，并求级数$\sum\limits_{n=1}^{\infty}\dfrac{(-1)^n}{1-4n^2}$的和.

解：在第18题（7）中，我们已经得到

$$\arctan x=\sum_{n=0}^{\infty}\frac{(-1)^n x^{2n+1}}{2n+1}=x-\frac{x^3}{3}+\frac{x^5}{5}-\frac{x^7}{7}+\cdots,x\in[-1,1]$$

所以当$x\in[-1,1]$且$x\neq 0$时有

$$\frac{\arctan x}{x}=1-\frac{x^2}{3}+\frac{x^4}{5}-\frac{x^6}{7}+\cdots,x\arctan x=x^2-\frac{x^4}{3}+\frac{x^6}{5}-\frac{x^8}{7}+\cdots$$

于是

$$f(x)=\left(\frac{1}{x}+x\right)\arctan x=1+\left(1-\frac{1}{3}\right)x^2+\left(\frac{1}{5}-\frac{1}{3}\right)x^4+\left(\frac{1}{5}-\frac{1}{7}\right)x^6+\left(\frac{1}{9}-\frac{1}{7}\right)x^8+\cdots$$

$$=1+\sum_{n=1}^{\infty}(-1)^n\left(\frac{1}{2n+1}-\frac{1}{2n-1}\right)x^{2n}=1+\sum_{n=1}^{\infty}(-1)^n\frac{2}{1-4n^2}x^{2n}$$

又$x=0$时$f(0)=1$，所以

$$f(x)=1+\sum_{n=1}^{\infty}(-1)^n\frac{2}{1-4n^2}x^{2n},x\in[-1,1]$$

且：$\sum\limits_{n=1}^{\infty}\dfrac{(-1)^n}{1-4n^2}=\dfrac{f(1)-1}{2}=\dfrac{\pi}{4}-\dfrac{1}{2}$

21. 求下列级数的和：

(1) $\sum_{n=1}^{\infty}(-1)^n\frac{(n+1)}{(2n+1)!}$　　(2) $\sum_{n=2}^{\infty}\frac{1}{(n^2-1)2^n}$

解：(1) 由 $\sin x=\sum_{n=0}^{\infty}(-1)^n\frac{x^{2n+1}}{(2n+1)!}\Rightarrow\sin1=\sum_{n=0}^{\infty}\frac{(-1)^n}{(2n+1)!}=1+\sum_{n=1}^{\infty}\frac{(-1)^n}{(2n+1)!}$

$$\cos x=\sum_{n=0}^{\infty}(-1)^n\frac{x^{2n}}{(2n)!}\Rightarrow\cos1=\sum_{n=0}^{\infty}\frac{(-1)^n}{(2n)!}=1+\sum_{n=1}^{\infty}\frac{(-1)^n}{(2n)!}$$

所以 $\sum_{n=1}^{\infty}(-1)^n\frac{(n+1)}{(2n+1)!}=\frac{1}{2}\sum_{n=1}^{\infty}(-1)^n\frac{(2n+1)+1}{(2n+1)!}$

$$=\frac{1}{2}\left[\sum_{n=1}^{\infty}\frac{(-1)^n}{(2n)!}+\sum_{n=1}^{\infty}\frac{(-1)^n}{(2n+1)!}\right]$$

$$=\frac{1}{2}(\cos1-1+\sin1-1)=\frac{1}{2}(\cos1+\sin1-2)$$

(2) 由 14 题 (5) 可知：$\sum_{n=2}^{\infty}\frac{1}{(n^2-1)2^n}=S\left(\frac{1}{2}\right)=\frac{5}{8}-\frac{3}{4}\ln2$

五、本章综合自测题

(一) 填空题

1. 无穷级数 $\sum_{n=1}^{\infty}\arctan\frac{1}{n^2+n+1}$ 收敛于__________.

2. 已知级数 $\sum_{n=1}^{\infty}u_n$ 的部分和 $S_n=\frac{2n}{n+1}$，则 $u_n=$__________.

3. 函数 $f(x)=\frac{1}{2}(e^x+e^{-x})$ 的麦克劳林级数展开中第 n 项为__________.

4. 幂级数 $\sum_{n=1}^{\infty}\frac{e^n+(-1)^n}{n^2}x^n$ 的收敛半径为__________.

5. 若无穷级数 $\sum_{n=2}^{\infty}\ln\left(1+\frac{(-1)^n}{n^p}\right)$ 绝对收敛，则 p 的取值区间为__________.

6. $\sum_{n=1}^{\infty}\frac{1}{n!}=$__________，$\sum_{n=1}^{\infty}\frac{(-1)^{n-1}}{n}=$__________.

7. $\int_0^{\frac{1}{2}}x\left(\sum_{n=1}^{\infty}\frac{x^n}{n}\right)\mathrm{d}x=$__________.

8. 若无穷级数 $\sum_{n=1}^{\infty}(-1)^n\sqrt{n}\sin\frac{1}{n^{\alpha}}$ 绝对收敛，$\sum_{n=1}^{\infty}\frac{(-1)^n}{n^{2-\alpha}}$ 条件收敛，则 p 的取值区间为__________.

9. 设$f_n(x)=nx(1-x^2)^n(n=1,2,\cdots)$，则$\lim\limits_{n\to\infty}\int_0^1 f_n(x)\,dx=$__________.

10. 设幂级数$\sum\limits_{n=1}^{\infty}a_nx^n$和$\sum\limits_{n=1}^{\infty}b_nx^n$的收敛半径分别是$\frac{\sqrt{5}}{3}$和$\frac{1}{3}$，则幂级数$\sum\limits_{n=1}^{\infty}\frac{a_n^2}{b_n^2}x^n$的收敛半径为__________.

（二）选择题

1. 若级数$\sum\limits_{n=1}^{\infty}u_n$收敛于$S$，则级数$\sum\limits_{n=1}^{\infty}(u_n+u_{n+1})$（　　）.

A. 收敛于$2S$　　B. 收敛于$2S+u_1$

C. 收敛于$2S-u_1$　　D. 发散

2. 若级数$\sum\limits_{n=1}^{\infty}u_n$发散，$\sum\limits_{n=1}^{\infty}v_n$发散，则级数$\sum\limits_{n=1}^{\infty}(u_n+v_n)$（　　）.

A. 发散　　B. 收敛

C. 可能收敛也可能发散　　D. 以上都不对

3. 若正项级数$\sum\limits_{n=1}^{\infty}u_n$收敛，则（　　）.

A. $\lim\limits_{n\to\infty}\frac{u_{n+1}}{u_n}<1$　　B. $u_n\geqslant u_{n+1}$

C. $\sum\limits_{n=1}^{\infty}(-1)^{n-1}u_n$条件收敛　　D. $\sum\limits_{n=1}^{\infty}(-1)^{n-1}u_n$绝对收敛

4. 设$\sum\limits_{n=1}^{\infty}u_n$绝对收敛，$\sum\limits_{n=1}^{\infty}v_n$条件收敛，则（　　）.

A. $\sum\limits_{n=1}^{\infty}(u_n+v_n)$条件收敛　　B. $\sum\limits_{n=1}^{\infty}(u_n+v_n)$可能绝对收敛

C. $\sum\limits_{n=1}^{\infty}(u_n+v_n)$可能发散　　D. $\sum\limits_{n=1}^{\infty}|u_n+v_n|$必收敛

5. 设幂级数$\sum\limits_{n=0}^{\infty}a_n(x-1)^n$在$x=-1$处收敛，则它在$x=2$处（　　）.

A. 绝对收敛　　B. 条件收敛

C. 发散　　D. 可能收敛也可能发散

6. 设$\{a_n\}$为正数数列，下列选项正确的是（　　）.

A. 若$a_n>a_{n+1}$，则$\sum\limits_{n=1}^{\infty}(-1)^na_n$收敛

B. 若$\sum\limits_{n=1}^{\infty}(-1)^na_n$收敛，则$a_n>a_{n+1}$

C. 若$\sum\limits_{n=1}^{\infty}a_n$收敛，则存在常数$p>1$，使$\lim\limits_{n\to\infty}n^pa_n$存在

D. 若存在常数$p>1$，使$\lim\limits_{n\to\infty}n^pa_n$存在，则$\sum\limits_{n=1}^{\infty}a_n$收敛

7. 下列级数中发散的是（　　）.

A. $\sum_{n=1}^{\infty}\frac{n}{8^n}$　　B. $\sum_{n=1}^{\infty}\frac{1}{\sqrt{n}}\ln\left(1+\frac{1}{n}\right)$

C. $\sum_{n=2}^{\infty}\frac{(-1)^n+1}{\ln n}$　　D. $\sum_{n=1}^{\infty}\frac{n!}{n^n}$

8. 设幂级数 $\sum_{n=0}^{\infty}a_nx^n$，$\sum_{n=0}^{\infty}b_nx^n$ 的收敛半径分别为 R_1,R_2，$\sum_{n=0}^{\infty}(a_n+b_n)x^n$ 的收敛半径为 R，则（　　）.

A. $R<\min(R_1,R_2)$　　B. $R=R_1+R_2$

C. $R=\min(R_1,R_2)$　　D. $R>\max(R_1,R_2)$

9. 设 α 为常数，则无穷级数 $\sum_{n=1}^{\infty}\left[\frac{\sin n\alpha}{n^2}-\frac{1}{n}\right]$（　　）.

A. 绝对收敛　　B. 条件收敛

C. 发散　　D. 收敛性与 α 的取值有关

10. 设幂级数 $\sum_{n=0}^{\infty}a_nx^n$ 的收敛区间为 $(-1,1]$，则幂级数 $\sum_{n=1}^{\infty}na_nx^n$ 在 $x=1$ 处（　　）.

A. 条件收敛　　B. 绝对收敛

C. 发散　　D. 可能收敛也可能发散

（三）计算题

1. 讨论下列无穷级数的敛散性：

(1) $\sum_{n=1}^{\infty}\frac{1}{(a+n-1)(a+n)(a+n+1)}(a>0)$

(2) $\sum_{n=1}^{\infty}\frac{6^n}{7^n-5^n}$　　(3) $\sum_{n=1}^{\infty}\frac{1}{n!}(\sqrt{1+n}-\sqrt{n-1})$

(4) $\sum_{n=1}^{\infty}(-1)^n\tan\frac{1}{n\sqrt{n}}$　　(5) $\sum_{n=1}^{\infty}\frac{\sqrt{n+2}+\sqrt{n-2}}{n^{\alpha}}$

(6) $\sum_{n=1}^{\infty}\frac{1-e^{-\frac{1}{n}}}{n}$

2. 讨论下列无穷级数的敛散性：

(1) $\sum_{n=1}^{\infty}\frac{1}{\int_0^n\sqrt[4]{1+x^4}dx}$　　(2) $\sum_{n=1}^{\infty}(-1)^n\frac{1}{\sqrt{n}+(-1)^n}$

(3) $\sum_{n=1}^{\infty}(-1)^n\frac{n+1}{(n+1)\sqrt{n+1}-1}$　　(4) $\sum_{n=2}^{\infty}\sin\left(n\pi+\frac{1}{\ln n}\right)$

3. 求下列幂级数的收敛域：

(1) $\sum_{n=1}^{\infty}\frac{1}{n\cdot 9^n}(x-1)^{2n}$　　(2) $\sum_{n=1}^{\infty}\frac{3^n+(-2)^n}{n}(x+1)^n$

4. 求下列幂级数的收敛区间：

(1) $\sum_{n=1}^{\infty}(3^n+\sqrt[3]{n})(x-1)^{2n}$　　(2) $\sum_{n=1}^{\infty}\frac{x^n}{a^n+b^n}(a>0,b>0)$

5. 求幂级数 $1+\sum_{n=1}^{\infty}(-1)^n\frac{x^{2n}}{2n}(|x|<1)$ 的和函数.

6. 求幂级数 $\sum_{n=1}^{\infty}\frac{n(n+1)}{2}x^{n-1}$ 的收敛域及和函数，并求数项级数 $\sum_{n=1}^{\infty}\frac{n(n+1)}{3^n}$ 的和.

7. 求下列幂级数的收敛域及和函数.

(1) $\sum_{n=0}^{\infty}(n+1)(n+3)x^n$　　(2) $\sum_{n=1}^{\infty}\left(\frac{1}{2n+1}-1\right)x^{2n}$

(3) $\sum_{n=1}^{\infty}\frac{(-1)^{n-1}x^{2n+1}}{n(2n-1)}$

8. 将函数 $f(x)=\ln\frac{x}{1+x}$ 展开成 $x-1$ 的幂级数，并指出级数的收敛范围.

（四）应用题

设银行存款的年利率为 $r=0.5$，并依年复利计算. 某基金会希望通过存款 A 万元实现第一年提取19万元，第二年提取28万元，…，第 n 年提取 $(10+9n)$ 万元，并能按此规律一直提取下去，问 A 至少应为多少万元?

（五）证明题

1. 试证明：若正项级数 $\sum_{n=1}^{\infty}u_n$ 收敛，则 $\sum_{n=1}^{\infty}u_n^2$ 也收敛.

2. 设 $\lim_{n\to\infty}nu_n=1$，试证明级数 $\sum_{n=1}^{\infty}u_n$ 发散.

3. 试证明：若级数 $\sum_{n=1}^{\infty}u_n^2$ 收敛，则 $\sum_{n=1}^{\infty}\frac{u_n}{n}$ 也收敛.

4. 试证明：如果 $\{u_n\}$ 是单调递增的正数列，则当 $\{u_n\}$ 有界时，级数 $\sum_{n=1}^{\infty}\left(1-\frac{u_n}{u_{n+1}}\right)$ 收敛.

六、自测题参考答案

（一）1. $\frac{\pi}{4}$（提示：利用公式 $\arctan A-\arctan B=\arctan\frac{A-B}{1+AB}$ 求出部分和数列）

2. $\frac{2}{n(n+1)}$

3. $\frac{x^{2n-2}}{(2n-2)!}$

4. $\frac{1}{e}$

5. $p>1$

6. $e-1$, $\ln 2$（提示：利用基本初等函数的麦克劳林公式）

7. $\frac{5}{16}-\frac{3}{8}\ln 2$

8. $\frac{3}{2}<\alpha\leqslant 2$

9. $\frac{1}{2}$

10. 5

（二）1. C　2. C　3. D　4. A　5. A　6. D　7. C　8. C　9. C　10. D

（三）1.（1）收敛　（2）收敛　（3）收敛　（4）绝对收敛　（5）$\alpha>\frac{1}{2}$时收敛

（6）收敛

2.（1）收敛（提示：$\int_0^n \sqrt[4]{1+x^4}\,dx\geqslant\int_0^n x\,dx$，比较判别法）

（2）发散（提示：有理化，将其通项拆成两项观察）

（3）条件收敛（提示：莱布尼茨判别法）

（4）条件收敛$\left(\text{提示：将通项写成}(-1)^n\sin\frac{1}{\ln n}\right)$

3.（1）$(-2,4)$　　（2）$\left[-\frac{4}{3},-\frac{2}{3}\right)$

4.（1）$\left(1-\frac{1}{\sqrt{3}},1+\frac{1}{\sqrt{3}}\right)$　　（2）$(-c,c)$，$c=\max\{a,b\}$

5. $f(x)=1-\frac{1}{2}\ln(1+x^2)$

6. $f(x)=\frac{1}{(1-x)^3}$，$-1<x<1$；$\sum_{n=1}^{\infty}\frac{n(n+1)}{3^n}=\frac{9}{4}$

7.（1）$s(x)=\frac{3-x}{(1-x)^3}$，$-1<x<1$

（2）收敛域$(-1,0)\cup(0,1)$；$s(x)=\frac{1}{2x}\ln\frac{1+x}{1-x}-\frac{1}{1-x^2}$，$0<|x|<1$，$s(0)=0$

（3）$s(x)=2x^2\arctan x-x\ln(1+x^2)$，$-1\leqslant x\leqslant 1$

8. $f(x)=-\ln 2+\sum_{n=1}^{\infty}\frac{(-1)^{n+1}}{n}\left(1-\frac{1}{2^n}\right)(x-1)^n$，$0<x\leqslant 2$

（四）3980 万元

提示：第一年末必须有 $A(1+r)-19>0$，第二年末 $[A(1+r)-19](1+r)-28>0$，这样可以找到第 n 年末必须有的条件的一般规律．最后转换为 A 必须大于某个无穷级数的和．

（五）1. 提示：$\sum u_n$ 收敛，则 $\lim\limits_{n\to\infty}u_n=0$，这意味着 n 充分大的时候，u_n 的值很小，故有 $u_n^2\leqslant u_n$ 成立，于是由正项级数的比较判别法得证，请写出完整严格的数学证明．

2. 提示：$\lim\limits_{n\to\infty}nu_n=1$，这意味着 n 充分大的时候必有 $nu_n>\frac{1}{2}$（为什么?），故有 $u_n>\frac{1}{2n}$成

立，于是由正项级数的比较判别法与 $\sum \frac{1}{n}$ 发散得证.

3. 提示：$\left|\frac{u_n}{n}\right| \leqslant \frac{1}{2}\left(\frac{1}{n^2}+u_n^2\right)$

4. 提示：$1-\frac{u_n}{u_{n+1}}=\frac{u_{n+1}-u_n}{u_{n+1}}<\frac{u_{n+1}-u_n}{u_1}$，证明 $\sum\left(u_{n+1}-u_n\right)$ 收敛.

第8章

多元函数微积分学

一、基本要求

了解多元函数的概念，了解二元函数的几何意义，了解二元函数的极限与连续的直观意义，了解有界闭区域上二元连续函数的性质．了解多元函数偏导数与全微分的概念，会求多元复合函数一阶、二阶偏导数，会求全微分，会用隐函数的求导法则．了解多元函数的极值和条件极值的概念，掌握多元函数极值存在的必要条件，了解二元函数极值存在的充分条件，会求解二元函数的极值，会用拉格朗日乘数法求条件极值，会求解简单多元函数的最大值和最小值，会求解一些简单的应用题．了解二重积分的概念与基本性质，掌握二重积分（直角坐标、极坐标）的计算方法，了解无界区域上的较简单的广义二重积分并会计算．

二、内容提要

（一）二元函数及其连续性

二元函数的定义　设 D 是 xy 平面上的一个点集，如果对 D 中任意一点 (x,y)，按照某个确定的规则 f，总有唯一的数值 z 与点 (x,y) 对应，则称变量 z 是变量 x 和 y 的二元函数，记为：

$z=f(x,y),(x,y)\in D$

其中 x 和 y 称为自变量；z 称为因变量；点集 D 称为函数 $z=f(x,y)$ 的定义域．

二元函数的极限　设函数 $z=f(x,y)$ 在 $P_0(x_0,y_0)$ 的某空心邻域内有定义，如果存在常数

A，对于任意给定的正数 ε，总存在正数 δ，使得，当 $|x-x_0|<\delta, |y-y_0|<\delta, (x,y)\neq(x_0, y_0)$ 时，恒有 $|f(x,y)-A|<\varepsilon$ 成立，那么称常数 A 为函数 $z=f(x,y)$ 当 $P(x,y)\to P_0(x_0,y_0)$ 时的极限，记为：

$$\lim_{(x,y)\to(x_0,y_0)} f(x,y)=A \text{ 或} \lim_{\substack{x\to x_0\\y\to y_0}} f(x,y)=A$$

二元函数的极限称为二重极限．

二元函数的连续性　如果函数 $z=f(x,y)$ 在点 $P_0(x_0,y_0)$ 的某邻域内有定义，且 $\lim\limits_{(x,y)\to(x_0,y_0)} f(x,y)=f(x_0,y_0)$，则称函数 $z=f(x,y)$ 在点 $P_0(x_0,y_0)$ 处连续，否则，称函数 $z=f(x,y)$ 在点 $P_0(x_0,y_0)$ 处间断．

注：分段函数求极限或者求连续性是本节的重点内容，特别要注意的是，在求极限的过程中，如果我们选取了一个特殊的趋于 0 的路径（$y=kx, y=kx^2, x$ 轴等）得到的结果只能用来说明极限不存在，不能用来说明极限存在．

（二）二元函数微分学

偏导数　设函数 $z=f(x,y)$ 在点 $P_0(x_0,y_0)$ 的某邻域内有定义，如果固定 $y=y_0$ 后，当 x 在 x_0 处有增量 Δx 时，相应的一元函数 $f(x, y_0)$ 在点 $x=x_0$ 处可导，即极限 $\lim\limits_{\Delta x\to 0}\dfrac{f(x_0+\Delta x,y_0)-f(x_0,y_0)}{\Delta x}$ 存在，则称此极限为函数 $z=f(x,y)$ 在点 $P_0(x_0,y_0)$ 处关于自变量 x 的偏导数，记为 $f'_x(x_0,y_0)$ 或记为 $\dfrac{\partial}{\partial x}f(x_0,y_0), z'_x\big|_{(x_0,y_0)}, \dfrac{\partial z}{\partial x}\Big|_{(x_0,y_0)}, \dfrac{\partial f}{\partial x}\Big|_{(x_0,y_0)}$

如果函数 $z=f(x,y)$ 在区域 D 内的每一点关于 x 的偏导数都存在，那么此偏导数也为变量 x,y 的函数，它称为函数 $z=f(x,y)$ 关于自变量 x 的偏导函数，记为 $\dfrac{\partial z}{\partial x}, \dfrac{\partial f}{\partial x}, z'_x$ 或 $f'_x(x,y)$.

可微性与全微分　如果函数 $z=f(x,y)$ 在点 (x,y) 处的全增量

$$\Delta z=f(x+\Delta x,y+\Delta y)-f(x,y)$$

可表示为：

$$\Delta z=A\Delta x+B\Delta y+o(\rho)$$

其中 A,B 仅与 x,y 有关，与 $\Delta x,\Delta y$ 无关，$\rho=\sqrt{(\Delta x)^2+(\Delta y)^2}$，则称函数 $z=f(x,y)$ 在点 (x,y) 可微分或可微，而 $A\Delta x+B\Delta y$ 称为函数 $z=f(x,y)$ 在点 (x,y) 的全微分，记为 dz，即：

$$dz=A\Delta x+B\Delta y$$

如果函数在区域 D 内各点处都可微分，则称函数在 D 内可微分．

可微的必要条件　如果函数 $z=f(x,y)$ 在点 (x_0,y_0) 处可微分，则该函数在点 (x_0,y_0) 处的偏导数 $\dfrac{\partial z}{\partial x}, \dfrac{\partial z}{\partial y}$ 必存在，且有：

$$A=\frac{\partial z}{\partial x}\bigg|_{(x_0,y_0)}, B=\frac{\partial z}{\partial y}\bigg|_{(x_0,y_0)}$$

即函数 $z=f(x,y)$ 在点 (x_0,y_0) 处的全微分可表示为：

$$dz=\left.\frac{\partial z}{\partial x}\right|_{(x_0,y_0)}\Delta x+\left.\frac{\partial z}{\partial y}\right|_{(x_0,y_0)}\Delta y$$

可微的充分条件 如果函数 $z=f(x,y)$ 在点 (x_0,y_0) 处的偏导数 $\frac{\partial z}{\partial x},\frac{\partial z}{\partial y}$ 存在且连续，则该二元函数在点 (x_0,y_0) 处可微．

注：对分段函数来说，证可微性的时候我们一般直接使用可微性的定义去证，而很少会用充分条件去证．

可微与连续 若函数 $z=f(x,y)$ 在点 (x_0,y_0) 处可微，则该函数 $z=f(x,y)$ 在点 (x_0,y_0) 处连续．

1．多元函数的链式法则．

全导数公式 设函数 $z=f(u,v)$ 可微，函数 $u=\varphi(x)$ 和 $v=\psi(x)$ 可导，则复合函数 $z=f[\varphi(x),\psi(x)]$ 关于 x 可导，且有：

$$\frac{dz}{dx}=\frac{\partial f}{\partial u}\cdot\varphi'(x)+\frac{\partial f}{\partial v}\cdot\psi'(x)$$

二元函数的链式法则 设函数 $z=f(u,v)$ 可微，函数 $u=\varphi(x,y)$ 和 $v=\psi(x,y)$ 的偏导数都存在，则复合函数 $z=f[\varphi(x,y),\psi(x,y)]$ 的偏导数也存在，且有

$$\frac{\partial z}{\partial x}=\frac{\partial f}{\partial u}\cdot\frac{\partial u}{\partial x}+\frac{\partial f}{\partial v}\cdot\frac{\partial v}{\partial x}$$

$$\frac{\partial z}{\partial y}=\frac{\partial f}{\partial u}\cdot\frac{\partial u}{\partial y}+\frac{\partial f}{\partial v}\cdot\frac{\partial v}{\partial y}$$

隐函数求导公式 设方程 $F(x,y)=0$ 确定隐函数 $y=f(x)$，且函数 $F(x,y)$ 存在连续偏导数，则当 $\frac{\partial F}{\partial y}\neq 0$ 时，有隐函数求导公式：

$$\frac{dy}{dx}=-\frac{F'_x}{F'_y}$$

2．极值与条件极值．

极值 设函数 $z=f(x,y)$ 在点 $P_0(x_0,y_0)$ 的某邻域内有定义，如果对于在该邻域内且异于 $P_0(x_0,y_0)$ 的任意点 (x,y)，恒有不等式 $f(x,y)\leqslant f(x_0,y_0)$ 成立，则称函数 $f(x,y)$ 在点 $P_0(x_0,y_0)$ 处有极大值，点 $P_0(x_0,y_0)$ 称为函数 $f(x,y)$ 的极大值点；对于在该邻域内且异于 $P_0(x_0,y_0)$ 的任意点 (x,y)，都有 $f(x,y)\geqslant f(x_0,y_0)$ 成立，则称函数 $f(x,y)$ 在点 $P_0(x_0,y_0)$ 处有极小值，点 $P_0(x_0,y_0)$ 称为函数 $f(x,y)$ 的极小值点．极大值、极小值统称为极值；使得函数取得极值的点称为极值点．

极值存在的必要条件 设函数 $z=f(x,y)$ 在点 (x_0,y_0) 处具有偏导数，且在点 (x_0,y_0) 处有极值，则有：

$$f'_x(x_0,y_0)=0,\quad f'_y(x_0,y_0)=0$$

判定极值的充分条件 设函数 $z=f(x,y)$ 在点 (x_0,y_0) 的某邻域内连续且具有二阶连续偏导数，$f'_x(x_0,y_0)=0, f'_y(x_0,y_0)=0$，令：

$$f''_{xx}(x_0,y_0)=A, f''_{xy}(x_0,y_0)=B, f''_{yy}(x_0,y_0)=C$$

则 $z=f(x,y)$ 在点 (x_0,y_0) 处取得极值的条件如下：

（1）当 $AC-B^2>0$ 时，$z=f(x,y)$ 在 (x_0,y_0) 处取得极值，且当 $A<0$ 时，取极大值，当 A

>0 时，取极小值；

（2）当 $AC-B^2<0$ 时，$z=f(x,y)$ 在 (x_0,y_0) 处没有极值；

（3）当 $AC-B^2=0$ 时，$z=f(x,y)$ 在 (x_0,y_0) 处可能有极值，也可能没有极值，还需另作讨论．

3. 条件极值的解题步骤．

（1）构造拉格朗日函数：$L(x,y,\lambda)=f(x,y)+\lambda\varphi(x,y)$

其中 λ 为参数，称为拉格朗日乘数．将原条件极值问题转化为三元函数 $L(x,y,\lambda)$ 的无条件极值问题．

（2）由无条件极值的必要条件，得：

$$\begin{cases} L'_x=f'_x+\lambda\varphi'_x=0 \\ L'_y=f'_y+\lambda\varphi'_y=0 \\ L'_\lambda=\varphi(x,y)=0 \end{cases}$$

解此方程组，求出可能的极值点 (x,y) 和乘数 λ.

（3）由实际问题中的意义判定所求的可能极值点是否为极值点．

（三）二元函数积分学

1. 二重积分．

设 $f(x,y)$ 为有界闭区域 D 上的有界函数，将闭区域 D 任意分成 n 个小闭区域：$\Delta\sigma_1$，$\Delta\sigma_2,\cdots,\Delta\sigma_n$

其中，$\Delta\sigma_i$ 表示第 i 个小闭区域，同时也表示它的面积．在每个 $\Delta\sigma_i$ 上任取一点 (ξ_i,η_i)，作乘积 $f(\xi_i,\eta_i)\Delta\sigma_i(i=1,2,\cdots,n)$，并作和 $\sum\limits_{i=1}^{n}f(\xi_i,\eta_i)\Delta\sigma_i$．记各小闭区域 $\Delta\sigma_i$ 的直径 d_i 中的最大值 $d=\max\{d_1,d_2,\cdots,d_n\}$，若当 $d\to 0$ 时，该和式的极限总存在，则称此极限为函数 $f(x,y)$ 在闭区域 D 上的二重积分，记为 $\iint\limits_D f(x,y)d\sigma$，即：

$$\iint\limits_D f(x,y)d\sigma=\lim_{d\to 0}\sum_{i=1}^{n}f(x_i,y_i)\Delta\sigma$$

其中 $f(x,y)$ 称为被积函数；$f(x,y)d\sigma$ 称为被积表达式；$d\sigma$ 称为面积元素；x 与 y 称为积分变量；D 称为积分区域；$\sum\limits_{i=1}^{n}f(x_i,y_i)\Delta\sigma$ 称为积分和，并称函数 $f(x,y)$ 在区域 D 上可积．

2. 二重积分的性质．

线性可加性 设 α,β 为常数，则：

$$\iint\limits_D[\alpha f(x,y)+\beta g(x,y)]d\sigma=\alpha\iint\limits_D f(x,y)d\sigma+\beta\iint\limits_D g(x,y)d\sigma$$

区域可加性　如果闭区域 D 被分成有限个闭区域，则在 D 上的二重积分等于在各部分闭区域上的二重积分之和．

例如，若 D 被分为两个闭区域 D_1 与 D_2，则：

$$\iint\limits_D f(x,y)d\sigma=\iint\limits_{D_1}f(x,y)d\sigma+\iint\limits_{D_2}f(x,y)d\sigma$$

不等式性质 如果在 D 上，$f(x,y)\leqslant g(x,y)$，则有：

$$\iint_D f(x,y)\,d\sigma \leqslant \iint_D g(x,y)\,d\sigma$$

特别地，由于

$$-|f(x,y)|\leqslant f(x,y)\leqslant |f(x,y)|$$

则：

$$\left|\iint_D f(x,y)\,d\sigma\right| \leqslant \iint_D \left|f(x,y)\right| d\sigma$$

几何性质 如果 D 的面积为 σ，则：$\iint_D d\sigma = \sigma$

估值定理 设 M,m 分别是 $f(x,y)$ 在闭区域 D 上的最大值和最小值，σ 是 D 的面积，则：$m\sigma \leqslant \iint_D f(x,y)\,d\sigma \leqslant M\sigma$

二重积分的中值定理 设函数 $f(x,y)$ 在闭区域 D 上连续，σ 是 D 的面积，则至少存在一点 $(\xi,\eta)\in D$，使得：$\iint_D f(x,y)\,d\sigma = f(\xi,\eta)\cdot\sigma$

3. 利用直角坐标系计算二重积分.

设 $f(x,y)\geqslant 0$ 为区域 D 上的连续函数，积分区域 D 可以用不等式 $\varphi_1(x)\leqslant y\leqslant\varphi_2(x)$，$a\leqslant x\leqslant b$ 来表示，其中，函数 $\varphi_1(x),\varphi_2(x)$ 在区间 $[a,b]$ 上连续，这种区域称为 x－型区域，如图 8.1 所示．先研究函数 $f(x,y)$ 在 x－型区域上的二重积分 $\iint_D f(x,y)\,d\sigma$ 的计算.

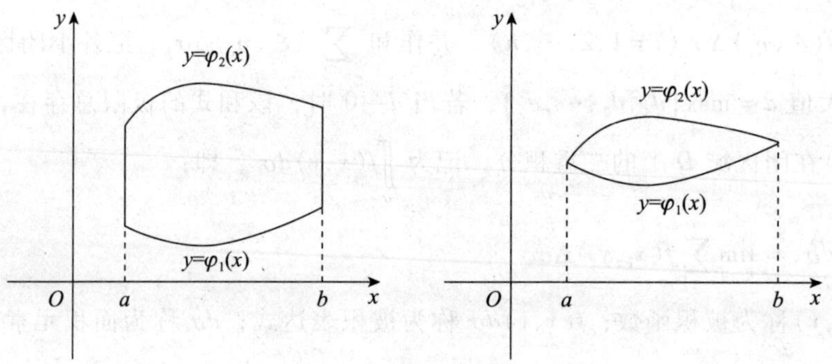

图 8.1

二重积分化为累次积分：

$$\iint_D f(x,y)\,d\sigma = \int_a^b\left[\int_{\varphi_1(x)}^{\varphi_2(x)} f(x,y)\,dy\right]dx = \int_a^b dx\int_{\varphi_1(x)}^{\varphi_2(x)} f(x,y)\,dy$$

$$\iint_D f(x,y)\,d\sigma = \int_c^d\left[\int_{\psi_1(y)}^{\psi_2(y)} f(x,y)\,dx\right]dy = \int_c^d dy\int_{\psi_1(y)}^{\psi_2(y)} f(x,y)\,dx$$

极坐标系中的二重积分：

(1) 设积分区域 D 可用不等式 $\varphi_1(\theta)\leqslant r\leqslant\varphi_2(\theta),\alpha\leqslant\theta\leqslant\beta$ 表示（如图 8.2），其中函数 $\varphi_1(\theta),\varphi_2(\theta)$ 在区间 $[\alpha,\beta]$ 上连续.

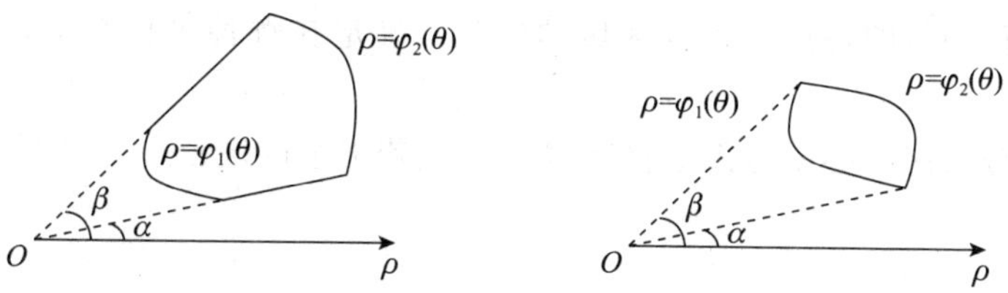

图 8.2

先在区间$[\alpha,\beta]$上任意取定一个 θ 值，对应于这个 θ 值，D 上的点的极径 r 从 $\varphi_1(\theta)$ 变化到 $\varphi_2(\theta)$，于是极坐标中的二重积分可化为

$$\iint_D f(r\cos\theta, r\sin\theta)\,drd\theta = \int_\alpha^\beta\left[\int_{\varphi_1(\theta)}^{\varphi_2(\theta)} f(r\cos\theta, r\sin\theta)\,rdr\right]d\theta$$

$$= \int_\alpha^\beta d\theta\int_{\varphi_1(\theta)}^{\varphi_2(\theta)} f(r\cos\theta, r\sin\theta)\,rdr \tag{8.1}$$

（2）设积分区域 D 是曲边扇形，如图 8.3 所示，那么 D 可以看成图 8.2 中 $\varphi_1(\theta)=0$ 的特殊情况，所以，相应的二重积分为

$$\iint_D f(r\cos\theta, r\sin\theta)\,rdrd\theta = \int_\alpha^\beta\left[\int_0^{\varphi_2(\theta)} f(r\cos\theta, r\sin\theta)\,rdr\right]d\theta$$

$$= \int_\alpha^\beta d\theta\int_0^{\varphi_2(\theta)} f(r\cos\theta, r\sin\theta)\,rdr \tag{8.2}$$

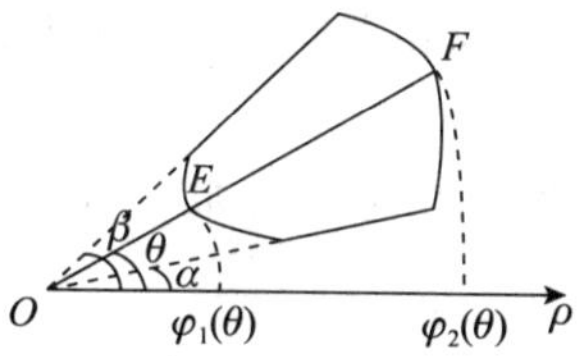

图 8.3

（3）如果积分区域 D，如图 8.4 所示，极点在 D 的内部，那么 D 可以看成图 8.3 中 $\alpha=0,\beta=2\pi$ 的特殊情况，所以相应的二重积分为：

$$\iint_D f(r\cos\theta, r\sin\theta)\,rdrd\theta = \int_0^{2\pi}\left[\int_0^{\varphi_2(\theta)} f(r\cos\theta, r\sin\theta)\,rdr\right]d\theta$$

$$= \int_0^{2\pi} d\theta\int_0^{\varphi_2(\theta)} f(r\cos\theta, r\sin\theta)\,rdr \tag{8.3}$$

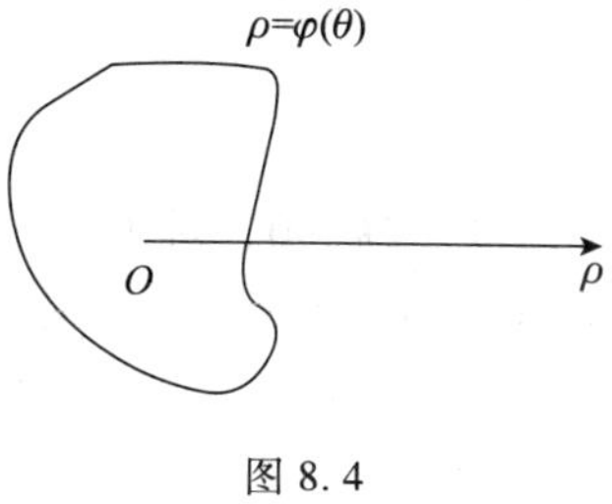

图 8.4

综上所述，总结计算二重积分的步骤如下：

（1）画出积分区域 D 的草图；

（2）根据被积函数的特点和积分区域的形状，确定在哪种坐标系下计算，必要时可作变量替换；

（3）选择积分次序，必要时需要将区域 D 分成若干个区域；

（4）确定积分限；

（5）计算累次积分．

三、典型例题

题型一：二元函数的极限及连续性

［**例 8.1**］已知二元函数 $f(x,y)=\begin{cases}\dfrac{yx^2}{x^4+y^2},(x,y)\neq(0,0)\\ 0,(x,y)=(0,0)\end{cases}$，求 $\lim\limits_{\substack{x\to0\\y\to0}}f(x,y)$.

解：当 $y=x^2$ 时，分子与分母关于 x 的次数相同，取 $y=kx^2$，则

$$\lim_{\substack{x\to0\\y\to0}}f(x,y)=\lim_{\substack{x\to0\\y\to0}}\frac{x^2\cdot kx^2}{x^4+k^2x^4}=\frac{k}{1+k^2}$$

由于极限应与 $(x,y)\to(0,0)$ 的方式和方向无关，而上述结果与 k 值有关，故原极限不存在．

注：在讨论二元函数的极限和连续性时，诸如 $y=kx$ 这样的辅助条件只能用来判断极限不存在，不能用来判断极限存在！

题型二：二元函数偏导数，可微的概念

［**例 8.2**］讨论函数 $f(x,y)=\begin{cases}\dfrac{x^2y^2}{(x^2+y^2)^k},x^2+y^2\neq0\\ 0,\qquad x^2+y^2=0\end{cases}$，在点 $(0,0)$ 处的连续性，偏导数存在性与可微性，其中 $k>0$.

解：令 $x=r\cos\alpha,y=r\sin\alpha$，则：

$$\begin{aligned}\lim_{\substack{x\to0\\y\to0}}f(x,y)&=\lim_{\substack{x\to0\\y\to0}}\frac{x^2y^2}{(x^2+y^2)^k}=\lim_{r\to0^+}\frac{r^2\cos^2\alpha\cdot r^2\sin^2\alpha}{(r^2\cos^2\alpha+r^2\sin^2\alpha)^k}\\&=\lim_{r\to0^+}r^{4-2k}\cos^2\alpha\cdot\sin^2\alpha\end{aligned}$$

显然由 $0\leqslant\cos^2\alpha\cdot\sin^2\alpha\leqslant1$，故 $4-2k>0$，即 $0<k<2$ 时，原极限存在且为 0，故此时函数在 $(0,0)$ 处连续，$4-2k\leqslant0$，即 $k\geqslant2$ 时，极限不存在，此时函数在 $(0,0)$ 处不连续．

$$f'_x(0,0)=\lim_{x\to0}\frac{f(x,0)-f(0,0)}{x}=\lim_{x\to0}\frac{0-0}{x}=0$$

$$f'_y(0,0)=\lim_{y\to0}\frac{f(0,y)-f(0,0)}{y}=\lim_{y\to0}\frac{0-0}{y}=0$$

所以 $f(x,y)$ 在 $(0,0)$ 处偏导数存在.

$$\lim_{\substack{\Delta x\to 0\\ \Delta y\to 0}}\frac{\Delta z-f'_x(0,0)\Delta x-f'_y(0,0)\Delta y}{[(\Delta x)^2+(\Delta y^2)]^{\frac{1}{2}}}$$

$$=\lim_{\substack{\Delta x\to 0\\ \Delta y\to 0}}\frac{(\Delta x)^2(\Delta y)^2}{[(\Delta x)^2+(\Delta y^2)]^{k+\frac{1}{2}}}\overline{\overline{\Delta x=r\cos\theta,\Delta x=r\sin\theta}}\lim_{r\to 0^+}\frac{r^2\cos^2\theta\cdot r^2\sin^2\theta}{(r^2\cos^2\theta+r^2\sin^2\theta)^{2k+1}}$$

$$=\lim_{r\to 0^+}r^{3-2k}\cos^2\theta\cdot\sin^2\theta$$

显然由 $0\leqslant\cos^2\alpha\cdot\sin^2\alpha\leqslant 1$，故 $3-2k>0$，即 $0<k<\frac{3}{2}$ 时，极限存在且为 0，故此时函数在 $(0,0)$ 处可微，$3-2k\leqslant 0$，即 $k\geqslant\frac{3}{2}$ 时，极限不存在，此时函数在 $(0,0)$ 处不可微.

注：在讨论二元函数的连续性、可微性时，极坐标变换是一种常用的方法，特别是题目中出现了 x^2+y^2 时，就提示我们可以考虑极坐标变换.

题型三：偏导数与全微分

[例 8.3] 设连续函数 $z=f(x,y)$ 满足 $\lim\limits_{\substack{x\to 0\\ y\to 1}}\frac{f(x,y)-2x+y-2}{\sqrt{x^2+(y-1)^2}}=0$，求 $dz|_{(0,1)}$.

解： $\lim\limits_{\substack{x\to 0\\ y\to 1}}\frac{f(x,y)-2x+y-2}{\sqrt{x^2+(y-1)^2}}=0$，又 $\lim\limits_{\substack{x\to 0\\ y\to 1}}\sqrt{x^2+(y-1)^2}=0$，从而 $\lim\limits_{\substack{x\to 0\\ y\to 1}}[f(x,y)-2x+y-2]=f(0,1)-1=0$

即 $f(0,1)=1$，从而：

$$\lim_{\substack{x\to 0\\ y\to 1}}\frac{f(x,y)-f(0,1)-2x+(y-1)}{\sqrt{x^2+(y-1)^2}}=0$$

则 $f(x,y)$ 在 $(0,1)$ 处可微，故

$$\left.\frac{\partial f}{\partial x}\right|_{(0,1)}=2,\ \left.\frac{\partial f}{\partial y}\right|_{(0,1)}=-1,\text{因此 } dz|_{(0,1)}=2dx-dy$$

[例 8.4] 设函数 $z=e^{\sin(x+y)}$，求 dz.

解：
$$dz=e^{\sin(x+y)}d\sin(x+y)=e^{\sin(x+y)}\cos(x+y)d(x+y)$$
$$=e^{\sin(x+y)}\cos(x+y)dx+e^{\sin(x+y)}\cos(x+y)dy$$

[例 8.5] 设 $z=f(x^2y,x\sin y)$，求 dz.

解： $\frac{\partial z}{\partial x}=f'_1\cdot 2xy+f'_2\cdot\sin y$，$\frac{\partial z}{\partial y}=f'_1\cdot x^2+f'_2\cdot x\cos y$

故 $dz=(f'_1\cdot 2xy+f'_2\cdot\sin y)dx+(f'_1\cdot x^2+f'_2\cdot x\cos y)dy$

[例 8.6] 设函数 $z=f(x,y)$ 由方程 $(z+y)^x=xy$ 确定，求 $\left.\frac{\partial z}{\partial x}\right|_{(1,2)}$.

解： 原式两边同时取对数，有 $x\ln(z+y)=\ln x+\ln y$，两边同时关于 x 求偏导得：

$\ln(z+y)+\frac{x}{z+y}\cdot\frac{\partial z}{\partial x}=\frac{1}{x}$，当 $x=1,y=2$ 时，$z(1,2)=0$，从而：$\left.\frac{\partial z}{\partial x}\right|_{(1,2)}=2(1-\ln 2)$

题型四：复合函数的偏导数

［**例 8.7**］设函数 $z=f(x,y)$ 由方程 $x^2+y^2-z=\varphi(x+y+z)$ 确定，其中 φ 具有二阶导数，且 $\varphi'\neq -1$.

（1）求 dz；

（2）记 $u(x,y)=\dfrac{1}{x-y}\left(\dfrac{\partial z}{\partial x}-\dfrac{\partial z}{\partial y}\right)$，求 $\dfrac{\partial u}{\partial x}$.

解：（1）设 $F(x,y,z)=x^2+y^2-z-\varphi(x+y+z)$，则

$F'_x=2x-\varphi',F'_y=2y-\varphi',F'_z=-1-\varphi'$

从而 $\dfrac{\partial z}{\partial x}=-\dfrac{F'_x}{F'_z}=\dfrac{2x-\varphi'}{1+\varphi'},\dfrac{\partial z}{\partial y}=-\dfrac{F'_y}{F'_z}=\dfrac{2y-\varphi'}{1+\varphi'}$

故 $dz=\dfrac{\partial z}{\partial x}dx+\dfrac{\partial z}{\partial y}dy=\dfrac{1}{1+\varphi'}[(2x-\varphi')dx+(2y-\varphi')dy]$

（2）由（1）得 $\dfrac{\partial z}{\partial x}-\dfrac{\partial z}{\partial y}=\dfrac{2x-2y}{1+\varphi'}$，故 $u(x,y)=\dfrac{1}{x-y}\left(\dfrac{\partial z}{\partial x}-\dfrac{\partial z}{\partial y}\right)=\dfrac{2}{1+\varphi'}$

因此 $\dfrac{\partial u}{\partial x}=-\dfrac{2}{(1+\varphi')^2}\cdot\varphi''\cdot\left(1+\dfrac{\partial z}{\partial x}\right)=-\dfrac{2(2x+1)\varphi''}{(1+\varphi')^3}$

［**例 8.8**］已知 $z=f(x^2y,x-y)$，求 $\dfrac{\partial^2 z}{\partial x^2}$，$\dfrac{\partial^2 z}{\partial y^2}$，$\dfrac{\partial^2 z}{\partial x\partial y}$

解：$\dfrac{\partial z}{\partial x}=f'_1\cdot 2xy+f'_2$，$\dfrac{\partial z}{\partial y}=f'_1\cdot x^2-f'_2$

故 $\dfrac{\partial^2 z}{\partial x^2}=f'_1\cdot 2y+2xy(f''_{11}2xy+f''_{12})+f''_{21}2xy+f''_{22}$

$=2yf'_1+4x^2y^2f''_{11}+2xyf''_{12}+2xy+f''_{22}$

$\dfrac{\partial^2 z}{\partial y^2}=x^2(f''_{11}\cdot x^2-f''_{12})-(f''_{21}\cdot x^2-f''_{22})=x^4f''_{11}-x^2f''_{12}-x^2f''_{21}+f''_{22}$

$\dfrac{\partial^2 z}{\partial x\partial y}=f'_1\cdot 2x+2xy(f''_{11}\cdot x^2-f''_{12})+f''_{21}\cdot x^2-f''_{22}$

$=2xf'_1+2x^3yf''_{11}-2xyf''_{12}+x^2f''_{21}-f''_{22}$

题型五：多元函数的极值和最值

［**例 8.9**］求函数 $u=xy+2yz$ 在约束条件 $x^2+y^2+z^2=10$ 下的最大值和最小值.

解：设拉格朗日函数 $F(x,y,z,\lambda)=xy+2yz+\lambda(x^2+y^2+z^2-10)$，则由

$$\begin{cases}F'_x=y+2\lambda x=0\\F'_x=x+2z+2\lambda y=0\\F'_z=2y+2\lambda z=0\\F'_\lambda=x^2+y^2+z^2-10=0\end{cases}$$

得可能的极值点为：$(1,\sqrt{5},2)$，$(-1,\sqrt{5},2)$，$(-1,-\sqrt{5},-2)$，$(1,-\sqrt{5},2)$，$(2\sqrt{2},0,-\sqrt{2})$，$(-2\sqrt{2},0,\sqrt{2})$ 从而：

$u(1,\sqrt{5},2)=u(-1,-\sqrt{5},-2)=5\sqrt{5}$

$u(-1,\sqrt{5},-2)=u(1,-\sqrt{5},2)=-5\sqrt{5}$

$u(2\sqrt{2},0,-\sqrt{2})=u(-2\sqrt{2},0,\sqrt{2})=0$

比较得最大值为 $5\sqrt{5}$，最小值为 $-5\sqrt{5}$.

[例 8.10] 某工厂生产两种产品，两种产品的产量分别用 x,y 表示，总收入函数和总成本函数分别为 $R(x,y)=120x+140y-2x^2-2xy-y^2$，$C(x,y)=700+20x+60y$：

(1) 若两种产品的产量不限，工厂应各生产多少产品，使得利润最大？求最大利润．

(2) 若两种产品的产量之和等于 30，工厂应各生产多少产品，使得利润最大？求最大利润．

解：(1) 无条件极值问题：

$L(x,y)=R(x,y)-C(x,y)=100x+80y-2x^2-2xy-y^2-700$

$$\begin{cases}L'_x(x,y)=100-4x-2y=0\\ L'_y(x,y)=80-2x-2y=0\end{cases}\Rightarrow$$

唯一驻点 $(x,y)=(10,30)$

$\because L''_{xx}(x,y)=-4,L''_{xy}(x,y)-2,L''_{yy}(x,y)=-2$

$\therefore AC-B^2>0,A<0$

则 $(x,y)=(10,30)$ 为最大值点．

当两种产品产量分别为 10 和 30 时，利润最大：$L(10,30)=1000$

(3) 条件极值问题：

$L(x,y,\lambda)=100x+80y-2x^2-2xy-y^2-700+\lambda(x+y-30)$

$$\begin{cases}L'_x(x,y,\lambda)=100-4x-2y+\lambda=0\\ L'_y(x,y,\lambda)=80-2x-2y+\lambda=0\Rightarrow\\ L'_\lambda(x,y,\lambda)=x+y-30=0\end{cases}$$

唯一驻点 $(x,y)=(10,20)$

由题意，该问题存在最大值，因此唯一驻点为最大值点．当两种产品产量分别为 10 和 20 时，利润最大：$L(10,20)=900$

题型六：二重积分的计算

[例 8.11] 计算 $\int_0^1\int_x^1\frac{lny}{y}dydx$．

解：交换积分次序得：

$$原式=\int_0^1\int_0^y\frac{lny}{y}dxdy=\int_0^1\frac{lny}{y}x\Big|_0^y dy=\int_0^1\frac{lny}{y}x\Big|_0^y dy=\int_0^1 lnydy=(ylny-y)\Big|_0^1=-1$$

注：由于 $\frac{\ln y}{y}$ 关于 y 的原函数不存在，所以如果不交换积分次序的话，本题是很难处理的.

［**例 8.12**］ 设 $f(x,y)=\begin{cases}x & ,y\leqslant 0\\ y, & y>0\end{cases}$，求 $\iint\limits_D f(x,y)\,dxdy$，其中 D 是 $x+y=1$，$y=x-1$ 以及 y 轴所围成的闭区域.

解：如图 8.5 所示：

$$\iint\limits_D f(x,y)\,dxdy=\iint\limits_{D_1} f(x,y)\,dxdy+\iint\limits_{D_2} f(x,y)\,dxdy$$
$$=\int_0^1 dy\int_0^{1-y} y\,dx+\int_0^1 dx\int_{x-1}^0 x\,dy=\int_0^1 y(1-y)\,dy+\int^1 x(1-x)\,dx$$
$$=\frac{1}{3}$$

注：此题考查的是二重积分对区域具有可加性.

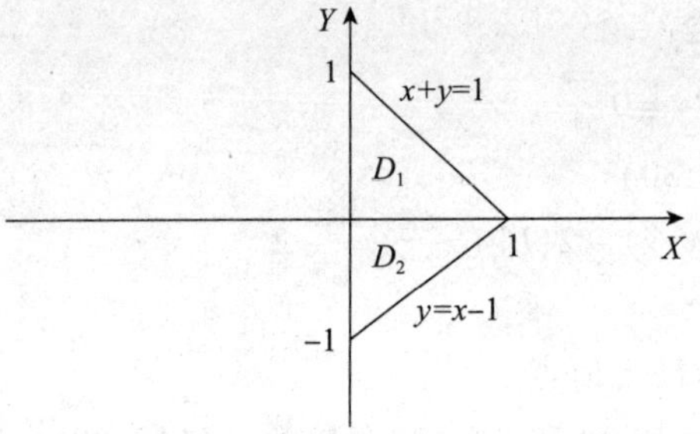

图 8.5

［**例 8.13**］ 计算二重积分 $\iint\limits_D (x+y)^3\,dxdy$，其中 D 是由曲线 $x=\sqrt{1+y^2}$ 与直线 $x+\sqrt{2}y=0$ 及 $x-\sqrt{2}y=0$ 围成（如图 8.6）.

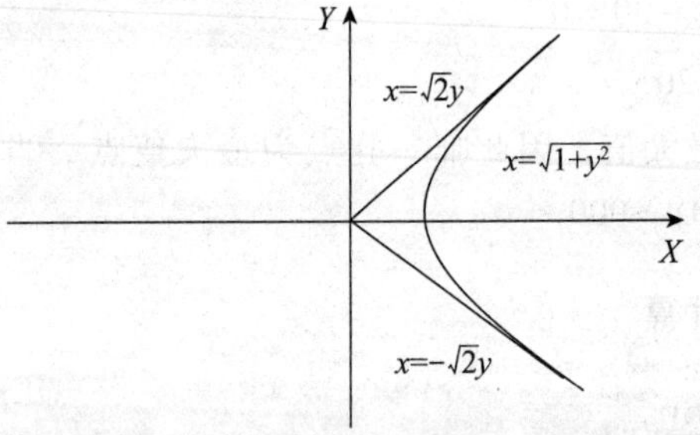

图 8.6

解：积分区域 D 关于 x 轴对称，记其 x 轴上方区域为：$D_1=\{(x,y)\mid\sqrt{2}y\leqslant x\leqslant\sqrt{1+y^2},\ 0\leqslant y\leqslant 1\}$

又 $(x+y)^3=x^3+3x^2y+3xy^2+y^3$，其中 $3x^2y^2+y^3$ 关于 y 是奇函数，故 $\iint\limits_D (3x^2y+y^3)\,dxdy=0$，从而由对称性知：

$$\iint\limits_D (x+y)^3\,dxdy=2\iint\limits_{D_1}(x^3+3xy^2)\,dxdy=2\int_0^1 dy\int_{\sqrt{2}y}^{\sqrt{1+y^2}}(x^3+3xy^2)\,dx$$

$$= \frac{1}{2}\int_0^1 (1 + 2y^2 - 3y^4)dy + 3\int_0^1 (y^2 - y^4)dy = \frac{14}{15}$$

[**例 8.14**] 设平面区域 $D = \{(x,y) | 1 \leqslant x^2 + y^2 \leqslant 4, x \geqslant 0, y \geqslant 0\}$，计算 $\iint\limits_D \frac{x\sin(\pi\sqrt{x^2+y^2})}{x+y}dxdy$.

解：令 $x = r\cos\theta$，$y = r\sin\theta$，则原式化为：

$$\int_0^{\frac{\pi}{2}} d\theta \int_1^2 \frac{\cos\theta}{\cos\theta + \sin\theta}\sin\pi r \cdot rdr = \int_0^{\frac{\pi}{2}} \frac{\cos\theta}{\cos\theta + \sin\theta}d\theta \int_1^2 \sin\pi r \cdot rdr$$

$$\int_0^{\frac{\pi}{2}} \frac{\cos\theta}{\cos\theta + \sin\theta}d\theta = \int_0^{\frac{\pi}{2}} (1 - \frac{\sin\theta}{\cos\theta + \sin\theta})d\theta = \frac{\pi}{2} - \int_0^{\frac{\pi}{2}} \frac{\sin\theta}{\cos\theta + \sin\theta}d\theta$$

$$\overset{\theta = \frac{\pi}{2} - t}{=} \frac{\pi}{2} - \int_0^{\frac{\pi}{2}} \frac{\cos t}{\cos t + \sin t}dt = \frac{\pi}{2} - \int_0^{\frac{\pi}{2}} \frac{\cos\theta}{\cos\theta + \sin\theta}d\theta$$

从而 $\int_0^{\frac{\pi}{2}} \frac{\cos\theta}{\cos\theta + \sin\theta}d\theta = \frac{\pi}{4}$，又 $\int_1^2 \sin\pi r \cdot rdr = -\frac{3}{\pi}$，故原式 $= -\frac{3}{4}$

[**例 8.15**] 计算积分 $\iint\limits_D (y + e^{-x^2-y^2})dxdy$，其中 D 是由圆周 $x^2 + y^2 = 1$ 和 $x^2 + y^2 = 4$ 所围成的环形区域 .

解：由 y 是关于 y 的奇函数，且积分区域关于 x 轴对称得：$\iint\limits_D ydxdy = 0$

对剩余部分，做极坐标变换：$x = r\cos\theta, y = r\sin\theta$，得

原式 $= \int_0^{2\pi} d\theta \int_1^2 e^{-r^2} rdr = -\pi e^{-r^2}\Big|_1^2 = \pi(e^{-1} - e^{-4})$

四、教材习题解答

1. 判定下列平面点集中哪些是开集、闭集、区域、有界集、无界集？并指出它们的边界：

(1) $\{(x,y) | x \neq 0, y \neq 0\}$

解：开集，不是区域（不连通），无界集，边界：$\partial\Omega = \{(x,y) | x = 0$ 或者 $y = 0\}$

(2) $\{(x,y) | y > x^2\}$

解：开集，区域，无界集，边界：$\partial\Omega = \{(x,y) | y = x^2\}$

(3) $\{(x,y) | x^2 + (y-1)^2 \geqslant 1\} \cap \{(x,y) | x^2 + (y-2)^2 \leqslant 4\}$

解：闭集，闭区域，有界集，边界：$\partial\Omega = \{(x,y) | x^2 + (y-1)^2 = 1$ 及 $x^2 + (y-2)^2 = 4\}$

2. 求下列函数的定义域：

(1) $z = \ln(y^2 - 2x + 1)$

解：$D_z = \{(x,y) | y^2 - 2x + 1 > 0\}$

(2) $z = \arcsin(x - y^2) + \ln\ln(10 - x^2 - 4y^2)$

解：$D_z = \{(x,y) | y^2 - 1 \leqslant x \leqslant y^2 + 1\} \cap \{(x,y) | x^2 + 4y^2 < 9\}$

（3） $z=\dfrac{\sqrt{4x-y^2}}{\ln(1-x^2-y^2)}$

解：$D_z=\{(x,y)\mid y^2\leqslant 4x\}\cap\{(x,y)\mid 0<x^2+y^2<1\}$

（4） $z=\ln(y-x)+\dfrac{\sqrt{x}}{\sqrt{1-x^2-y^2}}$

解：$D_z=\{(x,y)\mid 0\leqslant x<y\}\cap\{(x,y)\mid x^2+y^2<1\}$

（5） $z=\dfrac{1}{\sqrt{x+y}}+\dfrac{1}{\sqrt{x-y}}$

解：$D_z=\{(x,y)\mid x+y>0\}\cap\{(x,y)\mid x-y>0\}$

3. 设$f\left(x-y,\dfrac{y}{x}\right)=x^2-y^2$，求$f(x,y)$.

解：令 $x-y=u,\dfrac{y}{x}=v\Rightarrow x=\dfrac{u}{1-v},y=\dfrac{uv}{1-v}$,从而

$f(u,v)=\dfrac{u^2}{(1-v)^2}-\dfrac{u^2v^2}{(1-v)^2}=\dfrac{u^2(1+v)}{1-v}$,故:$f(x,y)=\dfrac{x^2(1+y)}{1-y}$

4. 已知函数$f(x,y)=x^2+y^2-xy\tan\dfrac{y}{x}$，试求$f(tx,ty)$.

解：$f(tx,ty)=(tx)^2+(ty)^2-tx\cdot ty\cdot\tan\dfrac{ty}{tx}=t^2\left(x^2+y^2-xy\tan\dfrac{y}{x}\right)=t^2f(x,y)$

5. 设 $g(x)=\begin{cases}2x+2, & -1\leqslant x\leqslant 0\\ -2x+2, & 0<x\leqslant 1\end{cases}$，$h(y)=2,-2\leqslant y\leqslant 2$，$D=\{(x,y)\mid -1\leqslant x\leqslant 1,-2\leqslant x\leqslant 2\}$. 令 $F(x,y)=g(x)h(y)$，$(x,y)\in D$

（1） 求 $F(1,0)$；（2） 求 $F(x,y)$的表达式.

解：（1） $F(1,0)=g(1)\cdot h(0)=0\cdot 2=0$

当$-1\leqslant x\leqslant 0$，$-2\leqslant y\leqslant 2$ 时，$g(x)=2x+2,h(y)=2$,故:$F(x,y)=4x+4$

（2）当$0\leqslant x\leqslant 1$，$-2\leqslant y\leqslant 2$ 时，$g(x)=-2x+2,h(y)=2$,故:$F(x,y)=-4x+4$

从而 $F(x,y)=\begin{cases}4x+4, & -1\leqslant x\leqslant 0,\ -2\leqslant y\leqslant 2\\ -4x+4, & 0\leqslant x\leqslant 1,\ -2\leqslant y\leqslant 2\end{cases}$

6. 证明下列函数为齐次函数，并说明各是几次齐次函数：

（1） $f(x,y)=x^3+xy^2$

解：由 $f(tx,ty)=(tx)^3+tx\cdot(ty)^2=t^3(x^3+xy^2)=t^3f(x,y)$，故 $f(x,y)$是 3 次齐次函数.

（2） $f(x,y)=\dfrac{1}{y-x}$

解：由 $f(tx,ty)=\dfrac{1}{ty-tx}=t^{-1}\dfrac{1}{y-x}=t^{-1}f(x,y)$， 故$f(x,y)$是$-1$次齐次函数.

（3） $f(x,y)=y^3 2^{-\frac{x}{y}}$

解：由 $f(tx,ty)=(ty)^3 2^{-\frac{tx}{ty}}=t^3y^3 2^{-\frac{x}{y}}=t^3f(x,y)$， 故$f(x,y)$是 3 次齐次函数.

（4） $f(x,y)=\dfrac{xy}{x^3+y^3}$

解：由 $f(tx,ty)=\dfrac{tx\cdot ty}{(tx)^3+(ty)^3}=t^{-1}\dfrac{xy}{x^3+y^3}=t^{-1}f(x,y)$，故 $f(x,y)$ 是 -1 次齐次函数.

7. 求下列各极限：

（1）$\lim\limits_{\substack{x\to0\\y\to0}}(x+y)\sin\dfrac{1}{x^2+y^2}$

解：由 $\lim\limits_{\substack{x\to0\\y\to0}}(x+y)=0$，且 $\left|\sin\dfrac{1}{x^2+y^2}\right|\leqslant1$，故：$\lim\limits_{\substack{x\to0\\y\to0}}(x+y)\sin\dfrac{1}{x^2+y^2}=0$

（2）$\lim\limits_{\substack{x\to0\\y\to0}}\dfrac{1-\cos(x^2+y^2)}{(x^2+y^2)e^{x^2y^2}}$

解：$\lim\limits_{\substack{x\to0\\y\to0}}\dfrac{1-\cos(x^2+y^2)}{(x^2+y^2)e^{x^2y^2}}=\lim\limits_{\substack{x\to0\\y\to0}}\dfrac{\frac{1}{2}(x^2+y^2)^2}{(x^2+y^2)}\cdot\lim\limits_{\substack{x\to0\\y\to0}}\dfrac{1}{e^{x^2y^2}}=0\cdot1=0$

（3）$\lim\limits_{\substack{x\to0\\y\to0}}\dfrac{x^2y^2}{x^2y^2+(x-y)^2}$

解：当 (x,y) 沿着 $y=x$ 趋于 0 时，我们有 $\lim\limits_{\substack{x\to0\\y=x}}\dfrac{x^2y^2}{x^2y^2+(x-y)^2}=\lim\limits_{\substack{x\to0\\y=x}}\dfrac{x^2y^2}{x^2y^2}=1$，

当 (x,y) 沿着 x 轴（$y=0$）趋于 0 时，我们有：$\lim\limits_{\substack{x\to0\\y=0}}\dfrac{x^2y^2}{x^2y^2+(x-y)^2}=\lim\limits_{\substack{x\to0\\y=0}}\dfrac{0}{x^2}=0$

故极限不存在.

（4）$\lim\limits_{\substack{x\to0\\y\to0}}\dfrac{x^2y^2}{x^4+y^4}$

解：当 (x,y) 沿着 $y=kx$ 趋于 0 时，我们有：$\lim\limits_{\substack{x\to0\\y=kx}}\dfrac{x^2y^2}{x^4+y^4}=\lim\limits_{x\to0}\dfrac{x^2(kx)^2}{x^4+(kx)^4}=\lim\limits_{x\to0}\dfrac{k^2}{1+k^4}$

随着 k 的改变，极限值也在变化，故极限不存在.

8. 证明函数 $f(x,y)=\begin{cases}\dfrac{xy}{\sqrt{x^2+y^2}}, & (x,y)\neq(0,0)\\ 0, & (x,y)=(0,0)\end{cases}$ 在点 $(0,0)$ 连续.

证明：$\lim\limits_{\substack{x\to0\\y\to0}}f(x,y)=\lim\limits_{\substack{x\to0\\y\to0}}\dfrac{xy}{\sqrt{x^2+y^2}}\xlongequal{x=r\cos\theta,y=r\sin\theta}\lim\limits_{r\to0^+}\dfrac{r\cos\theta\cdot r\sin\theta}{r}$

$=\lim\limits_{r\to0^+}r\cos\theta\cdot\sin\theta=0=f(0,0)$

9. 求下列函数在给定点的偏导数：

（1）$f(x,y)=(1+xy)^y$，求 $\left.\dfrac{\partial f}{\partial x}\right|_{(1,1)}$.

解：$\dfrac{\partial f}{\partial x}=y\,(1+xy)^{y-1}\cdot y=y^2\,(1+xy)^{y-1}$，故：$\left.\dfrac{\partial f}{\partial x}\right|_{(1,1)}=1^2+(1+1\cdot1)^{1-1}=1$

（2）$f(x,y)=\dfrac{xy(x^2-y^2)}{x^2+y^2}$，求 $\left.\dfrac{\partial f}{\partial x}\right|_{(1,1)}$，$\left.\dfrac{\partial f}{\partial y}\right|_{(1,1)}$.

解：$\frac{\partial f}{\partial x}=\frac{y(x^2-y^2)}{x^2+y^2}+xy\frac{\partial}{\partial x}\left(\frac{x^2-y^2}{x^2+y^2}\right)=\frac{y(x^2-y^2)}{x^2+y^2}+xy\frac{\partial}{\partial x}\left(1-\frac{2y^2}{x^2+y^2}\right)$

$$=\frac{y(x^2-y^2)}{x^2+y^2}+xy\frac{2x2y^2}{(x^2+y^2)^2}=\frac{y(x^2-y^2)}{x^2+y^2}+\frac{4x^2y^3}{(x^2+y^2)^2}$$

$$\frac{\partial f}{\partial y}=\frac{x(x^2-y^2)}{x^2+y^2}+xy\frac{\partial}{\partial y}\left(\frac{x^2-y^2}{x^2+y^2}\right)=\frac{x(x^2-y^2)}{x^2+y^2}+xy\frac{\partial}{\partial y}\left(\frac{2x^2}{x^2+y^2}-1\right)$$

$$=\frac{x(x^2-y^2)}{x^2+y^2}+xy\frac{-2y2x^2}{(x^2+y^2)^2}=\frac{x(x^2-y^2)}{x^2+y^2}-\frac{4x^3y^2}{(x^2+y^2)^2}$$

故：$\left.\frac{\partial f}{\partial x}\right|_{(1,1)}=1,\left.\frac{\partial f}{\partial y}\right|_{(1,1)}=-1$

(3) $f(x,y)=\arctan\frac{y}{x^2}$，求$\left.\frac{\partial f}{\partial x}\right|_{(1,2)},\left.\frac{\partial f}{\partial y}\right|_{(1,2)}$.

解：$\frac{\partial f}{\partial x}=\frac{1}{1+\left(\frac{y}{x^2}\right)^2}\cdot\left(-2\frac{y}{x^3}\right)=\frac{-2xy}{x^4+y^2},\frac{\partial f}{\partial y}=\frac{1}{1+\left(\frac{y}{x^2}\right)^2}\cdot\frac{1}{x^2}=\frac{x^2}{x^4+y^2}$

故：$\left.\frac{\partial f}{\partial x}\right|_{(1,2)}=-\frac{4}{5},\left.\frac{\partial f}{\partial y}\right|_{(1,2)}=\frac{1}{5}$

(4) $f(x,y)=\ln|xy|$，求$\left.\frac{\partial f}{\partial x}\right|_{(-1,-1)},\left.\frac{\partial f}{\partial y}\right|_{(1,1)}$.

解：由 $\ln|xy|=\ln|x|+\ln|y|$ 知：$\frac{\partial f}{\partial x}=\frac{1}{x},\frac{\partial f}{\partial y}=\frac{1}{y}$

故：$\left.\frac{\partial f}{\partial x}\right|_{(-1,-1)}=-1,\left.\frac{\partial f}{\partial y}\right|_{(-1,-1)}=1$

10. 求下列函数的一阶偏导数：

(1) $z=\sqrt{\ln(xy)}$

解：$\frac{\partial z}{\partial x}=\frac{1}{2\sqrt{\ln(xy)}}\cdot\frac{y}{xy}=\frac{1}{2x\sqrt{\ln(xy)}}$

$$\frac{\partial z}{\partial y}=\frac{1}{2\sqrt{\ln(xy)}}\cdot\frac{x}{xy}=\frac{1}{2y\sqrt{\ln(xy)}}$$

(2) $z=\sin(xy)+\cos^2(xy)$

解：$\frac{\partial z}{\partial x}=\cos(xy)y+2\cos(xy)(-\sin(xy))y=y[\cos(xy)-\sin(2xy)]$

$$\frac{\partial z}{\partial y}=\cos(xy)x+2\cos(xy)(-\sin(xy))x=x[\cos(xy)-\sin(2xy)]$$

(3) $z=\ln\frac{\sqrt{x^2+y^2}-x}{\sqrt{x^2+y^2}+x}$

解：因为 $\ln\frac{\sqrt{x^2+y^2}-x}{\sqrt{x^2+y^2}+x}=\ln(\sqrt{x^2+y^2}-x)-\ln(\sqrt{x^2+y^2}+x)$

故：$\frac{\partial z}{\partial x}=\frac{1}{\sqrt{x^2+y^2}-x}\cdot\left(\frac{x}{\sqrt{x^2+y^2}}-1\right)-\frac{1}{\sqrt{x^2+y^2}+x}\cdot\left(\frac{x}{\sqrt{x^2+y^2}}+1\right)=\frac{-2}{\sqrt{x^2+y^2}}$

$$\frac{\partial z}{\partial y}=\frac{1}{\sqrt{x^2+y^2}-x}\cdot\frac{y}{\sqrt{x^2+y^2}}-\frac{1}{\sqrt{x^2+y^2}+x}\cdot\frac{y}{\sqrt{x^2+y^2}}=\frac{2x}{y\sqrt{x^2+y^2}}$$

（4）$z=\log_y x$

解： 由 $\log_y x=\frac{\ln x}{\ln y}$，故：$\frac{\partial z}{\partial x}=\frac{1}{x\ln y},\frac{\partial z}{\partial y}=\frac{\ln x}{-\ln^2 y}\cdot\frac{1}{y}=-\frac{\ln x}{y\ln^2 y}$

（5）$z=\ln\tan\frac{x}{\sqrt{y}}$

解： $\frac{\partial z}{\partial x}=\frac{1}{\tan\frac{x}{\sqrt{y}}}\cdot\sec^2\frac{x}{\sqrt{y}}\cdot\frac{1}{\sqrt{y}}=\frac{2}{\sqrt{y}\sin 2\frac{x}{\sqrt{y}}}$

$$\frac{\partial z}{\partial y}=\frac{1}{\tan\frac{x}{\sqrt{y}}}\cdot\sec^2\frac{x}{\sqrt{y}}\cdot x\cdot\left(-\frac{1}{2}y^{-\frac{3}{2}}\right)=-\frac{x}{y^{\frac{3}{2}}\sin 2\frac{x}{\sqrt{y}}}$$

（6）$z=e^{x^2+y^2}$

解： $\frac{\partial z}{\partial x}=e^{x^2+y^2}\cdot 2x=2xe^{x^2+y^2}$，　$\frac{\partial z}{\partial y}=2ye^{x^2+y^2}$

（7）$u=\arctan(x-y)^z$

解： $\frac{\partial u}{\partial x}=\frac{z(x-y)^{z-1}}{1+(x-y)^{z\cdot 2}}=\frac{z(x-y)^{z-1}}{1+(x-y)^{2z}}$，　$\frac{\partial u}{\partial y}=\frac{z(x-y)^{z-1}\cdot(-1)}{1+(x-y)^{2z}}=\frac{-z(x-y)^{z-1}}{1+(x-y)^{2z}}$

$$\frac{\partial u}{\partial z}=\frac{(x-y)^z\cdot\ln(x-y)}{1+(x-y)^{2z}}$$

（8）$u=x^{yz}$

解： $\frac{\partial u}{\partial x}=yz\cdot x^{yz-1}$，　$\frac{\partial u}{\partial y}=x^{yz}\cdot\ln x\cdot z,\frac{\partial u}{\partial z}=x^{yz}\cdot\ln x\cdot y$

（9）$u=x^{y^z}$

解： $\frac{\partial u}{\partial x}=y^z\cdot x^{y^z-1}$，　$\frac{\partial u}{\partial y}=x^{y^z}\cdot\ln x\cdot z\cdot y^{z-1},\frac{\partial u}{\partial z}=x^{y^z}\cdot\ln x\cdot y^z\cdot\ln y$

（10）$u=e^{\frac{x}{y}}+z^{\frac{y}{x}}$

解： $\frac{\partial u}{\partial x}=e^{\frac{x}{y}}\frac{1}{y}+z^{\frac{y}{x}}\cdot\ln z\cdot\left(-\frac{y}{x^2}\right)=\frac{1}{y}e^{\frac{x}{y}}-\frac{y}{x^2}z^{\frac{y}{x}}\cdot\ln z$

$\frac{\partial u}{\partial y}=e^{\frac{x}{y}}\frac{-x}{y^2}+z^{\frac{y}{x}}\cdot\ln z\cdot\frac{1}{x}=-\frac{x}{y^2}e^{\frac{x}{y}}+\frac{1}{x}\cdot z^{\frac{y}{x}}\cdot\ln z$，　$\frac{\partial u}{\partial z}=\frac{y}{x}z^{\frac{y}{x}-1}$

（11）$u=\sqrt{x^2+y^2+z^2}$

解： $\frac{\partial u}{\partial x}=\frac{x}{\sqrt{x^2+y^2+z^2}},\frac{\partial u}{\partial y}=\frac{y}{\sqrt{x^2+y^2+z^2}},\frac{\partial u}{\partial z}=\frac{z}{\sqrt{x^2+y^2+z^2}}$

（12）$z=(2x^2+3y)^{y^2\sin x}$

解： 由题知：$\ln z=y^2\sin x\cdot\ln(2x^2+3y)$，等式两边同时对 x 求偏导得：

$$\frac{1}{z}\frac{\partial z}{\partial x}=y^2\cos x\cdot\ln(2x^2+3y)+y^2\sin x\cdot\frac{4x}{2x^2+3y}$$

等式两边同时对 y 求偏导得：$\frac{1}{z}\frac{\partial z}{\partial y}=2y\sin x\cdot\ln(2x^2+3y)+y^2\sin x\cdot\frac{3}{2x^2+3y}$

故：$\dfrac{\partial z}{\partial x}=z\left(y^2\cos x\cdot\ln(2x^2+3y)+y^2\sin x\cdot\dfrac{4x}{2x^2+3y}\right)$

$\dfrac{\partial z}{\partial y}=z\left(2y\sin x\cdot\ln(2x^2+3y)+y^2\sin x\cdot\dfrac{3}{2x^2+3y}\right)$

11. 设 $z=f(x,y)=\begin{cases}\dfrac{x^3-y^3}{x^2+y^2}, x^2+y^2\neq 0\\ 0, \qquad x^2+y^2=0\end{cases}$，求 $f'_x(0,0),f'_y(0,0)$.

解：$f'_x(0,0)=\lim\limits_{x\to 0}\dfrac{f(x,0)-f(0,0)}{x}=\lim\limits_{x\to 0}\dfrac{\frac{x^3}{x^2}-0}{x}=1$

$f'_y(0,0)=\lim\limits_{x\to 0}\dfrac{f(0,y)-f(0,0)}{y}=\lim\limits_{x\to 0}\dfrac{-\frac{y^3}{y^2}-0}{y}=-1$

12. 设函数 $z=f(x,y)=\begin{cases}\dfrac{xy^2}{x^2+y^4}, x^2+y^2\neq 0\\ 0, \qquad x^2+y^2=0\end{cases}$，讨论在点$(0,0)$处的连续性，偏导数存在性与可微性.

解：当(x,y)沿着 $x=ky^2$ 趋于 0 时，我们有

$\lim\limits_{\substack{y\to 0\\ x=ky^2}}\dfrac{xy^2}{x^2+y^4}=\lim\limits_{y\to 0}\dfrac{ky^2\cdot y^2}{y^4+k^2y^4}=\dfrac{k}{1+k^2}$

随着 k 的改变，极限值也在变化，故极限不存在，从而 $f(x,y)$ 在$(0,0)$处不连续，故其在$(0,0)$处也不可微.

而 $f'_x(0,0)=\lim\limits_{x\to 0}\dfrac{f(x,0)-f(0,0)}{x}=\lim\limits_{x\to 0}\dfrac{0}{x}=0$，$f'_y(0,0)=\lim\limits_{y\to 0}\dfrac{f(0,y)-f(0,0)}{0}=\lim\limits_{x\to 0}\dfrac{0}{y}=0$，

故 $f(x,y)$ 在$(0,0)$处偏导数存在.

13. 求下列函数的全微分：

(1) $z=\arctan(xy)$

解：$\dfrac{\partial z}{\partial x}=\dfrac{y}{1+(xy)^2},\dfrac{\partial z}{\partial y}=\dfrac{x}{1+(xy)^2}$，故：$dz=\dfrac{y}{1+(xy)^2}dx+\dfrac{x}{1+(xy)^2}dy$

(2) $z=\sqrt{\dfrac{y}{x}}$

解：$\dfrac{\partial z}{\partial x}=\sqrt{y}\left(-\dfrac{1}{2}x^{-\frac{3}{2}}\right)=-\dfrac{\sqrt{xy}}{2x^2},\dfrac{\partial z}{\partial y}=\dfrac{1}{2\sqrt{y}\sqrt{x}}$，故：$dz=-\dfrac{\sqrt{xy}}{2x^2}dx+\dfrac{1}{2\sqrt{xy}}dy$

(3) $u=x^{yz}$

解：由 10 (8) 题知 $du=yz\cdot x^{yz-1}dx+x^{yz}\cdot z\cdot \ln x dy+x^{yz}\cdot y\cdot\ln x dz$

(4) $z=\dfrac{y}{\sqrt{x^2+y^2}}$

解：$\dfrac{\partial z}{\partial x}=-\dfrac{1}{2}(x^2+y^2)^{-\frac{3}{2}}\cdot 2xy=-xy\,(x^2+y^2)^{-\frac{3}{2}}$

$$\frac{\partial z}{\partial y}=\frac{1}{\sqrt{x^2+y^2}}-\frac{1}{2}(x^2+y^2)^{-\frac{3}{2}}\cdot 2yy=x^2(x^2+y^2)^{-\frac{3}{2}}$$

故：$dz=-xy(x^2+y^2)^{-\frac{3}{2}}dx+x^2(x^2+y^2)^{-\frac{3}{2}}dy$

（5）$z=\log_y x$

解：由 8（4）题知：$dz=\frac{1}{x\ln y}dx-\frac{\ln x}{y\ln^2 y}dy$

（6）$u=xy+2yz+3zx$

解：$\frac{\partial u}{\partial x}=y+3z$，$\frac{\partial u}{\partial y}=x+2z$，$\frac{\partial u}{\partial z}=2y+3x$

故：$dz=(y+3z)dx+(x+2z)dy+(2y+3x)dz$

14. 求函数 $z=\ln(1+x^2+y^2)$ 当 $x=1,y=2$ 时的全微分 .

解：$\frac{\partial z}{\partial x}=\frac{2x}{1+x^2+y^2}$，$\frac{\partial z}{\partial y}=\frac{2y}{1+x^2+y^2}$

故：$\left.\frac{\partial z}{\partial x}\right|_{(1,2)}=\frac{1}{3}$，$\left.\frac{\partial z}{\partial y}\right|_{(1,2)}=\frac{2}{3}$，从而 $dz|_{(1,2)}=\frac{1}{3}dx+\frac{2}{3}dy$

15. 求函数 $z=x^2y^3$ 当 $x=2,y=-1,\Delta x=0.02,\Delta y=-0.01$ 时的全微分 .

解：$\frac{\partial z}{\partial x}=2xy^3$，$\frac{\partial z}{\partial y}=3x^2y^2$，故：$\left.\frac{\partial z}{\partial x}\right|_{(2,-1)}=-4$，$\left.\frac{\partial z}{\partial y}\right|_{(2,-1)}=12$

从而：$dz|_{(2,-1)}=-4dx+12dy=-4\times 0.02+12\times(-0.01)=-0.2$

16. 求函数 $z=e^{xy}$ 当 $x=1,y=1,\Delta x=0.15,\Delta y=0.1$ 时的全微分 .

解：$\frac{\partial z}{\partial x}=e^{xy}\cdot y$，$\frac{\partial z}{\partial y}=e^{xy}\cdot x$，故：$\left.\frac{\partial z}{\partial x}\right|_{(1,1)}=e$，$\left.\frac{\partial z}{\partial y}\right|_{(1,1)}=e$

从而：$dz|_{(1,1)}=edx+edy=e\times 0.15+e\times 0.1=0.25e$

17. 计算 $\sqrt{(1.02)^3+(1.97)^3}$ 的近似值 .

解：设 $f(x,y)=\sqrt{x^3+y^3}$，$x_0=1,y_0=2,\Delta x=0.02,\Delta y=-0.03$

由：$\frac{\partial f}{\partial x}=\frac{3x^2}{2\sqrt{x^3+y^3}}$，$\frac{\partial f}{\partial y}=\frac{3y^2}{2\sqrt{x^3+y^3}}$，知 $\left.\frac{\partial f}{\partial x}\right|_{(1,2)}=\frac{1}{2}$，$\left.\frac{\partial f}{\partial y}\right|_{(1,2)}=2$

从而：
$$\sqrt{(1.02)^3+(1.97)^3}=f(x_0+\Delta x,y_0+\Delta y)\approx f(x_0,y_0)+\left.\frac{\partial f}{\partial x}\right|_{(x_0,y_0)}\Delta x+\left.\frac{\partial f}{\partial y}\right|_{(x_0,y_0)}\Delta y$$
$$=\sqrt{1^3+2^3}+\frac{1}{2}\times 0.02+2\times(-0.03)=2.95$$

18. 计算 $(1.97)^{1.05}$ 的近似值（$\ln 2=0.693$）.

解：设 $f(x,y)=x^y$，$x_0=2,y_0=1,\Delta x=-0.03,\Delta y=0.05$，

由 $\frac{\partial f}{\partial x}=yx^{y-1}$，$\frac{\partial f}{\partial y}=x^y\ln y$，知：$\left.\frac{\partial f}{\partial x}\right|_{(2,1)}=1$，$\left.\frac{\partial f}{\partial y}\right|_{(2,1)}=2\ln 2$

从而：
$$(1.97)^{1.05}=f(x_0+\Delta x,y_0+\Delta y)\approx f(x_0,y_0)+\left.\frac{\partial f}{\partial x}\right|_{(x_0,y_0)}\Delta x+\left.\frac{\partial f}{\partial y}\right|_{(x_0,y_0)}\Delta y$$
$$=2+1\times(-0.03)+2\ln 2\times 0.05$$
$$=2.0393$$

19. 设 f,g 为连续可微函数，$u=f(x,xy),v=g(x+xy)$，求$\frac{\partial u}{\partial x}\cdot\frac{\partial v}{\partial x}$.

解： $\frac{\partial u}{\partial x}=f_1'+f_2'\frac{\partial(xy)}{\partial x}=f_1'+yf_2',\frac{\partial v}{\partial x}=g'\cdot(1+y)$

故：$\frac{\partial u}{\partial x}\cdot\frac{\partial v}{\partial x}=(f_1'+yf')\cdot g'\cdot(1+y)$

20. 已知 $z=u^v,u=\ln\sqrt{x^2+y^2},v=\arctan\frac{y}{x}$，求$\frac{\partial z}{\partial x},\frac{\partial z}{\partial y}$.

解： $\frac{\partial z}{\partial x}=\frac{\partial z}{\partial u}\cdot\frac{\partial u}{\partial x}+\frac{\partial z}{\partial v}\cdot\frac{\partial v}{\partial x}=vu^{v-1}\cdot\frac{1}{2}\frac{2x}{x^2+y^2}+u^v\ln u\cdot\frac{1}{1+\left(\frac{y}{x}\right)^2}\cdot\frac{y}{-x^2}$

$$=vu^{v-1}\frac{x}{x^2+y^2}-u^v\ln u\frac{y}{x^2+y^2}$$

$\frac{\partial z}{\partial y}=\frac{\partial z}{\partial u}\cdot\frac{\partial u}{\partial y}+\frac{\partial z}{\partial v}\cdot\frac{\partial v}{\partial y}=V\cdot u^{v-1}\cdot\frac{y}{x^2+y^2}+u^v\cdot\ln u\cdot\frac{1}{1+\left(\frac{y}{x}\right)^2}\cdot\frac{1}{x}$

$$=V\cdot u^{v-1}\cdot\frac{y}{x^2+y^2}+u^v\cdot\ln u\cdot\frac{x}{x^2+y^2}$$

21. 设 $x=e^u\cos v,y=e^u\sin v,z=xy$，求$\frac{\partial z}{\partial u},\frac{\partial z}{\partial v}$.

解： $\frac{\partial z}{\partial u}=\frac{\partial z}{\partial x}\frac{\partial x}{\partial u}+\frac{\partial z}{\partial y}\frac{\partial y}{\partial u}=y\cdot e^u\cos v+x\cdot e^u\sin v$

$\frac{\partial z}{\partial v}=\frac{\partial z}{\partial x}\frac{\partial x}{\partial v}+\frac{\partial z}{\partial y}\frac{\partial y}{\partial v}=y\cdot e^u(-\sin v)+x\cdot e^u\cos v=x\cdot e^u\cos-y\cdot e^u\sin v$

22. 设 $u=f(x,y,z),y=\varphi(x,t),t=\psi(x,z)$，求$\frac{\partial u}{\partial x},\frac{\partial u}{\partial z}$.

解： $\frac{\partial u}{\partial x}=\frac{\partial f}{\partial x}+\frac{\partial f}{\partial y}\left(\frac{\partial y}{\partial x}+\frac{\partial y}{\partial t}\frac{\partial t}{\partial x}\right)=f_1'+f_2'(\varphi_1'+\varphi_2'\cdot\psi_1')$

$\frac{\partial u}{\partial z}=\frac{\partial f}{\partial y}\frac{\partial y}{\partial t}\frac{\partial t}{\partial z}+\frac{\partial f}{\partial z}=f_2'\cdot\varphi_2'\cdot\psi_2'+f_3'$

23. 求下列函数的二阶偏导数$\frac{\partial^2 z}{\partial x^2},\frac{\partial^2 z}{\partial x\partial y},\frac{\partial^2 z}{\partial y^2}$：

(1) $z=\arcsin\frac{x}{\sqrt{x^2+y^2}}$

解： $\frac{\partial z}{\partial x}=\frac{1}{\sqrt{1-\frac{x^2}{x^2+y^2}}}\cdot\frac{\sqrt{x^2+y^2}-x\cdot\frac{x}{x^2+y^2}}{x^2+y^2}=\frac{|y|}{x^2+y^2}$

$\frac{\partial z}{\partial y}=\frac{1}{\sqrt{1-\frac{x^2}{x^2+y^2}}}\cdot\frac{0-x\cdot\frac{y}{x^2+y^2}}{x^2+y^2}=-\frac{xy}{|y|(x^2+y^2)}$

故：$\frac{\partial^2 z}{\partial x^2}=-\frac{2x\cdot|y|}{(x^2+y^2)^2}$

当 $y>0$ 时，$\frac{\partial^2 z}{\partial x\partial y}=\frac{\partial}{\partial y}\left(\frac{y}{x^2+y^2}\right)=\frac{x^2+y^2-y\cdot 2y}{(x^2+y^2)^2}=\frac{x^2-y^2}{(x^2+y^2)^2}$

当 $y<0$ 时，$\frac{\partial^2 z}{\partial x\partial y}=\frac{\partial}{\partial y}\left(\frac{-y}{x^2+y^2}\right)=\frac{y^2-x^2}{(x^2+y^2)^2}$

类似地，当 $y>0$ 时，$\frac{\partial^2 z}{\partial y^2}=\frac{\partial}{\partial y}\left(-\frac{x}{x^2+y^2}\right)=\frac{2xy}{(x^2+y^2)^2}$

当 $y<0$ 时，$\frac{\partial^2 z}{\partial y^2}=\frac{\partial}{\partial y}\left(\frac{x}{x^2+y^2}\right)=\frac{-2xy}{(x^2+y^2)^2}$

（2）$z=\frac{y^2-x^2}{y^2+x^2}$

解：$\frac{\partial z}{\partial x}=\frac{\partial}{\partial x}\left(\frac{2y^2}{x^2+y^2}-1\right)=-\frac{2x\cdot 2y^2}{(x^2+y^2)^2}=-\frac{4xy^2}{(x^2+y^2)^2}$

$\frac{\partial z}{\partial y}=\frac{\partial}{\partial y}\left(1-\frac{2x^2}{x^2+y^2}\right)=-\frac{2y\cdot 2x^2}{(x^2+y^2)^2}=\frac{4x^2y}{(x^2+y^2)^2}$

故：$\frac{\partial^2 z}{\partial x^2}=-\frac{4y^2}{(x^2+y^2)^2}+\frac{2\cdot 2x\cdot 4xy^2}{(x^2+y^2)^3}=\frac{12x^2y^2-4y^4}{(x^2+y^2)^3}$

$\frac{\partial^2 z}{\partial x\partial y}=-\frac{4x\cdot 2y}{(x^2+y^2)^2}+\frac{2\cdot 2y\cdot 4xy^2}{(x^2+y^2)^3}=\frac{8xy(y^2-x^2)}{(x^2+y^2)^3}$

$\frac{\partial^2 z}{\partial x^2}=\frac{4x^2}{(x^2+y^2)^2}-\frac{2\cdot 2y\cdot 4x^2y}{(x^2+y^2)^3}=\frac{4x^4-12x^2y^2}{(x^2+y^2)^3}$

（3）$z=\frac{1}{x}f(xy)+yf(x+y)$，其中 f 二阶可导．

解：$\frac{\partial z}{\partial x}=-\frac{1}{x^2}f(xy)+\frac{1}{x}f'(xy)\cdot y+yf'(x+y)=-\frac{1}{x^2}f(xy)+\frac{y}{x}f'(xy)+yf'(x+y)$

$\frac{\partial z}{\partial y}=\frac{1}{x}f'(xy)\cdot x+f(x+y)+yf'(x+y)=f'(xy)+f(x+y)+yf'(x+y)$

故：$\frac{\partial^2 z}{\partial x^2}=\frac{2}{x^3}f(xy)-\frac{1}{x^2}f'(xy)\cdot y-\frac{y}{x^2}f'(xy)+\frac{y}{x}f''(xy)y+yf''(x+y)$

$$=\frac{2}{x^3}f(xy)-\frac{2y}{x^2}f'(xy)+\frac{y^2}{x}f''(xy)+yf''(x+y)$$

$\frac{\partial^2 z}{\partial x\partial y}=-\frac{1}{x^2}f'(xy)\cdot x+\frac{1}{x}f'(xy)+\frac{1}{x}f''(xy)\cdot y\cdot x+f'(x+y)+yf''(x+y)$

$$=yf''(xy)+f'(x+y)+yf''(x+y)$$

$\frac{\partial^2 z}{\partial y^2}=f''(xy)\cdot x+f'(x+y)+f'(x+y)+yf''(x+y)=xf''(xy)+2f'(x+y)+yf''(x+y)$.

（4）$z=(x^2+y^2)e^{-\arctan\frac{y}{x}}$

解：$\frac{\partial z}{\partial x}=2xe^{-\arctan\frac{y}{x}}+(x^2+y^2)e^{-\arctan\frac{y}{x}}\cdot\left(-\frac{1}{1+\frac{y^2}{x^2}}\cdot\left(-\frac{y}{x^2}\right)\right)=e^{-\arctan\frac{y}{x}}(2x+y)$

$$\frac{\partial z}{\partial y}=2ye^{-\arctan\frac{y}{x}}+(x^2+y^2)e^{-\arctan\frac{y}{x}}\cdot\left(-\frac{1}{1+\frac{y^2}{x^2}}\cdot\frac{1}{x}\right)=e^{-\arctan\frac{y}{x}}(2y-x)$$

故：$$\frac{\partial^2 z}{\partial x^2}=2e^{-\arctan\frac{y}{x}}+(2x+y)e^{-\arctan\frac{y}{x}}\cdot\left(-\frac{1}{1+\frac{y^2}{x^2}}\cdot\left(-\frac{y}{x^2}\right)\right)=e^{-\arctan\frac{y}{x}}\cdot\frac{2x^2+2xy+3y^2}{x^2+y^2}$$

$$\frac{\partial^2 z}{\partial x\partial y}=e^{-\arctan\frac{y}{x}}+(2x+y)e^{-\arctan\frac{y}{x}}\cdot\left(-\frac{1}{1+\frac{y^2}{x^2}}\cdot\frac{1}{x}\right)=e^{-\arctan\frac{y}{x}}\cdot\frac{y^2-xy-x^2}{x^2+y^2}$$

$$\frac{\partial^2 z}{\partial y^2}=2e^{-\arctan\frac{y}{x}}+(2y-x)e^{-\arctan\frac{y}{x}}\cdot\left(-\frac{1}{1+\frac{y^2}{x^2}}\cdot\frac{1}{x}\right)=e^{-\arctan\frac{y}{x}}\cdot\frac{3x^2-2xy+2y^2}{x^2+y^2}$$

24. 设 $z=f(2x-y)+g(x,xy)$，其中 $f(t)$ 二阶可导，$g(u,v)$ 具有连续的二阶偏导数，求 $\frac{\partial^2 z}{\partial x\partial y}$.

解：$\frac{\partial z}{\partial x}=f'(2x-y)\cdot 2+g_1'+g_2'y$，故：

$$\frac{\partial^2 z}{\partial x\partial y}=f''(2x-y)\cdot 2\cdot(-1)+g_{12}''\cdot x+g_2'+g_{22}''\cdot x\cdot y=-2f''+xg_{12}''+g_2'+xyg_{22}''$$

25. 设 $f(x,y)=\int_a^{xy}e^{-t^2}dt$，求 $\frac{x}{y}\frac{\partial^2 f}{\partial x^2}-2\frac{\partial^2 f}{\partial x\partial y}+\frac{y}{x}\frac{\partial^2 f}{\partial y^2}$.

解：$\frac{\partial f}{\partial x}=e^{-x^2y^2}\cdot y,\frac{\partial f}{\partial y}=e^{-x^2y^2}\cdot x$，故：

$$\frac{\partial^2 f}{\partial x^2}=-2xy^3e^{-x^2y^2},\frac{\partial^2 f}{\partial y^2}=-2x^3ye^{-x^2y^2},\frac{\partial^2 f}{\partial x\partial y}=e^{-x^2y^2}-2x^2y^2e^{-x^2y^2}$$

$$\begin{aligned}\frac{x}{y}\frac{\partial^2 f}{\partial x^2}-2\frac{\partial^2 f}{\partial x\partial y}+\frac{y}{x}\frac{\partial^2 f}{\partial y^2}&=-2xy^3e^{-x^2y^2}\frac{x}{y}-2(e^{-x^2y^2}-2x^2y^2e^{-x^2y^2})+\frac{y}{x}(-2x^3ye^{-x^2y^2})\\&=-2e^{-x^2y^2}\end{aligned}$$

26. 设 $z=f(x,y)$ 由 $e^z-xyz=0$ 确定，求 $\frac{\partial z}{\partial x},\frac{\partial z}{\partial y},\frac{\partial^2 z}{\partial x\partial y}$.

解：令 $F(x,y,z)=e^z-xyz$，则 $F_x'=-yz,F_y'=-xz,F_z'=e^z-xy$，从而：

$$\frac{\partial z}{\partial x}=-\frac{F_x'}{F_z'}=\frac{yz}{e^z-xy},\frac{\partial z}{\partial y}=-\frac{F_y'}{F_z'}=\frac{xz}{e^z-xy}$$

$$\begin{aligned}\frac{\partial^2 z}{\partial x\partial y}&=\frac{(z+y\frac{\partial z}{\partial y})(e^z-xy)-yz(e^z\frac{\partial z}{\partial y}-x)}{(e^z-xy)^2}=\frac{(z+y\cdot\frac{xz}{e^z-xy})(e^z-xy)-yz(e^z\cdot\frac{xz}{e^z-xy}-x)}{(e^z-xy)^2}\\&=\frac{z(e^z-xy)^2+xyz(e^z-xy)-yz(e^z\cdot xz-x(e^z-xy))}{(e^z-xy)^3}\overset{e^z=xyz}{=}\frac{-xye^z}{(e^z-xy)^3}\end{aligned}$$

27. 设 $u=f(x,y,z)$ 有连续的一阶偏导数，函数 $y=y(x)$ 及 $z=z(x)$ 分别由 $e^{xy}-xy=2$ 和 $e^x=\int_0^{x-z}\frac{\sin t}{t}dt$ 确定，求 $\frac{du}{dx}$.

解：$\dfrac{du}{dx}=f_1'+f_2'\cdot\dfrac{dy}{dx}+f_3'\cdot\dfrac{dz}{dx}$

由 $e^{xy}-xy=2$，令 $F(x,y)=e^{xy}-xy-2$，则：$F_x'=ye^{xy}-y,F_y'=xe^{xy}-x$

故：$\dfrac{dy}{dx}=-\dfrac{F_x'}{F_y'}=-\dfrac{ye^{xy}-y}{xe^{xy}-x}=-\dfrac{y}{x}$

再由 $e^x=\int_0^{x-z}\dfrac{\sin t}{t}dt$，令 $G(x,z)=e^x-\int_0^{x-z}\dfrac{\sin t}{t}dt$，则：

$G_x'=e^x-\dfrac{\sin(x-z)}{x-z},G_z'=-\dfrac{\sin(x-z)}{x-z}\cdot(-1)=\dfrac{\sin(x-z)}{x-z}$

故：$\dfrac{dz}{dx}=-\dfrac{G_x'}{G_z'}=-\dfrac{e^x-\dfrac{\sin(x-z)}{x-z}}{\dfrac{\sin(x-z)}{x-z}x}=1-\dfrac{e^x(x-z)}{\sin(x-z)}$

从而：$\dfrac{du}{dx}=f_1'-f_2'\cdot\dfrac{y}{x}+f_3'\cdot\left(1-\dfrac{e^x(x-z)}{\sin(x-z)}\right)$

28. 求函数 $z=x^3+y^3-3(x^2+y^2)$ 的驻点与极值点，并判断是极大值点还是极小值点.

解：由 $\begin{cases}z_x'=3x^2-6x=0\\z_y'=3y^2-6y=0\end{cases}$ 得驻点：$\begin{cases}x_1=0\\y_1=0\end{cases},\begin{cases}x_2=0\\y_2=2\end{cases},\begin{cases}x_3=2\\y_3=0\end{cases},\begin{cases}x_4=2\\y_4=2\end{cases},$

又：$\dfrac{\partial^2z}{\partial x^2}=6x-6,\dfrac{\partial^2z}{\partial x\partial y}=0,\dfrac{\partial^2z}{\partial y^2}=6y-6$

当 $(x,y)=(0,0)$ 时，由 $AC-B^2=36>0$，且 $A=-6<0$. 知 $(0,0)$ 为极大值点；

当 $(x,y)=(0,2)$ 时，由 $AC-B^2=-36<0$，知 $(0,2)$ 非极值点；

当 $(x,y)=(2,0)$ 时，由 $AC-B^2=-36<0$，知 $(2,0)$ 非极值点；

当 $(x,y)=(2,2)$ 时，由 $AC-B^2=36>0$，且 $A=6>0$. 知 $(2,2)$ 为极小值点.

29. 求下列函数的极值：

(1) $f(x,y)=4(x-y)-x^2-y^2$

解：由 $\begin{cases}f_x'=4-2x=0\\f_y'=-4-2y=0\end{cases}$ 得驻点：$\begin{cases}x=2\\y=2,\end{cases}$ 又 $\dfrac{\partial^2f}{\partial x^2}=-2,\dfrac{\partial^2f}{\partial x\partial y}=0,\dfrac{\partial^2f}{\partial y^2}=-2$，知 $AC-B^2>0$，且 $A<0$. 从而 $(2,-2)$ 为极大值点，且极大值 $f(2,-2)=8$.

(2) $f(x,y)=(6x-x^2)(4y-y^2)$

解：由 $\begin{cases}f_x'=(6x-2y)(4y-y^2)=0\\f_y'=(6x-x^2)(4-2y)=0\end{cases}$ 得驻点：$\begin{cases}x_1=3\\y_1=2\end{cases},\begin{cases}x_2=0\\y_2=0\end{cases},\begin{cases}x_3=0\\y_3=4\end{cases},\begin{cases}x_4=6\\y_4=0\end{cases},\begin{cases}x_5=6\\y_5=4\end{cases}$

又 $\dfrac{\partial^2f}{\partial x^2}=-2(4y-y^2),\dfrac{\partial^2f}{\partial x\partial y}=(6-2x)(4-2y),\dfrac{\partial^2f}{\partial y^2}=-2(6x-x^2)$

当 $(x,y)=(3,2)$ 时，$AC-B^2=144>0$，且 $A=-8<0$，从而 $(3,2)$ 为极大值点，且极大值 $f(3,2)=36$；

当 $(x,y)=(0,0),(0,4),(6,0),(6,4)$ 时，通过计算知，皆有 $AC-B^2<0$，故这些点都不是极值点.

(3) $f(x,y)=e^{2x}(x+y^2+2y)$

解：由$\begin{cases} f'_x = e^{2x}(2x+2y^2+4y-1)=0 \\ f'_y = e^{2x}(2y+2)=0 \end{cases}$得驻点：$\begin{cases} x=\dfrac{1}{2} \\ y=-1 \end{cases}$

又$\dfrac{\partial^2 f}{\partial x^2}=e^{2x}(4x+4y^2+8y+2+2)$，$\dfrac{\partial^2 f}{\partial x\partial y}=e^{2x}(4y+4)$，$\dfrac{\partial^2 f}{\partial y^2}=2e^{2x}$

从而当$(x,y)=\left(\dfrac{1}{2},-1\right)$时，$A=e(2+4-8+2+2)=2e$，$B=e(4-4)=0$，$C=2e$，$AC-B^2=4e^2>0,A>0$，故$f(x,y)$在$\left(\dfrac{1}{2},-1\right)$处取得极小值，且极小值为$-\dfrac{1}{2}e$.

(4) $f(x,y)=x^3-3axy+y^3$，a为非零常数.

解：由$\begin{cases} f'_x=3x^2-3ay=0 \\ f'_y=3y^2-3ax=0 \end{cases}$得驻点：$\begin{cases} x_1=0 \\ y_1=0 \end{cases}$，$\begin{cases} x_2=a \\ y_2=a \end{cases}$

又$\dfrac{\partial^2 f}{\partial x^2}=6x$，$\dfrac{\partial^2 f}{\partial x\partial y}=-3a$，$\dfrac{\partial^2 f}{\partial y^2}=6y$

从而当$(x,y)=(0,0)$时，有$AC-B^2=-9a^2<0$，故$(0,0)$不是极值点；

当$(x,y)=(a,a)$时，有$AC-B^2=27a^2>0$，当$a>0$时，$A=6a>0$，此时$f(x,y)$在(a,a)取得极小值$-a^3$，当$a<0$时，$A=6a<0$，此时$f(x,y)$在(a,a)取得极大值$-a^3$.

30. 求由方程$2x^2+2y^2+z^2+8xz-z+8=0$所确定的函数$z=f(x,y)$的极值点.

解：令$F(x,y,z)=2x^2+2y^2+z^2+8xz-z+8$，则$F'_x=4x+8z$，$F'_y=4y$，$F'_z=2z+8x-1$，由

$$\begin{cases} \dfrac{\partial z}{\partial x}=-\dfrac{F'_x}{F'_z}=-\dfrac{4x+8z}{2z+8x+-1}=0 \\ \dfrac{\partial z}{\partial y}=-\dfrac{F'_y}{F'_z}=-\dfrac{4y}{2z+8x+-1}=0 \\ F(x,y,z)=0 \end{cases} \Rightarrow \begin{cases} x_1=\dfrac{16}{7} \\ y_1=0 \\ z_1=\dfrac{8}{7} \end{cases},\begin{cases} x_2=-2 \\ y_2=0 \\ z_2=1 \end{cases}$$

又$$\frac{\partial^2 z}{\partial x^2}=-\frac{\left(4+8\dfrac{\partial z}{\partial x}\right)(2z+8x-1)-(4x+8z)\dfrac{\partial}{\partial x}(2z+8x-1)}{(2z+8x-1)^2}$$

$$\frac{\partial^2 z}{\partial x\partial y}=-\frac{8(2z+8x-1)-(4x+8z)\dfrac{\partial}{\partial y}(2z+8x-1)}{(2z+8x-1)^2}$$

$$\frac{\partial^2 z}{\partial x^2}=-\frac{4(2z+8x-1)-4y\dfrac{\partial}{\partial y}(2z+8x-1)}{(2z+8x-1)^2}$$

当$(x_1,y_1,z_1)=\left(\dfrac{16}{7},0,-\dfrac{8}{7}\right)$时，$A=-\dfrac{4}{15},B=0,C=-\dfrac{4}{15}$，此时$AC-B^2>0,A<0$，故$z$在$\left(\dfrac{16}{7},0\right)$处取得极大值；

当$(x_1,y_1,z_1)=(-2,0,1)$时，$A=\dfrac{4}{15},B=0,C=\dfrac{4}{15}$，此时$AC-B^2>0,A>0$，故$z$在$(-2,0)$处取得极小值.

31. 某厂家生产的一种产品同时在两个市场销售，售价分别为 p_1 和 p_2；销售量分别为 q_1 和 q_2；需求函数分别为 $q_1 = 24 - 0.2p_1$ 和 $q_2 = 10 - 0.05p_2$，总成本函数为：$C = 35 + 40(q_1 + q_2)$

试问：厂家如何确定两个市场的售价，能使其获得总利润最大？最大总利润为多少？

解：总利润函数为 $L(p_1, p_2) = R(p_1, p_2) - C = p_1q_1 + p_2q_2 - 40(q_1 + q_2) - 35$

$= (p_1 - 40)(24 - 0.2p_1) + (p_2 - 40)(10 - 0.05p_2) - 35$

故由 $\begin{cases} L'_{p_1} = 24 - 0.2p_1 - 0.2(p_1 - 40) = 0 \\ L'_{p_2} = 10 - 0.05p_2 - 0.05(p_2 - 40) = 0 \end{cases} \Rightarrow \begin{cases} p_1 = 80 \\ p_2 = 120 \end{cases}$

又 $A = \dfrac{\partial^2 L}{\partial p_1^2} = -0.4, B = \dfrac{\partial^2 L}{\partial p_1 \partial p_2} = 0, C = \dfrac{\partial^2 L}{\partial p_2^2} = -0.1$，可得 $\Delta = AC - B^2 > 0$，且 $A < 0$，故 L 在 $(80, 120)$ 处取得极大值 605，由实际问题知，该极大值即为最大值，即售价应分别为 80 和 120 时可以获得最大利润 605.

32. 设生产某种产品必须投入两种要素，x_1 和 x_2 分别为两种要素的投入量，Q 为产出量；若生产函数为 $Q = 2x_1^{\alpha}x_2^{\beta}$，其中 α, β 为正常数，且 $\alpha + \beta = 1$. 假设两种要素的价格分别为 p_1 和 p_2，试问：当产出量为 12 时，两要素各投入多少可以使投入总费用最小？

解：由题意知，总费用为 $p_1x_1 + p_2x_2$，其中 x_1, x_2 满足 $2x_1^{\alpha}x_2^{\beta} = 12$，$x_1 > 0, x_2 > 0$，构造拉格朗日函数 $L(x_1, x_2, \lambda) = p_1x_1 + p_2x_2 + \lambda(2x_1^{\alpha}x_2^{\beta} - 12)$，则有：

$$\begin{cases} L'_{x_1} = p_1 + 2\alpha\lambda x_1^{\alpha-1}x_2^{\beta} = 0 & (1) \\ L'_{x_2} = p_2 + 2\beta\lambda x_1^{\alpha}x_2^{\beta-1} = 0 & (2) \\ L'_{\lambda} = 2x_1^{\alpha}x_2^{\beta} - 12 = 0 & (3) \end{cases}$$

由 (1)，(2) 知 $\dfrac{p_1}{p_2} = \dfrac{2\alpha\lambda x_1^{\alpha-1}x_2^{\beta}}{2\beta\lambda x_1^{\alpha}x_2^{\beta-1}} \Rightarrow \dfrac{x_2}{x_1} = \dfrac{p_1\beta}{p_2\alpha}$

代入（3）得：$x_1 = 6\left(\dfrac{p_2\alpha}{p_1\beta}\right)^{\beta}, x_2 = 6\left(\dfrac{p_1\beta}{p_2\alpha}\right)^{\alpha}$

由实际问题知该 x_1, x_2 即为所求.

33. 假设某企业在两个互相分割的市场上出售同一种商品，两个市场的需求函数分别是 $P_1 = 18 - 2Q_1, P_2 = 12 - Q_2$. 其中 P_1 和 P_2 分别表示该产品在两个市场上的价格（单位：万元/吨），Q_1 和 Q_2 分别表示该产品在两个市场上的销售量（即需求量，单位：吨），并且该企业生产这种产品的总成本函数是 $C = 2Q + 5$，其中 Q! 表示该产品在两个市场的销售总量，即：$Q = Q_1 + Q_2$

（1）如果该企业实行价格差别策略，试确定两个市场上该产品的销售量和价格，使该企业获得最大利润；

（2）如果该企业实行价格无差别策略，试确定两个市场上该产品的销售量及其统一的价格，使该企业获得最大利润.

解：（1）在价格差别战略中，利润函数为：

$L(Q_1, Q_2) = Q_1P_1 + Q_2P_2 - 2(Q_1 + Q_2) - 5 = (18 - 2Q_1)Q_1 + (12 - Q_2)Q_2 - 2Q_1 - 2Q_2 - 5$

由 $\begin{cases} L'_{Q_1} = 18 - 2Q_1 - 2Q_1 - 2 = 0 \\ L'_{Q_2} = 12 - Q_2 - Q_2 - 2 = 0 \end{cases} \Rightarrow \begin{cases} Q_1 = 4 \\ Q_2 = 5 \end{cases}, \begin{cases} P_1 = 18 - 2Q_1 = 10 \\ P_2 = 12 - Q_2 = 7 \end{cases}$

此时 $L''_{Q_1Q_1}=-4, L''_{Q_1Q_2}=0, L''_{Q_2Q_2}=-2$，$AC-B^2>0$，且 $A<0$，故 L 在 $(Q_1,Q_2)=(4,5)$ 时取得极大值，也为最大值.

(2) 在无差别战略中，$Q_1=9-\dfrac{P}{2}, Q_2=12-P$，故：

$$L(p)=p(Q_1+Q_2)-2(Q_1+Q_2)-5=(P-2)\left(21-\frac{3}{2}P\right)-5$$

由 $L'=21-\dfrac{3}{2}P-\dfrac{3}{2}(P-2)=0\Rightarrow p=8$，此时 $L''=-3<0$，故在 $P=8$ 时，L 达到极大值，由实际问题知该极大值也是最大值.

34. 将二重积分 $\iint\limits_D f(x,y)\,dxdy$ 化为累次积分：

(1) D 是以 $(1,1)$, $(-1,1)$ 和 $(-1,-1)$ 为顶点的三角形区域；

解： $\iint\limits_D f(x,y)\,dxdy=\int_{-1}^{1}dx\int_x^1 f(x,y)\,dy=\int_{-1}^{1}dy\int_{-1}^{y}f(x,y)\,dx$

如图 8.7 所示.

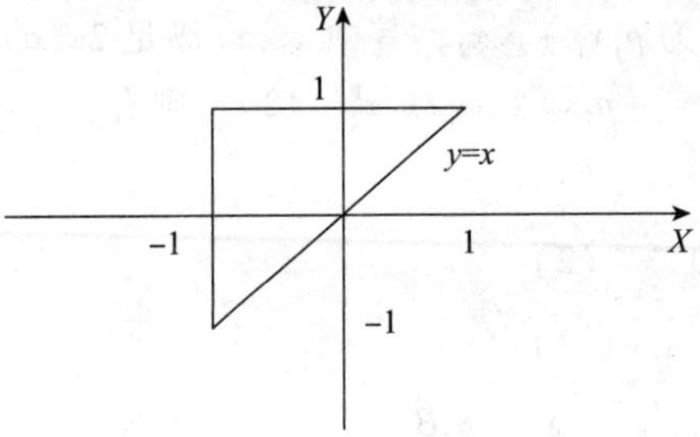

图 8.7

(2) 区域 D 为 $x^2+y^2\leqslant R^2$.

解： $\iint\limits_D f(x,y)\,dxdy=\int_{-R}^{R}dx\int_{-\sqrt{R^2-x^2}}^{\sqrt{R^2-x^2}}f(x,y)\,dy=\int_{-R}^{R}dy\int_{-\sqrt{R^2-y^2}}^{\sqrt{R^2-y^2}}f(x,y)\,dx$

如图 8.8 所示.

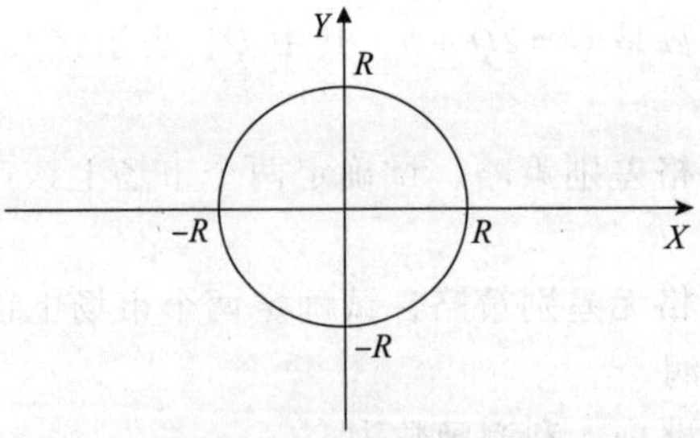

图 8.8

(3) D 是由 $y^2=2x$ 和 $y=4x-3$ 所围成的闭区域.

解：由$\begin{cases} y^2=2x \\ y=4x-3 \end{cases}$得，两交点 A、B 的坐标分别为：$\begin{cases} x=\dfrac{1}{2} \\ y=-1 \end{cases}$，$\begin{cases} x=\dfrac{9}{8} \\ y=\dfrac{3}{2} \end{cases}$，故：$\iint\limits_D f(x,y)\,dxdy$

$$=\int_{-1}^{\frac{3}{2}}dy\int_{\frac{y^2}{2}}^{\frac{y+3}{4}}f(x,y)\,dx=\int_0^{\frac{1}{2}}dx\int_{-\sqrt{2x}}^{\sqrt{2x}}f(x,y)\,dy+\int_{\frac{1}{2}}^{\frac{9}{8}}dx\int_{4x-3}^{\sqrt{2x}}f(x,y)\,dy$$

如图 8.9 所示 .

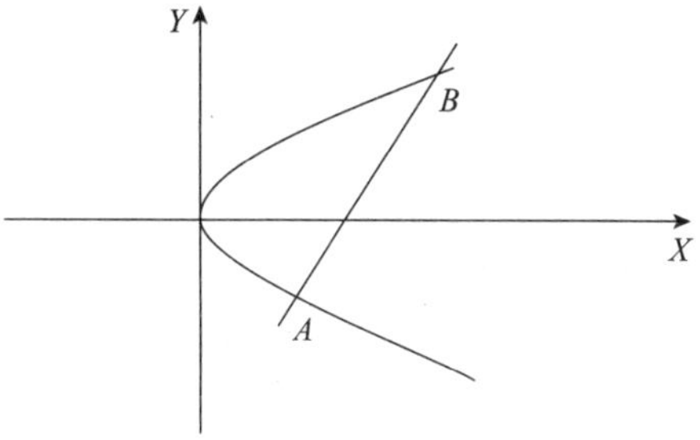

图 8.9

35. 交换下列累次积分的积分次序：

(1) $\int_{-1}^{0}dy\int_{2}^{1-y}f(x,y)\,dx$

解：$\int_{-1}^{0}dy\int_{2}^{1-y}f(x,y)\,dx=-\int_{-1}^{0}dy\int_{2}^{1-y}f(x,y)\,dx=-\int_{1}^{2}dx\int_{1-x}^{0}f(x,y)\,dy$

如图 8.10 所示 .

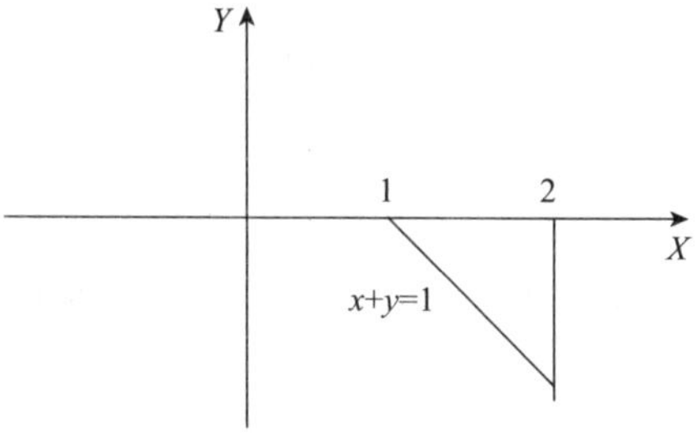

图 8.10

(2) $\int_0^1 dy\int_{\sqrt{y}}^{\sqrt{2-y^2}}f(x,y)\,dx$

解：由$\begin{cases} x=\sqrt{2-y^2} \\ x=\sqrt{y} \end{cases}$得：$\begin{cases} x=1 \\ y=1 \end{cases}$，由图 8.11 知：

$$\int_0^1 dy\int_{\sqrt{y}}^{\sqrt{2-y^2}}f(x,y)\,dx=\int_0^1 dx\int_1^{x^2}f(x,y)\,dy+\int_1^{\sqrt{2}}dx\int_2^{\sqrt{2-x^2}}f(x,y)\,dy$$

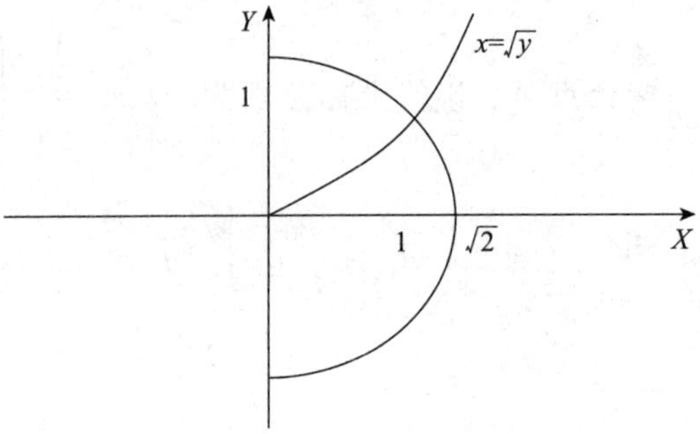

图 8. 11

(3) $\int_{0}^{\frac{1}{4}} dy \int_{y}^{\sqrt{y}} f(x,y)\,dx + \int_{\frac{1}{4}}^{\frac{1}{2}} dy \int_{y}^{\frac{1}{2}} f(x,y)\,dx$

解： $\int_{0}^{\frac{1}{4}} dy \int_{y}^{\sqrt{y}} f(x,y)\,dx + \int_{\frac{1}{4}}^{\frac{1}{2}} dx \int_{y}^{\frac{1}{2}} f(x,y)\,dx = \int_{0}^{\frac{1}{2}} dx \int_{x^2}^{x} f(x,y)\,dy$

如图 8. 12 所示 .

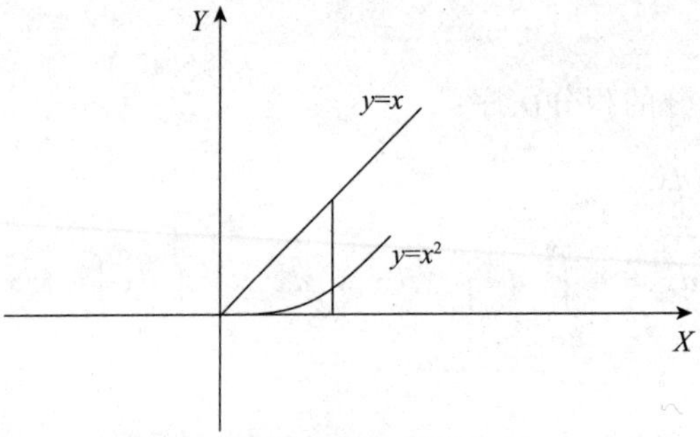

图 8. 12

(4) $\int_{\frac{\pi}{2}}^{\pi} dx \int_{\sin x}^{1} f(x,y)\,dy$

解： 当 $x \in [\frac{\pi}{2},\pi]$时，$\pi - x \in [0,\frac{\pi}{2}]$，此时 $y = \sin x = \sin(\pi - x)$，故：

$\pi - x = \arcsin y \Rightarrow x = \pi - \arcsin y$

从而 $\int_{\frac{\pi}{2}}^{\pi} dx \int_{\sin x}^{1} f(x,y)\,dy = \int_{0}^{1} dy \int_{\pi - \arcsin y}^{\pi} f(x,y)\,dx.$

如图 8. 13 所示 .

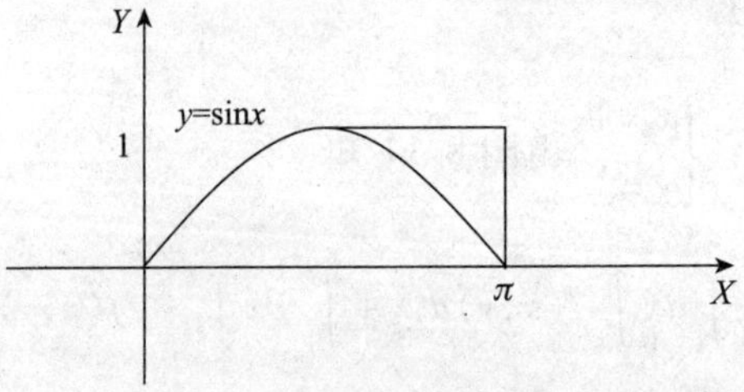

图 8. 13

36. 计算下列积分:

(1) $\int_0^{\frac{\pi}{6}} dy \int_y^{\frac{\pi}{6}} \frac{\cos x}{x} dx$

解: 改变积分次序得:

$$\int_0^{\frac{\pi}{6}} dy \int_y^{\frac{\pi}{6}} \frac{\cos x}{x} dx = \int_0^{\frac{\pi}{6}} dx \int_0^{x} \frac{\cos x}{x} dy = \int_0^{\frac{\pi}{6}} \left(\frac{\cos x}{x} \cdot y \right) \Big|_0^x dx = \int_0^{\frac{\pi}{6}} \cos x dx = \sin x \Big|_0^{\frac{\pi}{6}} = \frac{1}{2}$$

如图 8.14 所示.

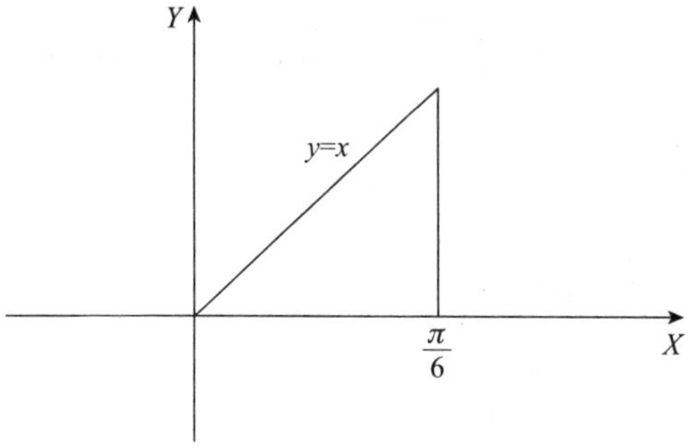

图 8.14

(2) $\int_0^2 dx \int_x^2 e^{-y^2} dy$

解: 改变积分次序得: $\int_0^2 dx \int_x^2 e^{-y^2} dy = \int_0^2 dy \int_0^y e^{-y^2} dx = \int_0^2 e^{-y^2} \cdot y dx = \frac{1}{2} \int_0^2 e^{-y^2} dy^2$

$= -\frac{1}{2} e^{-y^2} \Big|_0^2 = \frac{1}{2}\ (1 - e^{-4})$

如图 8.15 所示.

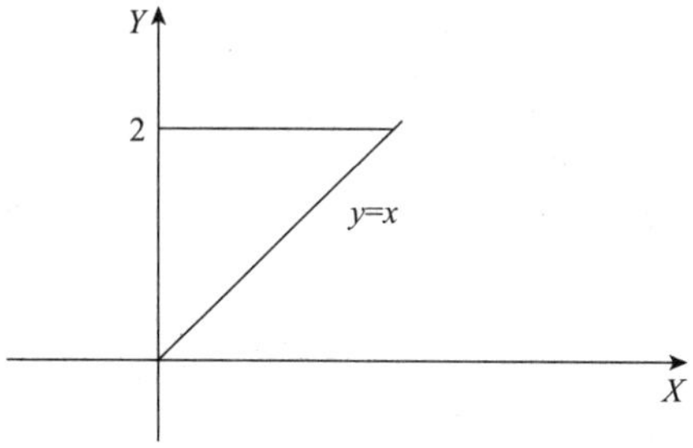

图 8.15

(3) $\iint\limits_D x dx dy$ ，其中 D 是以点(0,0),(1,2),(2,1)为顶点的三角形区域.

解: $\iint\limits_D f(x,y) dx dy = \int_0^1 dx \int_{\frac{1}{2}x}^{2x} x dy + \int_1^2 dx \int_{\frac{1}{2}x}^{3-x} x dy$

$$= \int_0^1 x\left(2x - \frac{1}{2}x\right) dx + \int_1^2 x\left(3 - x - \frac{1}{2}x\right) dx$$

$$= \int_0^1 \frac{3}{2}x^2 dx + \int_1^2 \left(3x - \frac{3}{2}x^2\right) dx$$

$$= \frac{1}{2}x^3 \Big|_0^1 + \frac{3}{2}x^2 \Big|_1^2 - \frac{1}{2}x^3 \Big|_1^2 = \frac{3}{2}$$

如图 8.16 所示.

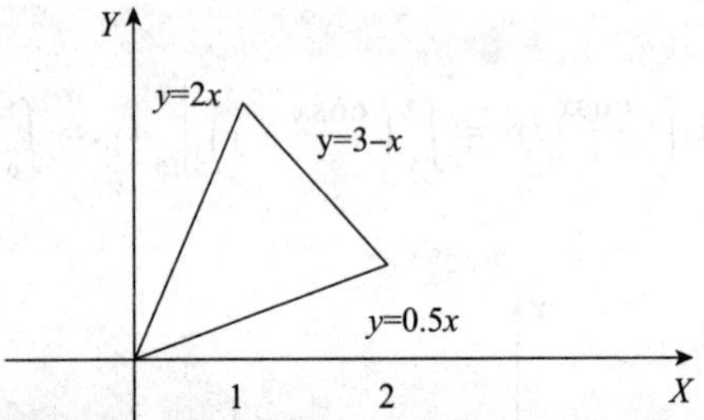

图 8.16

(4) $\iint\limits_D e^{x^2}dxdy$，其中 D 是由曲线 $y=x^3$ 与直线 $y=x$ 在第一象限内围成的闭区域.

解: 由 $\begin{cases} y=x^3 \\ y=x \end{cases}$ 得 $\begin{cases} x_1=0 \\ y_1=0 \end{cases}$，$\begin{cases} x_2=1 \\ y_2=1 \end{cases}$，故:

$$\iint\limits_D e^{x^2}dxdy = \int_0^1 dx\int_{x^3}^{x} e^{x^2}dy = \int_0^1 (x-x^3)e^{x^2}dx = \frac{1}{2}\int_0^1 (e^{x^2} - x^2e^{x^2})dx^2$$

$$= \frac{1}{2}(2e^{x^2} - x^2e^{x^2})\Big|_0^1 = \frac{1}{2}(e-2)$$

如图 8.17 所示.

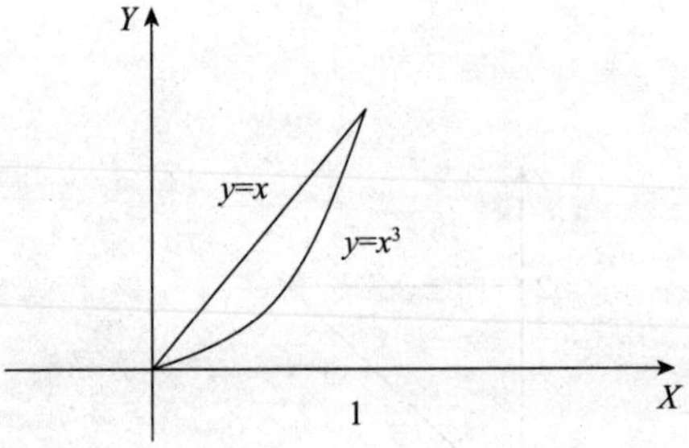

图 8.17

(5) $\iint\limits_D \sqrt{y^2-xy}\,dxdy$，其中 D 是由直线 $y=1$，$y=x$，$x=0$ 围成的闭区域.

解: $\iint\limits_D \sqrt{y^2-xy}\,dxdy = \int_0^1 dy\int_0^y \sqrt{y^2-xy}\,dx$

$$= \int_0^1 -\frac{1}{y}\frac{2}{3}(y^2-xy)^{\frac{3}{2}}\Big|_0^y dy = \int_0^1 \frac{2}{3}y^2dy = \frac{2}{9}y^3\Big|_0^1 = \frac{2}{9}$$

如图 8.18 所示.

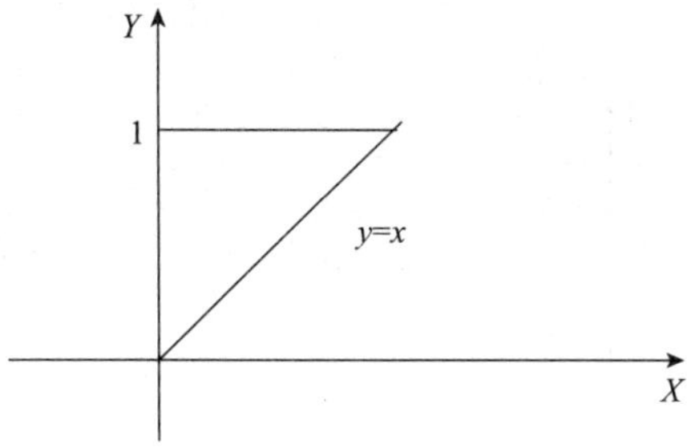

图 8.18

(6) $\iint\limits_{D}|x^2+y^2-1|dxdy$, 其中 $D=\{(x,y)|0\leqslant x\leqslant 1,0\leqslant y\leqslant 1\}$

解：如图 8.18 所示：

$$\begin{aligned}\iint\limits_{D}|x^2+y^2-1|dxdy &= \iint\limits_{D_1}(1-x^2-y^2)dxdy+\iint\limits_{D_2}(x^2+y^2-1)dxdy\\ &= \int_0^{\frac{\pi}{2}}d\theta\int_0^1(1-r^2)rdr+\iint\limits_{D_2}(x^2+y^2-1)dxdy\\ &= \frac{\pi}{2}\left(\frac{1}{2}r^2-\frac{1}{4}r^4\right)\Big|_0^1+\iint\limits_{D_2}(x^2+y^2-1)dxdy\\ &= \frac{\pi}{8}+\iint\limits_{D_2}(x^2+y^2-1)dxdy\end{aligned}$$

对 D_2 上的二重积分，使用极坐标变换，$x=1\Rightarrow r=\dfrac{1}{\cos\theta}$，$y=1\Rightarrow r=\dfrac{1}{\sin\theta}$，故：

$$\begin{aligned}\iint\limits_{D_2}(x^2+y^2-1)dxdy &= \int_0^{\frac{\pi}{4}}d\theta\int_1^{\frac{1}{\cos\theta}}(1-r^2)rdr+\int_{\frac{\pi}{4}}^{\frac{\pi}{2}}d\theta\int_1^{\frac{1}{\sin\theta}}(1-r^2)rdr\\ &= \int_0^{\frac{\pi}{4}}\left(\frac{1}{4}r^4-\frac{1}{2}r^2\right)\Big|_1^{\frac{1}{\cos\theta}}d\theta+\frac{\pi}{4}\cdot\frac{1}{4}+\int_{\frac{\pi}{4}}^{\frac{\pi}{2}}\left(\frac{1}{4}r^4-\frac{1}{2}r^2\right)\Big|_1^{\frac{1}{\sin\theta}}d\theta\\ &\quad+\frac{\pi}{4}\cdot\frac{1}{4}\\ &= \frac{\pi}{8}+\int_0^{\frac{\pi}{4}}\left(\frac{1}{4}\frac{1}{\cos^4\theta}-\frac{1}{2}\frac{1}{\cos^2\theta}\right)d\theta+\int_{\frac{\pi}{4}}^{\frac{\pi}{2}}\left(\frac{1}{4}\frac{1}{\sin^4\theta}-\frac{1}{2}\frac{1}{\sin^2\theta}\right)d\theta\\ &= \frac{\pi}{8}+\text{Ⅰ}+\text{Ⅱ}\end{aligned}$$

对Ⅱ，做变量替换 $\partial=\dfrac{\pi}{2}-\theta\Rightarrow$ Ⅱ = Ⅰ，从而原积分化为：

$$\begin{aligned}\frac{\pi}{8}+\frac{\pi}{8}+2\int_0^{\frac{\pi}{4}}\left(\frac{1}{4}\sec^4\theta-\frac{1}{2}\sec^2\theta\right)d\theta &= \frac{\pi}{4}+2\int_0^{\frac{\pi}{4}}\left(\frac{1}{4}\sec^2\theta-\frac{1}{2}\right)d\tan\theta\\ &= \frac{\pi}{4}+2\int_0^{\frac{\pi}{4}}\left(\frac{1}{4}\tan^2\theta-\frac{1}{4}\right)d\tan\theta\\ &= \frac{\pi}{4}+2\left(\frac{1}{12}\tan^3\theta-\frac{1}{4}\tan\theta\right)\Big|_0^{\frac{\pi}{4}}=\frac{\pi}{4}-\frac{1}{3}\end{aligned}$$

如图 8.19 所示.

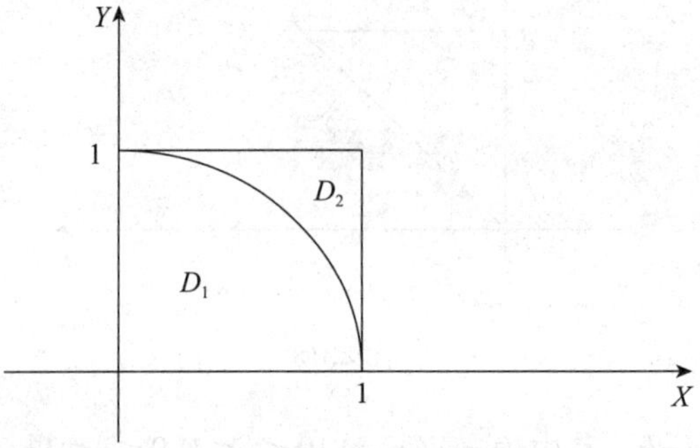

图 8.19

(7) $\iint\limits_D \frac{1+xy}{1+x^2+y^2}dxdy$, 其中 $D=\{(x,y)\mid x^2+y^2\leqslant 1, 0\leqslant x\}$.

解: 如图 8.20 所示，积分区域关于 x 轴对称，又 $\frac{1}{1+x^2+y^2}$ 关于 y 为偶函数，$\frac{xy}{1+x^2+y^2}$ 关于 y 为奇函数，从而:

$$\text{原积分} = 2\iint\limits_{D_1} \frac{1}{1+x^2+y^2}dxdy = 2\int_0^{\frac{\pi}{2}}d\theta\int_0^1 \frac{r}{1+r^2}dr = \frac{\pi}{2}\cdot\ln(1+r^2)\Big|_0^1 = \frac{\pi}{2}\ln 2$$

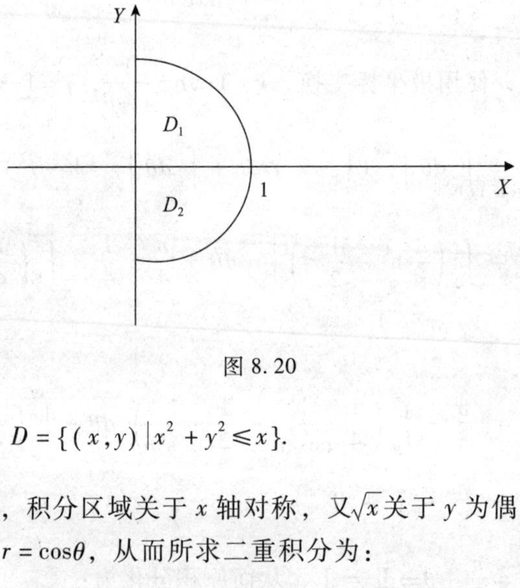

图 8.20

(8) $\iint\limits_D \sqrt{x}\,dxdy$, 其中 $D=\{(x,y)\mid x^2+y^2\leqslant x\}$.

解: 如图 8.21 所示，积分区域关于 x 轴对称，又 $\sqrt{x}$ 关于 y 为偶函数，而 $x^2+y^2=x$ 的极坐标方程为 $r^2=r\cos\theta$ 即 $r=\cos\theta$，从而所求二重积分为:

$$\begin{aligned}2\iint\limits_{D_1}\sqrt{x}\,dxdy &= 2\int_0^{\frac{\pi}{2}}d\theta\int_0^{\cos\theta}\sqrt{r\cos\theta}\,rdr\\ &= 2\int_0^{\frac{\pi}{2}}(\cos\theta)^{\frac{1}{2}}\frac{2}{5}r^{\frac{5}{2}}\Big|_0^{\cos\theta}d\theta\\ &= \frac{4}{5}\int_0^{\frac{\pi}{2}}\cos^3\theta d\theta\end{aligned}$$

$$= \frac{4}{5}\frac{2!!}{3!!} = \frac{8}{15}$$

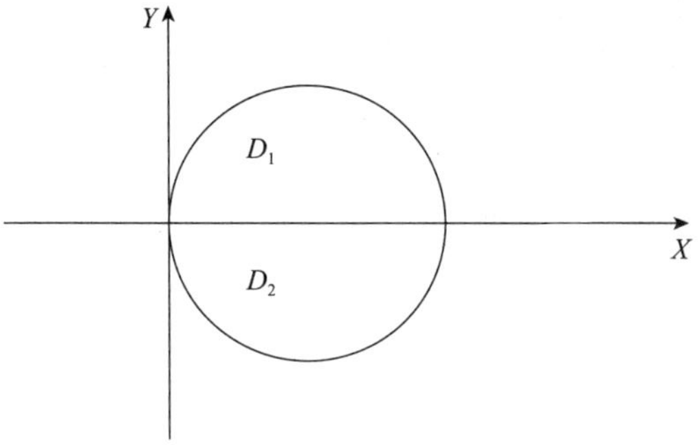

图 8.21

(9) $\iint\limits_D \frac{1 - x^2 - y^2}{1 + x^2 + y^2}dxdy$，其中 D 是由 $x^2 + y^2 = 1$，$y = 0, x = 0$ 围成的闭区域在第一象限内的部分.

解：通过极坐标变换，原积分可化为：

$$\int_0^{\frac{\pi}{2}} d\theta \int_0^1 \frac{1 - r^2}{1 + r^2} r dr = \frac{\pi}{4}\int_0^1 \left(\frac{2}{1 + r^2} - 1\right) dr^2 = \frac{\pi}{4}(2\ln(1 + r^2) - r^2)\Big|_0^1 = \frac{\pi}{4}(2\ln 2 - 1)$$

(10) $\int_0^{\frac{R}{\sqrt{2}}} dy \int_0^y e^{-(x^2+y^2)} dx + \int_{\frac{R}{\sqrt{2}}}^R dy \int_0^{\sqrt{R^2-y^2}} e^{-(x^2+y^2)} dx$

解：通过极坐标变换，原积分可化为：

$$\int_{\frac{\pi}{4}}^{\frac{\pi}{2}} d\theta \int_0^R e^{-r^2} r dr = \frac{\pi}{4}\left(-\frac{1}{2}e^{-r^2}\right)\Big|_0^R = \frac{\pi}{8}(1 - e^{-R^2})$$

如图 8.22 所示.

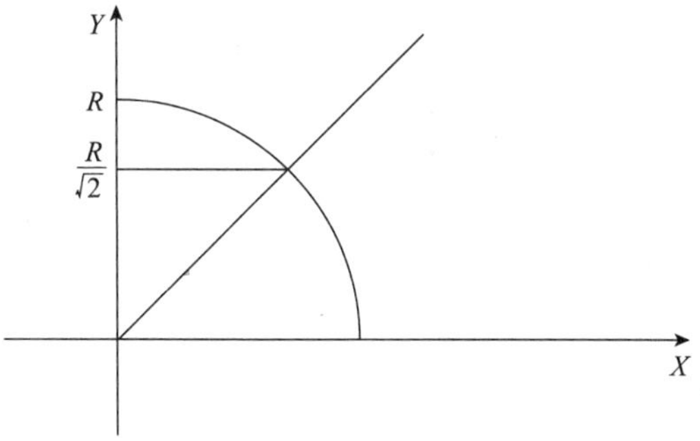

图 8.22

37. 计算二重积分 $\iint\limits_D xe^{-y^2}dxdy$，其中 D 是由 $y = 4x^2$，$y = 9x^2$ 围成的区域在第一象限内的部分.

解：积分区域如图 8.23 所示，从而：

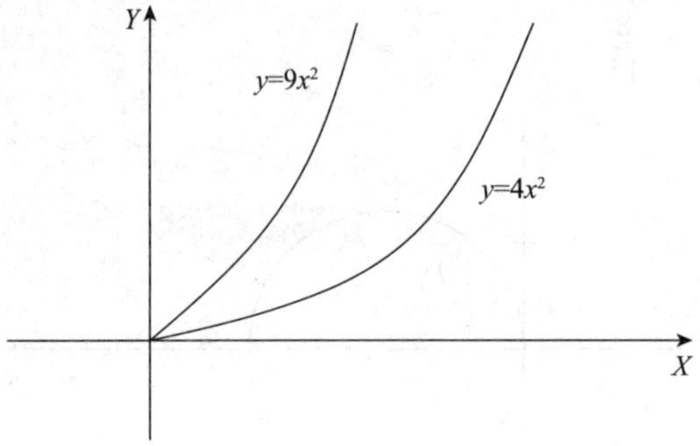

图 8.23

$$\iint\limits_D xe^{-y^2}dxdy = \int_0^{+\infty}dy\int_{\frac{\sqrt{y}}{3}}^{\frac{\sqrt{y}}{2}}xe^{-y^2}dx = \int_0^{+\infty}\frac{1}{2}x^2e^{-y^2}\Big|_{\frac{\sqrt{y}}{3}}^{\frac{\sqrt{y}}{2}}dy$$

$$= \int_0^{+\infty}\frac{1}{2}\left(\frac{y}{4}-\frac{y}{9}\right)e^{-y^2}dy = \frac{5}{144}\int_0^{+\infty}e^{-y^2}dy^2$$

$$= \frac{5}{144}(-e^{-y^2})\Big|_0^{+\infty} = \frac{5}{144}$$

五、本章综合自测题

一、填空题

1. 设 $f\left(x+y,\dfrac{y}{x}\right)=x^2-y^2$，则 $f(x,y)=$__________.

2. 设 $z=\arctan\dfrac{y}{x}$，则 $\dfrac{\partial^2 z}{\partial x^2}=$________，$\dfrac{\partial^2 z}{\partial y^2}=$________，$\dfrac{\partial^2 z}{\partial x\partial y}=$________.

3. 设函数 $z=\dfrac{y}{x}$，当 $x=2, y=1, \Delta x=0.1, \Delta y=-0.2$ 时，函数的全增量 $\Delta z=$________，全微分 $dz=$________.

4. 设 f,g 为连续可微函数 $u=f(x,xy)$，$v=g(x+xy)$，$\dfrac{\partial u}{\partial x}=$________________，$\dfrac{\partial v}{\partial x}=$____________.

5. 设函数 $z=z(x,y)$ 由方程 $(z+y)^x=xy$ 所确定，则 $\dfrac{\partial z}{\partial x}\Big|_{(1,2)}=$____________.

6. 函数 $u=\sin x\sin y\sin z$ 满足 $x+y+z=\dfrac{\pi}{2}(x>0,y>0,z>0)$ 的条件极值是__________.

7. 将二次积分 $\int_0^{2\pi}dx\int_0^{\sin x}f(x,y)dy$ 改换积分次序应为________________.

8. $\int_0^1 dy\int_y^1\left(\dfrac{e^{x^2}}{x}-e^{y^2}\right)dx=$__________.

9. 将 $\iint\limits_D f(x,y)dxdy$，$D$ 为 $0\leqslant y\leqslant 1-x, 0\leqslant x\leqslant 1$，表示为极坐标形式的二次积分为________________.

10. D 由 $y=kx(k>0), y=0$ 和 $x=1$ 所围成，且 $\iint\limits_D xy^2dxdy=\frac{1}{15}$，则 $k=$____________.

11. $\lim\limits_{\substack{x\to 0^+\\ y\to 0^+}}\frac{\sin(xy)}{\tan(x+y)}=$________________.

12. 设 $f(u)$ 具有连续导数，$z=f(e^x\cos y)$，则 $\cos y\frac{\partial z}{\partial x}-\sin y\frac{\partial z}{\partial y}=$________________.

13. 设函数 $z=z(x,y)$ 由方程 $e^{x+2y+3z}+xyz=1$ 所确定，则 $dz|_{(0,0)}=$________________.

14. 设连续函数 $z=z(x,y)$ 满足 $\lim\limits_{\substack{x\to 0\\ y\to 1}}\frac{z(x,y)-2x+y-2}{\sqrt{x^2+(y-1)^2}}=0$，则 $dz|_{(0,1)}=$____________.

15. 函数 $z=4(x-y)-x^2-y^2$ 的极大值是______________.

16. 设 D 为 $x^2+y^2\leqslant a^2$，当 $a=$____________时，$\iint\limits_D\sqrt{a^2-x^2-y^2}dxdy=\pi$.

17. 将二次积分 $\int_0^{\pi}dx\int_{-\sin\frac{x}{2}}^{\sin x}f(x,y)dy$ 改换积分次序应为________________.

18. $\iint\limits_D f(x,y)dxdy$ 化为极坐标形式的二次积分为______________，其中区域 D 为 $x^2+y^2\leqslant 2x, x^2+y^2\leqslant 2y$.

二、选择题

1. 设 $f(x,y)=\begin{cases}(x^2+y^2)\sin\frac{1}{x^2+y^2}, & x^2+y^2\neq 0,\\ 0, & x^2+y^2=0,\end{cases}$ 则在原点 $(0,0)$ 处 $f(x,y)$______.

(A) 偏导数不存在　　(B) 不可微

(C) 偏导数存在且连续　　(D) 可微

2. 函数 $f(x,y)$ 在点 (x_0,y_0) 处连续，且两个偏导数 $f_x(x_0,y_0), f_y(x_0,y_0)$ 存在是 $f(x,y)$ 在该点处可微的______.

(A) 充分非必要条件　　(B) 必要非充分条件

(C) 充要条件　　(D) 非充分非必要条件

3. 当 D 是______围成的区域时，二重积分 $\iint\limits_D dxdy=1$.

(A) x 轴，y 轴及 $2x+y-2=0$　　(B) $|x|=\frac{1}{2}, y=\frac{1}{3}$

(C) x 轴，y 轴及 $x=4, y=3$　　(D) $|x+y|=1, |x-y|=1$

三、计算题

1. 设 $z=xf\left(\frac{y}{x}\right)+g\left(\frac{y}{x}\right)$，其中 $f(u)$ 及 $g(u)$ 二阶可导，求 $\frac{\partial^2 z}{\partial y^2}$.

2. 设 $z=f(u)$，u 对 x,y 的函数是由方程 $u=\varphi(u)+\int_y^x p(t)dt$ 确定的，其中 $f(u)$，$\varphi(u)$ 可导，$p(t)$，$\varphi'(u)$ 连续且 $\varphi'(u)\neq 1$，求 $p(y)\frac{\partial z}{\partial x}+p(x)\frac{\partial z}{\partial y}$.

3. 计算下列二重积分：

(1) $\iint\limits_D x^2dxdy$，其中 D 是由 $x=3y,y=3x,x+y=8$ 所围成.

(2) $\iint\limits_D (x+y)dxdy$，其中 D 是由 $y=x^2,y=4x^2,y=1$ 所围成.

(3) $\iint\limits_D x(x-y)dxdy$，其中 D 是由 $x^2+y^2\leqslant 2,y\geqslant x^2$ 所围成.

(4) $\iint\limits_D \frac{dxdy}{(1+x^2+y^2)^{3/2}}$，其中 $D:0\leqslant x\leqslant 1,0\leqslant y\leqslant 1$

(5) $\iint\limits_D \sqrt{|y-x^2|}\,dxdy$，其中 $D:-1\leqslant x\leqslant 1,0\leqslant y\leqslant 2$

(6) $\iint\limits_D (x+y)\operatorname{sgn}(x-y)dxdy$，其中 $D:0\leqslant x\leqslant 1,0\leqslant y\leqslant 1$

(7) $\iint\limits_D \frac{x\sin(\pi\sqrt{x^2+y^2})}{x+y}dxdy$，其中 $D:1\leqslant x^2+y^2\leqslant 4,x\geqslant 0,y\geqslant 0$

(8) $I=\int_{\frac{1}{4}}^{\frac{1}{2}}dy\int_{\frac{1}{2}}^{\sqrt{y}}e^{\frac{y}{x}}dx+\int_{\frac{1}{2}}^{1}dy\int_{y}^{\sqrt{y}}e^{\frac{y}{x}}dx$

4. 将正数 12 分成三个正数 x,y,z 之和，使得 $u=x^3y^2z$ 的值最大.

5. 设 $u=f(x,z)$，而 $z(x,y)$ 是由方程 $z=x+y\varphi(z)$ 所确定的函数，求 du.

6. 设 $f(u,v)$ 具有二阶连续偏导数，且满足 $\frac{\partial^2 f}{\partial u^2}+\frac{\partial^2 f}{\partial v^2}=1$. 令 $g(x,y)=f\left[xy,\frac{1}{2}(x^2-y^2)\right]$. 求 $\frac{\partial^2 g}{\partial x^2}+\frac{\partial^2 g}{\partial y^2}$.

7. 已知 $D:x^2+y^2\leqslant y,x\geqslant 0$，$f$ 在 D 上连续，且有 $f(x,y)=\sqrt{1-x^2-y^2}-\frac{8}{\pi}\iint\limits_D f(u,v)dudv$. 求 $f(x,y)$.

8. 求函数 $f(x,y)=x^2+12xy+2y^2$ 在区域 $4x^2+y^2\leqslant 25$ 上的最大值.

四、应用题

1. 某公司可通过电台及报纸两种方式做销售某种商品的广告. 根据统计资料，销售收入 R（万元）与电台广告费用 x_1（万元）及报纸广告费用 x_2（万元）之间的关系有如下的经验公式：

$R=15+14x_1+32x_2-8x_1x_2-2x_1^2-10x_2^2$

(1) 在广告费用不限的情况下，求最优广告策略；

(2) 若提供的广告费用为 1.5 万元，求相应的最优广告策略.

五、证明题

1. 试证明：$\int_0^a dy\int_0^y f(x)dx = \int_0^a (a-x)f(x)dx$

2. 设 $f(x,y)=\begin{cases}\dfrac{xy}{\sqrt{x^2+y^2}}, & x^2+y^2\neq 0\\ 0, & x^2+y^2=0\end{cases}$，试证明：$f(x,y)$ 在点 $(0,0)$ 的邻域内连续，且有一阶偏导数 $f'_x(x,y)$，$f'_y(x,y)$，但在点 $(0,0)$ 处不可微．

3. 设 $f(x,y)=\begin{cases}xy\cdot\dfrac{x^2-y^2}{x^2+y^2}, & x^2+y^2\neq 0\\ 0, & x^2+y^2=0\end{cases}$，试证明：$\dfrac{\partial^2 f}{\partial x\partial y}(0,0)\neq\dfrac{\partial^2 f}{\partial y\partial x}(0,0)$

4. 试证明：广义积分 $\int_0^{+\infty} e^{-x^2}dx = \dfrac{\sqrt{\pi}}{2}$.

六、自测题参考答案

一、1. $\dfrac{x^2(1-y)}{1+y}$　　2. $\dfrac{2xy}{(x^2+y^2)^2},\dfrac{-2xy}{(x^2+y^2)^2},\dfrac{y^2-x^2}{(x^2+y^2)^2}$

3. $-0.119, -0.125$　4. $f'_1+y\cdot f'_2, (1+y)\cdot g'$　5. $2-\ln 2$　6. $\dfrac{1}{8}$

7. $\int_0^1 dy\int_{\arcsin y}^{\pi-\arcsin y} f(x,y)dx - \int_{-1}^0 dy\int_{\pi-\arcsin y}^{2\pi-\arcsin y} f(x,y)dx$　　8. $\dfrac{1}{2}(e-1)$

9. $\int_0^{\frac{\pi}{2}} d\theta\int_0^{\frac{1}{\sin\theta+\cos\theta}} f(r\cos\theta, r\sin\theta)\cdot rdr$　　10. 1

11. 0　12. $f'\cdot e^x$　13. $-\dfrac{1}{3}dx-\dfrac{2}{3}dy$

14. $2dx-dy$（提示：首先利用连续性得到该点的函数值为 1，再利用微分的定义及其必要条件得到在该点的两个偏导数）．

15. $106\dfrac{1}{4}$　　16. $\left(\dfrac{3}{2}\right)^{1/3}$

17. $\int_{-1}^0 dy\int_{-2\arcsin y}^{\pi} f(x,y)dx + \int_0^1 dy\int_{\arcsin y}^{\pi-\arcsin y} f(x,y)dx$

18. $\int_0^{\frac{\pi}{4}} d\theta\int_0^{2\sin\theta} f(r\cos\theta, r\sin\theta)\cdot rdr + \int_{\frac{\pi}{4}}^{\frac{\pi}{2}} d\theta\int_0^{2\cos\theta} f(r\cos\theta, r\sin\theta)\cdot rdr$

二、1. D　　2. B　　3. A

三、1. $\dfrac{1}{x}f''+\dfrac{1}{x^2}g''$　　　2. 0

3. (1) $\dfrac{416}{3}$　(2) $\dfrac{2}{5}$　(3) $\dfrac{\pi}{4}-\dfrac{2}{5}$　(4) $\dfrac{\pi}{6}$（提示：注意积分区域的对称性及被积函

数对某个变量的奇偶性可以简化计算）

（5）$\frac{\pi}{2}+\frac{5}{3}$（提示：$y=x^2$ 将积分区域划分为两个部分，在每部分分别去掉绝对值）.

（6）0（提示：$y=x$ 将积分区域划分为两个部分，在每部分分别去掉符号函数）

（7）$-\frac{3}{4}$（提示：利用以下性质：若 D 关于直线 $y=x$ 对称，则 $\iint\limits_D f(x,y)dxdy=\frac{1}{2}\iint\limits_D[f(x,y)+f(y,x)]dxdy$，而右边积分的计算可能相对比较简单）

（8）$\frac{8}{3}e-\frac{\sqrt{e}}{2}$

4. $x=6,y=4,z=2$

5. $du=\left(f_1'+\frac{f_2'}{1-y\cdot\varphi'}\right)dx+\frac{f_2'\cdot\varphi}{1-y\cdot\varphi'}dy$　　6. x^2+y^2

四、1.（1）$x_1=0.75,x_2=1.25$　（2）$x_1=0,x_2=1.5$

五、1. 提示：交换积分次序

2. 提示：利用定义

3. 提示：利用二阶导数的定义计算

4. 提示：令 $I=\int_0^{+\infty}e^{-x^2}dx$，则

$I^2=\left(\int_0^{+\infty}e^{-x^2}dx\right)^2=\left(\int_0^{+\infty}e^{-x^2}dx\right)\cdot\left(\int_0^{+\infty}e^{-y^2}dy\right)=\iint\limits_D e^{-(x^2+y^2)}dxdy$，其中 $D=\{(x,y)\mid 0<x<+\infty,0<y<+\infty\}$，再利用极坐标计算（这个积分在概率中非常重要）

第9章

微分方程初步

一、基本要求

了解微分方程及其解、阶、通解、初始条件和特解等概念；掌握变量可分离的微分方程、齐次微分方程和一阶线性微分方程的求解方法．

二、内容提要

(一) 一阶微分方程的定义

一般形式为 $F(x,y,y')=0$，也称其为一阶隐式微分方程；如果可以从中解出 y'，即可将其写成 $y'=f(x,y)$ 的形式，称为一阶显式微分方程；进一步还可以写成 $P(x,y)dx+Q(x,y)dy=0$，称为微分形式的一阶微分方程．其中 $F(x,y,y')$ 是 x,y,y' 的已知函数；$f(x,y)$，$D(x,y)$，$Q(x,y)$，是 x,y 的已知函数．

一阶微分方程的几种常见形式：

1. 可分离变量方程：

(1) 形如 $y'=f(x)g(y)$ 的一阶微分方程，称为可分离变量方程．

(2) 解法：当 $g(y)\neq 0$ 时将其改写为：

$$\frac{1}{g(y)}dy=f(x)dx$$

两端分别对 y 和 x 积分，得通解：

$$\int g(y)dy = \int f(x)dx + C$$

其中 C 为任意常数；还需讨论由 $g(y)=0$ 确定的方程 $y=h(x)$ 是否为原微分方程的解.

2. 齐次微分方程：

（1）形如 $\frac{dy}{dx}=f\left(\frac{y}{x}\right)$ 的一阶微分方程，称为齐次微分方程.

（2）解法：（变量替换法）令 $\frac{y}{x}=u$ 或 $y=ux$，将一个关于未知函数 y 的微分方程转化为一个关于未知函数 u 的可分离变量微分方程：

$$u+x\frac{du}{dx}=f(u)$$

在求出此方程的通解之后，再将 $u=\frac{y}{x}$ 代回，即得原方程的通解.

3. 一阶线性微分方程：

（1）形如 $\frac{dy}{dx}+P(x)y=Q(x)$ 的一阶微分方程，称为一阶非齐次线性微分方程. 其中 $P(x)$，$Q(x)$ 为 x 的已知函数，且 $Q(x)\neq 0$. 特别地，当 $Q(x)\equiv 0$ 时，相对应的方程 $\frac{dy}{dx}+P(x)y=0$ 称为一阶齐次线性微分方程.

（2）解法：（常数变易法）首先求出相应的齐次方程（可分离变量方程）的解：

$$y = Ce^{-\int P(x)dx}$$

其中 C 为任意常数；再令 $y = C(x)e^{-\int P(x)dx}$，代回原非齐次方程可解出：

$$C(x) = \int Q(x)e^{\int P(x)dx}dx + C$$

于是通解为：

$$y = e^{-\int P(x)dx}\left[\int Q(x)e^{\int P(x)dx}dx + C\right]$$

其中所有的不定积分都表示被积函数的一个原函数.

（二）二阶线性微分方程

一般形式为 $y''+P(x)y'+Q(x)y=f(x)$，其对应的二阶齐次线性微分方程为：

$$y''+P(x)y'+Q(x)y=0$$

其中，$P(x),Q(x),f(x)$ 都为已知连续函数.

1. 解的结构：

二阶线性齐次微分方程解的结构定理 如果函数 $y_1(x)$ 与 $y_2(x)$ 是方程 $y''+P(x)y'+Q(x)y=0$ 的两个线性无关的特解，那么 $y=C_1y_1(x)+C_2y_2(x)$ 其通解，其中 C_1,C_2 为任意常数.

二阶线性非齐次微分方程解的结构定理 若 y^* 是二阶非齐次线性微分方程的一个特解，$\tilde{y}$ 是与其对应的二阶齐次线性微分方程的通解，则 $y=\tilde{y}+y^*$ 是二阶非齐次线性微分方程的通解.

解的叠加原理　设二阶非齐次线性微分方程的右端$f(x)$是几个函数之和，如 $y''+P(x)y'+Q(x)y=f_1(x)+f_2(x)$

而 y_1^*, y_2^* 分别是方程 $y''+P(x)y'+Q(x)y=f_1(x)$，$y''+P(x)y'+Q(x)y=f_2(x)$的特解，则 $y_1^*+y_2^*$ 是原方程的特解.

2. 二阶常系数线性微分方程的解法：

二阶常系数非齐次线性微分方程的一般形式为：

$y''+Ay'+By=f(x)$

其中A，B为已知实常数，$f(x)$为已知函数，其对应的齐次方程 $y''+Ay'+By=0$ 称为常系数齐次线性微分方程.

（1）常系数齐次线性微分方程的解法（特征方程法）：

$y''+Ay'+By=0$ 的特征方程为 $\lambda^2+A\lambda+B=0$.

①当特征方程有两个不同实根 $\lambda_1=\dfrac{-A+\sqrt{A^2-4B}}{2}$，$\lambda_2=\dfrac{-A-\sqrt{A^2-4B}}{2}$时，其通解为 $y=C_1e^{\lambda_1 x}+C_2e^{\lambda_2 x}$，其中 C_1, C_2 均为常数.

②当特征方程有两个相等实根 $\lambda_1=\lambda_2=-\dfrac{A}{2}$时，其通解为 $y=(C_1+C_2x)e^{\lambda_1 x}$，其中 C_1，C_2 均为常数.

③当特征方程有一对共轭复根：

$\lambda_1=\alpha+i\beta, \lambda_2=\alpha-i\beta$

其中 $a=-\dfrac{A}{2}$，$\beta=\dfrac{\sqrt{4B-A^2}}{2}$时，其通解为 $y=C_1y_1+C_2y_2=e^{\alpha x}(C_1\cos\beta x+C_2\sin\beta x)$，其中 C_1, C_2 均为常数.

（2）二阶常系数非齐次线性微分方程的解法（待定系数法）：

非齐次项函数 $f(x)$ 的形式为常见的 $P_m(x), e^{\alpha x}P_m(x), \alpha_1\cos\omega x+\alpha_2\sin\omega x, (\alpha_1\cos\omega x+\alpha_2\sin\omega x)e^{\alpha x}$类型时，可以利用待定系数法求出非齐次方程的特解. 以上几种常见类型的函数$f(x)$的待定系数试解函数见表 9.1.

表 9.1

$f(x)$的形式	特解 y^* 的试解形式	取试解的条件
$f(x)=P_m(x)$ $P_m(x)$为 x 的 m 次多项式	$y^*=Q_m(x)$ $=A_0+A_1x+\cdots+A_mx^m$ $A_0, A_1, \cdots, A_m$ 为待定常数	$b\neq 0$ （$b=0$时，方程（9.33）可化为一阶线性方程）
$f(x)=e^{\alpha x}P_m(x)$ α 为实常数 $P_m(x)$为 x 的 m 次多项式	$y^*=Q_m(x)e^{\alpha x}$ $Q_m(x)$同上	α 不是特征根
	$y^*=xQ_m(x)e^{\alpha x}$ $Q_m(x)$同上	α 为单特征根
	$y^*=x^2Q_m(x)e^{\alpha x}$ $Q_m(x)$同上	α 为重特征根

续表

$f(x)$的形式	特解 y^* 的试解形式	取试解的条件
$f(x)=a_1\cos wx+a_2\sin wx$ a_1,a_2,w 为实常数	$y^*=A_1\cos wx+A_2\sin wx$ A_1,A_2 为待定常数	$\pm iw$ 不是特征根
	$y^*=(A_1\cos wx+A_2\sin wx)x$ A_1,A_2 为待定常数	$\pm iw$ 是特征根
$f(x)=(a_1\cos wx+a_2\sin wx)e^{\alpha x}$ a_1,a_2,w,a 为实常数	$y^*=(A_1\cos wx+A_2\sin wx)e^{\alpha x}$ A_1,A_2 为待定常数	$\alpha\pm iw$ 不是特征根
	$y^*=x(A_1\cos wx+A_2\sin wx)e^{\alpha x}$ A_1,A_2 为待定常数	$\alpha\pm iw$ 是特征根

因此，二阶常系数非齐次线性微分方程的解题步骤是：首先用特征方程法求出相应的齐次微分方程的通解 $\tilde{y}$；再用待定系数法求出非齐次线性微分方程的特解 y^*；则通解即为：$y=\tilde{y}+y^*$

三、典型例题

题型一：可分离变量方程

［例 9.1］求微分方程 $xy'+y=0$ 的通解及满足 $y|_{x=1}=1$的特解．

解：（解法一，分离变量法）不妨设 $x>0$，当 $y\neq0$ 时，原方程可以写成分离变量形式：$\dfrac{dy}{y}=-\dfrac{dx}{x}$

由此可得 $\ln|y|=-\ln x+C_1$，其中 C_1 是任意常数，因此 $|y|=e^{-\ln x+C_1}=\dfrac{e^{C_1}}{x}$；若记 $C=\pm e^{C_1}$，则 $y=\dfrac{\pm e^{C_1}}{x}=\dfrac{C}{x}$，其中 C 为任意不等于零的常数．又显然 $y=0$ 是方程的解，所以通解可以同一写成 $y=\dfrac{C}{x}$，其中 C 为任意常数．将初始条件 $y|_{x=1}=1$代入通解可得出常数 $C=1$，因此所求特解为 $y=\dfrac{1}{x}$.

（解法二，观察法）由 $xy'+y=0$ 可知$(xy)'=0$，于是通解为 $xy=C$，即 $y=\dfrac{C}{x}$.

注：求解微分方程时实际上离不开自变量的取值范围，在第一种解法中我们可以不妨设 $x>0$ 以避免关于 x 的积分出现绝对值，实际上可以说明 $x<0$ 时通解的形式是完全相同的．

题型二：齐次方程

［例 9.2］求微分方程$\dfrac{dy}{dx}=\dfrac{y}{x}-\dfrac{1}{2}\left(\dfrac{y}{x}\right)^3$ 的通解及满足 $y|_{x=1}=1$的特解．

解：令 $u=\frac{y}{x}$，则原方程可化为 $x\frac{du}{dx}=-\frac{1}{2}u^3\Rightarrow\frac{2du}{u^3}=-\frac{dx}{x}(u\neq0)$，解此可分离变量方程得 $\frac{1}{u^2}=\ln x+C\Rightarrow u^2=\frac{1}{\ln x+C}$，即原方程的通解为：

$$\frac{y^2}{x^2}=\frac{1}{\ln x+C}$$

将初始条件 $y|_{x=1}=1$ 代入通解可得出常数 $C=1$，因此所求特解为 $\frac{y^2}{x^2}=\frac{1}{\ln x+1}$，即：

$$y=\frac{x}{\sqrt{\ln x+1}}$$

注：最后一步将 y 从方程 $\frac{y^2}{x^2}=\frac{1}{\ln x+1}$ 中解出来时，符号为正．这是因为所求特解是定义在包含 $x=1$ 的某一个很小的区间上的函数．

[**例 9.3**] 求微分方程 $\frac{dy}{dx}=\frac{y-\sqrt{x^2+y^2}}{x}$ 的通解．

解：不妨设 $x>0$，则 $\frac{dy}{dx}=\frac{y-\sqrt{x^2+y^2}}{x}=\frac{y}{x}-\sqrt{1+\frac{y^2}{x^2}}$，令 $u=\frac{y}{x}$，则原方程可化为：

$$x\frac{du}{dx}=-\sqrt{1+u^2}\Rightarrow\frac{du}{\sqrt{1+u^2}}=-\frac{dx}{x}$$

解此可分离变量方程得：$\ln(u+\sqrt{1+u^2})=-\ln x+C_1\Rightarrow u+\sqrt{1+u^2}=\frac{C}{x}$

即原方程的通解为：

$$y+\sqrt{x^2+y^2}=C$$

可以验证，当 $x<0$ 时通解形式相同．

题型三：一阶线性微分方程

[**例 9.4**] 解下列方程：

(1) $\frac{dy}{dx}+y=e^{-x}$；　　(2) $y'+y\cos x=e^{-\sin x}$

解：(1) $P(x)=1, Q(x)=e^{-x}$，于是由一阶线性方程的通解公式得：

$$y=e^{-\int P(x)dx}\left[\int Q(x)e^{\int P(x)dx}dx+C\right]=e^{-\int 1dx}\left[\int e^{-x}e^{\int 1dx}dx+C\right]$$

$$=e^{-x}\left[\int e^{-x}e^{x}dx+C\right]=e^{-x}(x+C)$$

(2) $P(x)=\cos x, Q(x)=e^{-\sin x}$，于是由一阶线性方程的通解公式得：

$$y=e^{-\int P(x)dx}\left[\int Q(x)e^{\int P(x)dx}dx+C\right]=e^{-\int\cos xdx}\left[\int e^{-\sin x}e^{\int\cos xdx}dx+C\right]$$

$$=e^{-\sin x}\left[\int e^{-\sin x}e^{\sin x}dx+C\right]=e^{-\sin x}(x+C)$$

[**例 9.5**] 设函数 $f(u)$ 具有连续导数，且 $z=f(e^x\cos y)$ 满足

$\cos y\dfrac{\partial z}{\partial x}-\sin y\dfrac{\partial z}{\partial y}=(4z+e^x\cos y)e^x$

若 $f(0)=0$，求 $f(u)$ 的表达式．

解：令 $u=e^x\cos y$，则 $\dfrac{\partial z}{\partial x}=f'(u)\cdot e^x\cos y,\dfrac{\partial z}{\partial y}=-f'(u)\cdot e^x\sin y$，将其代入方程：

$\cos y\dfrac{\partial z}{\partial x}-\sin y\dfrac{\partial z}{\partial y}=(4z+e^x\cos y)e^x$

经过简化可得 $f'(u)-4f(u)=u$，这是一阶线性微分方程，其通解为

$$f(u)=e^{\int 4du}\left[\int ue^{-\int 4du}du+C\right]=e^{4u}\left[C-\frac{1}{4}\left(ue^{-4u}+\frac{1}{4}e^{-4u}\right)\right]$$

将 $f(0)=0$ 代入上式可得 $C=\dfrac{1}{16}$，因此：$f(u)=\dfrac{1}{16}(e^{4u}-4u-1)$

［**例 9.6**］设函数 $f(x)$ 具有连续的一阶导数，且满足：

$$f(x)=\int_0^x(x^2-t^2)f'(t)dt+x^2$$

求 $f(x)$ 的表达式．

解：由方程 $f(x)=\int_0^x(x^2-t^2)f'(t)dt+x^2=\int_0^x x^2f'(t)dt-\int_0^x t^2f'(t)dt+x^2$ 易知 $f(0)=0$，

又 $\int_0^x x^2f'(t)dt=x^2\int_0^x f'(t)dt=x^2[f(x)-f(0)]=x^2f(x)$

$\int_0^x t^2f'(t)dt=\int_0^x t^2df(t)=t^2f(t)\Big|_0^x-\int_0^x 2tf(t)dt=x^2f(x)-2\int_0^x tf(t)dt$，故有：

$$f(x)=2\int_0^x tf(t)dt+x^2$$

等式两边关于 x 求导可得 $f'(x)=2xf(x)+x^2$，这是一阶线性方程，其通解为：

$$f(x)=e^{\int 2xdx}\left[\int 2xe^{-\int 2xdx}dx+C\right]=e^{x^2}(-e^{-x^2}+C)$$

将 $f(0)=0$ 代入上式可得 $C=1$，因此：$f(x)=e^{x^2}-1$

题型四：二阶线性微分方程

［**例 9.7**］求下列二阶微分方程的通解．

（1）$y''-y'+\dfrac{1}{4}y=0$；（2）$y''-2y'+2y=e^x$；（3）$y''-4y=e^{2x}$

解：（1）原方程的特征方程为 $\lambda^2-\lambda+\dfrac{1}{4}=0$，解出其特征根为（重根）$\lambda_1=\lambda_2=\dfrac{1}{2}$，故原方程的通解为：

$$y=(C_1x+C_2)e^{\lambda_1x}=(C_1x+C_2)e^{\frac{x}{2}}$$

其中 C_1,C_2 为任意常数．

（2）对应齐次方程 $y''-2y'+2y=0$ 的特征方程为 $\lambda^2-2\lambda+2=0$，其特征根为 $\lambda_1=1+i$，$\lambda_2=1-i$，由此，得对应齐次方程的通解为：

$$\tilde{y}=e^x(C_1\cos x+C_2\sin x)$$

其中 C_1, C_2 为任意常数．由于原方程非齐次项函数 $f(x)=e^x$，故设原方程特解的形式为：

$$y^*=Ae^x$$

将 y^* 代入原方程，整理后，得 $A=1$，于是原方程通解为：

$$y=\tilde{y}+y^*=e^x(C_1\cos x+C_2\sin x+1)$$

（3）对应齐次方程 $y''-4y=0$ 的特征方程为 $\lambda^2-4=0$，其特征根为 $\lambda_1=2, \lambda_2=-2$，由此，得对应齐次方程的通解为：

$$\tilde{y}=C_1e^{2x}+C_2e^{-2x}$$

其中 C_1, C_2 为任意常数．由于原方程非齐次项函数 $f(x)=e^{2x}$，故设原方程特解的形式为：

$$y^*=Axe^{2x}$$

将 y^* 代入原方程，整理后，得 $A=\frac{1}{4}$，于是原方程通解为：

$$y=\tilde{y}+y^*=C_1e^{2x}+C_2e^{-2x}+\frac{1}{4}xe^{2x}$$

四、教材习题解答

1. 请指出下列微分方程哪些是常微分方程？哪些是偏微分方程？

（1）$\left(\frac{dy}{dx}\right)^2+x\left(\frac{dy}{dx}\right)-y=0$

（2）$y''+3y'-y=\cos x$

（3）$\frac{\partial^2 f}{\partial x^2}+\frac{\partial^2 f}{\partial y^2}=f(x,y)$

（4）$xy'''+2y''+x^2y=0$

解：（3）是偏微分方程，其他三个都是常微分方程．

2. 请指出下列微分方程的自变量，未知函数及阶数？

（1）$y'=x^2+5$

（2）$x^2dy+y^2dx=0$

（3）$\frac{d^2x}{dy^2}=xy$

（4）$t(x')^2+2tx'+t=0$

解：（1）自变量是 x，未知函数是 y，为一阶常微分方程；

（2）自变量是 x，未知函数是 y，为一阶常微分方程；

（3）自变量是 y，未知函数是 x，为二阶常微分方程；

（4）自变量是 t，未知函数是 x，为一阶常微分方程．

3. 试验证下列函数是否是所给方程的解？是否为通解？

（1）$(x+y)dx+xdy=0$，$\left(y=\dfrac{C^2-x^2}{2x},C\text{ 为常数}\right)$

（2）$y''+y=0$，$(y=3\sin x-4k\cos x)$ k 为常数

解：（1）由 $y=\dfrac{C^2-x^2}{2x}$ 可知 $dy=\left(\dfrac{C^2-x^2}{2x}\right)'dx=-\dfrac{C^2+x^2}{2x^2}dx$，将其代入原方程：

$(x+y)dx+xdy=\left(x+\dfrac{C^2-x^2}{2x}\right)dx-x\cdot\dfrac{C^2+x^2}{2x^2}dx=0$

因此 $y=\dfrac{C^2-x^2}{2x}$ 是解，而且其含有一个独立参数，因此是通解 .

（2）由 $y=3\sin x-4k\cos x$ 可知 $y'=3\cos x+4k\sin x$，$y''=-3\sin x+4k\cos x$，将其代入原方程：$y''+y=-3\sin x+4k\cos x+3\sin x-4k\cos x=0$，因此 $y=3\sin x-4k\cos x$ 是解，但是其不含独立参数，因此不是通解 .

4. 试验证 $y=Cx^3$ 是方程 $xy'-3y=0$ 的通解并分别求此方程满足下列初始条件的特解：

（1）$y|_{x=1}=1$　　（2）$y|_{x=2}=4$

解：由 $y=Cx^3$ 可知 $y'=3Cx^2$，将其代入原方程有：$xy'-3y=x\cdot 3Cx^2-3Cx^3=0$，因此 $y=Cx^3$ 是解，而且其含有一个独立参数，因此是通解 .

（1）将 $x=1,y=1$ 代入 $y=Cx^3$ 可得 $C=1$，因此满足初始条件 $y|_{x=1}=1$ 的特解是 $y=x^3$；

（2）将 $x=2,y=4$ 代入 $y=Cx^3$ 可得 $C=\dfrac{1}{2}$，因此满足初始条件 $y|_{x=2}=4$ 的特解是 $y=\dfrac{1}{2}x^3$.

5. 求一条曲线，使该曲线上每一点的切线斜率都等于该点横坐标的倒数，且曲线经过点 $P(1,0)$.

解：设曲线方程为 $y=f(x)$，则由题意有 $y'=\dfrac{dy}{dx}=\dfrac{1}{x}$，解之得通解为：$y=\ln|x|+C$ 其中 C 为任意常数 . 又由该曲线经过点 $P(1,0)$ 可知 $C=0$. 因此曲线方程为：$y=\ln|x|,x\neq 0$

6. 求解下列方程：

（1）$(1+x^2)dy=(1+y^2)dx$　（2）$xdy+dx=e^y dx$　（3）$xy'=y\ln y$

解：（1）分离变量有 $\dfrac{dy}{1+y^2}=\dfrac{dx}{1+x^2}$，两边同时积分即可得出通解为：

$\arctan y=\arctan x+C$

其中 C 为任意常数 .

（2）当 $y\neq 0$ 时分离变量有 $\dfrac{dy}{e^y-1}=\dfrac{dx}{x}$，两边同时积分可得：

$-y+\ln|e^y-1|=\ln x+C_1$，其中 C_1 为任意常数；这进一步可以化简为 $(Cx+1)e^y=1$，其中 $C=\pm e^{C_1}\neq 0$；又显然 $y=0$ 是方程的一个特解；因此原方程的通解为：

$(Cx+1)e^y=1$，C 为任意常数 .

（3）当 $y\neq 1$ 时分离变量有 $\dfrac{dy}{y\ln y}=\dfrac{dx}{x}$，两边同时积分可得 $\ln|\ln y|=\ln x+C_1$，其中 C_1 为任意常数；这进一步可以化简为 $y=e^{Cx}$，其中 $C=\pm e^{C_1}\neq 0$；又显然 $y=1$ 是方程的一个特解，且可以写作 $y=e^{Cx},C=0$；因此原方程的通解为 $y=e^{Cx}$，C 为任意常数 .

7. 求解下列方程：

（1）$y' = e^{2x-y}$，$y|_{x=1} = 0$　（2）$(1+e^x)yy' = e^x$，$y|_{x=1} = 1$

解：（1）分离变量有 $e^y dy = e^{2x}dx$，两边同时积分即可得出通解为：

$$e^y = \frac{1}{2}e^{2x} + C$$

其中 C 为任意常数．将 $x=1, y=0$ 代入上式可得 $C = 1 - \frac{1}{2}e^2$，因此满足初始条件 $y|_{x=1} = 0$的特解是 $e^y = \frac{1}{2}e^{2x} + 1 - \frac{1}{2}e^2$，即：$y = \ln\left(\frac{1}{2}e^{2x} + 1 - \frac{1}{2}e^2\right)$

（2）分离变量有 $ydy = \frac{e^x}{1+e^x}dx$，两边同时积分即可得出通解为：

$$\frac{1}{2}y^2 = \ln(1+e^x) + C$$

其中 C 为任意常数．将 $x=1, y=1$ 代入上式可得 $C = \frac{1}{2} - \ln(1+e)$，因此满足初始条件 $y|_{x=1} = 1$的特解是$\frac{1}{2}y^2 = \ln(1+e^x) + \frac{1}{2} - \ln(1+e)$，即：$y^2 = 2\ln(1+e^x) - 2\ln(1+e) + 1$

8. 解下列方程：

（1）$y' = \frac{y}{x} + \tan\frac{y}{x}$　（2）$t\frac{ds}{dt} = s\ln\frac{s}{t}$

解：（1）令 $u = \frac{y}{x}$，则原方程可以化为 $xu' = \tan u$，解此可分离变量方程得其通解为 $\frac{\sin u}{x} = C$，因此原方程的通解为 $\sin\frac{y}{x} = Cx$，其中 C 为任意常数．

（2）令 $u = \frac{s}{t}$，则原方程可以化为 $u + tu' = u\ln u$，解此可分离变量方程得其通解为：$t = C(\ln u - 1)$，因此原方程的通解为 $s = te^{Ct+1}$，其中 C 为任意常数．

9. 解下列方程：

（1）$\frac{dy}{dx} + y = e^{-x}$　（2）$y' + y\cos x = e^{-\sin x}$　（3）$y' + 2xy = xe^{-x^2}$

解：（1）$P(x) = 1, Q(x) = e^{-x}$，于是由一阶线性方程的通解公式：

$$y = e^{-\int P(x)dx}\left[\int Q(x)e^{\int P(x)dx}dx + C\right] = e^{-\int 1dx}\left[\int e^{-x}e^{\int 1dx}dx + C\right]$$

$$= e^{-x}\left[\int e^{-x}e^x dx + C\right] = e^{-x}(x + C)$$

（2）$P(x) = \cos x, Q(x) = e^{-\sin x}$，于是由一阶线性方程的通解公式：

$$y = e^{-\int P(x)dx}\left[\int Q(x)e^{\int P(x)dx}dx + C\right] = e^{-\int \cos x dx}\left[\int e^{-\sin x}e^{\int \cos x dx}dx + C\right]$$

$$= e^{-\sin x}\left[\int e^{-\sin x}e^{\sin x}dx + C\right] = e^{-\sin x}(x + C)$$

（3）$P(x) = 2x, Q(x) = xe^{-x^2}$，于是由一阶线性方程的通解公式：

$$y = e^{-\int P(x)dx}\left[\int Q(x)e^{\int P(x)dx}dx + C\right] = e^{-\int 2xdx}\left[\int xe^{-x^2}e^{\int 2xdx}dx + C\right]$$

$$= e^{-x^2}\left[\int xe^{x^2}e^{-x^2}dx + C\right] = e^{-x^2}\left(\frac{1}{2}x^2 + C\right)$$

10. 求下列方程的特解：

（1）$\begin{cases}\dfrac{dy}{dx} - y\tan x = \sec x \\ y|_{x=0} = 0\end{cases}$　　（2）$\begin{cases}xy' - y = 2 \\ y|_{x=1} = 3\end{cases}$

解：（1）$P(x) = -\tan x, Q(x) = \sec x$,于是由一阶线性方程的通解公式：

$$y = e^{-\int P(x)dx}\left[\int Q(x)e^{\int P(x)dx}dx + C\right] = e^{\int \tan x dx}\left[\int \sec x e^{-\int \tan x dx}dx + C\right]$$

$$= e^{-\ln\cos x}\left[\int \sec x e^{\ln\cos x}dx + C\right] = \sec x(x + C)$$

将 $x=0, y=0$ 代入上式可得 $C=0$，因此满足初始条件 $y|_{x=0}=0$的特解是：$y = x\sec x$

（2）因为求解的是满足初始条件 $x=1, y=3$ 的解，所以 $xy' - y = 2$ 可以写成：$y' - \dfrac{1}{x}y = \dfrac{2}{x}$，这是一阶线性方程，即 $P(x) = -\dfrac{1}{x}, Q(x) = \dfrac{2}{x}$,于是由一阶线性方程的通解公式：

$$y = e^{-\int P(x)dx}\left[\int Q(x)e^{\int P(x)dx}dx + C\right] = e^{\int \frac{1}{x}dx}\left[\int \frac{2}{x}e^{-\int \frac{1}{x}dx}dx + C\right]$$

$$= e^{\ln x}\left[\int \frac{2}{x}e^{-\ln x}dx + C\right] = x\left(-\frac{2}{x} + C\right)$$

将 $x=1, y=3$ 代入上式可得 $C=5$，因此满足初始条件 $y|_{x=1}=3$的特解是：$y = 5x - 2$

11. 已知某曲线过原点，并且它的每一点处的切线斜率等于该点的横坐标与纵坐标之和，求该曲线方程．

解：设曲线方程为 $y=f(x)$，则由题意有 $y' = \dfrac{dy}{dx} = x + y$，可以将其写为 $y' - y = x$，这是一个一阶线性方程，其通解为 $y = Ce^x - (x+1)$，其中 C 为任意常数．又由该曲线经过原点可知 $C=1$. 因此曲线方程为：$y = e^x - x - 1$

12. 求 $y'' = x$ 方程的通解．

解：方程 $y'' = x$ 两边积分一次可得：$y' = \dfrac{x^2}{2} + C_1$，再对此方程积分一次可得原方程通解为：

$$y = \frac{x^3}{6} + C_1x + C_2$$

13. 求方程$\begin{cases}y'' = e^x \\ y|_{x=0} = 4 \\ y'|_{x=0} = 2\end{cases}$的特解．

解：方程 $y'' = e^x$ 两边积分一次可得：$y' = e^x + C_1$，再对此方程积分一次可得原方程通解为：$y = e^x + C_1x + C_2$

将初始条件代入可解出 $C_2 = 3, C_1 = 1$，故特解为：$y = e^x + x + 3$

14. 求下列方程的通解：

（1）$y'' + 4y' + 4y = 0$　　（2）$y'' - 2y' + 10y = 0$　　（3）$y'' - y' - 2y = 0$

解：（1）原方程的特征方程为 $\lambda^2+4\lambda+4=0$，解出其特征根为（重根）：$\lambda_1=\lambda_2=-2$

故原方程的通解为：$y=(C_1x+C_2)e^{\lambda_1 x}=(C_1x+C_2)e^{-2x}$

其中 C_1,C_2 为任意常数．

（2）原方程的特征方程为 $\lambda^2-2\lambda+10=0$，解出其特征根为（共轭复根）$\lambda_1=1+3i$，$\lambda_2=1-3i$，故原方程的通解为：

$y=e^x(C_1\cos 3x+C_2\sin 3x)$

其中 C_1,C_2 为任意常数．

（3）原方程对应的特征方程为 $\lambda^2-\lambda-2=0$，其特征根为 $\lambda_1=-1$，$\lambda_2=2$，故原方程的通解为：

$y=C_1e^{-\lambda_1 x}+C_2e^{-\lambda_2 x}=C_1e^{-x}+C_2e^{2x}$

其中 C_1,C_2 为任意常数．

15. 求方程$\begin{cases}y''+25y=0\\ y|_{x=0}=2\\ y'|_{x=0}=5\end{cases}$的特解．

解：原方程的特征方程为 $\lambda^2+25=0$，解出其特征根为（共轭复根）$\lambda_1=5i$，$\lambda_2=-5i$，故原方程的通解为：

$y=C_1\cos 5x+C_2\sin 5x$

其中 C_1,C_2 为任意常数；代入初始条件可解出 $C_1=2,C_2=1$，故特解为：$y=2\cos 5x+\sin 5x$

16. 设某公司办公用品的周平均成本 y 与公司雇员人数 x 的关系为：

$y'=y^2e^{-x}-2y$

且知 $y|_{x=0}=1$，试求 $y=y(x)$．

解：原方程是伯努利方程，做变量替换 $z=\dfrac{1}{y}$，则

$$z'=-\frac{1}{y^2}y'=\frac{2}{y}-e^{-x}=2z-e^{-x}$$

这是关于函数 z 的一阶线性方程，其通解为 $z=\dfrac{1}{3}e^{-x}+Ce^{2x}$，其中 C 是任意常数；因此原方程通解为 $y=\left(\dfrac{1}{3}e^{-x}+Ce^{2x}\right)^{-1}$，代入初始条件可解出 $C=\dfrac{2}{3}$，将其代入通解并化简可得：

$$y=\frac{3e^x}{1+2e^{3x}}$$

17. 已知某商品的收益 R 随需求量的增加而增加，其增长率为：

$$R'=\frac{2(R^3-x^3)}{3xR^2}$$

且知 $R|_{x=10}=0$，试求收益函数 $R=R(x)$．

解：$R'=\dfrac{2(R^3-x^3)}{3xR^2}=\dfrac{2}{3}\cdot\dfrac{R}{x}-\dfrac{2}{3}\cdot\dfrac{x^2}{R^2}$，令$\dfrac{R}{x}=y$可得$R'=y+xy'=\dfrac{2}{3}\cdot y-\dfrac{2}{3}\cdot\dfrac{1}{y^2}$，于是：$xy'=-\dfrac{1}{3}\cdot y-\dfrac{2}{3}\cdot\dfrac{1}{y^2}$

这是一个可分离变量方程，其通解为：$-\ln(2+y^3)=\ln x+C$

故原方程的通解为$-\ln\left[2+\left(\dfrac{R}{x}\right)^3\right]=\ln x+C$，将初始条件$R\big|_{x=10}=0$代入通解可得常数$C=-\ln 20$，因此将其代入通解并经过化简可得：$R(x)=(20x^2-2x^3)^{1/3}$

18. 设$Z=Z(t)$为国民债务，$y=y(t)$为国民收入，它们的关系为：

$\dfrac{dZ}{dt}=ay+b$

$\dfrac{dy}{dt}=ky$

其中a,b,k为大于零的已知常数，试解答下列问题：

（1）若$Z\big|_{t=0}=Z_0$，$y\big|_{t=0}=y_0$，求$Z(t)$和$y(t)$；

（2）求$\lim\limits_{t\to+\infty}\dfrac{Z(t)}{y(t)}$.

解：（1）易知方程$\dfrac{dy}{dt}=ky$满足初始条件$y\big|_{t=0}=y_0$的特解为$y=y_0e^{kt}$，将其代入$\dfrac{dZ}{dt}=ay+b$可得$\dfrac{dZ}{dt}=ay_0e^{kt}+b$，解此方程并利用初始条件$Z\big|_{t=0}=Z_0$可得：

$Z(t)=\dfrac{ay_0}{k}e^{kt}+bt+Z_0-\dfrac{ay_0}{k}$

（2）由$\dfrac{Z(t)}{y(t)}=\dfrac{a}{k}+\dfrac{bt}{y_0e^{kt}}+\dfrac{Z_0}{y_0e^{kt}}-\dfrac{ay_0}{ky_0e^{kt}}$可知：$\lim\limits_{t\to+\infty}\dfrac{Z(t)}{y(t)}=\dfrac{a}{k}$

五、本章综合自测题

（一）求下列微分方程的通解或给定初始条件的特解：

1. $yy'+xe^y=0$，$y(1)=0$
2. $(xy^2-x)dx+(x^2y+y)dy=0$
3. $xy'-y-\sqrt{y^2-x^2}=0$

（二）求下列微分方程的通解：

1. $y''+y'+3y=1$
2. $y''-4y'-5y=3e^{2x}$
3. $y''-8y'+12y=2\cos 3x$

4. $y'' - 5y' + 6y = (x+1)e^{2x}$

5. $y'' + 5y' + 6y = 2e^{-x}$

(三) 求下列微分方程的通解:

1. $y' - 2xy = xe^{-x^2}$

2. $(y^3 - 2x^2)dy - 2xydx = 0$

3. $xy'' + 3y' = 0$

(四) 设连续函数 $f(x)$ 满足 $f(x) + 2\int_0^x f(t)dt = x^2$，求 $f(x)$.

(五) 设 $y_1(x), y_2(x)$ 是一阶非齐次线性微分方程 $y' + p(x)y = q(x)$ 的两个不同解，证明 $y_1(x) - y_2(x)$ 是其对应齐次微分方程 $y' + p(x)y = 0$ 的解.

(六) 设某商品的市场需求和供给函数分别为:

$Q_d = 10 - p - 4p' + p''$,　　$Q_s = -2 + 2p + 5p' + 10p''$

价格 p 是时间 t 的函数 $p = p(t)$，满足初始条件 $p|_{t=0} = 5, p'|_{t=0} = \frac{1}{2}$. 试求在市场均衡条件 $Q_d = Q_s$ 下，该商品的价格函数 $p(t)$.

(七) 设函数 $f(t)$ 在 $[0, +\infty]$ 内连续，且满足方程:

$$f(t) = e^{4\pi t^2} + \iint\limits_{x^2+y^2\leqslant 4t^2} f\left(\frac{1}{2}\sqrt{x^2+y^2}\right)dxdy$$

求 $f(t)$.

六、自测题参考答案

(一) 1. $(y+1)e^{-y} = \frac{1}{2}(1+x^2)$　　2. $(1+x^2)(1-y^2) = C$

3. $\frac{y}{x} + \sqrt{\frac{y^2}{x^2} - 1} = Cx$

(二) 1. $y = C_1 + C_2e^{-x} + \frac{1}{3}$　　2. $y = C_1e^{5x} + C_2e^{-x} - \frac{1}{3}e^{2x}$

3. $y = C_1e^{6x} + C_2e^{2x} + \frac{1}{195}(2\cos 3x - 16\sin 3x)$

4. $\frac{1}{2}e^{3x} + \frac{x}{20} + \frac{49}{400} + C_1e^{5x} + C_2e^{4x}$

5. $y = C_1e^{-2x} + C_2e^{-3x} + e^{-x}$

(三) 1. $y = -\frac{1}{4}e^{-2x^2} + C$

2. $-y^5+5x^2y^3=C$

3. $y=\frac{C_1}{x^2}+C_2$

（四）$f(x)=\frac{e^{-2x}}{2}+x-\frac{1}{2}$（提示：两边对 x 求导得微分方程，解出通解后将通解代入 $f(x)+2\int_0^x f(t)\,dt=x^2$ 可得常数）

（五）略

（六）$p(t)=e^{-\frac{1}{2}t}\cos\frac{\sqrt{3}}{6}t+2\sqrt{3}e^{-\frac{1}{2}t}\sin\frac{\sqrt{3}}{6}t+4$

（七）$f(t)=(4\pi t^2+1)e^{4\pi t^2}$（提示：先将 $\iint\limits_{x^2+y^2\leqslant 4t^2} f\left(\frac{1}{2}\sqrt{x^2+y^2}\right)dxdy$ 积出，然后方程两边再对 t 求导）